高等学校教材

工业固体废物处理及资源化

主　编　杨　潘
副主编　王　丹　张　红　杨　柳
　　　　唐洋洋　　王静怡

西北工业大学出版社

西　安

【内容简介】 本书共包括7个部分,内容包括绪论、工业固体废物常用处理技术及资源化、化工固体废物处理及资源化、有色金属冶金固体废物处理及资源化、矿山固体废物处理及资源化、钢铁工业固体废物处理及资源化和其他工业固体废物处理及资源化。

本书可作为高等院校材料、矿资类专业本科生或者研究生教材,也可供从事工业固体废物处理相关领域的科研人员和工程技术人员参考。

图书在版编目(CIP)数据

工业固体废物处理及资源化 / 杨潘主编. — 西安:西北工业大学出版社,2023.10
ISBN 978 - 7 - 5612 - 9068 - 2

Ⅰ.①工… Ⅱ.①杨… Ⅲ.①工业固体废物-固体废物利用-研究 Ⅳ.①X705

中国国家版本馆 CIP 数据核字(2023)第 199473 号

GONGYE GUTI FEIWU CHULI JI ZIYUANHUA
工 业 固 体 废 物 处 理 及 资 源 化
杨潘　主编

责任编辑:杨　睿　倪瑞娜		策划编辑:倪瑞娜	
责任校对:李阿盟		装帧设计:李　飞	

出版发行:西北工业大学出版社
通信地址:西安市友谊西路 127 号　　邮编:710072
电　　话:(029)88491757,88493844
网　　址:www.nwpup.com
印 刷 者:陕西向阳印务有限公司
开　　本:787 mm×1 092 mm　　1/16
印　　张:16.25
字　　数:426 千字
版　　次:2023 年 10 月第 1 版　　2023 年 10 月第 1 次印刷
书　　号:ISBN 978 - 7 - 5612 - 9068 - 2
定　　价:64.00 元

前　言

　　工业固体废物是指在工业生产过程中所产生的采矿废石、选矿尾矿、燃料废渣、化工生产及冶炼废渣等固体废物，又称工业废渣或工业垃圾。工业固体废物主要包括冶金工业固体废物，如高炉渣、钢渣、金属渣、赤泥等；燃煤固体废物，如粉煤灰、炉渣、除尘灰等；化工固体废物，如铬渣、磷石膏、硫石膏、含油污泥、电石渣等。工业固体废物，尤其是有害工业固体废物，如果采取的处理、处置方法不当，其中的有害、有毒物质如有毒化学物质、病原微生物等就可通过大气、土壤、地表或地下水体、食物链等环境介质进入生态系统，形成化学物质型污染和病原体型污染，危害人体健康，同时破坏生态环境，导致不可逆的生态变化。本书的编写以可持续的工业固体废物处理及资源化为主线，包括工业固体废物常用的处理技术、资源化利用新技术、新工艺设备及发展趋势、案例分析等内容，从处理方法到资源化利用，全面描述了工业固体废物的处理及资源化的各种方法、原理、工艺及理论。

　　本书是针对高等院校材料、矿资等专业，冶金、化工等相关专业的本科生和研究生用的教材，本书内容涉及面比较广泛，包含了材料、矿资、冶金及化工领域的固体废物的处理及资源化。本书包含但不限于各种工业固体废物的利用现状及成果转化现状，并借用一些项目研究案例，建立本书特有的教学案例库。理论与实践的结合，使得本书能够帮助读者更好、更全面地了解工业固体废物资源化，具有较高的学术价值。另外，在国内甚至全球越来越重视环保问题的一个大环境下，国家出台了很多关于工业固体废物资源化利用的利好政策，也引起国内许多科研人士从事这方面的研究工作，同时，本书响应国家政策，具有正确的政治方向和价值导向。

　　本书共包括 7 个章节。第 1 章、第 2 章和第 3 章由杨柳、王静怡和张红编写，第 4 章由王静怡、王丹编写，第 5 章由张红、杨柳编写，第 6 章由唐洋洋编写，第 7 章由唐洋洋、王丹编写，另外，全书关于工业固体废物处理及资源化的安全政策由王丹编写。初稿完成后，由杨潘统编、整理，并对部分章节进行修改、增补及调整。感谢陈延信教授、杨守磊副教授及吕李华副教授在本书编写过程中给予的无私帮助。

　　本书在编写过程中，参考了相关著作文献，其出处已经在参考文献中列出。

　　由于笔者时间和水平有限，本书若有遗漏或者不妥之处，在此表示歉意，敬请有关专家和读者批评指正。

编　者

2023 年 5 月

目　录

第1章 绪 论

1.1 工业固体废物的来源及分类

1.1.1 工业固体废物的来源

工业固体废物是指在工业生产过程中所产生的采矿废石、选矿尾矿、燃料废渣、化工生产及冶炼废渣等固体废物,又称为工业废渣或工业垃圾,主要包括冶金工业固体废物,如高炉渣、钢渣、金属渣、赤泥等;燃煤固体废物,如粉煤灰、炉渣、除尘灰等;矿业固体废物,如废石、尾矿等;化工固体废物,如铬渣、磷石膏、硫石膏、含油污泥、电石渣等。

1.1.2 工业固体废物的分类

工业固体废物的种类繁多,成分复杂,数量庞大,是污染环境的主要来源之一,其危害程度不亚于水污染和大气污染。工业固体废物按危害状况可分为一般工业固体废物、危险工业固体废物、非传统类或产品类工业固体废物等。

一般工业固体废物是指不具有危险特性或未列入《国家危险废物名录》的工业固体废物,根据浸出液污染物浓度又被分为Ⅰ类废物和Ⅱ类废物,包括尾矿、煤矸石、粉煤灰、冶炼渣、工业副产石膏、电石渣、赤泥、硼泥、盐泥、废水污泥及工业粉尘等。具体分类详见表1-1。

危险工业固体废物是指列入《国家危险废物名录》或者根据国家危险废物鉴别标准鉴定具有危险特性的工业固体废物。此类废物成分较复杂,多含有重金属、有毒化学品、强酸、强碱等有害成分,具有毒性、腐蚀性、易燃易爆性等特性,其污染具有潜在性和滞后性。它主要产自于化工、医药、有色金属冶炼、表面处理等行业。

非传统类或产品类工业固体废物是对一般工业固体废物的定义的延续或补充,特指近年来电子产品、汽车、塑料、橡胶等产品的大量使用造成的此类废物,已成为工业固体废物的主要来源之一。

工业固体废物按产生行业可以分为14类。

(1)采矿固体废物。其指在各种矿石、煤的开采过程中产生的矿渣,其数量极大,涉及的范围很广,如矿山的剥离废石、掘进废石、煤矸石、选矿废石、废渣、各种尾矿等。

(2)冶金固体废物。其指在各种金属冶炼过程中或冶炼后排出的所有残渣废物,如高炉矿渣、钢渣、有色金属渣、各种粉尘、污泥等。

(3)燃料固体废物。其指燃料燃烧后所产生的废物,主要有煤渣、烟道灰、煤粉渣、页岩灰等。

表 1-1　一般工业固体废物分类

来　源	类　别	类别代码	说　明
废弃资源	废旧纺织品	01	指从纺织品原材料生产、加工和使用中产生的废物
	废皮革制品	02	指从皮革鞣制、加工和使用中产生的废物
	废木制品	03	指森林或园林采伐实弃物、木材加工应弃物及育林剪枝废弃物,包括废木制家具
	废纸	04	指从造纸、纸制品加工和使用中产生的废物
	废橡胶制品	05	指从橡胶生产、加工和使用中产生的废物,包括废橡胶轮胎及其碎片
	废塑料制品	06	指从塑料生产、加工和使用中产生的废物
	废复合包装	07	指工业生产中产生的含塑料、纸和金属等材料的报废复合包装物
	废玻璃	08	指从玻璃生产、加工和使用中产生的废物及废弃制品
	废钢铁	09	指铁等黑色金属及其合金在生产、加工和使用中产生的废料及在使用过程中产生的废物
	废有色金属	10	指各种有色金属及其合金在生产、加工和使用中产生的废料及在使用过程中产生的废物
	废机械产品	11	指生产、生活中产生的报废机械设备
	废交通运输设备	12	指生产中产生的报废车辆、飞机、船舶等交通运输设备
	废电池	13	指生产中产生的报废电池,不包括已确定为危险废物的废铅蓄电池、废镉镍电池和废氧化汞电池
	废电器电子产品	14	指生产中产生的废弃电子产品、电气设备及其废弃零部件、元器件
采矿业产生的一般工业固体废物	煤矸石	21	指采煤和洗煤过程中排放的固体废物,是一种在采煤过程中与煤层伴生的含碳量较低,比煤坚硬的黑灰色岩石,包括巷道掘进过程中的掘进矸石,采掘过程中从顶板、底板及夹层里采出的矸石,以及洗煤过程中挑出的洗矸石
	其他尾矿	29	指选矿中分选作业产生的有用目标组分含量较低而无法用于生产的部分矿石和破碎分选过程中产生的废渣,包括洗煤过程中产生的煤泥,不包括表中已提到的煤矸石

续表

来　源	类　别	类别代码	说　明
化工、建材等行业产生的一般工业固体废物	硼泥	41	指生产硼酸、硼砂等产品产生的废渣，为灰白色、黄白色粉状固体，呈碱性，含氧化硼和氧化镁等组分
	盐泥	42	指制碱生产中以食盐为主要原料，用电解方法制取氯、氢、烧碱过程中排出的废渣和泥浆，主要含有镁、铁、铝、钙等的硅酸盐和碳酸盐
	磷石膏	43	指生产磷酸过程中用硫酸处理磷矿时产生的固体废渣
	含钙废物	44	指工业生产中产生的电石渣、废石、氧化钙等废物，不包括磷石膏、脱硫石膏
	矿物型废物	46	指废陶瓷、铸造型砂、金刚砂等无机矿物型废物，不包括表中已提到的废玻璃
	其他化工废物	49	指化工、建材等行业生产过程中产生的其他废物，不包括表中已提到的硼泥、盐泥、磷石膏、含钙废物、矿物型废物
钢铁、有色冶金等行业产生的一般工业固体废物	高炉渣	51	指在高炉冶炼过程中由矿石中的脉石、燃料中的灰分和溶剂(一般是石灰石)形成的固体废物，包括炼铁和化铁冲天炉产生的废渣
	钢渣	52	指在炼钢过程中排出的固体废物，包括转炉渣、平炉渣、电炉渣
	赤泥	53	指生产氧化铝过程中产生的含氧化铝、二氧化硅、氧化铁等的废物，一般因含有氧化铁而呈红色
	金属氧化物	54	指生产中产生的主要含铁、镁、铝等金属氧化物的固体废物，包括铁泥，不包括表中已提到的赤泥、硼泥
	其他冶炼废物	59	指金属冶炼(干法和湿法)过程中产生的其他废物，不包括表中已提到的高炉渣、钢渣、赤泥和含金属氧化物的废物
非特定行业生产过程中产生的一般工业固体废物	无机废水污泥	61	指含无机污染物质废水经处理后产生的污泥
	有机废水污泥	62	指含有机污染物质废水经处理后产生的污泥
	粉煤灰	63	指从煤燃烧后的烟气中收捕下来的细灰，是燃煤发电过程产生的，特别是燃煤电厂排出的主要固体废物
	锅炉渣	64	指工业锅炉及其他设备燃烧煤或其他燃料所排出的废渣(灰)，包括镁渣、稻壳灰
	脱硫石膏	65	指废气脱硫过程中产生的以石膏为主要成分的废物
	工业粉尘	66	指各种除尘设施收集的工业粉尘，不包括粉煤灰
	其他废物	99	不能与表中上述分类对应的其他废物

(4)化工固体废物。其指化学工业生产中排出的工业废渣,主要包括硫酸矿渣、电石渣、碱渣、煤气炉渣、磷渣、汞渣、铬渣、污泥、硼渣、废塑料及橡胶碎屑等。

(5)放射性固体废物。其指在核燃料开采、制备及辐照后燃料的回收过程中,都有固体放射性废渣或浓缩的残渣排出。

(6)玻璃、陶瓷固体废物。

(7)造纸、木材、印刷等工业固体废物。它包括刨花、锯末、碎木、化学药剂、金属填料、木质素。

(8)建筑固体废物。它主要有金属、水泥、黏土、陶瓷、石膏、石棉、砂石、纸、纤维等。

(9)电力工业固体废物。它主要有炉渣、粉煤灰、烟尘等。

(10)交通、机械、金属结构等工业固体废物。它主要有金属、矿渣、砂石、模型、陶瓷、边角料、涂料、管道、绝缘材料、黏接剂、废木、塑料、橡胶、烟尘等。

(11)纺织服装业固体废物。它主要有布头、纤维、橡胶、塑料、金属等。

(12)制药工业固体废物。它主要是指药渣。

(13)食品加工业固体废物。它主要有肉类、谷物、果类、菜蔬、烟草等。

(14)电器、仪器仪表等工业固体废物。它主要有金属、玻璃、木材、橡胶、塑料、化学药剂、研磨料、陶瓷、绝缘材料等。

1.2 工业固体废物的污染及其控制

1.2.1 工业固体废物的特点及特征

1.2.1.1 资源和废物的相对性

工业固体废物具有鲜明的时间和空间特征,是在错误的时间放在错误地点的资源。从时间方面讲,它仅仅是在目前的科学技术和经济条件下无法加以利用,但随着时间的推移,科学技术的发展,以及人们要求的变化,今天的废物可能成为明天的资源。从空间角度看,工业固体废物仅仅是相对于某一过程或某一方面没有使用价值,而并非在任意过程或任意方面都没有使用价值。它一般具有某些工业原料所具有的化学、物理特性,且较废水、废气容易收集、运输、加工处理,因而可以回收利用。

1.2.1.2 富集"终态"和污染"源头"的双重作用

工业固体废物往往是许多污染成分的终极状态。例如,一些有害气体或飘尘,通过治理最终富集为固体废物;一些有害溶质和悬浮物,通过治理最终被分离出来成为污泥或残渣;一些含重金属的可燃固体废物,通过燃烧处理,有害金属浓集于灰烟中。但是,这些"终态"中的有害成分,在长期自然因素的作用下,又会转入大气、水体和土壤,故又成为大气、水体和土壤环境污染的"源头"。

1.2.1.3 危害具有潜在性、长期性和灾难性

工业固体废物对环境的污染不同于废水、废气和噪声。工业固体废物呆滞性大、扩散性小,它对环境的影响主要是通过水、气和土壤进行的,其中污染成分的迁移转化,如浸出液在土壤中的迁移,是一个比较缓慢的过程,其危害可能在数年乃至数十年后才能被发现。从某种意

义上来说,工业固体废物,特别是有害工业固体废物对环境造成的危害可能要比废水、废气造成的危害严重得多。

1.2.2　工业固体废物的污染及污染途径

工业固体废物,尤其是有害工业固体废物,如果采取的处理、处置方法不当,其中的有害有毒物质,如化学物质、病原微生物等就可能通过大气、土壤、地表或地下水体、食物链等环境介质进入生态系统形成化学物质型污染和病原体型污染,危害人体健康,同时破坏生态环境,导致不可逆的生态变化。污染的具体途径取决于工业固体废物本身的物理、化学和生物性质,并且与工业固体废物处置所在场地的水质、水文条件有关。工业固体废物对环境造成污染的途径一般有土壤污染,水体污染,大气污染几种。

1.2.2.1　土壤污染

土壤污染是指排进土壤的有机物或含毒废物过多,超过了土壤的自净能力,引起土壤质量的恶化,从而在卫生学和流行病学上产生了有害影响。土壤污染就其危害而言,比大气污染、水体污染更为持久,影响更为深远,因此,土壤污染具有复杂、持久、来源广、防治困难等特点。

工业化是土壤化学污染的主要来源。据统计,中国因工业"三废"污染的农田近 7 万平方千米;在工业化历史悠久的欧洲,散漫型中等程度的土壤污染规模已位居全世界之首。众所周知,土壤是许多细菌、真菌等微生物聚集的场所,这些微生物与其周围环境构成一个生物系统,一旦受到污染很难修复。

土壤重金属污染是指由于人类活动,导致土壤中的微量有害元素在土壤中的含量超过背景值,过量沉积而引起的含量过高所造成的污染。人们通常将密度大于 $4.5\ \mathrm{g/cm^3}$、相对原子质量大于 55 的金属称为重金属,而从环境污染方面所讲的重金属,又通常是指汞(Hg)、镉(Cd)、铅(Pb)、铬(Cr)、砷(As)和类金属砷等生物毒性显著的元素,以及有一定毒性的锌(Zn)、铜(Cu)、镍(Ni)等元素。

20 世纪 70 年代,美国密苏里州为了控制道路粉尘,曾把混有 2,3,7,8-TCDD 的淤泥废渣当作沥青铺洒路面,造成土壤污染,土壤中 TCDD 浓度高达 $300\times10^{-9}\ \mathrm{mg/kg}$,污染深度达 60 cm,致使牲畜大量死亡,人们备受各种疾病折磨。在市民强烈的要求下,美国环保局同意全体市民搬迁,花费 3 300 万美元买下该城市的全部地产,并赔偿了市民的一切损失。

20 世纪 80 年代,中国内蒙古某尾矿堆污染了大片土地,造成一个乡镇的居民被迫搬迁。中华人民共和国环境保护部(现中华人民共和国生态环境部)2013 年发布的《中国土壤环境保护政策》显示,中国受污染的耕地约有 10 万平方千米,占 120 万平方千米耕地的 8.3%。中重度污染耕地大约为 3.3 万平方千米。

1.2.2.2　水体污染

工业固体废物对水体的污染主要表现在以下几方面:①工业固体废物的随意倾倒或事故性排放。②任意堆放或简易填埋的工业固体废物,雨水淋入后产生的渗滤液流入周围地表水体和渗入土壤,使有害物质及污染物随地表径流和地下流汇入河中和地下水中,造成地表水或地下水的污染。

在固体废物处理初期,人们常将固体废物排入河流、湖泊和海洋作为一种处置方法,即使现在仍有许多国家将废物直接排入海洋进行处置,其引起的环境影响应该加以警惕。

20 世纪 40 年代,美国胡克化学公司在尼亚加拉瀑布附近的腊芙运河的废河谷里堆放了数以百计的废渣桶。1953 年该废运河被废渣填满后,他们在此修建中学和运动场,建起住宅区。后来发现这里有地面塌陷和患皮疹的孩子增多等现象,美国纽约州卫生部门对居民健康作了调查,发现新生婴儿生理缺陷、头痛等发病率很高。1978 年,纽约环境保护部门对当地的空气、地下水和土壤进行监测,检测出六氯化苯、氯苯、三氯乙烯、三氯苯酚等 82 种有毒化学物质,其中有 11 种是致癌物。1978 年 8 月,时任美国总统卡特宣布腊芙运河地区处于"卫生紧急状态",疏散居民、封闭住宅、关闭学校,使这个地区成为无人居住区,这就是震惊世界的"腊芙运河污染事件"。造成这起事件的"凶手"正是工业固体废物。

20 世纪 50 年代,中国辽宁省锦州市某铁合金厂的铬渣露天堆放,经雨水淋溶渗入土壤,污染了 70 多平方千米范围内的水域,导致 800 多口井的井水不能饮用,为此前后共花费了几百万元才使污染得以控制。

地中海的近况特别典型,沿岸 10 多个国家每年抛入地中海的工业固体废物超过 5 亿吨,其中大多为有害物质(包括重金属汞、铅等),碳氢化合物,地中海正在慢慢死亡。第聂伯河、德涅斯特河和多瑙河每年将数百万吨的工业固体废物和农业垃圾带入黑海,专家预测,黑海若干年后将像咸海一样变成"死亡之海"。

如前所述,各种工业固体废物种类不同,成分差别很大,所以对于地下水的影响也不同。下面具体分析几类典型工业固体废物对地下水的影响。

(1)尾矿对地下水的影响。对某尾矿的淋溶实验表明,其中有害成分包括 Cu、Pb、Zn、Cd、Hg 等重金属和部分无机阴离子,如硫化物、无机氮化物等。对尾矿中库存水和溢流口的水质进行定期监测,结果表明,不但检出上述污染物质,而且这些污染物质有超过国家废水排放标准的现象发生。下面从尾矿库周围的地下观测井的定期监测资料来进一步分析污染物对地下水的影响。某座尾矿库建库 10 年,周围地下观测井水质变化情况见表 1-2。

表 1-2　尾矿周围地下观测井水质对比情况　　　　　　　　单位:mg/L

项　　目	Cu	Pb	Zn	Cd	Hg	Cl	CN
1986 年本底值	0.006	0.001	0.02	0.000 0	0.000 04	239	未检出
1996 年本底值	0.052	0.027	0.21	0.000 0	0.000 90	432	0.005
10 年增长量	0.046	0.026	0.19	0.000 0	0.000 86	193	0.005

由以上两组数据对比可见,污染物扩散虽然缓慢,但地下水受到的污染是比较明显的。

(2)无机氰化废渣对地下水的影响。某冶金采选中产生的大量硫精矿渣,因含硫量很高而被化工行业作为生产硫酸的原料,这部分硫精矿渣以半固态形式运输到露天的晾点晾晒。据监测,其中有毒氰化物含量在 90 mg/kg 左右,Cu、Pb 等金属离子含量也相当高,污染物被风干、雨淋,特别在汛期,随雨水冲淋下侵,据监测,晾晒点周围 300 m 以内地下井水中有氰化物检出。

(3)炉渣、粉煤灰及其他污染物对地下水的影响。某发电厂采用湿法除灰,但粉煤灰及炉渣中的污染物质在水力输运和储灰场储存过程中,被淋溶后进入水体,其中 pH 值、总硬度、氟化物含量均达到或超过地下水指标,其他种类的工业固体废物也对地下水产生了不同程度的影响。

由此可见,工业固体废物在产生、储存、堆积、处理、处置过程中都可能释放大量污染物质进入环境而污染水体。因此,控制工业固体废物对水体的污染有利于保护水体环境。

1.2.2.3　大气污染

堆放的工业固体废物中的细微颗粒、粉尘等可随风飞扬,进入大气并扩散到很远的地方。一些有机工业固体废物在适宜的温度和湿度下还可发生生物降解、释放出沼气,在一定程度上消耗其上层空间的氧气,使种植物衰败;有毒有害工业固体废物还可发生化学反应产生有毒气体,扩散到大气中危害人体健康。

焚烧作为一种废物处理法,可能导致二次污染,已成为有些国家大气污染的主要原因之一。据报道,美国约有 2/3 废物焚烧炉由于缺少空气净化装置而污染大气,有的露天焚烧炉排出的粉尘在接近地面处的浓度达到 0.56 g/m³。焚烧垃圾还可能产生致癌物质二噁英,因此在对工业固体废物进行处置时要注意二次污染问题。

工业固体废物对大气的污染主要表现在工业固体废物中的尾矿、粉煤灰、干泥和垃圾中的尘粒随风进入大气中,直接影响大气能见度和人的身体健康,成为粉尘污染的主要来源。工业固体废物中的有机物受日晒、风吹和雨淋的作用,会分解产生恶臭毒气,从而造成大气污染。工业固体废物在焚烧时所产生的恶臭毒气,也直接影响大气质量,如飞扬的粉煤灰、工业粉尘、干泥等,都加重了大气的污染。煤矸石、粉煤灰等工业固体废物中的煤因贮存管理不当极易氧化,甚至会自燃,产生大量对人体和周围环境有害的硫氧化物和氮氧化物。

1.2.3　工业固体废物的危害及控制

1.2.3.1　工业固体废物对动植物和人体的危害

工业固体废物含有大量重金属和有机污染物,对动植物生长发育及人体健康构成很大危害。图 1-1 所示为工业固体废物中的化学物质致人疾病的途径。

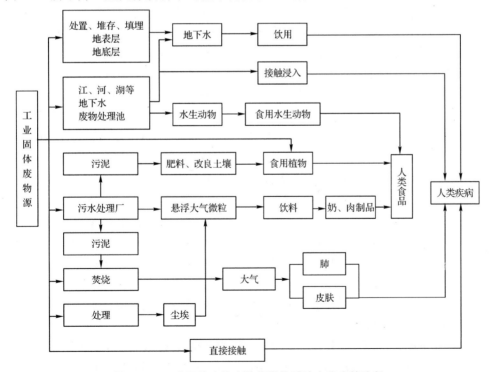

图 1-1　工业固体废物中的化学物质致人疾病的途径

以下具体介绍几类含重金属工业固体废物对动植物和人体的危害。

(1)含汞废物的危害。汞是毒性较大的重金属元素之一,因而也是对动植物生长发育和人类健康造成极大危害的环境污染元素。

汞的沸点为 356.58～356.95 ℃。但在 0 ℃时就有一定的汞蒸气,20 ℃时汞蒸气压为 0.001 3 mmHg(1 mmHg＝0.133 kPa)。这种汞蒸气吸入人体会产生慢性中毒,如牙齿动摇、毛发脱落和神经错乱等。空气中汞蒸气的最大允许浓度为 0.1 mg/m³。

作为重金属污染中毒性最大的元素,汞在土壤中的存在也就意味着可能产生不利于生物生长、发育、繁殖及进化的效应并促使生态系统产生结构和功能上的变化。不论是从植物和动物体内摄取的汞,还是直接来自于土壤中的汞,都会对人体健康产生危害。这可以由一些人体汞中毒的例子来佐证。

汞化合物侵入人体,被血液吸收后可迅速弥散到全身各组织器官。血液和组织中蛋白质的巯基与汞迅速结合,并逐步将汞集中到肝脏和肾脏组织中。据报道,无机汞在人体内的含量分布主要是肾＞肝＞脾＞甲状腺＞头发,而有机汞在人体内的含量分布则是肝＞肾＞脑组织和睾丸＞其他组织。

人体汞中毒的症状是疲乏、多汗,头痛、易怒,随即是战栗,手指和脚趾失去感觉,视力模糊及肌肉协调萎靡,出现运动失调,听觉损害和语言障碍,等等。但是,轻微的人体汞中毒很难察觉,特别是当汞浓度很低对智力和行为仅产生轻微的影响时,确定汞是否为真正的祸因更是困难。

(2)含铅废物的危害。铅非生物必需元素,至今尚未发现它对人体的有益作用。人体含铅通常为 77 mg 左右,主要分布在骨骼中,进入血液中的铅以可溶性磷酸氢铅、甘油磷酸铅等有机铅化合物存在,它们与蛋白质结合,在体内循环,可为软组织(肝、肾、脑、胰)等吸收,每人每日允许摄入量约为 420 μg。许多国家的健康管理机构都已规定了一个血铅水平的指标,即不大于 10 μg/dL,这一指标在医学定义上是不可接受的铅暴露水平。但对胎儿和初生婴儿来说,再低的暴露水平也可能产生不良影响。人们已建立了一个有关血液中铅浓度与特定毒性效应关系的内容充实的数据库系统,认为铅的毒性是随暴露的剂量和时间连续累计的。

铅可对许多人体器官和器官系统带来不良影响,特别是人胸、肾脏、生殖系统和心血管系统。这些影响表现为智力下降、肾损伤、不育、流产及高血压,还可引起铅脑病、腹绞痛、多发性神经炎、溶血性贫血等。儿童对于铅的不良影响特别敏感。低水平暴露对儿童产生的不良影响主要体现在中枢神经系统功能与发育方面,并可导致各种行为失常,如精神不能集中、不服从要求或命令、智商测验分数较低等。某项研究中,英国研究者对 1979 年以来铅和智商流行病学研究的报道进行了回顾,把 100 多个儿童测量的智商(IQ)作为血铅或牙铅水平的一个函数。基于对所有数据资料总的分析,他们得出如果人体血液中铅水平加倍(从 10 μg/dL 升至 20 μg /dL),将导致智商(IQ)平均下降 10％～20％的结论。*The Lancet Planetary Health* 在 2023 年发表的一项分析表明,铅暴露对全球健康的影响相当于室内外 $PM_{2.5}$ 空气污染的总和,是不安全用水、卫生设施和洗手造成影响的 3 倍。另外,铅暴露对全球心血管疾病死亡和智商损失的影响可能远高于既往估计。

此外,铅还可能是一种致癌物质。根据对铅致癌性的动物实验和人群研究,美国国家环境保护局认为铅是"可能人类致癌物"。大鼠、小鼠经口或皮的几种铅盐染毒后,其肾脏肿瘤的增高有统计意义,且结果有可重复性;短期实验也表明铅可影响基因表达。动物实验有"充足证据"证明铅是一种致癌物质。不过,虽然有人群流行病学调查资料证明某些铅暴露的工人癌症死亡率增高,但其暴露资料不完整,未提出铅的致癌强度系数,对人群的研究"证据有限"。

(3)含镍废物的危害。镍是不是植物的必需元素,目前尚无定论。尽管人们在镍对植物的生物功能方面尚未得出明确的结论,但适量的镍在植物生长中所起的有利作用已为人们所肯定。过量镍对植物有危害作用,严重时可能导致整株坏死。

镍是动物必需的微量元素,它的原子结构使之能参与生物反应,各种生物体表现的白色,可能和镍有关。微量的镍能使胰岛素增加,血糖降低。因此,镍可能是胰岛素的一种辅基。

镍虽然是人体的微量元素,但并非必需元素。成人每天摄入 $300\sim500$ mg 镍,相关调查结果表明,95%健康人尿镍范围为 $0\sim11$ μg /L,平均为 4.4 μg /L。

经口服摄入的金属镍和镍盐一般是低毒的,对人体健康产生不利影响的镍主要来源于空气。镍经呼吸道吸入或皮肤吸收后,其影响程度受化学形态的支配,金属镍几乎没有急性毒性,但一般镍盐具有毒性。

目前已经确认镍是致癌物质,我国规定车间空气中羟基镍的容许浓度为 0.001 mg/m³。

(4)含砷废物的危害。砷中毒时,常在摄入 $30\sim60$ min 后出现症状,口眼中毒者主要表现为消化系统症状,即腹痛、呕吐、水样或血性腹泻,吞咽困难,口腔及呕吐物有大蒜气味,重者会出现痉挛、心脏麻痹及急性肾功能衰竭等症而导致死亡。长期接触空气中的砷可引起鼻中隔穿孔等呼吸道症状,皮肤损害表现为角化过度、皮肤色素沉着,血液系统损害表现为贫血、粒细胞减少。长期接触砷可引起末梢血管循环不良。妇女在妊娠期间长期与砷接触可导致畸胎。

(5)氰化物废物的危害。氰化物的急性中毒多见于误服,氰化物进入人体后可被迅速吸收入血液,在血液中氰化物与红细胞中的氧化型细胞色素氧化酶结合,并阻碍其还原,使生物体内的氧化还原反应不能进行,造成细胞窒息、组织缺氧,出现神经性呼吸衰竭,是氰化物急性中毒致死的主要原因。氰化物的慢性中毒多为吸入性中毒,一方面氰化物使神经系统发生细胞退行性变,产生头痛、头晕、动作不协调等症状;另一方面氰化物的代谢产物硫氰化物在体内蓄积、妨碍甲状腺素的合成,引起甲状腺功能低下。

综上所述,各种工业固体废物对于人体健康和动植物生长、发育的危害相比于城市生活垃圾更加严重。

1.2.3.2 工业固体废物的其他危害

工业固体废物在城市堆放,既妨碍市容,又容易传染疾病。在城市下水道污泥中可以检测出 800 多种菌种、100 多种病毒,这些病原微生物可在工业固体废物中存活数天、数月,甚至数年之久。由于工业固体废物危害的潜伏期较长,有时候短时间内不易觉察,所以能长期威胁人体健康。

此外,由于部分危险废物没有得到严格管制,有相当一部分的工业固体废物和危险废物被混入生活垃圾一并处理,不仅对环境造成污染,而且存在潜在的环境安全隐患。

工业固体废物污染不仅对人类自身及其赖以生存的自然环境造成危害,而且对经济发展也产生很大的制约作用。例如,工业固体废物的直接污染及其带来的二次污染,给农业、林业、畜牧业带来很大损失,致使一些要求严格的食品加工业由于农畜产品不过关而无法上线;一些精密仪器和高纯度的劳动加工业无法开展。同时,没有一个良好的自然环境就无法吸引大量的外资、外商。此外,工业固体废物还会制约旅游业的发展。地方政府开发旅游资源的时候,往往只注意交通和基础设施,却忽视对工业固体废物污染的预防和环境保护,致使游客少,效益不佳。

工业固体废物引起的环境污染纠纷增多,也成为影响社会稳定的负面因素。

1.2.3.3 工业固体废物的控制

工业固体废物的污染控制需从两个方面入手,一是减少工业固体废物的排放量,二是防止工业固体废物污染。想要减少工业固体废物的污染,可以采取以下主要控制措施:

1) 积极推行清洁生产审核,实现经济增长方式的转变,限期淘汰工业固体废物污染严重的落后生产工艺和设备。

2) 采用清洁的资源和能源。

3) 采用精料。

4) 改进生产工艺,采用无废或少废技术和设备。

5) 加强生产过程控制,提高管理水平和加强员工环保意识的培养。

6) 提高产品质量和寿命。

7) 发展物质循环利用工艺。

8) 进行综合利用,进行无害化处理与处置。

1.3 工业固体废物的处理处置方法

1.3.1 工业固体废物的处理

工业固体废物处理的基本思想是采取"资源化""减量化"和"无害化"的处理,对工业固体废物产生的全过程进行控制。

1.3.1.1 工业固体废物处理的原则

(1)无害。工业固体废物的"无害化"处理是指通过工程对工业固体废物进行处理,达到不损害人体健康、不污染周围自然环境的目的。目前,工业固体废物的"无害化"处理技术包括垃圾焚烧、卫生填埋、堆肥、粪便厌氧发酵、危险废物热处理和解毒等。其中,"高温快速堆肥工艺"和"高温厌氧发酵工艺"在国内已达到实用水平。"无害化"废物处理的"厌氧发酵工艺"理论已经成熟,具有中国特色的"粪便高温厌氧发酵工艺"在国际上处于领先地位。

(2)还原。工业固体废物的"减少"是指通过适当的手段减少工业固体废物的数量和体积。这需要从两个方面入手,一是减少工业固体废物的产生,二是工业固体废物的处理和利用。首先,考虑到废物的来源,为了解决人力资源、人口和环境三大问题,人们必须重视资源的合理综合利用,包括采用经济合理的综合利用技术和工艺,制定科学的资源消耗定额。此外,工业固体废物的压实、破碎、焚烧等处理方法也可以达到减量化、方便运输和处理的目的。

(3)回收。工业固体废物的"回收"是指采用适当的技术从工业固体废物中回收有用的物质和能量。近 40 年来,随着工业文明的快速发展,工业固体废物的数量以惊人的速度增加。另外,世界资源正在以惊人的速度被开发和消耗,而维持工业发展生命线的石油和煤炭等不可再生资源正处于枯竭的边缘。在这种情况下,美国和日本等许多国家都将工业固体废物的回收利用列为重要的国家经济政策。世界各国废物回收的实践表明,从工业固体废物中回收有用的材料和能源有很大的潜力。

1.3.1.2　工业固体废物处理的方法

(1)稳定和固化处理是用水泥、沥青等胶结材料将松散的废物胶结和包裹起来,以减少有害物质从废物中迁移和扩散,减少废物对环境的污染。

(2)减量化处理是对产生的工业固体废物进行分类、破碎、压实、浓缩和脱水,以减少最终处置量,降低处理成本,减少环境污染。在还原处理过程中,还包括焚烧、热解、堆肥等与其他处理技术相关的过程。

(3)回收利用是工业固体废物处理的重要手段之一。粉煤灰在建筑工程中的广泛应用就是工业固体废物资源化利用的典型例子。比如,发达国家70%的炼钢原料都是回收的废钢,所以钢材是可再生建筑材料。

(4)焚烧用于不适合再利用和直接填埋处置的工业固体废物。除符合要求的装置外,施工现场不得熔化沥青,不得焚烧油毡和油漆,不得焚烧其他可能产生有毒有害和恶臭气体的废物。工业固体废物焚烧应使用符合环境要求的处理设备,以避免对大气的二次污染。

1.3.2　工业固体废物的处置

从近几年统计资料来看,工业固体废物的组成相对稳定,其中以尾矿和采矿、燃煤产生的工业固体废物最多,包括形成的固体颗粒,主要由硅、铝、铁的氧化物组成,此外还含有铝、银、铬等稀有金属。

粉煤灰在农业方面的应用主要是作为pH调节剂和无机肥;用于工业、环保等高值利用领域,如制备白炭黑、沸石和用于稀有金属回收等。此外,还有利用粉煤灰制造玻璃材料、废水废油固定剂、尾气吸附材料、固氮微生物和磷细菌的载体等高值利用技术。

尾矿综合利用手段主要有尾矿再选,将其经过处理后接入或用来生产水泥及烧砖等建材、用作土壤改良剂和微量元素肥料,以及回填和复垦植被等。此外,我国也开展了利用尾矿制取微晶玻璃、玻化砖、墙地砖、无机染料等研究。

炉渣是钢铁、铁合金及有色重金属冶炼和精炼等过程的重要产物之一。电炉渣的利用主要有内部循环、建筑和农业生产三个方面。在钢铁企业内部的循环利用包括电炉渣返回高炉、用作炼钢返回渣、用于铁水预处理等途径。电炉渣用作建筑材料,主要用于生产钢渣水泥、钢渣白水泥,用作筑路材料、地基回填材料及其他建筑材料(钢渣砖、小型空心砌块等)。根据化学组成特点,电炉渣在农业生产方面主要用于生产钢渣磷肥、硅肥及作为土壤改良剂等。在高值利用方面,近年来用炉渣制备的水处理材料、烟气脱硫剂、微晶玻璃、陶瓷、矿渣棉和岩棉、筑路用保水材料、多彩铺路料等高附加值产品逐渐投入市场,但尚未形成规模。图1-2为钢铁工业固体废物的综合利用。

工业副产石膏是指工业生产中因化学反应生成的以硫酸钙为主要成分的副产品或废渣。目前工业副产石膏累积堆存量已超过3亿吨,其中脱硫石膏5 000万吨以上,磷石膏2亿吨以上。工业副产石膏经过适当处理,完全可以替代天然石膏。当前,工业副产石膏的综合利用主要有两种途径:①用作水泥缓凝剂,约占工业副产石膏综合利用量的70%;②生产石膏建材制品,包括纸面石膏板、石膏砌块、石膏砖、石膏空心条板、干混砂浆等。

赤泥是以铝土矿为原料生产氧化铝过程中产生的极细颗粒强碱性固体废物,主要采取堆存覆土的处置方式。但赤泥可提取铁等有价金属、配料生产水泥、建筑用砖、矿山胶结充填胶凝材料、路基固结材料和高性能混凝土掺合料、化学结合复合材料、保温耐火材料、环保材料等。但这些研究尚处于实验室阶段,还未实现产业化。

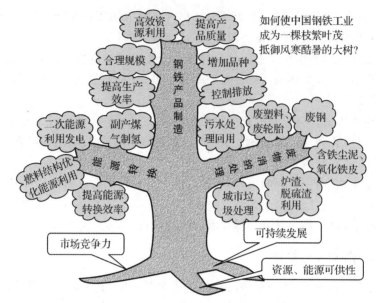

图 1－2 钢铁工业固体废物的综合利用

1.4 控制工业固体废物污染的技术政策

1.4.1 我国控制工业固体废物污染技术政策的产生

我国工业固体废物的控制工作起步较晚,技术力量及经济力量有限。20 世纪 80 年代中期,我国提出了"三化",即"资源化""无害化"和"减量化"作为控制工业固体废物的技术政策,并确定今后较长一段时间内以"无害化"为主。由于技术经济原因,我国工业固体废物处理利用的发展趋势必然是从"无害化"走向"资源化","资源化"是以"无害化"为前提的,"无害化"和"减量化"应以"资源化"为条件。

1.4.2 工业固体废物的"减量化""无害化"及"资源化"

工业固体废物"减量化"是指通过采用适当的技术,一方面减少工业固体废物的排出量(如在废物产生之前,采取改革生产工艺、产品设计和改变物资能源消费结构等措施);另一方面减少工业固体废物容量(如在废物排出之后,对废物进行分选、压缩、焚烧等加工工艺)。即通过适当的手段减少和减小工业固体废物的数量和体积。

工业固体废物"无害化"是指通过采用适当的工程技术对废物进行处理(如热解技术、分离技术、焚烧技术、生化好氧或厌氧分解技术等),使其对环境不产生污染,不致对人体健康产生影响。

工业固体废物"资源化"是指从工业固体废物中回收有用的物质和能源,加快物质循环,创造经济价值的广泛的技术和方法。它包括物质回收、物质转换和能量转换。工业固体废物的"资源化"具有环境效益高、生产成本低、生产效率高、能耗低等特点。如用废铁炼钢代替矿石炼钢可节约能耗 74％,减少空气污染 85％,减少矿山垃圾 97％。用铁矿石炼 1 吨钢需 8 小时,而废铁炼 1 吨钢仅需 2～3 小时。因此,工业固体废物"资源化"不仅可以获得良好的经济效益,还可以节约资源、能源,在"资源化"的同时除去某些潜在的毒性物质,减少废物堆置场地和废物贮放量。

工业固体废物"资源化"应遵循的原则是:技术上可行,经济效益好,就地利用产品不产生二次污染,符合国家相应产品的质量标准。

1.5 工业固体废物的管理

1.5.1 工业固体废物管理的理念与原则

"减量化""无害化""资源化"(简称"三化")是我国工业固体废物管理遵循的原则。主要是因为其简单明了、导向性强,且切合了世界上工业固体废物管理的发展方向,变成各界广泛展开和使用的定义,并在推动工业固体废物处理行业发展方面充分发挥了积极的作用。

1.5.1.1 工业固体废物管理的"三化"原则

"三化"原则即"减量化""无害化""资源化"的原则。2020 版《固体废物污染环境防治法》规定固体废物污染环境防治要坚持"减量化""无害化""资源化"的原则。"减量化"指的是在生产加工生活环节中最大限度地运用资源和能源,以降低工业固体废物的造成量,对造成的工业固体废物开展处理处置,压缩其体积和质量,尽可能减少工业固体废物的消耗量;"无害化"指的是针对那些不能被再运用或依赖当今的技术水平不能对其再运用的工业固体废物开展一定的处理和处置,使其不能对环境、人体和社会经济发展造成任何影响;"资源化"指的是对已造成的工业固体废物开展回收,并配合相对的技术开展处理处置,将其生产加工成再次原料或能源再运用。

1.5.1.2 工业固体废物的全过程管理原则

全过程管理指的是对工业固体废物从产生、收集、贮存、运输、运用到最后处置的整个过程推行一体化的管理。2020 版《固体废物污染环境防治法》中规定:产生、收集、贮存、运输、利用、处置固体废物的单位和个人,应当采取措施,防止或者减少固体废物对环境的污染,对所造成的环境污染依法承担责任。建设产生、贮存、利用、处置固体废物的项目,应当依法进行环境影响评价,并遵守国家有关建设项目环境保护管理的规定。建设项目的环境影响评价文件确定需要配套建设的固体废物污染环境防治设施,应当与主体工程同时设计、同时施工、同时投入使用。产生、收集、贮存、运输、利用、处置固体废物的单位和其他生产经营者,应当采取防扬散、防流失、防渗漏或者其他防止污染环境的措施,不得擅自倾倒、堆放、丢弃、遗撒固体废物。禁止任何单位或者个人向江河、湖泊、运河、渠道、水库及其最高水位线以下的滩地和岸坡以及法律法规规定的其他地点倾倒、堆放、贮存固体废物。产品和包装物的设计、制造,应当遵守国家有关清洁生产的规定。生产经营者应当遵守限制商品过度包装的强制性标准,避免过度包装。生产、销售、进口依法被列入强制回收目录的产品和包装物的企业,应当按照国家有关规定对该产品和包装物进行回收。这些规定充分体现了全过程管理这一原则。

1.5.1.3 工业固体废物的分类管理原则

工业固体废物的分类管理原则是指按照工业固体废物的不同来源和特性对其开展分类管

理的原则。如我国对工业固体废物、生活危险废物、医疗废物的管理都分别进行了规定。

1.5.2 工业固体废物管理的法规体系

完善固体废物的管理法规是废物管理的主要办法。

我国于 20 世纪 70 年代末期开展环境立法工作,1979 年颁布的《中华人民共和国环境保护法》是我国环境保护的基本法,对我国环境保护起着重要的指导作用。此后,我国也相继颁布了很多法规,主要是关于废水和废气的排放标准、水质标准及有关放射性废物标准。有关固体废物除 1982 年颁布的《农用污泥中污染物控制标准》外,1977 年国务院发布环境保护领导小组的《关于治理"三废"、开展综合利用的几项规定》、1985 年国务院批准的《关于开展资源综合利用若干问题的暂行规定》也对固体废物的综合利用、化害为利做了明确的规定。还有《海洋环境保护法》和《水污染防治法》中也包括有关防治固体废物污染和其他危害的规定。1995 年 10 月 30 日颁布的《固体废物污染环境防治法》于 1996 年 4 月 1 日正式实施。此后分别于 2004 年,2013 年,2015 年,2016 年经过 47 次修订,于 2020 年颁布了最新版《固体废物污染环境防治法》,并于 2020 年 9 月 1 日起施行。我国围绕《固体废物污染环境防治法》,先后出台了《医疗废物管理条例》《危险废物经营许可证管理办法》《废弃电器电子产品回收处理管理条例》等 3 项法规和《国家危险废物名录》《危险废物转移联单管理办法》《危险废物出口核准管理办法》《固体废物进口管理办法》《电子信息产品污染控制管理办法》《电子废物污染环境防治管理办法》《废弃电器电子产品处理资格许可管理办法》《再生资源回收管理办法》等多项部门规章。此外,还针对危险废物、医疗废物、废弃电器电子产品、进口废物出台了大量的政策文件及标准规范,促进了工业固体废物相关法律法规的落实。

1.5.3 工业固体废物管理的标准体系

固体废物的环境保护控制标准与废水、废气的标准是完全不同的,无法采用末端浓度控制办法。我国固体废物控制标准采用处置控制的原则,在现有成熟处置技术的基础上,制定废物处置的最低技术要求,再辅以释放物控制,以达到固体废物污染防治的目的。固体废物污染控制标准分为两大类,一类是废物处置控制标准,即对某种特定废物的处置标准的要求。目前,这类标准有《含多氯联苯废物污染控制标准》(GB 13015—2017)。此标准规定了不同水平的含多氯联苯废物的允许采用的处置方法。另一类标准则是设施标准,如《一般工业固体废物贮存、处置场污染控制标准》《危险废物安全填埋污染控制标准》《危险废物焚烧污染控制标准》《危险废物贮存污染控制标准》等。这些标准中均规定了各种处置设施的选址、设计、施工、入场、运行及封场的技术要求和释放物的排放标准,以及监测要求。这些标准在制定完成并颁布后,已建成的处置设施如达不到这些要求,将被要求限期整改。在这之后建成的处置设施如达不到这些要求,将不能运行,或被视为非法排放。

1.5.4 危险工业固体废物的管理及控制

20 世纪 60 年代末,日本因危险废物中的汞污染发生了"水俣病"事件,促使日本成为首先对危险废物实行全面控制的国家。美国也曾发生多起严重的危险固体废物污染水体事件,引起了美国人民和社会各界的强烈反响和美国国会的高度重视,并于 1970 年成立了美国环保局,加快了环境立法的步骤。由于严重的环境污染,危险废物管理逐渐受到世界各国的广泛关注和重视。危险废物具有毒性、易燃性、爆炸性、腐蚀性、化学反应性或传染性,若不加以严格的控制和管理,将会对生态环境和人类健康构成严重危害。控制危险废物已成为当今世界各国共同面临的重大环境问题。联合国环境规划署于1989年3月通过了控制危险废物越境转移及其处置的《巴塞尔公约》,并于1992年生效,我国是该公约最早缔约国之一。

2001年12月17日,国家环境保护总局(现国家环境保护部)、国家经济贸易委员会(现商务部)、科学技术部联合颁布了《危险废物污染防治技术政策》(环发〔2001〕199号),自发布之日起实施。该技术政策的实施为各级环保部门提供了危险废物监督管理的政策依据,为危险废物产业企业、收集运输和处理处置企业提供技术指导,有利于扭转危险废物管理和经营活动的盲目性和无序局面,把收集、利用、贮存、处置经营活动逐步纳入规范化轨道,最大限度地减少危险废物对环境和人民生命财产的损害,促进环境保护产业的健康发展,对于实现可持续发展和改善环境质量具有重要意义。

2016—2020年间,我国每年产生工业固体废物在36亿吨以上,其中危险废物占14%~20%,这些危险废物只是简单地堆放,污染地表水和地下水,危害附近居民的身体健康,人员伤亡及环境污染事件屡有发生。一些地区将分散的危险废物收集后经简单、原始的加工后集中排放,造成更大的环境污染风险。因此,加强我国危险废物管理工作已刻不容缓。

1.5.4.1 危险工业固体废物的"减量化""资源化"

危险工业固体废物的"减量化""资源化"适用于任何产生危险工业固体废物的工艺过程。各级政府应通过经济和其他政策措施促进企业清洁生产,防止和减少危险废物的产生。企业应积极采用低废、少废、无废工艺,禁止采用落后的生产方法、工艺和设备。生产过程中产生的危险工业固体废物,应积极推行生产系统内的回收利用和循环利用。对无法回收利用的危险工业固体废物,通过系统外的危险废物交换、物质转化、再加工、能量转化等措施实现回收利用。

对已经产生的危险工业固体废物,必须按照国家有关规定申报登记,建设符合标准的专门设施和场所来保存并设立危险废物标示牌,按有关规定自行处理处置或交由持有危险废物经营许可证的单位收集、运输、贮存和处理处置。在处理处置过程中,应采取措施减少危险废物的体积、重量和危险程度。

各级政府应通过设立专项基金、政府补贴等经济政策和其他政策措施鼓励企业对已经产生的危险工业固体废物进行回收利用,实现危险工业固体废物的"资源化"。国家应鼓励危险工业固体废物回收利用技术的研究和开发,逐步提高危险工业固体废物回收利用技术和装备水平。

1.5.4.2 危险工业固体废物的收集

装运危险工业固体废物的容器应根据不同成分和特性而设计,不易破损、变形、老化,能有效地防止渗漏、扩散。按危险工业固体废物的性质和状态,可选用不同大小和不同材质的容器进行包装。装有危险工业固体废物的容器必须贴有标签,在标签上详细说明危险工业固体废物名称、重量、组分、特性及发生泄漏、扩散污染事故时的应急措施和补救办法。需要密封包装的工业固体废物主要有与水或空气接触会产生剧烈反应的工业固体废物,与水或空气接触会产生有毒气体或烟雾的工业固体废物,氰酸盐和硫化物的含量超过1%的化合物,腐蚀性工业固体废物(pH值低于2或超过12.5),含有高浓度刺激性气味的化合物(如硫醇、硫醚、其他硫化物)或挥发性有机物(如醛类、酰类及胺类等),杀虫剂、除虫剂等农药,含有可聚合性单体废物(如丁二烯),强烈氧化剂等。这些工业固体废物必须按照法律规定或下列方式分类包装:易燃性液体、易燃性固体物、可燃性液体、腐蚀性物质、特殊性物质、氧化物、有机过氧化物。

1.5.4.3 危险工业固体废物的运输

放置在场内的容器或袋装危险工业固体废物,可由产生者直接运往场外的收集中心或转运站,也可由专用运输车辆按指定地点贮存或进一步处理。收集中心和转运站的位置应选择在交通路网便利的附近地带,由设有隔离带或埋于地下的液态危险废物贮槽、油分离系统及盛装有废物的桶或罐等库房群所组成。站内工作人员应负责办理废物的交换手续,按时将收存的危险工业固体废物如数装进运往处理场的运输车辆,并责成运输者负责途中安全。采用公路运输是危险工业固体废物的主要运输方式之一,因而载重汽车的装卸作业是造成废物污染环境的重要环节。今后必须发展安全高效的危险工业固体废物运输系统,鼓励发展各种形式的专用车辆,对危险工业固体废物的运输要求安全可靠,要严格按照危险工业固体废物运输管理所规定的进行运输,减少和避免运输过程产生的二次污染和可能造成的环境风险。运输的车辆必须经过主管单位的检查,并持有关单位签发的许可证,负责运输的司机应通过培训,持有证明文件,对运输车辆须有特别的标志或适当的危险工业固体废物符号。鼓励成立专业化的危险工业固体废物运输公司,对危险工业固体废物实行专业化运输。

1.5.4.4 危险工业固体废物的储存

生态环境部与国家市场监管总局联合印发新修订的《危险废物贮存污染控制标准》(GB 18597—2023)自2023年7月1日起实施。危险工业固体废物的贮存设施的选址与设计、运行与管理、安全防护、环境监测及应急措施及关闭等须遵循《危险废物贮存污染控制标准》(GB 18597—2023)的相关规定。

(1)贮存设施的类型。将危险工业固体废物贮存设施细化为贮存库、贮存场、贮存池、贮存罐区等4种类型,以满足多样化的贮存需求。贮存库为仓库式贮存设施,可用于贮存各类危险工业固体废物。贮存场为具有防雨顶棚(盖)的开放式贮存设施,主要用于堆存不易产生有毒有害气体的大宗危险工业固体废物。贮存池为具有防雨功能的池体构筑物,用于贮存单一类别的液态或半固态工业固体废物。贮存罐区为由一个或多个罐体及相关附属设施构成的固定式贮存设施,用于贮存液态工业固体废物。

(2)贮存设施选址要求。危险工业固体废物贮存设施的选址要求,包括需满足法律法规、规划和"三线一单"生态环境分区管控要求,不应选在生态保护红线区域、永久基本农田和其他需要特别保护的区域内,不应选在江河、湖泊、运河、渠道、水库及其最高水位线以下的滩地和岸坡,以及应满足环境影响评价文件明确的其与周围环境敏感目标的距离。

(3)贮存设施的建设要求。贮存库内应根据废物类型注意做好分区隔离措施,并根据贮存废物的危险特性和污染途径等采取相应的液体意外泄漏堵截、气体收集净化、防渗漏等污染防治措施。贮存场应特别注意防雨和地面径流等外源性液体进入,同时还应做好场内废水废液导流收集,做到贮存过程不增加废物量,并保证废物不扬散、不流失。贮存池应特别注意强化池体的整体防渗和基础防渗,同时应做好防止雨水和径流流入,以及大气污染物无组织排放的防范工作。贮存罐区应特别注意做好围堰的建设,做好防渗防腐措施和液体意外泄漏堵截等防范措施,妥善处理围堰内收集的废水废液等。

(4)贮存库的具体要求。一是表面防渗,表面防渗主要针对地面和裙脚,要求表面防渗材料应与所接触的物料或污染物相容,可采用抗渗混凝土、高密度聚乙烯膜、钠基膨润土防水毯或其他具有防渗性能等效的材料。二是基础防渗,在常温常压下不易水解、不易挥发的固态危险工业固体废物可分类堆放贮存,也就是将贮存的危险工业固体废物直接接触地面,在这种情况下,应采取基础防渗,防渗层为至少 1 m 厚黏土层(渗透系数不大于 10^{-7} cm/s),或至少 2 mm 厚高密度聚乙烯膜等人工防渗材料(渗透系数不大于 10^{-10} cm/s),或其他具有防渗性能等效的材料。基础防渗要求与原标准无差异,考虑到大多数企业都采用容器和包装物盛装危险工业固体废物,未将危险工业固体废物直接接触地面,因此并非所有的贮存库都需采取基础防渗。三是分区,规定贮存库内应根据危险工业固体废物的类别设置分区,不同贮存分区之间应采取隔离措施,隔离措施可根据危险工业固体废物特性采用过道、隔板或隔墙等方式。四是液体泄漏堵截设施,在贮存库内或通过贮存分区方式贮存液态危险废物的,应具有液体泄漏堵截设施,堵截设施最小容积不应低于对应贮存区域最大液态废物容器容积或液态废物总储量1/10(较大值)。五是渗滤液收集设施,明确用于贮存可能产生渗滤液的危险废物时,才需要设计渗滤液收集设施,并非所有贮存液态危险废物的设施都需要设计液体收集设施。六是气体导出口和净化装置,贮存易产生粉尘、挥发性有机物、酸雾、有毒有害大气污染物和刺激性气味气体的危险废物贮存库,应设置气体收集装置和气体净化设施。

(5)容器和包装物污染控制要求。在常温常压下不易水解、不易挥发的固态危险废物可分类堆放贮存,其他固态危险废物应装入容器或包装物内贮存。液态危险废物应装入容器内贮存,或直接采用贮存池、贮存罐区贮存。半固态危险废物应装入容器或包装袋内贮存,或直接采用贮存池贮存。具有热塑性的危险废物应装入容器或包装袋内进行贮存。易产生粉尘、挥发性有机物、酸雾、有毒有害大气污染物和刺激性气味气体的危险废物应装入闭口容器或包装物内贮存。硬质容器和包装物及其支护结构堆叠码放时不应有明显变形,无破损泄漏。柔性容器和包装物堆叠码放时应封口严密,无破损泄漏。使用容器盛装液态、半固态危险废物时,容器内部应留有适当的空间。

(6)贮存设施运行环境管理要求。新标准细化完善了贮存设施运行环境管理要求,包括入库前的标签检查、贮存设施的定期检查和清理、制定危险废物管理台账、设施管理制度、操作规程,此外,如企业属于土壤环境重点监管单位,则需结合贮存设施特点建立土壤和地下水污染隐患排查制度,并定期开展隐患排查。

(7)环境监测和应急要求。新标准对贮存设施的环境监测提出明确要求,要针对危险工业固体废物贮存设施制订监测计划并按规定开展监测,比如配有收集净化系统的贮存设施应对排放口进行监测;涉及挥发性有机物排放的,除了监测排放口外,还需要进行无组织监测;涉及恶臭的需要对恶臭指标开展监测;危险工业固体废物环境重点监管单位还应当对地下水开展相关监测。新标准补充了危险工业固体废物贮存设施环境应急要求,从应急预案管理、人员、装备、物资和预警响应等方面提出了危险工业固体废物贮存设施环境应急要求。

(8)危险工业固体废物环境重点监管单位的信息化管理要求。新标准要求危险废物年产生量 100 t 及以上的单位、具有危险废物自行利用处置设施的单位或持有危险废物经营许可证的单位,应采用电子地磅、电子标签、电子管理台账等技术手段对危险废物贮存过程进行信息化管理,提升危险废物贮存环境管理水平。采用视频监控的应确保监控画面清晰,视频记录保存时间至少为 3 个月。

(9)小微产废单位的简化管理要求(贮存点)。贮存点指用于同一生产经营场所专门贮存危险废物的场所以及部分产废单位在生产线附近中转存放产生的危险废物的场所。危险废物年产生量 10 t 以下且未纳入危险废物环境重点监管单位的单位(小微产废单位),可根据危险废物的特性、包装形式和污染途径等,设置危险废物贮存点,采取比较灵活且有针对性的环境风险防控措施,简化相关环境管理要求。在环境风险可控的前提下,显著降低小微产废单位建设危险废物贮存设施的成本。贮存点的基本要求包括与其他区域隔离,防风、防雨、防晒、防流失、防扬散、防渗漏等,值得注意的是,贮存点应及时清运贮存的危险废物,实时贮存量不应超过 3 t。

1.5.4.5 危险工业固体废物焚烧

危险工业固体废物焚烧可实现危险工业固体废物的"减量化"和"无害化",并可回收利用其余热。焚烧处理适用于不宜回收利用其有用组分、具有一定热值的危险工业固体废物。易爆和具有放射性废物不宜进行楚烧处置。焚烧设施的建设、运营和污染控制管理应遵循《危险废物焚烧污染控制标准》(GB 18597—2023)及其他有关规定。各类焚烧装置不允许建设在自然保护区、风景名胜区和其他需要特殊保护地区。集中式危险工业固体废物焚烧厂不允许建设在人口密集的居住区、商业区和文化区。各类焚烧厂不允许建设在居民区主导风向的上风向地区。

1.5.4.6 危险工业固体废物的安全填埋处置

危险工业固体废物安全填埋处置适用于不能回收利用其组分和能量的危险工业固体废物。危险工业固体废物经过焚烧处理和资源化利用产生的废渣以及固化/稳定化处理后的废渣,都要进行安全填埋。同时填埋场还要接纳由某些重点企业等分散处理后不能送往城市垃圾卫生填埋场的废渣,安全填埋是危险工业固体废物减量、稳定化后的最终处理方式。填埋场场址应符合国家及地方城乡建设总体规划要求,场址应处于一个相对稳定的区域,不会因自然或人为的因素而受到破坏。场址不应选在城市工农业规划区、农业保护区、自然保护区、风景名胜区、文物(考古)保护区、生活饮用水源保护区、供水远景规划区、矿产资源储备区和其他特别需要保护的区域内。填埋场场址要求距飞机场、军事基地的距离不小于 3 000 m。场界应位于居民区 800 m 以外,保证在当地气象条件下对附近居民区大气环境不产生影响。危险工业固体废物安全填埋场必须按入场要求和经营许可证规定的范围接收危险工业固体废物,达不到入场要求的,须进行预处理并达到填埋场入场要求。

危险工业固体废物安全填埋场必须满足以下要求:

1)填埋场应设有预处理站,预处理站包括废物临时堆放、分捡破碎、减容减量处理、稳定化养护等设施。应对不相容性的废物设置不同的填埋区,每区之间应设有隔离设施。但对面积过小,难以分区的填埋场,对不相容性废物可分类用容器盛放后填埋,容器材料应与所有可能接触的物质相容,且不被腐蚀。填埋场所选用的材料应与所接触的废物相容,并考虑其抗腐蚀性。

2)填埋场必须有满足要求的防渗层,不得产生二次污染。天然基础层饱和渗透系数小于 1.0×10^{-7} cm/s,且厚度大于 5 m 时,可直接采用天然基础层作为防渗层;天然基础层饱和渗透系数为 $1.0 \times 10^{-7} \sim 1.0 \times 10^{-6}$ cm/s 时,可选用复合衬层作为防渗层,高密度聚乙烯的厚度不得低于 1.5 mm;天然基础层饱和渗透系数大于 1.0×10^{-6} cm/s 时,须采用双人工合成衬层

(高密度聚乙烯)作为防渗层,上层厚度在 2.0 mm 以上,下层厚度在 1.0 mm 以上。

3)填埋场要做好清污水分流,减少渗沥水产生量,设置渗沥水导排设施和处理设施。对易产生气体的危险工业固体废物填埋场,应设置一定数量的排气孔、气体收集系统、净化系统和报警系统。

危险工业固体废物填埋场在进行期间,应严格按照作业规程进行单元式作业,做好压实和覆盖工作。填埋场应自行或委托其他单位对填埋场地下水、地表水、大气等进行定期监测。填埋场终场后,要进行封场处理,进行有效的覆盖和生态环境的恢复。填埋场封场后,经监测、论证和有关部门审查,才可以对土地进行适宜的非农业开发和利用。

总之,以我国现有的实际情况,对危险工业固体废物进行管理和控制,难度较大,涉及面广,是一项系统的工程,需要各级政府、各级环保部门的支持和配合。要达到危险工业固体废物的"减量化""无害化""资源化"的目标,需要在全国各地建立一批集中处理处置场。此外,还要进一步研究开发和引进焚烧、填埋的成套技术和设备,包括高效的、实用的焚烧炉及余热回收利用技术和设备、安全填埋的关键技术和设备、污染物监测控制技术和仪器、安全填埋场渗滤液处理及封场技术等,才能使我国危险工业固体废物管理和控制水平实现质的飞跃。

【案例分析】

案例:2017 年 4 月中旬,平湖市公安局接到群众举报,平湖当湖街道一废弃垃圾房边上有大量袋装污泥。接到举报后,联合平湖市环保局开展联合侦查,通过近半个月的视频侦查和排查走访,初步确定了某公司涉嫌污染环境。平湖市公安局先后抓获公司 5 名涉嫌污染环境的犯罪嫌疑人。在 2016 年 9 月至 2017 年 4 月期间,该公司法定代表人罗某、业主朱某、厂长高某、职工罗某、李某将该厂酸洗磷化过程中产生的废水处理污泥非法处置,陆续将 6 吨左右的袋装废水处理污泥转运倾倒在废弃垃圾房边上,严重污染环境。朱某、高某、职工罗某被刑事拘留,法定代表人罗某取保候审。

请阐明案例中涉及的环境污染类型,处罚所依据的法律法规。

练 习 题

1.按工业固体废物的产生行业,工业固体废物可分为哪几类?

2.工业固体废物有哪些特点?

3.工业固体废物对环境造成污染的途径有哪些? 主要表现在哪些方面?

4.阐述工业固体废物的危害。

5.谈一谈如何控制工业固体废物的污染。

6.简述工业固体废物处理的原则。

7.工业固体废物的处理方法有哪些?

8.简述我国控制工业固体废物的技术政策。

9.简述工业固体废物的管理原则。

10.阐述危险工业固体废物的管理理念。

11.简述危险废物安全填埋场必须满足的要求。

第2章 工业固体废物常用处理技术及资源化

2.1 概 述

随着世界工业经济的迅速发展,自然资源正以惊人的速度被开发和消耗,部分自然资源濒临枯竭。相对于自然资源,固体废物属于二次资源。尽管固体废物一般不再具有其原本使用价值,但经过回收、处理等,固体废物又可作为其他产品的原料,进行二次利用,使其成为另一种新的可使用资源。目前,固体废物资源化利用已成为世界上很多国家控制固体废物污染、缓解自然资源紧张的重要策略。

工业固体废物主要由冶金、化学、机械等工业在生产过程中所形成。对工业固体废物进行"减量化""无害化"和"资源化"处理,可以减少工业固体废物的污染,进行合理资源化利用。工业固体废物常用处理技术包括焚烧、填埋、堆肥等。

2.2 工业固体废物的焚烧处理技术

2.2.1 焚烧处理技术概述

固体废物焚烧处理是将固体废物进行高温分解和深度氧化的处理过程。在燃烧过程中,具有强烈的放热效应,有基态和激发态自由基生成,并伴有光辐射。

2.2.1.1 焚烧的目的

焚烧的主要目的是尽可能焚毁废物,使被焚烧的物质变为无害并最大限度地减容,尽量减少新的污染物质产生,避免造成二次污染。大、中型的废物焚烧厂,需要同时实现使废物减量、彻底焚毁废物中的毒性物质及回收利用焚烧产生的废物这三个目的。

2.2.1.2 焚烧设备的发展历程

19 世纪中后期,人们开始利用焚烧处理技术来保障公共卫生和安全。焚毁传染病疫区可能带来的病菌如霍乱、伤寒、疟疾、猩红热等传染性病毒和病菌的垃圾,以此来控制危害人类身体健康的传染性疾病的扩散和传播。之后,英国、美国、法国、德国等国家,先后开展了大量有害垃圾焚烧的研究与试验,初期制造的焚烧炉设备简陋,没有烟气净化处理设施,基本采用间歇操作、人工加料和人工排渣,不仅效率低、残渣量大,且在焚烧过程中存在着明显的黑烟和臭味,也未对焚烧残渣进行专门处理或处置,污染物排放治理水平极低。

进入 20 世纪以后,随着科学技术的不断进步,在总结过去成功经验和失败教训的基础上,人类的垃圾焚烧技术机械化操作加强。焚烧炉设置了必要的旋风收尘等烟气净化处理装置。在垃圾处理能力、焚烧效果和污染治理水平等焚烧技术方面均有明显进步。到了 20 世纪 60 年代,世界发达国家的垃圾焚烧技术已初具现代化,出现了连续的大型机械化炉排和由机械除尘、静电收尘和洗涤等技术构成的较高效率的烟气净化系统。焚烧炉炉型向多样化、自动化方向发展,焚烧效率和污染治理水平也进一步提高。特别是在 20 世纪 70 年代至 90 年代,由于全球能源危机的出现,土地价格上涨,人类的环境保护意识增强,相关部门对污染排放的限制,以及计算机自动化控制等技术的发展,固体废物焚烧技术得到了空前发展且应用广泛。针对不同的技术经济要求,出现了多种类型的焚烧炉,如水平机械焚烧炉、倾斜机械焚烧炉、流化床焚烧炉、回转式焚烧炉等。焚烧温度也提高到 850~1 100 ℃以上。

现代固体废物焚烧技术强化了焚烧效率和焚烧烟气的净化处理 。在固体废物焚烧系统中,普遍在原有除尘处理的基础上,进一步发展了湿式洗涤、半湿式洗涤、袋式过滤、吸附等技术,净化处理颗粒状污染物和气态污染物(如 HCl、HF、SO_x、二噁英等)。特别是 20 世纪 90 年代以来,一些国家在焚烧烟气处理系统中,除了使用机械除尘、静电除尘、洗涤除尘和袋式过滤外,还配置了催化脱硝、脱硫设施。

随着科学技术的不断进步及对环境保护和安全要求进一步提高,固体废物焚烧处理技术正向资源化、智能化、多功能、综合性方向发展。焚烧处理早已从过去的单纯处理废物,发展为集焚烧、发电、供热、环境美化等功能为一体的自动化控制、全天候运行的综合性系统工程。

2.2.1.3　可焚烧处理废物类型

利用焚烧法处理固体废物的优点是减量化效果显著、无害化程度彻底等。焚烧法不仅可以处理固体废物,还可以处理液体废物和气体废物;也可处理城市垃圾和一般工业废物及危险废物等。

2.2.2　焚烧工艺与设备

2.2.2.1　焚烧工艺

根据固体废物的时期、炉型、种类及处理要求不同,其焚烧技术和工艺流程也有所区别。其中,间歇焚烧、连续焚烧、固定炉排焚烧、流化床焚烧、回转窑焚烧工艺流程主要由前处理系统、进料系统、焚烧炉系统、空气系统、烟气系统、灰渣系统、余热利用系统及自动化控制系统组成。焚烧具体工艺过程如下所示。

(1)前处理系统。固体废物焚烧的前处理系统主要指固体废物的贮存、分选或破碎,具体包括固体废物运输、计量、登记、进场、卸料、混料、破碎、手选、磁选、筛分等。由于固体废物的成分较为复杂,既有坚硬的金属类废物和砖石,又有韧性很强的条带类物质。这就要求破碎和筛分设备在具备足够的抗缠绕、剪切能力的同时,又能够击碎坚硬的金属和砖石固体废物。前处理系统的设备、设施和构筑物主要包括车辆、地衡、控制间、垃圾池、吊车、抓斗、破碎和筛分设备、磁选机,以及臭气和渗滤液收集、处理设施等。

(2)进料系统。进料系统的主要作用是向焚烧炉定量给料,同时将废物池中的废物与焚烧炉的高温火焰及烟气隔开、密闭,以防焚烧炉火焰通过进料口造成废物池废物反烧和高温烟气反窜。目前,应用较广的进料方法有炉排进料、螺旋给料、推料器给料等几种形式。

(3)焚烧炉系统。焚烧炉系统是整个工艺系统的核心,是固体废物进行蒸发、干燥、热分解和燃烧的场所。焚烧炉系统的核心装置就是焚烧炉。焚烧炉有多种炉型,如固定炉排焚烧炉、水平链条炉排焚烧炉、倾斜机械炉排焚烧炉、回转式焚烧炉、流化床焚烧炉、立式焚烧炉、气化热焚烧炉、气化熔融炉、电子束焚烧炉、离子焚烧炉、催化焚烧炉等。

焚烧炉的炉排有效面积和燃烧室有效容积可分别按以下公式计算:

$$A = \max\left\{\frac{Q}{Q_\text{热}}, \frac{Q}{Q_\text{质}}\right\}$$

$$V = \max\left\{\frac{Q}{Q_\text{体热}}, q_V\theta_\text{烟}\right\}$$

式中:A——炉排有效面积,m^2;

$Q_\text{质}$——炉排机械负荷,$kg/(m^2 \cdot h)$;

$Q_\text{热}$——炉排热力负荷,$kJ/(m^2 \cdot h)$;

Q——单位时间固体废物和人力低位发热量热值,kJ/h;

$Q_\text{体热}$——燃烧室容积热力负荷,$kJ/(m^3 \cdot h)$;

V——燃烧室有效容积,m^3;

q——烟气体积流量,$q_V = \gamma W/(3\ 600\rho)$,$m^3/s$(其中:$\gamma$ 为烟气产率,kg/kg;W 为单位时间垃圾和燃料质量,kg/h;ρ 为烟气密度,kg/m^3);

$\theta_\text{烟}$——烟气停留时间,s。

焚烧炉系统的固体废物和烟气停留时间,可用下式计算:

$$\theta_\text{烟} = \int_0^V d\left(\frac{V}{q_{V,\text{空}}}\right)$$

$$\theta_\text{固} = \frac{Q'm}{Q_\text{体热}V}$$

式中:Q'——单位质量固体废物和燃料热值,kJ/kg;

$q_{V,\text{空}}$——空气量,m^3/s;

m——垃圾和燃料质量,kg;

$\theta_\text{固}$——固体停留时间,$\theta_\text{固} \geq 1.5 \sim 2\ h$;

$\theta_\text{烟}$——烟气停留时间,$\theta_\text{烟} \geq 2\ s$。

(4)空气系统。空气系统,即助燃空气系统,是焚烧炉非常重要的组成部分。空气系统除了为固体废物的正常焚烧提供必需的助燃氧气外,还有冷却炉排、混合炉料和控制烟气气流等作用。

助燃空气可分为一次助燃空气和二次助燃空气。一次助燃空气是指由炉排下送入焚烧炉的助燃空气,即火焰下空气。一次助燃空气约占助燃空气总量的 $60\% \sim 80\%$,主要起助燃、冷却炉排、搅动炉料的作用。一次助燃空气分别从炉排的干燥段(着火段)、燃烧段(主燃烧段)和燃烬段(后燃烧段)送入炉内,气量分配约为 $1.5:7.5:1$。火焰上空气和二次燃烧室的空气属于二次助燃空气。二次助燃空气主要是为了助燃和控制气量的湍流程度。二次助燃空气一般

为助燃空气总量的 $20\%\sim40\%$。

　　一般情况下,一部分一次助燃空气可从废物池上方抽取,以防治废物池臭气对环境的污染。可利用助燃空气通过设置在余热锅炉之后的换热器进行预热,以提高助燃空气的温度。这一措施可改善焚烧效果,且能够提高焚烧系统的有用热,有利于系统的余热回收。

　　空气系统的主要设施是通风管道、进气系统、风机和空气预热器等。

　　(5)烟气系统。焚烧炉烟气是处理固体废物焚烧过程中的主要污染源。焚烧炉烟气含有大量颗粒状污染物质和气态污染物质。设置烟气系统的目的就是去除烟气中的污染物质,并使之达到国家有关排放标准的要求,最终可直接排入大气,不造成大气污染。

　　烟气中的颗粒状污染物质,即各种烟尘,主要通过重力沉降、离心分离、静电除尘、袋式过滤等技术手段去除;而烟气中的气态污染物质,如 SO_x、NO_x、HCl 及有机气体物质等,则主要是利用吸收、吸附、氧化还原等技术途径进行净化。

　　烟气净化处理是防治固体废物焚烧造成二次环境污染的关键。《锅炉大气污染排放标准》(GB 13271—2004)对焚烧烟气排放作出了明确规定(见表 2-1)。

表 2-1　焚烧炉大气污染物排放限值*

焚烧炉大气污染物	单　位	数值含义	限　值
烟尘	mg/m^3	测定均值	80
烟气最高黑度	林格曼黑度,级	测定值**	1
一氧化碳	mg/m^3	小时均值	150
氮氧化物	mg/m^3	小时均值	400
二氧化硫	mg/m^3	小时均值	260
氯化氢	mg/m^3	小时均值	75
汞	mg/m^3	测定均值	0.2
镉	mg/m^3	测定均值	0.1
铅	mg/m^3	测定均值	1.6
二噁英类	$ng\ TEQ/m^3$	测定均值	1.0

　　注:*均以标准状态下含 11% O_2 的干烟气为参考值换算;

　　　　**烟气最高黑度时间,在任何 $1\ h$ 内累计不得超过 $5\ min$。

　　氯化物、硫氧化物、氟化氢的去除工艺可分为干法、半干法和湿法工艺三类。干法工艺是将石灰粉喷入烟气净化反应器,使之与氯化物、硫氧化物、氟化氢等酸性气体接触反应而生成固态物质。干法工艺对氯化氢的去除率一般为 $80\%\sim90\%$。半干法工艺是将适量的一定浓度的石灰浆喷入烟气净化反应器,使之与酸性气体接触反应中和后去除,同时石灰浆的水分被烟气加热蒸发。半干法工艺对氯化氢的去除率可高达 $98\%\sim99\%$。湿法工艺是将过量的石灰浆喷入烟气净化反应器,净化烟气中酸性气体。湿法工艺通常对烟气中污染物有很高的去除率,但经过湿法处理的烟气往往温度较低、湿度较高,这可能会给后续的布袋过滤处理造成困难。此外,湿法净化工艺不可避免地存在废水处理问题。

　　二噁英类物质(PCDDs)是已知的毒性最大的物质之一。二噁英类物质主要有两类,第一类是氯苯并二噁英(TCDDs),有 75 种化合物,其中毒性最大的是 2,3,7,8-四氯二苯并二噁英(2,3,7,8-TCDD);第二类是二苯并呋喃类物质(PCDFs),共 135 种物质。

根据二噁英类物质生成的机理和途径,通常控制二噁英类物质的产生可采用以下措施:一是严格控制焚烧炉燃烧室温度和固体废物、烟气的停留时间,确保固体废物及烟气中的有机气体,包括二噁英类物质前驱体的有效焚毁率;二是减少烟气在 200~500 ℃温度段的停留时间,以避免或减少炉外生成二噁英类物质;三是对烟气进行有效的净化处理,以去除可能存在的微量二噁英类物质,如利用活性炭或多孔性吸附剂净化去除二噁英类物质。

根据焚烧炉烟气成分和处理要求,常用的烟气处理技术有旋风除尘、静电除尘、湿式洗涤、半干式洗涤、干式洗涤、布袋过滤、活性炭吸附等。有时还设有催化脱硝、烟气再加热和减振降噪等设施。

焚烧炉烟气处理系统的主要设备和设施有沉降室、旋风除尘器、静电除尘器、洗涤塔、布袋过滤器等。

(6)其他工艺系统。除以上工艺系统外,固体废物焚烧系统还包括灰渣系统、废水处理系统、余热系统、发电系统、自动化控制系统等。

其中,灰渣系统的典型工艺流程如图 2-1 所示。

灰渣 → 收集 → 冷却 → 输送 → 渣池 → 抓吊 → 处理或外运

图 2-1 灰渣系统工艺流程图

灰渣系统主要包括灰渣收集、冷却、加湿处理、贮运、处理处置和资源化等单元。灰渣系统的主要设备和设施有灰渣漏斗、渣池、排渣机械、滑槽、水池或喷水器、抓提设备、输送机械、磁选机等。

2.2.2.2 焚烧炉类型

焚烧炉系统的主体设备是焚烧炉,包括受料斗、饲料器、炉体、炉排、助燃器、出渣和进风装置等设备和设施。焚烧炉主要有以下几个类型。

(1)机械炉排焚烧炉。机械炉排焚烧炉可分为水平链条机械炉排焚烧炉和倾斜机械炉排焚烧炉。倾斜机械炉排多为多级阶梯式炉排,有多种类型,其代表性炉排有并列摇动式、台阶式、往复移动式、倾斜履带式、滚筒式等。炉排是层状燃烧技术的关键,机械焚烧炉的炉排通常可分为三个区或三个段:预热干燥区(干燥段)、燃烧区(主燃段)和燃烬区(后燃段),在移动的过程中,分别进行固体废物蒸发、干燥、热分解及燃烧反应,同时松散和翻动料层,并从炉排缝隙中漏出灰渣。大型倾斜机械炉排焚烧炉,如马丁炉等,具有工艺先进、技术可靠、焚烧效率和热回收效率高、对垃圾适应性强等优点,在国外应用较为广泛。但这种焚烧炉的炉排材质要求高,而且炉排加工、制造复杂,设备造价昂贵,一次性投资大。

(2)流化床焚烧炉。流化床焚烧炉采用新型的清洁燃烧技术,其炉膛内装有布风板、导流板、载热媒介惰性颗粒,在焚烧运行时物料呈沸腾状态。流化床焚烧炉传热和传质速率高,物料基本呈完全混合状态,能迅速分散均匀。载热体贮存大量的热量,床层的温度保持均匀,避免了局部过热,温度易于控制。流化床焚烧炉具有固体废物焚烧效率高、负荷调节范围宽、污染物排放少、热强度高、适合燃烧低热值物料等优点。

（3）回转窑焚烧炉。回转窑焚烧炉是一个可旋转的倾斜钢制圆筒,筒内加装耐火衬里或由冷却水管和有孔钢板焊接成的内筒。炉体向下方倾斜,分成干燥、燃烧及燃烬三段,并由前后两端滚轮支撑和电机链轮驱动装置驱动。固体废物在窑内由进到出的移动过程中,完成干燥、燃烧及燃烬过程。冷却后的灰渣由炉窑下方末端排出。在进行固体废物燃烧时,随着回转窑焚烧炉的缓慢移动,固体废物获得良好的翻搅及向前输送,预热空气由底部穿过有孔钢板至窑内,使垃圾能完全燃烧。回转窑焚烧炉通常在窑尾设置一个二次燃烧室,使烟中可燃成分在二次燃烧室得到充分燃烧。

回转窑焚烧炉具有对固体废物适应性广、故障少、可连续运行等特点。回转窑焚烧炉不仅能焚烧固体废物,还可焚烧液体废物和气体废物。但回转窑焚烧炉存在窑身较长、占地面积较大、热效率低、成本高等缺点。

2.2.3　工业固体废物焚烧过程的二次污染形成与控制

废物焚烧产生的燃烧气体中除了无害的二氧化碳及水蒸气外,还含有许多污染物质,适当处理之后达到安全标准,才能将污染物排放,否则会造成二次污染。焚烧系统中的尾气处理设备与一般空气污染防治设备基本相同,但是焚烧废物产生的尾气及污染物具有其特殊的性质,在设计尾气处理系统时应考虑其用于专门系统的经验及其去除效果,来保证能够达到预期目的。

2.2.3.1　概述

（1）焚烧尾气中污染物质。焚烧尾气中所含的污染物质的产生及含量与废物的成分、燃烧速率、焚烧炉形式、燃烧条件、废物进料方式有密切的关系,主要的污染物质有下列几种。

1）不完全燃烧产物（简称 PIC）。烃类化合物燃烧后主要的产物为水蒸气及二氧化碳,可以直接排入大气中。不完全燃烧产物是燃烧不充分而产生的副产品,包括一氧化碳、炭黑、烃、烯、酮、醇、有机酸及聚合物等。

2）粉尘。废物中的惰性金属盐类、金属氧化物或不完全燃烧物质等。

3）酸性气体。包括氯化氢,卤化氢（氯以外的卤素,如氟、溴、碘等）,硫氧化物［二氧化硫（SO_2）及三氧化硫（SO_3）］,氮氧化物（NO_x）,以及五氧化二磷（P_2O_5）和磷酸（H_3PO_4）。

4）重金属污染物。包括铅、汞、铬、镉、砷等的元素态、氧化物及氯化物等。

5）二噁英。PCDDs/PCDFs。

（2）焚烧尾气控制方法。在一个设计良好而且操作规范的焚烧炉内,一般情况下,不完全燃烧物质的产生量极低,通常不会造成空气污染,因此设计尾气处理系统时,不将其考虑在内。

表 2-2 列出了危险废物焚烧后产生的空气污染物质及处理设备。氮氧化物（NO_x）很难以一般方法去除,但是由于其含量较低（100 mg/m³ 左右）,所以通常以控制焚烧温度来降低氮氧化物（NO_x）产生量。硫氧化物虽然去除困难,但一般危险废物和城市垃圾中含硫量很低（0.1% 以下）,尾气中少量硫氧化物可经湿式洗涤设备吸收。溴（Br_2）、碘（I_2）及碘化氢（HI）等尚无有效去除方法,由于其含量很低,一般尾气处理系统的设计中不加以考虑。如果废物中含有较高的溴或碘化合物,焚烧前可用混合或稀释等方式来降低其含量,卤化氢（氯化氢、溴化氢等）可与洗涤设备中的碱性溶液进行中和反应,氯化氢是尾气主要的酸性物质,其含量由几

百 mg/m³ 至几个百分比,必须将其含量降至 1％ 以下(即达到 99％ 去除率)才可排放。废气中如含有挥发状态的重金属污染物,部分污染物可在低温时自行凝结成颗粒,在飞灰表面凝结或被吸附,之后可被除尘设备收集去除,部分无法凝结或未被吸附的重金属的氯化物,可利用其溶于水的特性,经过湿式洗气塔的洗涤液将废气中重金属的氯化物吸收掉。

表 2-2 危险废物焚烧后产生的空气污染物质及处理设备

危险废物成分	污染物	处理设备			
		急冷喷凝塔	文氏洗涤器	布袋或静电除尘器	填料吸收塔
1.有机污染物					
(1)碳、氢、氧	氮氧化物	—	—	—	×
(2)氯	氯化氢	×	×	—	×
(3)溴	溴化氢及溴	×	×	—	×
(4)氟	氟化氢	×	×	—	×
(5)硫	硫氧化物	×	×	—	×
(6)磷	五氧化二磷	×	×	—	×
(7)氮	氮氧化物	—	—	—	—
2.无机化合物					
(1)不具毒性(铝、钙、钠、硅等)	粉尘	×	×	×	×
(2)有毒金属(铅、砷、锑、铬、镉、钼等)	粉尘	×	×	×	×
	挥发性蒸汽	—	×	×	×

注:×为不可使用;—为可使用。

焚烧厂中较为典型的空气污染控制设备及处理流程可分为干法、半干法和湿法三类。

1)干法处理流程。干法处理流程由干式洗气塔与静电集尘器或布袋除尘器组合而成,用干式洗气塔去除酸气,布袋除尘器或静电集尘器去除粉尘。

2)半干法处理流程。半干法处理流程由半干式洗气塔与静电除尘器或布袋除尘器组合而成,用半干式洗气塔去除酸气,布袋除尘器或静电集尘器去除粉尘。

3)湿法处理流程。湿法处理流程包括文氏洗涤器或静电集尘器与湿式洗气塔的组合,用文氏洗涤器或湿式电离洗涤器去除粉尘,填料吸收塔去除酸气。

(3)粒状污染物控制技术。

1)设备选择。焚烧尾气中粉尘的主要成分为惰性无机物质,如灰分、无机盐类、可凝结的气体污染物质及有害的重金属氧化物,其含量在 $450 \sim 22\,500$ mg/m³ 之间,因运转条件、废物种类及焚烧炉形式而不同。一般来说,固体废物中灰分含量高时,所产生的粉尘量较多,颗粒大小的分布较广,液体焚烧炉产生的粉尘较少。粉尘颗粒的直径有的大至 100 μm 以上,有的小至 1 μm 以下,由于焚烧炉需处理的废物来自不同产业,因此焚烧尾气所带走的粉尘及雾滴特性和一般工业尾气类似。

选择除尘设备时,应先考虑粉尘负荷、粒径大小、处理风量及容许排放浓度等因素,如需要可进一步深入了解粉尘的特性(如粒径尺寸分布、平均与最大浓度、黏度、湿度、电阻系数、腐蚀性、易碎性、易燃性、毒性、可溶性及爆炸限制等)及废气的特性(如压力损失、温度、湿度及其他成分等),以便进行合适的设备选择。

除尘设备的种类主要包括重力沉降室、旋风(离心)除尘器、喷淋塔、文氏洗涤器、静电集尘器及布袋除尘器等,各除尘设备的特性比较见表 2-3,重力沉降室、旋风除尘器和喷淋塔等无法去除 5~10 μm 以下的粉尘,只能将其视为除尘前处理设备。固体废物焚烧系统中主要的除尘设备可分为静电集尘器、文氏洗涤器及布袋除尘器;液体焚烧炉尾气中粉尘含量较低,在设计时不用考虑专门的去除粉尘设备,急冷用的喷淋塔及去除酸气的填料吸收塔的组合足以将粉尘含量降至许可范围之内。

表 2-3　焚烧尾气除尘设备的特性比较

设备种类		有效去除颗粒直径/μm	压差/mmH$_2$O	处理单位气体需水量/(L/m³)	体积	是否受气体流量变化影响		运转温度/℃	特性
						压力	效率		
文氏洗涤器		0.5	1 000~2 540	0.9~1.3	小	是	是	70~90	构造简单,投资及维护费用低,废水需处理
水音式洗涤塔		0.1	915	0.9~1.3	小	是	是	70~90	能耗最高,去除效率高,废水需处理
静电集尘器		0.25	13~25	0	大	否	是	—	受粉尘含量、成分、气体流量变化影响大,去除率随使用时间下降
湿式电离洗涤塔		0.15	75~205	0.5~11	大	是	否	—	效率高,产生废水须处理
布袋除尘器	(a)传统形式	0.4	75~150	0	大	是	否	100~250	受气体温度影响大,布袋选择为主要设计参数,如选择不当,维护费用高
	(b)反转喷射式	0.25							

2)设备类型。控制粒状污染物的设备主要有文氏洗涤器、静电集尘器和布袋除尘器。

工业固体废物处理及资源化

A.文氏洗涤器。文氏洗涤器可有效去除废气中直径小于 $2\ \mu m$ 的粉尘,其除尘效率与静电集尘器及布袋除尘器相同。由于文氏洗涤器使用大量的水,可防止易燃物着火,并具有吸收腐蚀性酸气的功能,所以它较静电集尘器及布袋除尘器更适用于有害气体的处理。典型的文氏洗涤器(见图 2-2)由两个锥体组合而成,锥体交接部分(喉部)面积较小,方便气、液的加速及混合。废气从顶部进入后和洗涤液相遇,经过喉部时,由于截面积缩小,流体的速度增加,产生速度较高的湍流及气、液的混合,气体中所夹带的粉尘混入液滴中,流体通过喉部后,速度降低,再经气水分离器作用,干净气体由顶端排出,而混入液体中的粉尘则随液体由气水分离器底部排出。

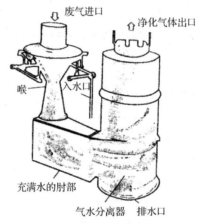

图 2-2　文氏洗涤器及气水分离器

文氏洗涤器根据供水方式不同可分成非湿式及湿式两种(见图 2-3)。在非湿式文氏洗涤器中,气体和液体在进入喉部前互不接触,适用于低温及湿度高的气体处理,价格较低。在湿式文氏洗涤器中,液体从顶部流入,充分浇湿上部锥体内壁,因此气体所夹带的粉尘不易附着在内壁上,适用于高温或夹带粘滞性粉尘的废气处理,其价格较非湿式昂贵。由于除尘效率和喉部压差有关,所以喉部通常装有调节装置,可根据气体流量变化进行调整,以维持固定的压差及流速。

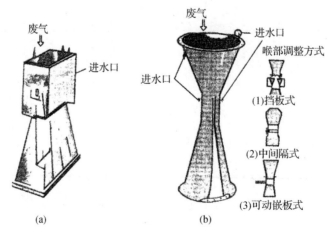

图 2-3　不同形式的文氏洗涤器

(a)长方形非湿式型;(b)圆锥形湿式型(喉部截面可调)

应用于危险废物焚烧尾气处理的文氏洗涤器的压差控制在 75~250 kPa,喉部气体流速在 45~150 m/s,洗涤水使用量为 0.7~3 L/m³。

文氏洗涤器体积小,投资及安装费用远比布袋除尘器或静电集尘器低,是较为普遍的焚烧尾气除尘设备,但是由于其压差较其他设备高出较多(至少 7.5~19.9 kPa),抽风机的能源使用量很高(抽风机的电能和压差成正比),同时还需要处理大量废水,所以其设备运转及维护费用和其他设备基本相同。

文氏洗涤器也具有酸气吸收作用,吸收效率在 50%~70%,无法达到 99% 的酸气去除要求,若焚烧尾气含有酸气,则必须使用吸收塔去除。

文氏洗涤器的除尘效率和压差有很大的关系,由于规定的尾气中粉尘许可含量越来越低,传统文氏洗涤器的压差须维持在 200~250 kPa,不仅耗能大,而且由于喉部流速太高,磨损情况严重。近几年对于文氏洗涤器的多种改良逐步发展起来,其中最普遍的为焚烧系统所使用的是撞击式洗涤器和水音式洗涤器。

撞击式洗涤器构造如图 2-4 所示,废气由顶部分成两条气流进入后再在喉部合流。由于高速气流碰撞及喉部加速作用,可以有效分离直径小于 1 μm 的粉尘。

水音式洗涤器是由蒸汽喷射器驱动的文氏洗涤塔(见图 2-5),蒸汽、水滴、气体及粉尘在喉部混合后,产生剧烈的洗涤作用,水滴和混入水滴中的粉尘进入洗涤器下方扩张部分后,形成大水珠,再经气水分离器作用,和气体分离。其特点是水滴速度骤增,将微米级粒径的粉尘包入水滴之中,加强水滴的凝聚及结合,使气、水得以有效分离,压差容易调节,可根据需要增大或减小。

使用水音式洗涤器,只需增加蒸汽注射量,即可增加压差及效率,粒子直径小至 0.2 μm 的收集效率可高达 99%,而其他形式文氏洗涤器,则必须替换抽风机并调整喉部的截面积才可达到较高的效率。

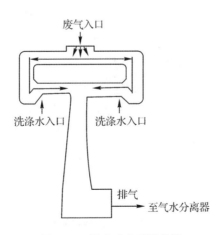

图 2-4　撞击式文氏洗涤器

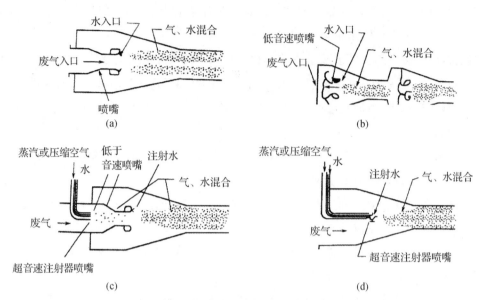

图 2-5 不同形式水音式洗涤器

(a)单一喷嘴/风扇驱动式;(b)串联喷嘴/风扇驱动式;

(c)高速风扇驱动/蒸汽或空气注射式;(d)超音速蒸汽/空气注射驱动式

B.静电集尘器。静电集尘器能有效去除工业尾气中所含的粉尘及烟雾,可分为干式、湿式静电集尘器及湿式电离洗涤器三种。

干式静电集尘器由排列整齐的集尘板及悬挂在板与板之间的电极组成(见图 2-6),它的工作原理是利用高压电极所产生的静电电场去除气体所夹带的粉尘。电极带有高压(40 000 V 以上)负电荷,而集尘板则接地线。当气体通过电极时,粉尘受电极充电带负电荷,被电极排斥而附着在集尘板上。

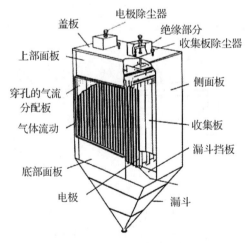

图 2-6 干式静电集尘器

粉尘的电阻系数是静电集尘器的主要参数,若粉尘电阻系数太高,它和集尘板接触后无法中和所有的电荷,很容易造成尘垢的堆积。如果粉尘电阻系数太小,它和集尘板接触后不仅中和原有的负电荷,而且会被充电从而带正电,然后被带正电的板面推斥至气流中,因此无法达到除尘的目的。电阻系数在 10 000～10^{10} Ω·cm 的粉尘可有效地被静电集尘器收集。由于粉尘粒子的电阻系数受温度变化影响很大,因此操作温度必须设定在设计温度范围内,否则会降低除尘效率。

干式静电集尘器发展较早,普遍应用于传统工业尾气处理。干式静电集尘器的功能仅限于固态粉尘粒子的去除,它无法去除废气中的二氧化硫及氯化氢等酸气,因为静电集尘过程中经常会产生火花,它也无法处理含爆炸性物质的气体,否则易造成设备的损坏。如果气体中含有高电阻系数的物质时,集尘板面积及集尘设备体积需要增加,否则会影响除尘效果,氧化铅在 150 ℃左右时,就具有此特性。由于危险废物的成分复杂,任何焚烧业者都无法知晓及有效控制其粉尘特性,而干式静电集尘器的集尘效率和粉尘的电阻系数有很大的关系,所以传统干式静电集尘器很少使用于焚烧尾气处理。

湿式静电集尘器是干式静电集尘器的改良形式(见图 2-7),它较干式静电集尘器增加了一个进气喷淋系统及湿式集尘板面,因此不仅可以降低进气温度,吸收部分酸气,还可防止集尘板面尘垢的堆积。它的主要喷淋液体为含弱碱性(pH＝8～9)的水溶液,喷淋速度控制在1.2～2.4 m/s,较气体流速高,可以加强除尘效果。部分雾化液滴会被充电,易被集尘板面收集。包覆粉尘的液滴和集尘板碰撞后,速度降低,可以增加气/液分离作用,除尘效率不会受到粉尘电阻系数影响。由于液体不停地流动,集尘板上的尘垢可随时清除,不会引起堆积。由于气体所含的水分接近饱和,烟囱排出时形成白色雾气。尾气粉尘含量为 10～25 mg/m^3。目前只有少数湿式吸尘设备应用于危险废物焚烧系统中。

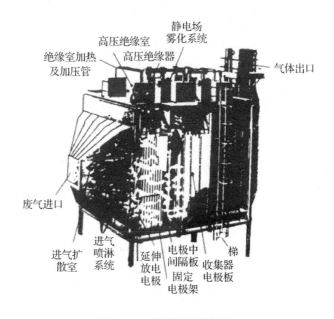

图 2-7　湿式静电集尘器

湿式静电集尘器的优点是除尘效率不受电阻系数影响;可去除酸气;耗能少;可有效去除颗粒微细的粒子。其缺点是受气流流量变化的影响较大;产生大量废水,废水须经过处理;酸气吸收率较低,无法去除所有的酸气。

湿式电离洗涤器是将静电集尘及湿式洗涤技术结合而发展出来的设备,其基本构造如图2-8所示。它是由一个高压电离器及交流式填料洗涤器所组成的。当气体通过电离器时,粉尘会被充电而带负电,带负电的粒子通过洗涤器时,因引力作用,易与填料或洗涤水滴接触而附着,因此粉尘可以由气流中分离出来,附着于填料表面的粉尘粒子随着洗涤水的流动而排出。填料可以增加气、液接触面积,酸气或其他有害气体可以被有效吸收。粒子充电的时间较短,电压强度较高,放电电极本身带负电,集尘板上不断有洗涤水通过,可避免尘垢堆积。

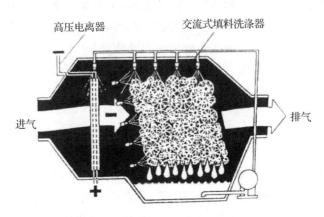

图2-8　湿式电离洗涤器

湿式电离洗涤器不仅可以有效去除直径低于微米级的粉尘粒子,而且可以同时吸收腐蚀性气体或有害气体。它的构造简单,设计模组化,主要部分由耐腐蚀塑胶制成,重量轻,易于安装及运输。湿式电离洗涤器的优点是集尘率高,可高效率收集废气中直径小至 $0.05~\mu m$ 的粉尘粒子,且效率不受粒子的电阻系数影响;能耗低,单段电离洗涤部分的压差只有 $4\sim5~kPa$,稍高于干式静电集尘器,但远比其他湿式洗涤系统低,处理气体所需充电能量仅为 $0.7\sim1.4~W/100m^3$;防腐蚀性高,外设及内部主要部分是以热塑胶及玻璃纤维/聚酯材料制成的,可抗氯化氢、氯气、氨气、硫氧化物的侵蚀,电极及导电部分由特殊合金制成,可防腐蚀;气体吸收率高,使用泰勒环填料,液滴产生数目多,气体吸收率较其他填料高;分别收集作用,湿式电离洗涤器基本上是一个分别收集器,除尘效率不受进尾气中粉尘含量及颗粒大小变化影响。如果一套电离洗涤器无法达到所需效率,可用串联使用两套或三套设备,因此可以达到特别高的效率;效率不受气体流量影响,适用于尾气流量变化大的危险废物及城市垃圾焚烧系统使用。湿式电离洗涤器主要缺点为废水产生量大,须加以处理,填料之间易受堵塞,且尾气中含雾状水滴,必须安装除雾器。

C.布袋除尘器。如图2-9所示,布袋除尘器由排列整齐的过滤布袋组成,布袋的数目从几十个到数百个不等。废气通过过滤袋时粒状污染物附在滤层上,再定时以振动、气流逆洗或脉动冲洗等方式清除。其除尘效果与废气流量、温度、含尘量及滤袋材料有关,一般而言,它可去除 $0.05\sim20~\mu m$ 范围内的粒子,压力降至 $1\sim2~kPa$,除尘效率可达99％以上。布袋众多时,可分成不同的独立区域,便于布袋清洁及替换。部分高分子纤维制成的布袋,可在高温250 ℃左右使用,并且可以抗酸、碱及有机物的侵蚀。有些布袋除尘器在启动时使用吸附剂,附着于布袋表面,可有效去除尾气中的污染气体。

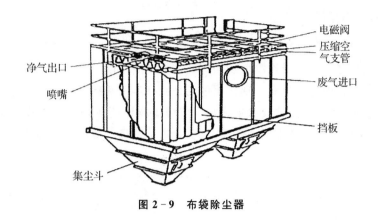

图 2－9　布袋除尘器

2.3　工业固体废物的填埋处置技术

无论对固体废物采用何种减量化和资源化处理方法,如焚烧、热解、堆肥等处理后,都需要对剩余的无再利用价值的残渣进行最终处置。固体废物处置的基本方法是通过多重屏障(如天然屏障或人工屏障)实现有害物质同生物圈的隔离。

2.3.1　填埋处置技术概述

固体废物的处置可分为海洋处置和陆地处置两大类。海洋处置是利用海洋具有的巨大稀释能力,在海洋上选择适宜的洋面作为固体废物处置场所的处理方法,主要包括传统的海洋倾倒和近些年发展起来的远洋焚烧。而陆地处置根据废物的种类及其处置底层位置(地上、地表、地下和深底层),可分为土地耕作、工程库或贮留池贮存、土地填埋(卫生土地填埋和安全土地填埋)、浅地埋藏及深井灌注处置等。

土地填埋处置具有工艺简单、成本较低、适于处理多种类型固体废物的优点。目前,土地填埋处置已经成为固体废物最终处置的主要方法之一。

填埋是进行固体废物最终处置的较为理想的方法之一。它是由传统的废物堆放和填地技术发展起来的一种城市固体废物处置技术。经过长期不断的改良,废物填埋已演变成一种系统而成熟的科学工程方法,即现代(卫生)填埋法。该法是利用工程手段,采取有效技术措施,防止渗滤液及有害气体对水体、大气和土壤环境的污染,使整个填埋作业及废物稳定过程对公共卫生安全及环境均无危害的一种土地处置废物方法。

根据结构特点,可将填埋场分为衰竭型和封闭型填埋场;根据不同的填埋地形特征,又可将其分为山谷型、坑洼型和平原型填埋场;根据填埋场中废物的降解机理,还可将其分为好氧型、准好氧型和厌氧型填埋场等。目前我国普遍采用的是厌氧型填埋场。现代填埋场的基本构成是填埋单元,它是由一定空间范围内的废物层和覆土层共同组成的单元。具有类似高度的一系列相互衔接的填埋单元构成一个填埋层,填埋场通常就是由若干填埋层所组成的。

2.3.2 填埋场的选址

填埋场址选择是填埋场设计和建设的第一步。它涉及诸如政策、法规、经济、环境、工程和社会等因素,必须慎之又慎。废物填埋场的选址通常要满足以下几个基本条件。

(1)应服从城市发展总体规划。现代填埋场是城市环卫基础设施的重要组成部分,其建设规模应与城市化的进程和经济发展水平相符。填埋场场址选择只有服从城市发展总体规划,才不会影响城市总体布局和城市用地性质,真正发挥填埋场为城市服务的基本功能,使其获得良好的社会效益和环境效益。

(2)场址应有足够的库容量。现代填埋场建设必须满足一定的服务年限,否则会大幅度增加填埋场单位库容的投资,造成经济上的损失。通常填埋场的使用年限应为 10 年及以上,特殊情况下也不应低于 8 年。

(3)场址应具有良好的自然条件。填埋场应具有的自然条件包括场地地质条件的稳定,应尽量避开构造断裂带、塌陷带、地下岩溶发育带、滑坡、泥石流、崩塌等不良地质地带,同时场地地基要有一定承载力(≥0.15 MPa);场地的竖向标高应不低于城市放排洪标准,使其免受洪涝灾害的威胁;场区周围 500 m 范围内应无居(村)民居住点,以避免因填埋场诱发的安全事故和传染疾病;场址宜位于城市常年主导风的下风向和城市取水水源的下游,以减少可能出现的大气污染危害及减轻危害程度,避免对城市给水系统造成潜在威胁;场址就近应有大量的可用覆土土源,用以填埋场的日覆盖、中间覆盖和最终覆盖。

(4)场址运距应尽量缩短。缩短废物的运输距离对降低其处置费用有非常重要的影响。一般情况下,较经济的废物运输距离不宜超过 20 km。然而,由于近些年乡村城市化速度的加快,大城市的废物运输距离越来越远,为避免废物运输中的"虚载"问题。需要增设废物压缩转运站或使用压缩废物运输车,来提高单位车辆的运输效率,降低运输成本。

(5)场址应具有较好的外部建设条件。选择的场址附近需要拥有方便的外部交通,可靠的供电电源,充足的供水条件,这对降低填埋场辅助工程的投资有较大的影响,对加快填埋场的建设进程和提高填埋场的环境效益和经济效益十分有利。

选择一个条件优越的场址可大大减少填埋场的工程建设投资,因此在填埋场的建设初期,应高度重视场址选择工作。填埋场场址的科学确定应遵循以下几个步骤:首先要根据有效地运输距离确定选址区域,然后与当地有关主管部门(国土、规划、环保部门等)讨论可能的场址名单,进而排除掉那些不适合建场的场址,提出初选场址名单(3~5 个可选场址);对初选场址进行踏勘,并通过对场地自然环境、水文地质、交通运输、覆土来源、人口分布等条件进行分析对比,确定两个或两个以上的备选场址;在对备选场址进行初步勘探的基础上,对其进行技术、经济和环境方面的综合比较,提出首选方案,完成选址报告,提交政府主管部门决策。根据这一报告,有关决策部门在专家论证的基础上,最终确定填埋场场址。

2.3.3 填埋场的技术

2.3.3.1 填埋场的防渗

填埋场防渗是现代填埋场区别于简易填埋场和堆放场的重要标志之一,也是填埋场选址、设计、施工、运行管理和终场维护中至关重要的内容。填埋场防渗的主要目的是阻止渗滤液和填埋气体外泄污染周围的土壤和地下水,同时还要防止外来水,包括地下水、地表水和降水等大量进入填埋场,增大渗滤液产生量。

(1)防渗方法。按照填埋场防渗设施铺设时间的不同,防渗方式可分为终场防渗和场区防渗。终场防渗是指当填埋场的填埋容量使用完毕后,对整个填埋场进行的最终覆盖,也称为终场覆盖。场区防渗是填埋场运行作业前施工的主体工程之一,根据防渗设施设置方向的不同,又可分为水平防渗和垂直防渗。

1)水平防渗。水平防渗指防渗层向水平方向铺设,防止渗滤液向周围及垂直方向渗透而污染土壤和地下水。根据所用防渗材料来源不同又可将该类防渗方式分为自然防渗和人工防渗两种。

2)垂直防渗。垂直防渗指防渗层竖向布置,防止废物渗滤液横向渗透蔓延,污染周围土壤和地下水。

(2)防渗材料。大量资料表明,绝大多数国家和地区对填埋场衬里材料的防渗性能要求基本一致。我国批准颁布的《生活垃圾卫生填埋处理技术规范》(GB 50869—2013)中规定,天然黏土类防渗衬里,其场底及四壁衬里厚度不应小于 2 m,渗透系数小于 1×10^{-7} cm/s;改良土衬里的防渗性能应达到黏土类防渗性能。

1)天然防渗材料。天然防渗材料主要有黏土、亚黏土、膨润土等。因其渗透性低且成本低,多年前是填埋场唯一可供选择的防渗材料,目前仍被一些国家或地区广泛采用。

天然防渗材料一般应满足以下条件:

A.分布均匀,厚度>2 m,渗透系数<1×10^{-7}cm/s。

B.要求 30% 的颗粒能通过 200 目的筛子,液限>30%,塑性指数>1.5,pH>7。

C.有抵抗渗滤液侵蚀的能力,与渗滤液的接触不增加其渗透性。

天然防渗材料的主要优点是造价低廉,施工简单。我国目前相当一部分城市的垃圾填埋场和部分工业固体废物填埋场仍采用当地天然黏土或改性土壤作为防渗衬里。由于土地资源的日益紧缺和防渗要求的不断提高,天然衬里的使用受到了很大限制。

2)改良型衬里。改良型衬里是指将性能不达标的亚黏土、亚砂土等天然地质材料通过人工添加物质改善其性质,以形成达到防渗要求的衬里。人工改性的添加剂分为有机、无机两类。无机添加剂相对费用较低、效果较好,适合广泛推广应用。

2.3.4　工业固体废物的入场

2.3.4.1　危险废物入场要求

(1)可直接入场填埋的废物。根据《固体废物浸出毒性浸出方法》(HJ 557—2010)和《固体废物浸出毒性测定方法》(GB/T 15555.1—11—1995),测得的废物浸出液中有一种或一种以上有害成分浓度超过浸出毒性鉴别标准值(《危险废物鉴别标准　浸出毒性鉴别》(GB 5085.3—2007))并低于表 2-4 中稳定化控制限值的废物。根据《固体废物浸出毒性浸出方法》(HJ 557—2009)和《固体废物浸出毒性测定方法》(GB/T 15555.12—1995)测得的废物浸出液 pH 在 7.0 到 12.0 的废物。

表 2-4　危险废物允许进入填埋区的控制限值

序　号	项　目	稳定化控制限值/ (mg·L⁻¹)	检测方法
1	烷基汞	不得检出	GB/T 14204
2	汞(以总汞计)	0.12	GB/T 15555.1、HJ 787
3	铅(以总铅计)	1.2	HJ 766、HJ 781、HJ 786、HJ 787
4	镉(以总镉计)	0.6	HJ 766、HJ 781、HJ 786、HJ 787
5	总铬	15	GB/T 15555.5、HJ 749、HJ 750
6	六价铬	6	GB/T 15555.4、GB/T 15555.7、HJ 687
7	铜(以总铜计)	120	HJ 751、HJ 752、HJ 766、HJ 781
8	锌(以总锌计)	120	HJ 766、HJ 781、HJ 786
9	铍(以总铍计)	0.2	HJ 752、HJ 766、HJ 781
10	钡(以总钡计)	85	HJ 766、HJ 767、HJ 781
11	镍(以总镍计)	2	GB/T 15555.10、HJ 751、HJ 752、HJ 766、HJ 781
12	砷(以总砷计)	1.2	GB/T 15555.3、HJ 702、HJ 766
13	无机氟化物(不包括氟化钙)	120	GB/T 15555.11、HJ 999
14	氰化物(以 CN 计)	6	暂时按照 GB 5085.3 附录 G 方法执行,待国家固体废物氰化物监测方法标准发布实施后,应采用国家监测方法标准

(2)需经预处理后方能入场填埋的废物。根据《固体废物浸出毒性浸出方法》(HJ 557—2009)和《固体废物浸出毒性测定方法》(GB/T 15555.12—1995)测得的废物浸出液 pH 小于 7.0 和大于 12.0 的废物,本身具有反应性、易燃性的废物,含水率高于 85% 的废物,液体废物等。

(3)禁止填埋的废物。医疗废物、与衬层具有不相容性反应的废物。

(4)低、中水平放射性入场废物条件。放射性固体废物的近地表处置需要有严格的控制和管理措施,以确保其不会对人类健康和环境造成较大的危害。在处置场设计和运行中必须对入场的废物加以严格的限制(根据《低、中水平放射性废物近地表处置设施的选址》(HJ/T 23—1998),入场条件要求见表 2-5),并进行必要的监督和制度管理,做记录,以备查询。

表 2-5　低、中放射性废物近地表处置场的入场条件要求

项　目	入场要求
放射性特征(满足条件之一即可)	半衰期大于 5 a,小于或等于 30 a,比活度不大于 3.7×10¹⁰ Bq/kg 的废物;半衰期小于或等于 5 a,任何比活度的废物在 300~500 a 内,比活度能降到非放射性固体废物水平的其他废物
废物性质	固体形态(游离液体体积不得超过废物体积的 1%);足够的化学、生物、热和辐射稳定性;比表面积小,弥散性低,且放射性核素的浸出速率低;不得产生有毒气体
包装体	必须进行包装,具有足够的机械强度,质量、体积、形状和尺寸都应与装卸、运输和处置操作相适应,并应符合放射性物质安全运输的有关规定;表面的剂量当量率应小于 2 mSv/h(200 mrem/h),在距表面 1 m 远处的剂量当量率应小于 0.1 mSv/h(10 mrem/h),若超过此标准,操作和运输过程中应外加屏蔽容器

近地表处置方式不适合处置含有腐烂成分的物质,如携带生物的、致病的、传染性细菌或病毒的物质,自燃物质,易爆物质,接近环境温度的低沸点或低闪点的有机易燃物质。

2.3.5　填埋场的运行管理

2.3.5.1　填埋操作

填埋操作,即填埋废物按单元从压实表面开始,向外向上堆放。某一作业期(通常是一天)构成一个填埋单元(隔室),由收集和运输车辆运来的废物按 45～60 cm 厚为一层放置,然后压实,一个单元的高度一般为 2～3 m。工作面是在给定时间内固体废物卸载、放置和压实等面积,工作面的长度随填埋场条件和作业尺度的大小不同而变化。单元的宽度一般为 3～9 m,最终取决于填埋场的设计和容量。在每一作业时段结束时,所有的单元暴露面都要用 15～30 cm 厚的天然土壤或其他可供使用的材料覆盖(15～30 cm),通常在每日填埋操作结束时,将其铺设在填埋场工作面上,称之为日覆盖层。日覆盖层的作用是按压住废物使其不被风吹走,且避免鼠类繁衍、蚊虫滋生和其他传染性疾病传播,以及避免在操作期间如遇到大量降水而渗进填埋场内。

一个或者几个填埋单元层完工后,要在完工表面上挖水平气体收集沟渠,沟渠内放砾石,中间铺设打了孔的塑料管。随着填埋气体的产生,通过此管将其抽排掉。单元层一层叠置一层之上,直至达到设计高度。根据填埋场的厚度决定是否还要再在单元层上铺设渗滤液收集设施。完工的填埋区段要铺设覆盖层,最终覆盖层用于减少降雨的入渗量并使降水排离填埋场的工作区段。通过覆盖层使其能抗风化、腐蚀。这时,可将气体抽排并竖装在已完工的填埋表面。气体抽排系统需连在一起,所收集的气体可利用明火排掉,也可加以利用。

一个区段完工后,可以重复上述过程进行下一个区段的作业,由于固体废物中有机物的分解、完工的区段可能会发生沉降,因此,填埋场的建设工作必须包括沉降表面的再填置和修补,以保证达到设计最终要求和排水要求。气体和渗滤液控制系统也必须继续使用和维护。所有的填埋工作都完成后,在铺设最终覆盖层时,要对填埋场表面进行覆填处理。

2.3.5.2　填埋场运行计划

填埋场正常工作运行的关键是要有简明组织的运行计划。运行计划既要满足于常规作业操作,又要对每天、每年的运行提出指导,使填埋场得到理想而又有效的利用,并保证在安全条件下不会引起环境问题。对一座准备投入运营的填埋场的填埋计划,须符合以下条件:

1)填埋场底层要尽可能压实,得到最高的压实程度;

2)避免在填埋场边缘倾倒废物;

3)应保证在各个季节气候条件下,填埋场进口道路通畅;

4)应尽量减小填埋工作面;

5)在填埋场内部,废物表面要维持的最小坡度应为 3∶1(水平∶垂直);

6)地表水应该从填埋场引走,尽可能地修建槽沟,以排出暂时性积水;

7)与垃圾废物接触过的水应从填埋场排掉;

8)通向填埋场的道路应设置栏杆和门加以控制;

9)在填埋场就地敞开焚烧时,应有相应的保护措施;

10)填埋场运行管理人员,应熟知消防知识,了解应急措施,以防止导致人身伤害的事故;

11)在填埋场运行过程中,管理人员应具备相应的应急能力并准备必要的预防措施;

12)填埋场运行管理人员和其他工作人员在工作和用餐时要防止细菌和化学物质的污染,以防侵害相关人员的身体健康;

13)运行管理人员要了解填埋场的监测和维护要求。

2.3.5.3 所需机械设备及使用要求

填埋场运行中有以下基本工作:将卸车后的废物摊开、撒匀;压实废物,增加填埋容量,如有必要需摊平并压实每日覆盖层和中间覆盖层。

可用于完成这些工作的设备包括:履带拖拉机、推土机、压实机、挖土机、破碎机、吊车、抓土机等。其中最常使用到的是推土机,几乎可完成填埋场的所有作业,如废物的铺开、压实、覆盖、挖沟槽等。

为压实固体废物,增加填埋容量,可采用多种方式和各种类型的压实机具。最简单的方法是将废物布料平整后,以装载废物的运输车辆来回行驶将物料压实。物料达到的密度由废物性质、运输车辆来回次数、车辆型号和载重量而定,平均可达到 $500 \sim 600 \ kg/m^3$,如果用压实机具来压实填埋物料,物料密度可提高 $10\% \sim 30\%$(适当喷水可改善废物的压紧状态,易于提高其密度)。按压实过程的工作原理,移动式压实机械作用原理可分为碾(滚)压、夯实、振动三种,相应地有碾(滚)压实机、夯实压实机、振动压实机三大类,固体废物压实处理主要用碾(滚)压方式。填埋现场常用的压实机具有下列形式:胶轮式压实机、履带式压实机和钢轮式布料压实机。

传统的压实机,用胶轮及履带式较多,1960 年以来人们开发制造了一些钢轮挤压布料机,具有布料和挤压物料双重功能。在填埋作业时,钢轮挤压布料机不仅可将垃圾均匀铺撒成几个 $30 \sim 50 \ cm$ 薄层,而且借助于机械自身的静压力和齿状钢轮对垃圾层撕碎、挤压作用来达到压实的目的。有关统计资料表明,钢轮挤压布料机对地面的压力约为 $10 \ MPa$(即 $100 \ kgf/cm^2$),压实垃圾的密度可达 $0.8 \sim 1.0 \ t/m^3$。许多制造厂家认为,在压碎和压实固体废物方面,钢轮式比胶轮式或履带式效果好,有资料表明,填埋时经过 $2 \ t$ 以上的钢轮式压实机压实后的干燥固体废物的密度,比在同样情况下,经胶轮式压实机或履带式压实机的废物密度大 13%。且钢轮式不会有轮胎漏气现象,在工作面上可处理大量废物,压实工作性能更加可靠。

国内在填埋场专用压实机具的开发使用方面也取得不少进展,大部分是由环卫部门和几个主要的重型工程机械厂配合进行。

2.3.5.4 分区计划

理想的分区计划是使每个填埋区能在尽可能短的时间内封顶覆盖。这就要求向一个分区堆放废物,直至达到最终的高度。图 2-10 所示为一座填埋场的简单的分区计划。如果填埋场高度从基底算起超过 9 m,通常需要在填埋场的部分区域设中间层,中间层设在高于地面 $3 \sim 4.5 \ m$ 的地方,而不是高于基底 $3 \sim 4.5 \ m$ 的地方。在这种情况下,这一区域的中间层由 60 cm 黏土和 15 m 表土组成。在底部分区覆盖好中间层后,上面可以开始新的填埋区。需注意的是用于铺设中间层的土壤不能用于铺设最终覆盖层,因为这些土壤沾染了废物。这些土壤可用于日覆盖,或填入填埋场内。表土是可以重新用于最终覆盖层的,在分区计划中,要明确标明填土方向,以防混乱。在已封顶的区域不能设置道路。永久性道路应与分区平行铺设在填埋场之外,并设支路通向填埋场底部。交通线路应认真规划,使所有废物均能卸入最后剩余的一个单元之内。

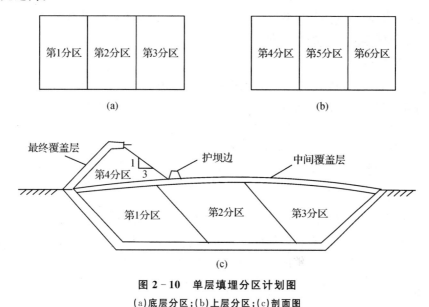

图 2-10　单层填埋分区计划图

(a)底层分区;(b)上层分区;(c)剖面图

2.3.5.5　废物的覆盖

填埋场的覆盖层有三种,即日覆盖层、中间覆盖层和最终覆盖层。日覆盖层的功能对城市垃圾填埋场尤显重要。对大多数填埋场而言,日覆盖层的厚度一般设置为 15 cm,即使是填埋腐烂性污泥,也可以满足要求。尽管日覆盖作业起一定的作用,但同样需要占用相当部分的填埋容积(日覆盖层的体积一般占废物量的 1/6~1/5)。根据填埋场的地理位置和其他可以控制的因素,若主管部门允许,也可以采用周覆盖或月覆盖的方法作出计划。日覆盖可以减少道路的受污染外观,还可起到良好的景观效果,并可减少风沙和碎片(如纸、塑料等)的飞扬,以及疾病通过媒介(鸟类、昆虫和鼠类)的传播,但它不能阻止地表径流,也无法减少渗滤液的产生量。而对于中间覆盖层来说,则可将层面上的降雨排出填埋场外,常用于填埋场部分区域需要长期(2 年以上)维持开放的特殊情况。

2.3.5.6　防火措施

一些特定类型的填埋场存在火灾隐患。若是采用敞开型就地焚烧的填埋场,更易引起火灾。通常敞开焚烧只允许在地处偏僻地区的小型填埋场选用。应用较为安全一些的废物焚烧法,可以采用风帘式焚化炉。即使填埋场不采用敞开焚烧也需要准备好灭火器、沙子、水罐车等消防设备和灭火材料。工作人员需具备应急能力并进行小规模的灭火训练。在填埋场办公室里要明显标出最近距离的消防队的电话号码及所在地点。大型填埋场每年应该安排一次消防训练。

2.3.5.7　碎片控制

在填埋场周围,纸和其他质轻废物会产生碎片扬起的问题。若是将废物卸入填埋场的底部,特别是在刮风的天气,可能有助于减少碎片的扬起。在填埋工作面的附近,架设活动的小型铁丝网屏障,可以有效地阻挡被风扬起的碎片的活动范围。有些填埋场规定,每天工作完毕之后,需用人工收集碎片。若风扬碎片会造成严重问题,则应在填埋场的下风向架立起很高的固定式铁丝栏网,或是在其上风向建以挡风的土堤。若是在填埋场的周围种植数行灌木树丛,或是建有隔墙作为屏障,以挡住公众的视野,则可改变公众对填埋场的观感,无论是从短期或是长期来看,对填埋场的建设都有好处。

2.3.5.8 扬尘控制

在填埋场卸车时控制扬尘,会有一定的困难。这是因为在场内路面上都会有干的尘土和沙子存在,而载运固体废物的巨型载重卡车,在快速卸货时会有大量尘土扬起。尽管采用卸车时喷水的办法可以减少扬尘量,但这时又会加大渗滤液,因此,若采取喷水减少扬尘的措施时,要在事先作出评价。但对于填埋垃圾或其他固体废物,要在填埋场的较低处卸车,同时喷以少量的水,以适当控制扬尘对环境的影响。

2.3.5.9 道路维护

填埋场的内、外部通路要随时维护,主要是需要排除内部道路上的积水。填埋场内的临时性道路,与填埋场的正常运行有很重要的关系。由于重型载重卡车频繁地进出填埋场,对场外道路会有严重损坏,因此要有足够的资金用于路面的修缮和维护。在填埋场内的机械设备若不是橡胶轮,将不允许在铺设完好的公路上行驶。填埋场和维修站之间要留有足够宽的通路余量,并且加以维护,以利于设备的进出。

2.3.5.10 渗滤液收集系统的维护

所有与渗滤液收集系统相关的设备都需要定期维护,这些设备包括检查孔、渗滤液收集管、收集罐和附属设备、抽送泵等。渗滤液的管线应每年清理一次,以清除生长的有机物。孔、贮罐和泵应每年检修一次。渗滤液对金属部件有腐蚀作用,定期检查和维修可防止使用过程中出现任何事故,包括渗滤液从贮槽泄漏出来造成泵的损坏等。在进入封场的空闲时间里需尤为注意。当进入检查孔时,要使用吊带,留在检查孔外的人员要注意观察,并应遵守所有与进入封闭空间有关的规章制度,来确保维修人员的生命安全。通过签长期保证书的形式,来确保对泵和其他设备进行安全维修,所有的维修结果需记录在册,以供查考。

2.3.6 污染物监测

2.3.6.1 渗漏液的监测

一般通过在衬层与含水层间的下包气带内设置数台测渗器来监测填埋场渗滤液是否发生渗漏。早期渗漏警报有利于及时发现问题,以便及时采取补救措施,减少补救时所需费用。因此,设置测渗器是填埋场设计的一个组成部分,测渗器的安装位置及其数量取决于填埋场的设计。一般来说,测渗器应设置在填埋场的附近,以使传输管道长度最短。在自然衰减型填埋场中,测渗器能安装在几乎任何位置,但对封闭型的填埋场,一定要在可能产生最大和最小渗漏处放置测渗器。在填埋场底部衬层顶角处,渗滤液水位最高,预计将产生最大渗漏;而在渗滤液收集管沟底处,预计产生最小渗漏。

2.3.6.2 气体监测

需要对填埋场内及周围土壤中的气体浓度,以及填埋场上和填埋场周围的大气进行监测,以检验是否会有对填埋场工作人员和填埋场周围居民健康有害的有毒气体污染物存在。对于封闭型填埋场虽然气体通过土壤移动的可能性较低,但也应该进行常规的监测。

(1)地下气体监测。

1)采样点。监测地下气体的探测器管通常安装在填埋场周围,设置在垃圾边缘与距填埋场 300 m 内的建筑物之间,可单独也可跨深度,以便采集各个深度样品。跨深度取样器安装的普遍标准是距垃圾边缘 30～150 m,装置应覆盖任何潜在的沟壑或垃圾填埋气(LFG)收集系统难以控制的无效区和任何特殊监测点和建筑物。在选择气体监测点时,应先摸清填埋场周围的地层结构,确定气体迁移的各种可能渠道。

2)采样器。有两种采样器,即土壤气体探针和气体采样管。土壤气体探针由一个易于钻入地下的镀锌管组成。图 2-11 所示是一台典型的土壤气体探针,可用于采集土壤中的挥发性有机化合物样品。

气体采样管与地下水井的设计类似,图 2-12 所示的短滤网气体采样管和长滤网气体采样管都可用于监测气体,有时可用一组三个短滤网气体采样管监测气体。采样管底部应该位于最高季节性地下水水位以上。

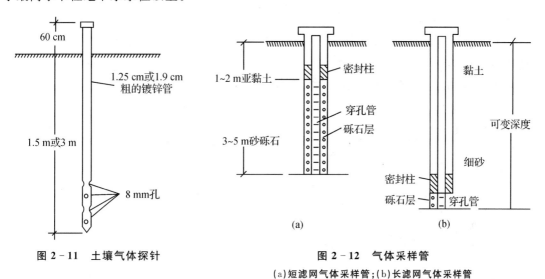

图 2-11 土壤气体探针

图 2-12 气体采样管
(a)短滤网气体采样管;(b)长滤网气体采样管

(2)监测参数。主要监测甲烷浓度、大气压和静止压力。因为大气压会影响取样器测量,一天中中午、下午可以取到大气压最低值及甲烷浓度和静止压力最高值。有时还需测量氧气浓度,其他有害的大气污染物也可以列入监测目录中。

便携式测试仪器,如手提式气相色谱分析仪或甲烷测试仪可用于现场分析,或将气体样品收集在容器中或用炭吸附后送实验室进行检测。

实际监测频率取决于场址条件,可以是每天、每周或每月,建议大多数地区至少每月一次。"热点"取样器(5%以上)应该每日监测以便确定为减少迁移所做的努力的影响。由于气体的迁移具有脉冲性,其浓度变化大,经试验无法做到在高浓度时采样,因此每季节或每日的监测都很难测定出真实的气体迁移状况,故在可能发生迁移的地区,在一个月内需连续进行 7～10 天气体监测,每天两次(上午至下午,下午以后)。

(3)地表排放监测。气体采样装置可分为定时式、主动式两种类型。真空瓶、气体注射器或由合成材料制成的空气收集袋用来收集定时采集的样品。

监测填埋场气体地表排放的方法包括瞬时监测、整体地表取样和自由流通空气 24 h

取样。

瞬时监测使用便携式氢火焰离子化检测仪（FID）或有机蒸气（OVA）便携式检测仪，在 mg/L 的基准上测量总有机化合物。通常情况下，嵌入取样管道提取垃圾表面以上 8 cm 处通风口的样品取样器或容器内部的气体输送线，气体在容器内部通过氢燃烧被电离。垃圾的地表裂缝、气体输送线缝隙和钻井/废物内表面界面等地方会有过度排放的情况发生。

整体地表取样是指在垃圾表面上大约 8 cm 处放置取样器并将样品放入 10 L 的取样容器以收集整体地表取样。样品是从整个垃圾填埋区地表收集来的。收集之后，将样品送往实验室并在 72 h 内进行分析。

自由流通空气取样是使用设备齐全的便携式取样单元，对自由流通空气样品进行 4 h 的收集。收集之后，将样品送往实验室并在 72 h 内进行分析。

2.3.7　填埋场的封闭和复用问题

当填埋场的全部空间都填满废物之后，要使用最终覆盖层将填埋场加以封闭，同时还要使用安全合理的方式对所有用于废物处置的设备和辅助设施加以净化。封闭危险废物填埋场的实施步骤通常为：

1）清除和拆除所有危险废物处理和贮存设施；

2）为填埋场盖上一层适当的最终覆盖层；

3）控制由地表水、地下水和空气造成的污染物迁移：

4）在填埋封场后维持期内维护现有地下水监测网运行；

5）继续将流入水清除出填埋场；

6）避免土蚀和风蚀；

7）控制封闭地区的地面水渗入和积水；

8）维护填埋气体和渗滤液的回收排放和处理系统；

9）维护最终覆盖层和衬垫的完好性，限制接近该封闭区；

10）在审核文件中注明该处曾用来填埋危险废物，并且注明其再使用是要受限制的。

填埋场封闭后，其管理者需做以下工作：

1）保持最终覆盖层的完整性和有效性，进行必要的维修以消除沉降和凹陷及其他因素的影响；

2）常规性监测检漏系统；

3）继续运行渗滤液的收排系统，直到无渗滤液检出为止；

4）维护和检测地下水监测系统；

5）保护和维护任何测量基准。

各危险废物填埋审批单位都应根据有关的指南和规定，按照其中制定的填埋封场方案步骤，制定填埋场的封闭和善后处理计划，据此分步实施。填埋场的善后计划应考虑封场以后需要维护工作的延续年限，如至少 30 年。延续年限具有随机性，可根据填埋场封闭以后的污染物具体迁移数据资料作适当的延长或缩短。妥善封闭的填埋场能达到一般使用的要求，如用作停车场或开放性场地等。但一旦确定将填埋场开始复用，则需要加强覆盖层设施和封场后地面逸散物的监测。

2.3.8　危险工业固体废物的填埋处置

危险废物是指列入《国家危险废物名录》或者根据国家规定的危险废物鉴别标准和鉴别方法认定的具有危险特性的废物。危险废物具有毒性、腐蚀性、易燃性、反应性或感染性等一种或几种危害特性,对生态环境和人类健康构成严重危害,已成为世界各国共同面临的重大环境问题。

危险废物管理和放射性固体废物管理是以具体的废物为管理对象,运用法律、行政、经济、技术等手段防止危险废物污染环境。国家环境保护局、国家经济贸易委员会、对外贸易经济合作部、公安部根据《中华人民共和国固体废物污染环境防治法》于 2021 年 1 月 1 日起联合颁布并施行了《国家危险废物名录》(2021 版),该名录中将危险废物共分为 46 类别 479 种,并规定凡《国家危险废物名录》中所列废物类别高于鉴别标准的属危险废物,列入国家危险废物管理范围;低于鉴别标准的,则不列入国家危险废物管理范围。

危险废物常用的处理方法包括物理处理技术、物理化学处理技术、生物处理技术等,其中固化/稳定化技术是最常用的物理化学处理技术之一,安全填埋是危险废物的陆地最终处置方式。

2.3.8.1　危险废物的安全处置

危险废物进行填埋处置是实现危险废物安全处置的方法之一。安全填埋是危险废物的最终处置方式,适用于不能回收利用其组分和能量的危险废物,包括焚烧过程的残渣和飞灰等。

2.3.8.2　填埋场结构形式

安全填埋场是处置危险废物的一种陆地处置方法,由若干个处置单元和构筑物组成。处置场有界限规定,主要包括废物预处理设施、废物填埋设施和渗滤液收集处理设施。它可将危险废物和渗滤液与环境隔离,将废物安全保存较长时间(如几十甚至上百年)。填埋场必须有足够大的可使用容积,以保证填埋场建成后具有十年或更长的使用期。

安全填埋场必须设置满足要求的防渗层,防止造成二次污染;一般要求防渗层最底层应高于地下水水位;要严格按照作业规程进行单元式作业,做好压实和覆盖;必须做好清污水分流,减少渗滤液产生量,设置渗滤液集排水系统、监测系统和处理系统;对容易产生气体的危险废物填埋场,应设置一定数量的排气孔、气体收集系统、净化系统和报警系统;填埋场运行管理单位应自行或委托其他单位对填埋场地下水、地表水、大气进行定期监测;还需严格执行封场及其管理规定,从而达到处置的危险废物与环境隔绝的目的。

填埋场根据场地特征,可分为平地型填埋场和山谷型填埋场;根据填埋坑基标高,又可分为地上填埋场和凹坑填埋场。填埋场的类型应根据当地特点,优先选择渗滤液可以根据天然坡度排出、填埋量足够大的填埋场类型。

2.3.8.3　危险废物的填埋处置技术

目前常用的危险废物填埋处置技术主要包括共处置、单组分处置、多组分处置和预处理后再处置四种。

(1)共处置。共处置就是将难以处置的危险废物有意识地与生活垃圾或同类废物一起填埋。主要目的是利用生活垃圾或同类废物的特性,以减弱所处置危险废物的组分所具有的污染性和潜在危害性,达到环境可承受的程度。但是,目前在城市垃圾填埋场,生活垃圾或同类废物与危险废物共同处置已被许多国家禁止。我国城市垃圾卫生填埋标准中也明确规定危险废物不能进入生活垃圾之中。

(2)单组分处置。单组分处置是指采用填埋场处置物理、化学形态相同的危险废物。废物处置后可以不保持原有的物理形态。

(3)多组分处置。多组分处置是指在处置混合危险废物时,应确保废物之间不发生反应,不会产生毒性更强的危险废物,或造成更严重的污染。其主要类型有:①将被处置的混合危险废物转化成较为单一的无毒废物,一般用于化学性质相异而物理状态相似的危险废物处置;②将难以处置的危险废物混在惰性工业固体废物中处置;③将所接受的各种危险废物在各自区域内进行填埋处置。

(4)预处理后再处置。预处理后再处置就是将某些物理、化学性质不适于直接填埋处置的危险废物,先进行预处理,使其达到入场要求后再进行填埋处置。目前的预处理的方法有脱水、固化、稳定化技术等。

2.3.8.4 填埋场污染控制要求

严禁将集排水系统收集的渗滤液直接排放,须对其进行处理并达到《污水综合排放标准》(GB 8978—1996)中第一类污染物最高允许排放浓度的要求及第二类污染物最高允许排放浓度标准要求后方可排放。渗滤液第二类污染物排放控制项目有 pH、悬浮物、五日生化需氧量、化学需氧量、氨氮、磷酸盐(以 P 计)等。

必须防止渗滤液对地下水造成污染,对于填埋场地下水污染评价指标及其限值按照《地下水质量标准》(GB/T 14848—2017)执行。地下水监测因子应根据填埋废物特性由当地环境保护行政主管部门确定,必须是具有代表性,能表示废物特性的参数。地下水质量常规指标为浑浊度、pH、溶解性总固体、氯化物、硝酸盐、亚硝酸盐(以 N 计)、氨氮(以 N 计)、总大肠菌群等。

在作业期间,噪声控制应按照《工业企业厂界噪声标准》(GB 12348—90)的规定执行。

2.3.8.5 封场及封场后维护管理

当填埋场处置的废物数量达到填埋场设计容量时,无法再填入危险固体废物,应实行填埋封场,并一定要在场地铺设覆盖层。其主要作用是防止地面降水或地表径流入渗,同时也可以阻止填埋场中有毒有害气体等的释放。填埋场的最终覆盖层为多层结构,包括:①底层(兼作导气层),厚度不应小于 20 cm,倾斜度不小于 2%,由透气性好的颗粒物质组成;②防渗层,天然材料防渗层厚度不应小于 50 cm,渗透系数不大于 10^{-7} cm/s,若采用复合防渗层,人工合成材料层厚度不应小于 1.0 mm,天然材料层厚度不应小于 30 cm;③排水层及排水管网,排水层和排水系统的要求同底部渗滤液集排水系统相同,设计时采用的暴雨重现期不得低于 50 年;④保护层,保护层厚度不应小于 20 cm,由粗砥性坚硬鹅卵石组成;⑤植被恢复层,植被层厚度一般不应小于 60 cm,其土质应有利于植物生长和场地恢复,同时植被层的坡度不应超过33%,在坡度超过 10%的地方必须建造水平台阶,坡度小于 20%时标高每升高 3 m 建造一个台阶,坡度大于 20%时标高每升高 2 m 建造一个台阶,台阶应有足够的宽度和坡度,要能经受暴雨的冲刷。封场后管理主要是为了完成废物稳定化过程,防止场内发生难以预见的反应。

2.3.9　放射性固体废物及其安全处置

环境中的放射性污染源主要来自核武器试验、核设施事故、放射性"三废"泄出、城市放射性废物等。放射性固体废物可通过不同途径进入人体造成放射性污染,这种污染效应是隐蔽和潜存的,只能靠其自然衰变而减弱。

2.3.9.1　放射性固体废物分类

目前国内外对放射性固体废物尚无统一的分类方案。根据《放射性废物分类》2018 版,放射性固体废物首先按其所含核素的半衰期长短和发射类型分为 5 种。

(1)极短寿命放射性废物。极短寿命放射性废物中所含主要放射性核素的半衰期很短,一般小于 100 天,通过最多几年时间的贮存衰变,极短寿命放射性废物所含放射性核素活度浓度即可达到解控水平,实施解控。常见的极短寿命放射性废物如医疗使用碘-131。

(2)极低水平放射性废物。极低水平放射性废物的活度浓度下限值为解控水平,上限值一般为解控水平的 10～100 倍。常见极低水平放射性废物如核设施退役过程中产生的污染土壤和建筑垃圾。

(3)低水平放射性废物。低水平放射性废物中短寿命放射性核素活度浓度可以较高,长寿命放射性核素含量有限,需要长达几百年时间的有效包容和隔离,可以在具有工程屏障的近地表处置设施中处置。近地表处置设施深度一般为地表到地下 30 m。低水平放射性废物的活度浓度下限值为极低水平放射性废物活度浓度上限值,低水平放射性废物活度浓度上限值见表 2-6。低水平放射性废物来源广泛,如核电厂正常运行产生的离子交换树脂和放射性浓缩液的固化物。

表 2-6　低水平放射性废物活度浓度上限值

放射性核素	半衰期	活度浓度 Bq/kg
碳-14	5.73×10^3 a	1×10^8
活化金属中的碳-14	5.73×10^3 a	5×10^8
活化金属中的镍-59	7.50×10^4 a	1×10^9
镍-63	96.0 a	1×10^{10}
活化金属中的镍-63	96.0 a	5×10^{10}
锶-90	29.1 a	1×10^9
活化金属中的铌-94	2.03×10^4 a	1×10^6
锝-99	2.13×10^5 a	1×10^7
碘-129	1.57×10^7 a	1×10^6
铯-137	30.0 a	1×10^9
半衰期大于 5 年发射 α 粒子的超铀核素	—	4×10^5(平均) 4×10^6(单个废物包)

注:表 2-6 中未列出的放射性核素,活度浓度上限值为 4×10^{11} Bq/kg。

(4)中水平放射性废物。中水平放射性废物中含有相当数量的长寿命核素,特别是发射 α 粒子的放射性核素,不能依靠监护措施确保废物的处置安全,需要采取比近地表处置更高程度的包容和隔离措施,处置深度通常为地下几十到几百米。一般情况下,中水平放射性废物在贮存和处置期间不需要提供散热措施。中水平放射性废物的活度浓度下限值为低水平放射性废物活度浓度上限值,中水平放射性废物的活度浓度上限值为 4×10^{11} Bq/kg,且释热率小于或等于 2 kW/m³。中水平放射性废物一般来源于含放射性核素钚-239 的物料操作过程、乏燃料后处理设施运行和退役过程等。

(5)高水平放射性废物。高水平放射性废物所含放射性核素活度浓度很高,使得衰变过程中产生大量的热,或者含有大量长寿命放射性核素,需要更高程度的包容和隔离,需要采取散热措施,应采取深地质处置方式处置。高水平放射性废物的活度浓度下限值为 4×10^{11} Bq/kg,或释热率大于 2 kW/m³。常见的高水平放射性废物如乏燃料后处理设施运行产生的高放玻璃固化体和不进行后处理的乏燃料。

2.3.9.2　放射性固体废物处置的目标和基本要求

放射性固体废物处置的目标是以妥善方式将废物与人类及其环境长期、安全地隔离,使其对人类环境的影响减少到可合理达到的尽量低的水平。其基本要求是被处置的废物应是适宜处置的稳定的废物;废物的处置不应给后代增加负担;长期安全性不应依赖于人为的、能动的管理;对后代个人的防护水平不应低于目前的规定;处置设施的设计应贯彻多重屏障原则,并把多重屏障作为一个整体系统来看待,既不应因有其他屏障的存在而降低任意屏障的功能要求,又不应将整体安全性寄希望于某一屏障的功能;中、低放废物可采用浅埋方式或在岩洞中进行处置,也可采用其他具有等效功能的处置方式,应采取区域处置方针,使其得到相对集中的处置;高放废物(包括不经后处理而直接处置的乏燃料)和超铀废物,应在地下深度合适的地质体中建库处置,全国的高放废物应集中处置。另外,由于废物隔离的长期性和不确定性,废物处置系统的设计应留有较大的安全裕度。废物处置系统应能提供足够长的安全隔离期,不应少于 300 年,高放废物和超铀废物的隔离期不应少于 10 000 年。

2.3.9.3　低、中水平放射性固体废物的处置

(1)低、中水平放射性固体废物的近地表处置。所谓近地表处置是指地表或地下、半地下的,具有防护覆盖层的有工程屏障或没有工程屏障的浅埋处置,深度一般在地面下 50 m 以内。

中水平放射性固体废物近地表处置的任务是在废物可能对人类造成不可逆危害的时间范围内(一般应考虑 400~500 年),将废物中的放射性核素限制在处置场范围内,以防止放射性核素以不可接受的浓度或数量向环境扩散而危及人类安全。处置场在正常运行和事故情况下,对操作人员和公众的辐射防护应符合我国辐射防护规定的要求,并应遵循"可合理做到的尽可能低"的原则。

1)场址选择。近地表处置场的选址既可从候选区域中筛选,也可有目的地对一个指定的可能场址进行评价。场址选择通常由规划选址阶段、区域调查阶段、场址特征评价阶段和场址确定阶段四个阶段组成。规划选址阶段的任务:提出一个总体的选址计划,建立选址的原则,

并确定能作为区域调查阶段依据的场址性能要求。区域调查阶段的任务：确定一处或几处可能场址，并对这些区域的稳定性、地震、地质构造、工程地质、水文地质、气象条件和社会经济因素进行初步评价，包括绘制区域地图（找出可能含有合适场址的地区）和筛选（选出供进一步评价的可能场址）两个阶段。场址特征评价阶段：在区域调查的基础上通过现场踏勘、勘察和资料的分析研究，确定各个候选场址的具体场址特征，进行初步评价和对比评价，以证明其能够满足安全和环境保护的要求，在这一阶段也应确定与具体场址有关的设计基准。场址确定阶段：在推荐场址上进行详细的场址勘测，从而支持和确认所作的选择，提供详细设计、环境影响评价以及申请许可证所需要的补充场址资料。

选址过程中所需的数据或资料包括地质、水文地质、地球化学、构造和地震地表过程、气象、人为事件、废物运输、土地利用、人口分布和环境保护等，具体选址准则和所需的数据或资料详细内容见《低、中水平放射性废物近地表处置设施的选址》(HJ/T 23—1998)。

2）处置场的运行。处置场运行应保证其操作人员所受辐照剂量低于国家标准，其他安全性也应符合国家规定。废物运到处置场后，必须确认废物包装体是否符合包装要求，在运输过程中有无损坏，是否与所填写的废物卡片内容完全相符。废物的减容和固化等加工处理，原则上应在送到处置场之前完成，必要时可在场内进行。废物处置运行必须遵守运行许可证中的规定，按规定制定相应的运行操作规程。在整个废物处置操作（废物的搬运、安放和处置单元的封闭）过程中，均应保证操作人员和公众的安全。废物的安放应有利于安全隔离和处置单元的封闭，并建立完整的废物处置运行档案，在废物处置场区和处置单元附近的适当位置设立永久性标志。

处置场运行单位应负责运行场内环境的日常监测，包括表面沾污的测量、地下水样品的分析测量、地表及一定深度岩土样品的分析测量、植物样品和空气样品的分析测量辐射监测和处置单元顶部覆盖层完整性的定期检查。环境监测结果和评价应定期地报告国家和地方环保部门，如发现不正常情况立即如实上报。

一旦处置场发生可能引起污染的事故，其运行单位应尽快确定污染的地点、核素、水平、范围及其发生过程，以确定应采取的补救措施。另外，处置场应有应急措施和补救手段，以处理废物包装不合格或破裂、废物散落和放射性物质非正常释放等非正常情况，以阻止或尽量减小污染的扩散。

3）处置场的关闭。处置场的关闭包括正常关闭和非正常关闭。前者是指处置场已经达到运行许可证允许处置的废物数量或总放射性限值时所进行的关闭；后者是指发现处置系统的设计或场址不再适合处置放射性废物时所进行的关闭。对于非正常关闭，应预先作出相应的计划，其实施必须得到国家环保等部门的批准。

处置场关闭之后一般经历三个阶段。封闭阶段：刚关闭的处置场应保持封闭状态，只有进行监督工作时才能进入场内。半封闭阶段：当证明废物的危险已经很小，而且废物的覆盖层完好时，允许进入场区，但不允许进行挖掘或钻探等作业。开放阶段：在达到所规定的场区控制期后，废物的放射性已降到不需辐射防护的水平，场区方可完全开放。

处置场关闭后，在国家和地方环保部门参与下进行环境监测，限制出入措施维护、档案保存以及可能的应急行动等工作。

另外,在处置场选择方案,确定场址、设计,运行和关闭时,都必须进行安全分析和环境影响评价,提供相应的安全分析报告书、环境影响报告及审批手续。

(2)低、中水平放射性固体废物的岩洞处置。低、中水平放射性固体废物的岩洞处置是指在地表以下不同深度、不同地质情况下建造的不同类型的岩洞(废矿井、现有人工洞室、天然洞、专为处置废物而挖掘的岩洞)中处置的废物必须具有固定的形态,足够的化学、生物、热和辐射稳定性,于地下水中应具有低的溶解性和浸出性,不得含有易燃、易爆物质。

2.3.9.4 高放射性废物的安全处置

高放射性废物一般指乏燃料在后处置过程中产生的高放射性废液及其固化体(其中含有99%以上的裂变产物和超铀元素)。另外,未经过处理而在冷却后直接贮存的乏燃料有时也被视作高放射性废物。高放射性污染物属于特殊的污染物,具有放射性水平高、半衰期长、生物毒性大和释热量大等特点,如处置不当,将严重危及人类的生命和健康,制约核能事业的发展,所以高放射性废物的安全处置问题已受到有核国家的高度重视。高放射性废物安全处置的目的就是通过某种技术措施使高放射性废物与人类生物圈长期隔离,或使其放射性降低到对生物无害的程度,因而一般又称之为安全最终处置。世界各国对高放射性废物处置曾提出多种方案和设想,主要有宇宙处置、冰川处置、海洋处置、岩石熔融处置、分离与嬗变(P-T)、深地质处置。多年来,通过对以上处置方案的分析和对比,深地质处置是国际上公认的处置高放射性废物的合适方案,我国也在《中华人民共和国放射性污染防治法》中提出"高水平放射性固体废物实行集中的深地质处置"。高放射性废物深地质处置一般采用"多重屏障系统"设计原理,即设置一系列天然和工程屏障于高放射性废物和生物圈之间,以增强处置的可靠性和安全性。要求处置库的寿命至少为10 000年。

1)工程屏障。工程屏障是指处置库的废物固化体、废物容器及回填材料,与周围的地质介质一起阻止核素迁移。工程屏障的作用和功能是使大部分裂变产物在衰变到较低水平的相当长的时期内能够得到有效包容。防止地下水接近废物,减少核素的衰变热对周围岩石的影响,防止和减缓玻璃固化体、岩石和地下水的相互作用。尽可能延缓有害核素随地下水向周围岩体渗透和迁移。

高放射性废物固化的目的是将废液转化成固体或将固体废物与某些固化基材一起转化成稳定的固化体,封闭隔离在稳定介质中,阻止核素泄漏和迁移,使之适于处置,提供了限制核素释放的直接屏障。固化体形式主要有玻璃固化体、陶瓷固化体、金属固化体和复合固化体。

废物容器的主要作用是阻滞水的穿透、侵蚀及提供合适的防止受蚀条件,是防止放射性核素从工程屏障中释放出去的第一道防线。其形状多为圆柱体,选用材料多为耐热性、抗腐蚀性能良好的不锈钢材料,对于陶瓷材料和其他合金材料的应用也都在研究中。

回填材料对地下处置系统的安全起着保护作用。将它充填于废物容器和围岩之间,也可用于封闭处置库,充填岩石的裂隙。

2)天然屏障。天然屏障主要指地质介质,包括库区的围岩和周围地质环境。主要是因为深部地质介质具有长期圈闭的功能,地质介质本身就构成了阻止核素迁移的天然屏障,既可有效地限制核素的迁移,又可避免人类的闯入,不仅是良好的物理屏障,也是有效的化学屏障,可通过吸附、沉淀作用等,对高放射性废物向生物迁移起滞留和稀释作用。深部地质介质的演化十分缓慢,但要避开现代火山老区和强烈构造活动地区等。另外,建造处置库所开凿的岩体体积只占整个岩体体积的很小部分,不会严重影响围岩的整体圈闭功能。

处置库的围岩类型是关系到处置库能否长期安全运行及有效隔离核素物质的重要条件。选择高放射性废物处置库围岩要考虑的主要因素包括:围岩的矿物组成、化学成分和物理特征、必须有利于放射性核素的隔离、对放射性核素的吸附与离子交换能力较强。岩石的水力学性能要求围岩应具有低孔隙和低渗透特征,以降低核素对地下水的迁移速度。岩石的力学性能决定了处置库的稳定性,其热学性能主要由热导率表示,因高放射性废物核素在衰变过程中产生辐射热,而热应力的作用能使围岩产生破裂而降低处置库系统的稳定性,因此围岩要具有一定的导热能力。

2.4　工业固体废物的堆肥技术

2.4.1　堆肥技术概述

堆肥化是在人工控制的条件下,依靠自然界中广泛分布的细菌、放线菌、真菌等微生物,人为地促进可生物降解的有机物向稳定的腐殖质转化的微生物学过程。堆肥化的产物称为堆肥,即人工腐殖质。

依据堆肥过程中微生物对氧气的不同需求情况,可把堆肥分为好氧堆肥和厌氧堆肥。

堆肥化实际上是利用微生物在一定条件下对有机物进行氧化分解的过程。但通常所说的堆肥化一般是指好氧堆肥,因为厌氧微生物对有机物分解速率缓慢,处理效率低,容易产生恶臭,其工艺条件也较难控制。

2.4.2　固体废物的好氧堆肥处理

2.4.2.1　好氧堆肥的基本原理

好氧堆肥是好氧微生物在与空气充分接触的条件下,使堆肥原料中的有机物发生一系列放热分解反应,最终使有机物转化为简单而稳定的腐殖质的过程。

在堆肥过程中,微生物通过同化和异化作用,把部分有机物氧化成简单的无机物,并释放出能量,把另一部分有机物转化合成新的细胞物质,供微生物生长繁殖。图 2-13 可以简单地说明这个过程。

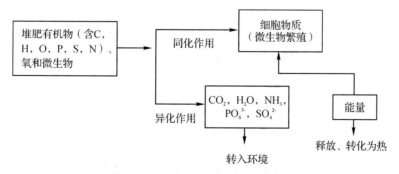

图 2-13　好氧堆肥基本原理示意图

堆肥过程中有机物氧化分解总的关系可用下式表示：

$$C_sH_tN_uO_v \cdot aH_2O + bO_2 \longrightarrow nC_wH_xN_yO_z \cdot cH_2O + dH_2O(气) + eH_2O(液) +$$
$$fCO_2 + gNH_3 + 能量$$

通常情况下，堆肥产品 $C_wH_xN_yO_z \cdot cH_2O$ 与堆肥原料 $C_sH_tN_uO_v \cdot aH_2O$ 的质量之比为 0.3～0.5。这是氧化分解后减量化的结果。一般情况，w、x、y、z 可取值范围为 $w=5～10$，$x=7～17$，$y=1$，$z=2～8$。

下列方程式反映了堆肥过程中有机物的氧化和合成：

(1)有机物的氧化。不含氮有机物($C_xH_yO_z$)的氧化

$$C_xH_yO_z + \left(x + \frac{1}{4}y - \frac{1}{2}z\right)O_2 \longrightarrow xCO_2 + \frac{1}{2}yH_2O + 能量$$

含氮有机物($C_sH_tN_uO_v \cdot aH_2O$)的氧化

$$C_sH_tN_uO_v \cdot aH_2O + bO_2 \longrightarrow C_wH_xN_yO_z \cdot cH_2O + dH_2O(气) + eH_2O(液) +$$
$$fCO_2 + gNH_3 + 能量$$

(2)细胞物质的合成(包括有机物的氧化，并以 NH_3 为氮源)。

$$nC_xH_yO_z + NH_3 + \left(nx + \frac{ny}{4} - \frac{nz}{2} - 5\right)O_2 \longrightarrow C_5H_7NO_2(细胞物质)$$
$$+ (nx - 5)CO_2 + \frac{1}{2}(ny - 4)H_2O + 能量$$

(3)细胞物质的氧化。

$$C_5H_7NO_2(细胞物质) + 5O_2 \longrightarrow 5CO_2 + 2H_2O + NH_3 + 能量$$

以纤维素为例，好氧堆肥中纤维素的分解反应如下

$$\longrightarrow (C_6H_{12}O_6)n\ 纤维素酶\ n(C_6H_{12}O_6)(葡萄糖)$$
$$\longrightarrow n(C_6H_{12}O_6) + 6n\ O_2\ 微生物\quad 6nH_2O + 6nCO_2 + 能量$$

2.4.2.2 好氧堆肥化过程

堆肥是一系列微生物活动的复杂过程，包含着堆肥原料的矿质化和腐殖化过程。在该过程中，堆内的有机物、无机物发生着复杂的分解与合成的变化，微生物的组成也发生着相应的变化。

好氧堆肥化从废物堆积到腐熟的微生物生化过程比较复杂，可以分为如下几个阶段：

(1)潜伏阶段(亦称驯化阶段)。其指堆肥化开始时微生物适应新环境的过程，即驯化过程。

(2)中温阶段(亦称产热阶段)。在此阶段，嗜温性细菌、酵母菌和放线菌等嗜温性微生物利用堆肥中最容易分解的可溶性物质，如淀粉、糖类等而迅速增殖，并释放热量，使堆肥温度不断升高。当堆肥温度升升到 45 ℃以上时，即进入高温阶段。

(3)高温阶段。在此阶段，嗜热性微生物逐渐代替了嗜温性微生物的活动，堆肥中残留和新形成的可溶性有机物质继续分解转化，复杂的有机化合物如半纤维素、纤维素和蛋白质等开始被强烈分解。通常，在 50 ℃左右进行活动的主要是嗜热性真菌和放线菌；温度上升到 60 ℃时，真菌几乎完全停止活动，仅有嗜热性放线菌与细菌活动；温度升到 70 ℃以上时，对大多数嗜热性微生物已不适宜，微生物大量死亡或进入休眠状态。

(4)腐熟阶段。当高温持续一段时间后,易分解的有机物(包括纤维素等)已大部分分解,只剩下部分较难分解的有机物和新形成的腐殖质,此时微生物活性下降,发热量减少,温度下降。在此阶段嗜温性微生物又占优势,对残余的较难分解的有机物作进一步分解,腐殖质不断增多且稳定化,此时堆肥即进入腐熟阶段,堆肥可施用。

2.4.2.3　影响因素

(1)供氧量。氧气是堆肥过程有机物降解和微生物生长所必需的物质。因此,保证较好的通风条件,提供充足的氧气是好氧堆肥过程正常运行的基本保证。通风可使堆层内的水分以水蒸气的形式散失掉,达到调节堆温和堆内水分含量的双重目的,可避免后期堆肥温度过高。但在高温堆肥后期,主发酵排出的废气温度较高,会从堆肥中带走大量水分,从而使物料干化,因此需考虑通风与干化间的关系。

【实例 2-1】　用一种成分为 $C_{31}H_{50}NO_{26}$ 的堆肥物料进行实验室规模的好氧堆肥实验。实验结果:每 1 000 kg 堆料在完成堆肥化后仅剩下 200 kg,测定产品成分为 $C_{11}H_{14}NO_4$,试求每 1 000 kg 物料的化学计算理论需氧量。

解:计算出堆肥物料 $C_{31}H_{50}NO_{26}$ 的千摩尔质量为 852 kg,可算出参加堆肥过程的有机物物质的量=(1 000/852) kmol=1.173 kmol。

堆肥产品 $C_{11}H_{14}NO_4$ 的千摩尔质量为 224 kg,可算出每摩尔物料参加堆肥过程的残余有机物物质的量,即:n=200/(1.173×224) kmol=0.76 kmol;

若堆肥过程可表示为

$$C_aH_bO_cN_d+\frac{(ny+2s+r-c)}{2}O_2 \longrightarrow nC_wH_xO_yN_z+sCO_2+rH_2O+(d-nz)NH_3$$

由已知条件:a=31,b=50,c=26,d=1,w=11,x=14,y=4,z=1,可以得出

$$r=0.5\times[50-0.76\times14-3\times(1-0.76\times1)]=19.32$$

$$s=31-0.76\times11=22.64$$

堆肥过程所需的氧量为

$$m=[0.5\times(0.76\times4+2\times22.64+19.32-26)\times1.173\times32] kg=781.50 kg$$

(2)含水率。水分是维持微生物生长代谢活动的基本条件之一,水分适当与否直接影响堆肥发酵速率和腐熟程度,是影响好氧堆肥的关键因素之一。堆肥的最适含水率为 50%～60%(质量分数),此时微生物分解速率最快。当含水率在 40%～50% 时,微生物的活性开始下降,堆肥温度随之降低。当含水率小于 20% 时,微生物的活动基本停止。当水分超过 70% 时,温度难以上升,有机物分解速率降低,由于堆肥物料之间充满水,有碍于通风,从而造成厌氧状态,不利于好氧微生物生长,还会产生 H_2S 等恶臭气体。

(3)温度和有机物含量。温度是堆肥得以顺利进行的重要因素。堆肥初期,堆体温度一般与环境温度相一致,经过中温菌的作用,堆体温度逐渐上升。随着堆体温度的升高,一方面加速分解消化过程;另一方面也可杀灭虫卵、致病菌以及杂草籽等,使得堆肥产品可以安全地用于农田。堆体最佳温度为 55～60 ℃,有机物含量过低,分解产生的热量不足以维持堆肥所需要的温度,会影响无害化处理,且产生的堆肥成品由于肥效低而影响其使用价值。如果有机物含量过高,则给通风供氧带来困难,有可能产生厌氧状态。

(4)颗粒度。堆肥过程中供给的氧气是通过颗粒间的空隙分布到物料内部的,因此,颗粒度的大小对通风供氧有重要影响。从理论上说,堆肥物颗粒应尽可能小,才能使空气有较大的接触面积,并使得好氧微生物更易、更快将其分解。如果颗粒度太小,易造成厌氧条件,不利于好氧微生物的生长繁殖。因此堆肥前需要通过破碎、分选等方法去除不可堆肥化物质,使堆肥物料粒度达到一定程度的均匀化。

(5)C/N 和 C/P。堆肥原料中的 C/N 是影响堆肥微生物对有机物分解的最重要因子,碳是堆肥化反应的能量来源,是生物发酵过程中的动力和热源;氮是微生物的营养来源,主要用于合成微生物体,是控制生物合成的重要因素,也是反应速率的控制因素。如果 C/N 值过小,容易引起菌体衰老和自溶,造成氮源浪费和酶产量下降;如果 C/N 值过高,容易引起杂菌感染,同时由于没有足够量的微生物来产酶,会造成碳源浪费和酶产量下降,也会导致成品堆肥的 C/N 过高,这样堆肥施入土壤后,将夺取土壤中的氮素,使土壤陷入"氮饥饿"状态,影响作物生长。因此,应根据各种微生物的特性,恰当地选择适宜的 C/N 值。调整的方法是加入人粪尿、牲畜粪尿及城市污泥等。常见有机废物的 C/N 值见表 2-7。

表 2-7 常见有机废物的 C/N 值

有机废物	C/N 值	有机废物	C/N 值
稻草、麦秆	70~100	猪粪	7~15
木屑	200~1 700	鸡粪	5~10
稻壳	70~100	污泥	6~12
树皮	100~350	杂草	12~19
牛粪	8~26	厨余	20~25
水果废物	34.8	活性污泥	6.3

除碳和氮之外,磷也是微生物必需的营养元素之一,它是磷酸和细胞核的重要组成元素,也是生物能腺嘌呤核苷三磷酸(ATP)的重要组成部分,对微生物的生长也有重要的影响。有时,在垃圾中会添加一些污泥进行混合堆肥,就是利用污泥中丰富的磷来调整堆肥原料的 C/P 值。一般要求堆肥原料的 C/P 值为 75~150。

【实例 2-2】 废物混合最适宜的 C/N 值计算。树叶的 C/N 值为 50,与来自污水处理厂的活性污泥混合,活性污泥的 C/N 值为 6.3。分别计算各组分的比例使混合 C/N 值达到 25。假定条件如下:污泥含水率=75%;树叶含水率=50%;污泥含氮率=0.7%。

解:计算树叶和污泥的百分比

对于 1 kg 的树叶:

$m_{水}=1\times0.50 \ kg=0.50 \ kg$　　　　$m_{干物质}=1 \ kg-0.50 \ kg=0.50 \ kg$

$m_{N}=0.50\times0.007 \ kg=0.003 \ 5 \ kg$　　　$m_{C}=50\times0.003 \ 5 \ kg=0.175 \ kg$

对于 1 kg 的污泥:

$m_{水}=1\times0.75 \ kg=0.75 \ kg$　　　　$m_{干物质}=1 \ kg-0.75 \ kg=0.25 \ kg$

$$m_N = 0.25 \times 0.056 \text{ kg} = 0.014 \text{ kg} \qquad m_C = 6.3 \times 0.014 \text{ kg} = 0.088\ 2 \text{ kg}$$

计算加入树叶中的污泥量使混合 C/N 值达到 25

C/N＝25＝[1 kg 树叶中的 C 含量＋x(1 kg 污泥中的 C 含量)]/[1 kg 树叶中的 N 含量＋x(1 kg 污泥中的 N 含量)](x 为所需污泥的质量)

$$25 = [0.175 + x(0.088\ 2)]/[0.003\ 5 + x(0.014)]$$
$$x = 0.33 \text{ kg}$$

计算混合后的 C/N 值和含水率

对于 0.33 kg 的污泥：

$$m_水 = 0.33 \times 0.75 \text{ kg} = 0.25 \text{ kg} \qquad m_{干物质} = 0.33 \text{ kg} - 0.25 \text{ kg} = 0.08 \text{ kg}$$

$$m_N = 0.08 \times 0.056 \text{ kg} = 0.004 \text{ kg} \qquad m_C = 6.3 \times 0.004 \text{ kg} = 0.03 \text{ kg}$$

对于 0.33 kg 的污泥＋1 kg 的树叶：

$$m_水 = 0.25 \text{ kg} + 0.50 \text{ kg} = 0.75 \text{ kg}$$

$$m_{干物质} = 0.08 \text{ kg} + 0.50 \text{ kg} = 0.58 \text{ kg}$$

$$m_N = 0.004 \text{ kg} + 0.003\ 5 \text{ kg} = 0.008 \text{ kg}$$

$$m_C = 0.03 \text{ kg} + 0.175 \text{ kg} = 0.205 \text{ kg}$$

则 C/N 值为

$$C/N = 0.205 \text{ kg(C)}/0.008 \text{ kg(N)} = 25.6$$

则含水率为

$$含水率 = 0.75 \text{ kg(水)}/[0.75 \text{ kg(水)} + 0.58 \text{ kg(干物质)}]$$
$$= (0.75 \text{ kg}/1.33 \text{ kg}) \times 100\% = 56.39\%$$

建议:污泥与庭院垃圾混合来增加氮源的堆肥方法是合理的,但由于污泥中病原菌和重金属的问题,对堆肥的质量必须严格监控。

(6)pH。pH 是微生物生长的一个重要环境条件。一般情况下,在堆肥过程中,pH 有足够的缓冲作用,能使 pH 稳定在可以保证好氧分解的酸碱度水平。适宜的 pH 可使微生物发挥有效作用,一般来说,pH 在 7.5～8.5 之间可获得最佳的堆肥效果。

2.4.2.4　好氧堆肥工艺

传统的堆肥化技术采用厌氧野外堆肥法,这种方法占地面积大、时间长。现代化的堆肥生产一般采用好氧堆肥工艺,它通常由前(预)处理主发酵(亦称一次发酵或初级发酵)、后发酵(亦称二次发酵或次级发酵)、后处理、脱臭及贮存等工序组成。

(1)前处理。前处理往往包括分选、破碎、筛分和混合等预处理工序,主要是去除大块和非堆肥化物料,如石块、金属物等。这些物质的存在会影响堆肥处理机械的正常运行,并降低发酵仓的有效容积,使堆肥温度不易达到无害化的要求,从而影响堆肥产品的质量。此外,前处理还应包括养分和水分的调节,如添加氮、磷以调节碳氮比和碳磷比。

在前处理时应注意:在调节堆肥物料颗粒度时,颗粒不能太小,否则会影响通气性。一般适宜的粒径范围是 2～60 mm,最佳粒径随垃圾物理特性的变化而变化,如果堆肥物质坚固,不易挤压,则粒径应小些,否则,粒径应大些。用含水率较高的固体废物(如污水污泥、人畜粪便等)为主要原料时,前处理的主要任务是调整水分和 C/N 值,有时需要添加菌种和酶制剂,以使发酵过程正常进行。

（2）主发酵。主发酵主要在发酵仓内进行，也可露天堆积，靠强制通风或翻堆搅拌来供给氧气。在堆肥时，由于原料和土壤中存在微生物的作用开始发酵，首先是易分解的物质分解，产生二氧化碳和水，同时产生热量，使堆温上升。微生物吸收有机物的碳氮氨营养成分，在细菌自身繁殖的同时，将细胞中吸收的物质分解而产生热量。

发酵初期物质的分解作用是靠中温菌（也称嗜温菌）进行的。随着堆温的升高，最适宜温度为 45～60 ℃ 的高温菌（也称嗜热菌）代替了中温菌，在 60～100 ℃ 或更高温度下能进行高效率分解（高温分解比低温分解快得多）。然后将进入降温阶段，通常将温度升高到开始降低的阶段，称为主发酵期。以生活垃圾和家禽粪尿为主体的好氧堆肥，主发酵期为 4～12 d。

（3）后发酵。后发酵是将主发酵工序尚未分解的易分解有机物和较难分解的有机物进一步分解，使之变成腐殖酸、氨基酸等比较稳定的有机物，得到完全腐熟的堆肥制品。后发酵可在封闭的反应器内进行，但在散开的场地、料仓内进行的较多。此时，通常采用条堆或静态堆肥的方式，物料堆积高度一般为 1～2 m。有时还需要翻堆或通气，但通常采用每周进行数次翻堆。后发酵时间的长短取决于堆肥的使用情况，通常在 20～30 d。

（4）后处理。经过后发酵的物料中，几乎所有的有机物都被稳定化和减量化。但在前处理工序中还没有完全去除的塑料、玻璃、金属、小石块等杂物还要经过一道分选工序去除。可以用回转式振动筛、磁选机、风选机等预处理设备分离去除上述杂质，并根据需要进行再破碎（如生产精肥）；也可以根据土壤的情况，在散装堆肥中加入氮、磷、钾等添加剂后生产复合肥。

（5）脱臭。在堆肥化工艺过程中，因微生物的分解，会有臭味产生，必须进行脱臭。常见的产生臭味的物质有氨、硫化氢、甲基硫醇、胺类等。去除臭气的方法主要有化学除臭剂除臭；碱水和水溶液过滤；熟堆肥或活性炭、沸石等吸附剂吸附；等等。其中，经济而实用的方法是熟堆肥吸附的生物除臭法。

（6）贮存。堆肥一般在春秋两季使用，在夏冬两季只需贮存，可见一般的堆肥化工厂有必要设置至少能容纳 6 个月产量的贮存设备。贮存可直接堆存在发酵池中或装袋，要求干燥透气，密闭和受潮会影响堆肥产品的质量。

2.4.3　固体废物的厌氧消化处理

厌氧消化（即厌氧发酵）是一种普遍存在于自然界的微生物过程。凡是存在有机物和一定水分的地方，只要存在供氧条件差及有机物含量多的情况，都会产生厌氧消化现象，有机物经厌氧分解产生 CH_4、CO_2 和 H_2S 等气体。因此，厌氧消化处理是指在厌氧状态下利用厌氧微生物使固体废物中的有机物转化为 CH_4 和 CO_2 的过程。由于厌氧消化可以产生以 CH_4 为主要成分的沼气，故又称甲烷发酵。厌氧消化可以去除废物中 30%～50% 的有机物并使之稳定化。

厌氧消化技术具有以下特点：过程可控、降解快、生产过程全封闭、资源化效果好，可将潜在于废弃有机物中的低品位生物能转化为可以直接利用的高品位沼气，易操作，与好氧处理相比，厌氧消化处理不需要通风动力，设施简单，运行成本低。产物可再利用，经厌氧消化后的废物基本得到稳定，可作农肥、饲料或堆肥化原料。可杀死传染性病原菌，有利于防疫。厌氧过

程中会产生 H_2S 等恶臭气体。厌氧微生物的生长速率低,常规方法的处理效率低,设备体积大。

2.4.3.1　厌氧消化原理

参与厌氧分解的微生物可以分为两类,第一类是由一个十分复杂的混合发酵细菌群将复杂的有机物水解,并进一步分解为以有机酸为主的简单产物,通常称之为水解菌。在中温沼气发酵中,水解菌主要属于厌氧细菌,包括梭菌属、拟杆菌属、真杆菌属、双歧杆菌属等。在高温厌氧发酵中,有梭菌属、无芽孢的革兰氏阴性杆菌、链球菌和肠道菌等兼性厌氧细菌。第二类的微生物为绝对厌氧细菌,其功能是将有机酸转变为甲烷,被称为产甲烷细菌。产甲烷细菌的繁殖非常缓慢,且对于温度、抑制物的存在等外界条件的变化相当敏感。产甲烷阶段在厌氧硝化过程中是十分重要的环节,产甲烷细菌除了产生甲烷外,还起到分解脂肪酸调节 pH 的作用。同时,通过将氢气转化为甲烷,可以减小氢的分压,有利于产酸菌的活动。

有机物厌氧消化的生物化学反应过程与堆肥化过程都是非常复杂的,中间反应及中间产物有数百种,每种反应都是在酶或其他物质的催化下进行的,总的反应式为

$$有机物 + H_2O + 营养物 \xrightarrow{\text{厌氧微生物}} 细胞物质 + CH_4\uparrow + CO_2\uparrow + NH_3\uparrow +$$
$$H_2\uparrow + H_2S\uparrow + \cdots + 抗性物质 + 能量$$

有机物厌氧发酵的工艺原理如图 2-14 所示。

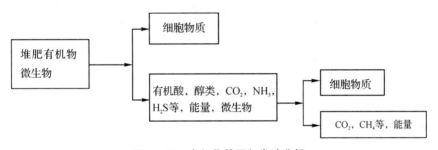

图 2-14　有机物的厌氧发酵分解

厌氧发酵是有机物在无氧条件下被微生物分解、转化成甲烷和二氧化碳等,并合成自身细胞物质的生物学过程。由于厌氧发酵的原料来源复杂,参加反应的微生物种类繁多,使得厌氧发酵过程变得非常复杂。一些学者对厌氧发酵过程中物质的代谢、转化和各种菌群的作用等进行了大量的研究,但仍有许多问题有待进一步的探讨。目前,对厌氧发酵的生化过程有两段理论、三段理论和四段理论。这里主要介绍两段理论和三段理论。

(1)两段理论。两段理论将厌氧消化过程分成两个阶段,即酸性发酵阶段和碱性发酵阶段(见图 2-15)。在分解初期,产酸菌的活动占主导地位,有机物被分解成有机酸、醇、二氧化碳、氨、硫化氢等,由于有机酸大量积累,pH 值下降,故把这一阶段称作酸性发酵阶段。在分解后期,产甲烷细菌占主导作用,在酸性发酵阶段产生的有机酸和醇等被产甲烷细菌进一步分解产生 CH_4 和 CO_2 等。由于有机酸的分解和所产生的氨的中和作用,会使 pH 值上升,发酵从而进入第二个阶段——碱性发酵阶段。到碱性发酵后期,可降解有机物大都已经被分解,消化过程也就趋于完成。厌氧消化利用的是厌氧微生物的活动,可产生生物气体,生产可再生能源,且无需氧气的供给,动力消耗低;但缺点是发酵效率低、消化速率低、稳定化时间长。

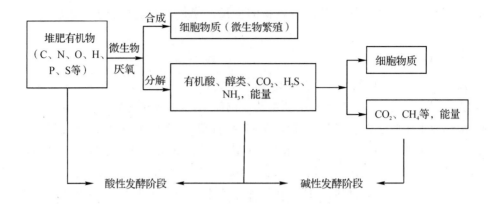

图 2-15　有机物的厌氧发酵过程（两段理论）

（2）三段理论。厌氧发酵一般可以分为三个阶段，即水解阶段、产酸阶段和产甲烷阶段，每一阶段各有其独特的微生物类群起作用。水解阶段起作用的细菌称为发酵细菌，包括纤维素分解菌、蛋白质水解菌。产酸阶段起作用的细菌是醋酸分解菌。这两个阶段起作用的细菌统称为不产甲烷细菌。产甲烷阶段起作用的细菌是产甲烷细菌。有机物分解三阶段过程如图 2-16 所示。

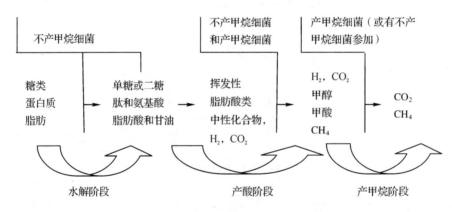

图 2-16　有机物的厌氧发酵过程（三段理论）

1）水解阶段。发酵细菌利用胞外酶对有机物进行体外酶解，使固体物质变成可溶于水的物质，然后，细菌再吸收可溶于水的物质，并将其分解成为不同产物。高分子有机物的水解速率很低，它取决于物料的性质、微生物的浓度，以及温度、pH 等环境条件。纤维素、淀粉等水解成单糖类，蛋白质水解成氨基酸，再经脱氨基作用形成有机酸和氨，脂肪水解后形成甘油和脂肪酸。

2）产酸阶段。水解阶段产生的简单的可溶性有机物在产氢和产酸细菌的作用下，进一步分解成挥发性脂肪酸（如丙酸、乙酸、丁酸、长链脂肪酸）、醇，酮，醛、CO_2 和 H_2 等。

3）产甲烷阶段。产甲烷细菌将第二阶段的产物进一步降解成 CH_4 和 CO_2，同时利用产酸阶段所产生的 H_2 将部分 CO_2 再转变为 CH_4。产甲烷阶段的生化反应相当复杂，其中 72% 的 CH_4 来自乙酸，目前已经得到验证的主要反应有

$$CH_3COOH \longrightarrow CH_4 \uparrow + CO_2 \uparrow$$

$$4H_2 + CO_2 \longrightarrow CH_4 + 2H_2O$$
$$4HCOOH \longrightarrow CH_4 \uparrow + 3CO_2 \uparrow + 2H_2O$$
$$4CH_3OH \longrightarrow 3CH_4 \uparrow + CO_2 \uparrow + 2H_2O$$
$$4(CH_3)_3N + 6H_2O \longrightarrow 9CH_4 \uparrow + 3CO_2 \uparrow + 4NH_3 \uparrow$$
$$4CO + 2H_2O \longrightarrow CH_4 + 3CO_2$$

由式中可见,除乙酸外,CO_2 和 H_2 的反应也能产生一部分 CH_4,少量 CH_4 来自其他一些物质的转化。产甲烷细菌的活性大小取决于在水解和产酸阶段所提供的营养物质。对于以可溶性有机物为主的有机废水来说,由于产甲烷细菌的生长速率低,对环境和底物要求苛刻,产甲烷阶段是整个反应过程的控制步骤;而对于以不溶性高分子有机物为主的污泥、垃圾等废物,水解阶段是整个厌氧消化过程的控制步骤。

2.4.3.2　厌氧消化的影响因素

(1)厌氧条件。厌氧消化最显著的一个特点是有机物在厌氧的条件下被某些微生物分解,最终转化成 CH_4 和 CO_2。产酸阶段微生物大多数是厌氧菌,需要在厌氧的条件下才能把复杂的有机质分解成简单的有机酸等。而产气阶段的细菌是专性厌氧菌,氧对产甲烷细菌有毒害作用,因而需要严格的厌氧环境。判断厌氧程度可用氧化还原电位(Eh)表示。当厌氧消化正常进行时,Eh 应维持在 -300 mV 左右。

(2)原料配比。厌氧消化原料的碳氮比以(20~30)∶1 为宜。碳氮比过小,细菌增殖量降低,氮不能被充分利用,过剩的氮变成游离的 NH_3,抑制了产甲烷细菌的活动,厌氧消化不易进行。但碳氮比过高,反应速率降低,产气量明显下降。磷含量(以磷酸盐计)一般为有机物量的 1/1 000 为宜。

(3)温度。温度是影响产气量的重要因素,厌氧消化可在较为广泛的温度范围内进行(40~65 ℃)。温度过低,厌氧消化的速率低、产气量低,不易达到卫生要求上杀灭病原菌的目的;温度过高,微生物处于休眠状态,不利于消化。研究发现,厌氧微生物的代谢速率在 35~38 ℃ 和 50~65 ℃ 时各有一个高峰。因此,一般厌氧消化常把温度控制在这两个范围内,以获得尽可能高的消化效率和降解速率。

(4)pH。产甲烷微生物细胞内的细胞质 pH 一般呈中性。但对于产甲烷细菌来说,需维持在弱碱性环境中,当 pH 低于 6.2 时,就会面临失活。因此,在产酸菌和产甲烷细菌共存的厌氧消化过程中,系统的 pH 应控制在 6.5~7.5,最佳 pH 范围是 7.0~7.2。为提高系统对 pH 的缓冲能力,需要维持一定的碱度,可通过投加石灰或含氮物料的办法进行调节。

(5)添加物和抑制物。在发酵液中添加少量的硫酸锌、磷矿粉、炼钢渣、碳酸钙、炉灰等,有助于促进厌氧发酵,提高产气量和原料利用率,其中以添加磷矿粉的效果最佳。同时添加少量钾、钠、镁、锌、磷等元素也能提高产气率。但是也有些化学物质能抑制发酵微生物的活性,当原料中含氮化合物过多,如蛋白质、氨基酸、尿素等被分解成铵盐,从而抑制甲烷发酵。因此当原料中氮化合物比较高的时候应适当添加碳源,调节 C/N 值在(20~30)∶1 范围内。此外,如铜、锌、铬等重金属及氟化物等含量过高时,也会不同程度地抑制厌氧消化。因此在厌氧消化过程中应尽量避免这些物质的混入。

(6)接种物。厌氧消化中细菌数量和种群会直接影响甲烷的生成。不同来源的厌氧发酵接种物,对产气量有不同的影响。添加接种物可有效提高消化液中微生物的种类和数量,从而提高反应器的消化处理能力,加快有机物的分解速率,提高产气量,还可使开始产气的时间提前。用添加接种物的方法,开始发酵时,一般要求菌种量达到料液量的 5% 以上。

(7)搅拌。搅拌可使消化原料分布均匀,增加微生物与消化基质的接触,使消化产物及时分离,也可防止局部出现酸积累和排除抑制厌氧菌活动的气体,从而提高产气量。

2.4.3.3 厌氧消化工艺

一个完整的厌氧消化系统包括预处理、厌氧消化反应器、消化气净化与贮存、消化液与污泥的分离、处理和利用。厌氧消化工艺类型较多,按消化温度、消化方式、消化级差的不同划分成几种类型。通常是按消化温度划分厌氧消化工艺类型。

(1)根据消化温度划分的工艺类型。根据消化温度,厌氧消化工艺可分为高温消化工艺和自然消化工艺两种。

1)高温消化工艺。高温消化工艺的最佳温度范围是 47~55 ℃,此时有机物分解旺盛,消化快,物料在厌氧池内停留时间短,非常适用于城市垃圾、粪便和有机污泥的处理,其程序如下。

高温消化菌的培养:高温消化菌种的来源一般是将污水池或地下水道有气泡产生的中性偏碱的污泥加到备好的培养基上,进行逐级扩大培养,直到消化稳定后即可为接种用的菌种。

高温的维持:通常是在消化池内布设盘管,通入蒸汽加热料浆。我国有城市利用余热和废热作为高温消化的热源,可有效地降低成本。

原料投入与排出:在高温消化过程中,原料的消化速率快,要求连续投入新料与排出消化液。

消化物料的搅拌:高温厌氧消化过程要求对物料进行搅拌,以迅速消除邻近蒸汽管道区域的高温状态和保持全池温度的均匀统一。

2)自然消化工艺。自然温度厌氧消化是指在自然温度影响下消化温度发生变化的厌氧消化。目前我国农村基本上都采用这种消化类型,其工艺流程如图 2-17 所示。

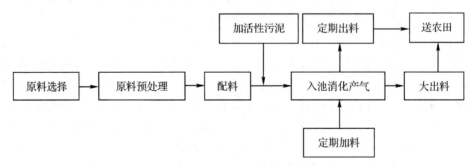

图 2-17 自然温度半批量投料沼气消化工艺流程图

这种工艺的消化池结构简单、成本低廉、施工容易、便于推广。但该工艺的消化温度不受人为控制,基本上是随气温变化而不断变化,通常夏季产气率较高,冬季产气率较低,故其消化周期需视季节和地区的不同加以控制。

(2)根据投料运转方式划分的工艺类型。根据投料运转方式,厌氧消化可分为连续消化、半连续消化、两步消化等。

1)连续消化工艺。该工艺是从投料启动后,经过一段时间的消化产气,随时连续定量地添加消化原料和排出旧料,其消化时间能够长期连续进行。此消化工艺易于控制,能保持稳定的有机物消化速率和产气率,但该工艺要求较低的原料固形物浓度。其工艺流程如图 2 - 18 所示。

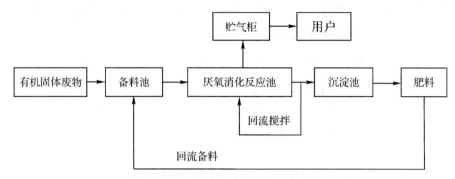

图 2 - 18　固体废物连续消化工艺流程图

2)半连续消化工艺。半连续消化的工艺特点是启动时一次性投入较多的消化原料,当产气量趋于下降时,开始定期或不定期添加新料和排出旧料,以维持比较稳定的产气率。由于我国广大农村的原料特点和农村用肥集中等原因,该工艺在农村沼气池的应用已比较成熟。半连续消化工艺是固体有机原料沼气消化最常采用的消化工艺。图 2 - 19 所示为半连续沼气消化工艺处理有机原料的工艺流程。

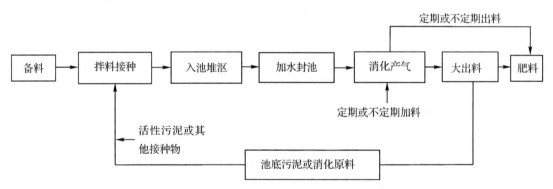

图 2 - 19　固体废物半连续消化工艺流程图

3)两步消化工艺。两步消化工艺是根据沼气消化过程分为产酸和产甲烷两个阶段的原理开发的。两步消化工艺特点是将沼气消化全过程分成两个阶段,在两个反应器中进行。第一个反应器的功能是水解和液化固态有机物为有机酸,缓冲和稀释负荷冲击与有害物质,并截留难降解的固体物质。第二个反应器的功能是保持严格的厌氧条件和 pH,以利于产甲烷细菌的生长,消化、降解来自前段反应器的产物,把它们转化成甲烷含量较高的消化气,并截留悬浮固体、改善出料性质。因此,两步消化工艺可大幅度地提高产气率,气体中甲烷含量也有所提高。同时实现了残渣和液体的分离,使得在固体有机物的处理中,引入高效厌氧处理器成为可能。

2.4.3.4　厌氧消化装置

厌氧消化池亦称厌氧消化器。消化罐是整套装置的核心部分,附属设备有气压表、导气管、出料机、预处理设备(粉碎、升温、预处理池等)、搅拌器等。附属设备可以进行原料的处理、产气的控制、监测,以提高沼气的质量。厌氧消化池的种类很多,按消化间的结构形式分有圆形池、长方形池;按贮气方式分有气袋式、水压式和浮罩式。

(1)水压式沼气池。水压式沼气池产气时,沼气将消化料液压向水压箱,使水压箱内液面升高。用气时,料液压沼气供气。产气、用气循环工作,依靠水压箱内料液的自动提升,使气室内的气压自动调节。水压式沼气池的结构与工作原理如图 2-20 所示。

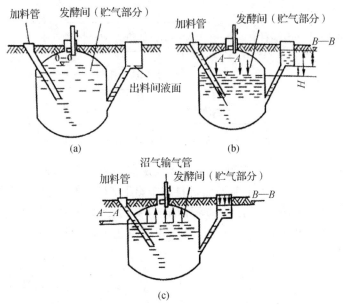

图 2-20 水压式沼气池结构与工作原理示意图
(a)启动前状态;(b)启动后状态;(c)使用状态

水压式沼气池结构简单、造价低、施工方便,但由于温度不稳定,产气量不稳定,因此原料的利用率低。

(2)长方形(或方形)甲烷消化池。这种消化池的结构由消化室、气体储藏室、贮水库、进料口和出料口、搅拌器、导气喇叭口等部分组成。长方形(或方形)甲烷消化池结构如图 2-21 所示。

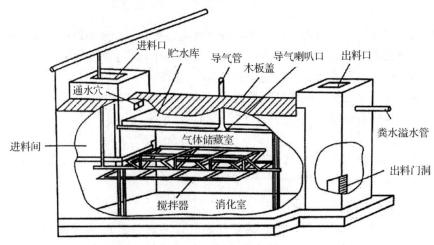

图 2-21 长方形消化池示意图

其主要特点是气体储藏室与消化室相通,位于消化室的上方,设一贮水库来调节气体储藏室的压力。若室内气压很高时,就可将消化室内经消化的废液通过进料间的通水穴压入贮水库内。相反,若气体储藏室内压力不足时,贮水库内的水由于自重便流入消化室,这样通过水量调节气体储藏室的空间,使气压相对稳定。搅拌器的搅拌可加速消化。产生的气体通过导气喇叭口输送到外面导气管。

(3)红泥塑料沼气池。红泥塑料沼气池是一种用红泥塑料(红泥-聚氯乙烯复合材料)用作池盖或池体材料的沼气池,该工艺多采用批量进料方式。红泥塑料沼气池有半塑式、两模全塑式、袋式全塑式和干湿交替式等。

1)半塑式沼气池。半塑式沼气池由水泥料池和红泥塑料气罩两大部分组成,如图 2-22 所示。料池上沿部设有水封池,用来密封气罩与料池的结合处。这种消化池适用于高浓度料液或干发酵,成批量进料,可以不设进出料间。

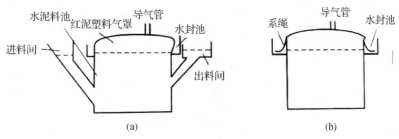

图 2-22　半塑式沼气池示意图

(a)设进出料间;(b)不设进出料间

2)两模全塑式沼气池。两模全塑式沼气池的池体与池盖由两块红泥塑料膜组成。它仅需挖一个浅土坑,压平整成形后即可安装。安装时,先铺上池底膜,然后装料,再将池盖膜覆上,把池盖膜的边沿和池底膜的边沿对齐,以便黏合紧密。待合拢后向上翻折数卷,卷紧后用砖或泥把卷紧处压在池边沿上,其加料液面应高于两块膜黏合处,这样可以防止漏气,如图 2-23 所示。

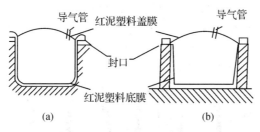

图 2-23　两模全塑式沼气池示意图

(a)地下式;(b)地上式

3)袋式全塑沼气池。袋式全塑沼气池的整个池体由红泥塑料膜热合加工制成,设进料口和出料口,安装时需建槽,主要用于处理牲畜粪便的沼气发酵,是半连续进料,如图 2-24 所示。

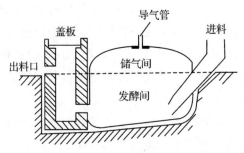

图 2-24　袋式全塑沼气池示意图

4) 干湿交替消化沼气池。干湿交替消化沼气池设有两个消化室,上消化室用来进行批量投料、干消化,所产沼气由红泥塑料气罩收集,如图 2-25 所示。下消化室用来半连续进料、湿消化,所产沼气储存在消化室的气室内。下消化室中的气室是处在上消化室料液的覆盖下,密封性好。上、下消化室之间有连通管连通,在产气和用气过程中,两个消化室的料液可随着压力的变化而上、下流动。下消化室产气时,一部分料液通过连通管压入上消化室浸泡干消化原料。用气时,进入上消化室的浸泡液又流入下消化室。

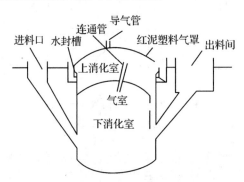

图 2-25　干湿交替消化沼气池示意图

为了能用消化技术处理大量污泥和有机废物,满足城市污水处理厂及城市垃圾的处理与处置要求,提高沼气的产量与质量,扩大沼气的利用途径和效率,缩短消化周期,实现沼气消化系统化、自动化管理,近年来,国内外逐步开发了现代化大型工业化消化设备,目前常用的集中消化罐有欧美型、经典型、蛋型及欧洲平底型,如图 2-26 所示。这些消化罐用钢筋混凝土浇筑,并配备循环装置,使反应物处于不断的循环状态。

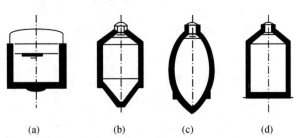

图 2-26　现代化大型工业化消化设备示意图
(a)欧美型;(b)经典型;(c)蛋型;(d)欧美平底型

为了实现循环,一般消化罐的外部设动力泵。循环用的混合器是一种专门制作的一级或二级螺旋转轮,既可起到混合作用,又可借以形成物料的环流。在污泥的厌氧消化中,利用产生的沼气在气体压缩泵的作用下进入消化罐底部并形成气泡,气泡在上升的过程中带动消化液向上运动,完成循环和搅拌。

2.4.4　堆肥腐熟度评价

腐熟度是衡量堆肥进行程度的指标。堆肥腐熟度是指堆肥中的有机质经过矿化、腐殖化过程最后达到稳定的程度。堆肥腐熟度的评价指标一般可分为物理学指标、化学指标、生物学指标及工艺指标。

物理学指标随堆肥过程的变化比较直观,易于监测,常用于定性描述堆肥过程所处的状态,但不能定量说明堆肥的腐熟程度。常用的物理学指标有以下几种。气味:在堆肥进行过程中,臭味逐渐减弱并在堆肥结束后消失,此时也就不再吸引蚊虫。粒度:腐熟后的堆肥产品呈现疏松的团粒结构。色度:堆肥的色度受其原料成分的影响很大,很难建立统一的色度标准以判别各种堆肥的腐熟程度。一般堆肥过程中堆料逐渐变黑,腐熟后的堆肥产品呈深褐色或黑色。由于物理学指标只能直观反映堆肥过程,所以常通过分析堆肥过程中堆料的化学成分或性质的变化以评价腐熟度。常用的化学指标有以下几种。pH:pH 随堆肥的进行而变化,可作为评价腐熟程度的一个指标。有机质变化指标:反映有机质变化的参数有化学需氧量(COD)、生化需氧量(BOD)、挥发性固体(VS),在堆肥过程中,由于有机物的降解,物料中的含量会有所变化,因而可用 COD、BOD、VS 来反应堆肥有机物降解和稳定化的程度。碳氮比:固相(C/N)是最常用的堆肥腐熟度评估方法之一。当 C/N 值降至(10~20):1 时,可认为堆肥达到腐熟。氮化合物:由于堆肥中含有大量的有机氮化合物,而在堆肥中伴随着明显的硝化反应过程,在堆肥后期,部分氨态氮可被氧化成硝态氮或亚硝态氮。因此,氨态氮、硝态氮及亚硝态氮的浓度变化,也是堆肥腐熟度评价的常用参数。腐殖酸:随着堆肥腐熟化过程的进行,腐殖酸的含量上升。因此,腐殖酸含量是一个相对有效的反映堆肥腐熟度的参数。

另外,不同腐熟度的堆肥耗氧速率、释放二氧化碳的速率、堆温、肥效等皆有区别,利用这些特征也可对堆肥的腐熟度作出判断。

2.5　工业固体废物的资源化利用技术

2.5.1　概述

工业固体废物具有两重性,它虽占用大量土地,污染环境,但本身又含有多种有用物质,是一种再利用资源。20 世纪 70 年代以前,世界各国对工业固体废物的认识还只停留在处理和防治污染。之后,由于能源和资源的短缺,以及对环境问题认识的逐渐加深,人们已经由消极处理转向再资源化。

2.5.2　工业固体废物资源化的意义

工业固体废物的产生、贮存、运输、处置全过程不仅需要高难度的技术、巨额的资金,而且焚烧、填埋等处理处置场地的选择也十分困难,处理处置容量有限。然而通过优惠政策等鼓励措施激励工业固体废物在产生和处理环节充分进行资源化利用,鼓励回收利用企业的发展和规模化,既减少原料和能源的消耗,又减少进入焚烧、填埋处置的废物数量,可见工业固体废物的资源化处理处置具有重要意义。

固体废物资源化是固体废物管理的重要原则之一,也是推动循环经济的重要技术手段之一。

(1)废物资源化是工业固体废物管理的重要原则。《中华人民共和国固体废物污染环境防治法》中明确提出,国家对工业固体废物污染环境的防治,实行减量化、无害化和资源化三原则。这也是当代普遍接受的工业固体废物管理的最小量化原则。

1)减量化。通过预防减少或避免源头的垃圾产生量。

2)无害化。对于不能避免产生和回收利用的垃圾,必须经过无害化处理,尽可能减少其毒性,然后在填埋场进行环境无害化处置。

3)资源化。对于源头不能削减的固体废物,以及经过使用报废的垃圾、旧货等加以回收、再使用、再循环,使它们回到物质循环中去。

(2)工业固体废物资源化是推动循环经济的重要技术手段。所谓循环经济就是按照自然生态物质循环方式运行的经济模式,它要求用生态学规律来指导人类社会的经济活动。循环经济以资源节约和循环利用为特征,也可称为资源循环型经济。

工业固体废物资源化是循环经济的一种具体体现形式,本质上也是一种生态经济,是按照生态规律利用自然资源和环境容量,实现工业固体废物的生态化转向,可以有效地减少工业固体废物的产生量、排放量,使其成为一种原料资源从而创造新的经济价值。对于工业固体废物,可通过回收可再生资源、各企业自行处理及垃圾综合利用来实现部分工业固体废物向有用资源的转化,将循环经济应用于工业固体废物污染治理和资源化有重要的意义。

2.5.3 工业固体废物资源化的作用

(1)有助于提高我国工业整体素质,增强我国的经济实力。《中华人民共和国固体废物污染环境防治法》中明确提出,国家对固体废物污染环境的防治,实行减量化、无害化和资源化三原则。而循环经济的"3R"原则[减量化原则(Recucle),再利用原则(Reuse)和再循环原则(Recycle)],正好符合这一要求。循环经济的思想注重对污染物的全程控制,要求在企业内部实行清洁生产,改革生产工艺与流程,从源头就开始控制污染产生。更值得一提的是,循环经济的再利用和再循环原则要求企业尽可能对材料和水资源等进行循环使用,对废弃物进行再生利用。通过"生态链"将各企业和产业联系起来,实现废物资源化,以达到资源的最优化利用,同时,循环经济也要求更加严格的污染排放标准,以促使企业改进工艺,并对可能产生污染的副产品进行综合处理。发展循环经济强调推行清洁生产和生态工业及注重循环,将有助于提高我国工业的科技集约化水平,增加产品的科技含量,降低能源和资源消耗,提高产品质量,增强我国的经济实力,提高我国产品在国际市场的竞争力。

(2)从根本上减轻环境污染的有效途径。发展循环经济要求对污染物进行全程控制,在整个国民经济的高度和整个社会范围内提升和延伸了环境保护的理念与内涵。在企业层次上,通过清洁生产对污染物的产生收集,运输和处理的各个过程进行严格限制,减少产品和服务的物料、能源使用,降低有毒物质的排放量,同时最大限度地循环利用资源,提高产品的耐用性,这将使我国工业固体废物的产生量大幅度降低。

在企业群落层次上,按照工业生态学的原理,建立企业间、行业间的资源循环链,将废物最大程度的资源化与能源化,这既可以减少工业固体废物的排放量,也是处理我国所贮存的大量工业固体废物的有效途径。

(3)是缓解资源约束矛盾的根本出路。我国资源禀赋较差,总量虽然较大,但人均资源占有量少,在世界上排名比较靠后。有多种主要矿产资源人均占有量不到世界平均水平的一半,铁矿石、铜和铝土矿等重要矿产资源人均储量也相对较低,重要资源对外依存度不断上升。与此同时,一些主要矿产资源的开采难度越来越大,开采成本增加,供给形势相当严峻。因此,发展循环经济是缓解资源约束矛盾的根本出路。

2.5.4　工业固体废物资源化的途径

工业固体废物资源化途径很多,但归纳起来主要有以下几个方面。

(1)直接使用或再使用。工业固体废物的直接使用或再使用,是指未经过再生处理,在工业处理过程中直接使用废物作为原料加工产品,或直接作为产品替代物使用。在工业生产中可作为替代原料直接使用的是那些满足生产工艺要求,且直接使用或再使用对人体健康和环境造成的危害风险较低的废物。例如,煤矸石代焦生产磷肥,不仅能降低磷肥的生产成本,且因煤矸石的特有成分,还可提高磷肥的质量;金属铬和铬盐生产过程中产生的不溶于水的铬渣和部分浸出铬渣,可以返回焙烧料中直接使用;电石渣或合金冶炼中的硅钙渣,含有大量的氧化钙成分,可以代替石灰,能直接用于工业和民用建筑中或作为硅酸盐建筑制品的原料;赤泥和粉煤灰经加工后可以作为塑料制品的填充剂;有的废渣可以代替砂、石、活性炭、磺化煤作为过滤介质,净化污水;高炉矿渣可代替砂、石作滤料,处理废水,还可作吸收剂,从水面回收石油制品;粉煤灰在改善已污染的湖面水水质方面效果显著,能使无机磷、悬浮物和有机磷的浓度下降,大大改善水的色度;粉煤灰用作过滤介质,过滤造纸废水,不仅效果好,还可从纸浆废液中回收木质素。利用工业固体废物生产建筑材料,也是一条广阔的途径,用工业固体废物生产建筑材料,一般不会产生二次污染问题,因而是消除污染,使大量工业固体废物资源化的主要方法之一。

(2)土地利用。土地利用是指将工业固体废物直接在陆地上使用,或处理加工成一种可以在陆地上应用的产品。例如,将工业固体废物用作肥料或沥青原料。

利用工业固体废物生产或代替农肥有着广阔的前景。许多工业废渣含有较高的硅、钙及各种微量元素,有些废渣还含有磷,因此可以作为农业肥料使用。城市垃圾、粪便、农业有机废物等可经过堆肥化处理制成有机肥料。工业废渣在农业上的利用主要有两种方式,即直接施用于农田或制成化学肥料。如粉煤灰、高炉渣、钢渣和铁合金渣等可作为硅钙肥直接施用于农田,不但可提供农作物所需要的营养元素,而且有改良土壤的作用;而钢渣中含磷较高时可作为生产钙镁磷肥的原料。但必须引起注意的是,在使用工业废渣作为农肥时,必须严格检验这些废渣是不是有毒的。如果是有毒的废渣,一般不能用于农业生产上。

(3)回收再利用。回收再利用是通过物理、化学等方式处理,从工业固体废物中回收有用的物质或生产再生材料,例如,从破损的温度计回收汞,或清洗、提纯废溶剂。从危险废物中回收的物质可用作生产原料,也可用作商业性化学品的替代品。

从工业固体废物中提取有价值的各种金属是工业固体废物再资源化的重要途径,在废弃电器中蕴藏大量的可再生资源,如各种有色金属、黑色金属等。据统计,1 t 随意收集的计算机板卡中大约有 130 kg 铜、0.45 kg 金、41 kg 铁、29 kg 铅、20 kg 锡、18 kg 镍、10 kg 锑、9 kg 银及钯、铂等其他贵金属。有色金属固体废物中往往含有其他金属。在重金属冶炼工业固体废物中，往往可提取金、银、钴、锑、硒、碲、铊、钯、铂等，有的含量甚至可达到或超过工业矿床的品位，有些矿渣回收的稀有贵重金属的价值甚至超过主金属的价值。如不首先提取这些稀有贵重金属和其他有价值金属便进行一般利用就会浪费资源，不能达到最好的利用效果。所以一定要先回收稀有贵重金属以后，才能进行一般的利用。一些化工渣中也含有多种金属，如硫铁矿渣，除含有大量的铁外，还含有许多稀有贵重金属。粉煤灰和煤矸石中含有铁、钼、钪、锗、钒、铀、铝等金属，也有回收的价值。

（4）能源回收。以能源回收为目的的燃烧，包括可燃固体废物直接作为燃料燃烧，或作为原料制作燃料。例如，通过不断燃烧废溶剂产生热量或发电，对大型危险废物焚烧设施进行余热的回收利用。由于燃烧过程会造成有害物质释放的潜在风险，无论任何一种危险废物以燃烧方式回收能源的资源化活动一般都会被严格控制。通常这类资源化活动需要获得政府的行政许可，其处理设施（例如锅炉和工业窑炉）需要满足一定的性能和操作标准条件。固体废物再资源化是节约能源的重要渠道。很多工业固体废物热值高，具有潜在的能量，可以充分利用。回收工业固体废物中的能源可用焚烧法、热解法等热处理法及甲烷发酵法和水解法等低温方法，一般认为热解法较好。工业固体废物作为能源利用的形式可以为产生蒸汽、沼气，回收油，发电和直接作为燃料。粉煤灰中含碳量达 10% 以上（甚至 30% 以上），可以回收后加以利用。煤矸石发热量为 0.8~8 MJ/kg，可利用煤矸石发展坑口电站。将有机垃圾、植物秸秆、人畜粪便中的碳化物、蛋白质、脂肪等，经过沼气发酵可生成可燃性的沼气，其原料广泛、工艺简单，是从固体废物中回收生物能源，保护环境的重要途径。

2.5.5　工业固体废物资源化的基本原则和影响因素

（1）基本原则。考虑到工业固体废物，特别是某些危险废物具有潜在的危险特性，以及来源广、种类繁多等特点，工业固体废物的资源化处理应考虑以下原则。

1）环境无害化原则。应在确保无害环境和人体健康的前提下进行安全有效的工业固体废物回收利用。工业固体废物的收集、贮存、运输、处理处置全过程都应满足工业固体废物环境无害化管理要求，回收利用过程应达到国家和地方法律法规的要求，避免二次污染。特别是工业固体废物资源化处理设施及其产品应符合相应的环境保护标准及相关产品质量要求，并采用隔尘和路面处理等一系列防范措施，避免处理和利用过程中的二次污染。《中华人民共和国循环经济促进法》中规定："在废物再利用和资源化过程中，应当保障生产安全，保证产品质量符合国家规定的标准，并防止产生再次污染。"

2）分类管理原则。工业固体废物种类繁多，其危害程度差异大，需要依据回收处理及再生利用的不同物质可能造成的不同影响程度，并考虑当地处理场所的实际情况，采取分类管理原则。

（2）影响因素。要使工业固体废物这种潜在资源变为现实资源，有很多影响因素，需要考虑以下几个方面。

1）风险性因素。工业固体废物的回收利用过程中，如果处理不当或发生事故，可能会对环境、人体健康等方面造成不利影响，其危害程度因回收利用处理方式、回收物质的危害程度的不同而不同。例如，含油危险废物的提炼制燃料过程中，用于去除污染物的蒸馏设施发生故障,未去除的污染物会在后续燃烧利用中被释放污染环境;由生活垃圾等废物和其他原料混合制成的商用化肥,即使符合产品使用标准,但如过度施用,也会因污染累积面而存在污染土壤和地下水的风险。这些潜在的危害风险都应加以考虑,进行风险评估以降低风险,并采取有针对性的风险防范、事故应急措施提供指导和支持。

2)资源化技术发展水平。工业固体废物资源化的可行性同资源化技术发展水平密切相关,资源化技术水平低,则产品的回收率和附加值均低,并易产生严重的二次污染,过于复杂的技术,则会提高资源化过程的成本,也不可行。例如,采用一般回收技术处理城市固体废物中的含汞干电池回收锌和二氧化锰时会产生严重的汞污染,实际现有技术尚不可行,而如对汞污染进行治理,其费用会大大高于回收干电池中锌、锰产品的经济价值,所以环境限制因素也很重要,而采用复杂的技术存在成本过高问题,也不可行。因此,只有采用先进可行的技术,才能实现工业固体废物的资源化。

3)市场需求。工业固体废物资源化的可行性,首先取决于资源化产品是否具有市场需求,以及需求量的大小。产品生产出来没有市场需求,即使技术可行的再生利用过程,也无法持续下去。如目前很多地方实施的有机城市固体废物的堆肥化过程,过程的技术可行性已经达到要求,但由于缺乏有机复合肥的产品市场,致使再生产过程难以持续下去。可见对于二次产品是否有需求的情况,需求量的大小将直接影响产品的推广,也就影响生产、再利用工业固体废物的规模。

4)经济效益。废物资源化是否有经济效益,通常是决定废物资源化是否可行的重要因素。如果废物资源化产品生产者获得的利润大,即使不鼓励,利益驱动力亦可以保证资源化过程的顺利进行。

2.5.6 工业固体废物资源化的技术

工业固体废物来源广泛、种类复杂,形状、大小、结构及性质各异,在对其进行再利用前,往往需要通过物理、化学等处理方法,对废物进行解毒,对有毒、有害组分进行分离和浓缩,并提取有价值的物质,或者回收能量。工业固体废物资源化技术可根据利用途径特点分为以下三类。

(1)以废物的综合利用为目的的处理技术。工业固体废物直接利用或再利用的资源化活动往往伴随工业生产活动,主要集中在工业生产系统之间进行废物再利用。工业生产活动中的危险废物的交换是危险废物再利用的一种重要机制。对生产者没有使用价值的某种废物可能是另一工业所希望得到的原料。通过危险废物的交换,可以使危险废物再次进入生产过程的物质循环,由废物转变为原料,成为有用而廉价的二次资源,从而实现危险废物的资源化利用。工业危险废物的综合利用,主要通过对危险废物进行预处理或解毒,在企业生产内部循环或作为另一企业生产的原料再利用,达到危险废物的资源化目的。常见的处理技术包括破碎、筛分、水洗、氧化还原、煅烧、焙烧与烧结等。

(2)分离回收某种材料的处理技术。工业固体废物回收处理技术主要通过物理、化学和电化学分离等方法,从废物中去除有毒害物质或其他杂质、从而获得相对较纯的可再生利用物质,广泛应用在生产、流通、社会消费等领域。最常见的回收废物是酸、碱、溶剂、金属废物和腐蚀剂。例如,大多数碱金属废物得到了石油化工部门的使用。回收的废物通常混合着其他物质或有毒有害物质,与所取代的原材料相比,回收的物质纯度较低,因此这种废物再利用以前经常要先进行加工处理。这种回收处理方法主要包括吸附、蒸馏、电解、溶剂萃取、水解、薄膜蒸发、非溶解性卤化物的脱氮、金属浓缩等。

（3）能源利用技术。工业固体废物的能源利用技术包括热能和电能，主要的处理方法包括焚烧、热解。例如，通过废有机溶剂的焚烧处理回收热量，还可以进一步发电，而能够作为能量回收的废物通常也能用于材料的回收和重复利用，相对而言，作为回收的材料可以一遍又一遍的使用，而作为回收的能量则只能使用一次。例如，溶剂因其高能价值可用于能量回收；在水泥厂和石灰窑中使用高热值废物的量正在逐步增加。

练 习 题

1.什么是固体废物焚烧处理？其目的是什么？有哪些类型？

2.焚烧厂中较为典型的空气污染控制设备及处理流程可分为哪几种？

3.工业危险废物常用的处理方法有哪些？

4.常用的危险废物填埋处置技术主要包括哪些？

5.固体废物的堆肥腐熟度是如何评价的？

6.低、中水平放射性固体废物有哪些处置方法？

7.循环经济中需要遵循的"3R"原则指的是什么？

8.工业固体废物资源化的途径及基本原则有哪些？

9.工业固体废物资源化处理的影响因素有哪些？请具体说明。

10.工业固体废物资源化技术根据利用途径特点可分为哪三类？

第3章 化工固体废物处理及资源化

3.1 硫铁矿渣的处理技术

3.1.1 概述

硫铁矿渣是采用硫铁矿或含硫尾砂作为原料生产硫酸的过程中所排出的一种废渣,俗称烧渣,主要成分是铁、氧化亚铁和二氧化硅,是一种重要的化学化工产业中间产物,可用高温氯化法回收其中的金属,减少污染物排放。硫铁矿焙烧制酸后的烧结渣的主要组分有 Fe_2O_3 (55%~60%)、FeO(3%~6%)、SiO_2(8.2%~12.65%)、SO_4^{2-}(0.17%~0.76%)、CuO(0.2% ~0.427%)、Pb(0.015%~0.045%)、ZnO(0.03%~0.08%),以及 Au、Ag 和其他伴生元素。烧渣主要用作炼铁、炼钢和水泥配料。烧渣中还可提取原矿中伴生的微量有用元素,据试验烧渣中铁的含量与硫精矿中硫的含量有关,硫精矿含全硫(TS)35%、41%、45%、48%时,其相应全铁(TFe)含量分别为40.19%、50.03%、56.88%、62.36%。研究硫铁矿烧渣组分,对提高硫铁矿的综合利用有重要意义。

硫铁矿是我国生产硫酸的主要原料。当前采用硫铁矿或含硫尾砂生产的硫酸,约占我国硫酸总产量的80%以上。我国每年有数百万吨烧渣排出。烧渣中一般含铁为30%~50%,还含有一定量的铜、铅、锌、银、金及其他稀贵元素和放射性元素。烧渣可作为炼铁原料,回收有色金属和稀贵金属,制作水泥等。因此,它是一种很有价值的原料。

3.1.2 硫铁矿渣的危害

我国是硫酸生产大国,自然硫和其他形态硫储量不多,硫酸生产原料以硫为主,以硫铁矿为原料的生产方式占75%,但这种方式在世界上只占21%。我国多数大中型硫酸厂使用含硫 30%~35%的硫精矿。我国硫酸生产行业每年约产生 7×10^6 t 硫铁矿渣,占整个化工废渣的 1/3。目前大都采用堆填处理硫铁矿渣,不仅大量占用土地,减少了耕地,同时工厂还得支付土地征用费、运费、填埋费等,增加了硫酸的生产成本。而且由于风化雨淋,烧渣中有害成分进入大气、土壤、水体,严重污染了环境。其危害的主要表现有以下几点。

1)烧渣的堆存占用了大量耕地,因为硫铁矿渣颗粒细,松散,堆放占地面积大。云浮硫酸生产余热回收利用项目可行性研究报告显示,年产 20 万吨以上的硫酸厂,产生硫铁矿渣 6.8 万吨,堆渣占地 0.09~0.13 平方千米。一个年产酸 3 万吨以上的硫酸厂,需要堆渣场 0.13~ 0.02平方千米。

2)烧渣的堆存造成了资源的浪费。烧渣中含有多种有用元素,是一种宝贵的二次资源。由于资金技术的限制,烧渣中有用组分没有得到回收利用,相当于将资源白白浪费。

3)污染土壤。烧渣长期露天堆放,致使其中的有害成分经风化、雨淋、地表径流的腐蚀后极容易渗入土壤,经过长期过量积累,不仅会杀死土壤中的微生物,而且会使土壤盐碱化、中毒,危害农作物的生长。

4)污染水体。烧渣经细菌作用氧化成为水溶性硫酸盐而污染水体,使水质酸化、富营养化,影响水系的生态平衡。

5)污染大气。烧渣中废物本身的蒸发、升华及发生化学变化而释放有害气体,以及废物中细粒、粉末随风扬散,导致大气污染。

3.1.3 硫铁矿渣的回收利用

3.1.3.1 硫铁矿渣作炼铁原料

硫铁矿渣中一般含有30%~50%的铁,可作为炼铁用的含铁原料。由于硫铁矿中含铁量较低,含硫及二氧化硅、有色金属较高,近年来,随着硫酸工业的发展,对硫铁矿的需要量亦有增加,一些含硫较低的硫铁矿也被用来作为硫酸生产的原料,所以烧渣中的含铁品位也在相应下降,若直接用于炼铁,就得不到理想的经济效果,因此,在用于炼铁前采取提高其铁品位,降低有害杂质含量的预先处理措施是很有必要的。这样才能为高炉炼铁提供合格原料。对烧渣预先处理的主要措施是选矿和造块焙烧。

3.1.3.2 从硫铁矿渣中回收有色金属

从硫铁矿渣中用高温氧化焙烧法可回收有色金属。其工艺过程是以硫铁矿渣为原料,以氯化钙为氯化剂,经过均匀混合、造球、干燥后,在竖炉或回转窑中在1 150 ℃高温下进行氯化焙烧,烧渣中的铜、锌、铅等有色金属以氯化物挥发,然后从烟尘中捕集回收有色金属。焙烧的球团矿可用于炼铁。此外,还可用中温氯化焙烧、硫酸化焙烧-浸出萃取法等工艺回收有色金属。

3.1.3.3 硫铁矿渣作水泥配料

硫铁矿渣经过磁选和重选后,含铁量在30%左右,可以作为水泥的辅助配料。可以用硫铁矿渣代替铁矿石粉作为水泥烧成的矿化剂(助熔剂)。加入助熔剂的目的是降低烧成温度,提高水泥的强度和抗侵蚀性能。

3.1.3.4 硫铁矿渣作聚合硫酸铁

用硫酸溶解磁选后的硫铁矿渣,得到 $Fe_2(SO_4)_3$ 和 $FeSO_4$ 的溶液,在氧化剂的作用下,将 $FeSO_4$ 氧化成 $Fe_2(SO_4)_3$,然后进行水解、聚合等反应,生成黏稠状的红褐色透明液体,即聚合硫酸铁。

3.2 铬渣的处理技术

3.2.1 概述

铬盐生产的固体废物主要是指在重铬酸钠生产过程中,铬铁矿经过焙烧,用水浸取重铬酸钠后的残渣,统称铬渣。

铬渣属剧毒、危险性质的废渣,其外观有黄、黑等颜色。铬渣中常含有钙、镁、铁、铝等氧化物,三氧化二铬(Cr_2O_3),水溶性铬酸钠($NaCrO_3$),酸溶性铬酸钙($CaCrO_3$),等等。铬的毒性主要是 Cr^{6+},Cr^{6+} 的毒性来源于其强氧化性对有机体的腐蚀与破坏,Cr^{6+} 还是公认的致癌物。

由于所用原料、生产工艺及配方不同,铬渣的产生量和组成也随之不同。表 3-1 所示是国内铬渣的组成。

表 3-1　国内铬渣的组成

组　成	Cr_2O_3	CaO	MgO	Al_2O_3	SiO_2	水溶性 Cr^{6+}	酸溶性 Cr^{6+}
质量分数/wt%	2.5~4.0	29~36	20~33	5~8	8~11	0.28~1.34	0.9~1.4

铬渣的产生量与铬盐的生产工艺密切相关,表 3-2 所示是不同工艺技术下铬渣的产生量及渣中 Cr^{6+} 的含量。

表 3-2　不同工艺技术下铬渣产生量及渣中 Cr^{6+} 含量

排出量及含量	工艺技术		
	有钙焙烧	少钙焙烧	无钙焙烧
排铬渣量/(t/t 产品)	2.5~3.0	1.2~1.5	0.7~0.8
渣中 Cr^{6+} 含量(Cr_2O_3 计)/wt%	1.5~2.5	0.5~0.8	0.1~0.2

铬渣的有害成分主要是 Cr^{6+},Cr^{6+} 的毒性很大,土壤和地下水一旦受到 Cr^{6+} 污染,土壤不能耕作,地下水无法饮用。如果不采取专门治理措施,这种污染几十年无法消除,周围的生态几十年无法恢复。

Cr^{6+} 可以通过饮食危害人体健康,即含 Cr^{6+} 的食物和水进入人体内,可刺激和腐蚀消化道,引起恶心、呕吐、腹痛、腹泻、便血,以致脱水,同时有头痛、头昏、烦躁不安、呼吸急促、口唇及指甲青紫、四肢发冷、肌肉痉挛、少尿或无尿等严重中毒症状,如抢救不及时,很快会进入休克昏迷状态。也可见于职业性接触,含铬蒸气、气溶胶、粉尘对呼吸道具有刺激腐蚀作用,轻者引起鼻炎、咽炎、支气管炎,重者可导致鼻部病变、急性鼻火、鼻塞、溃疡,以致鼻中隔糜烂、穿孔,铬化合物还可引起支气管哮喘。还可见于职业工人接触性侵入,临床表现为红斑、丘疹、湿疹,多见于手背、腕、前臂等裸露部位,敏感者亦可见于非接触部位。此类病人病程长,不易痊愈。Cr^{6+} 还是化学致癌物中致癌强度系数最高的,Cr^{6+} 极易引起肺癌和支气管癌。

由此可知,铬渣如不及时进行解毒处理,一旦污染了环境,特别是地下水和土壤,其后果是非常严重的。

3.2.2　铬渣的无害化处理

铬渣的无害化处理技术又称为解毒技术,常包括湿法还原法和干法还原法。湿法还原法是用硫化钠、硫酸亚铁等类还原物质,将铬渣中的六价铬还原成三价铬;干法还原法是将铬渣与煤粉等按一定比例混合,于高温下焙烧,在还原状态下,铬渣中六价铬被还原成三价铬。

3.2.2.1　碱性还原法

碱性还原法有硫化物还原、硫黄还原和有机磷废液还原等。

(1)硫化物还原。在碱性铬渣中加入硫化物、硫氢化物(如硫化钠、硫化钾、硫氢化钠、硫氢

化钾等),将六价铬离子还原成三价铬离子。硫化钠湿法解毒是一种有代表性的方法,其反应方程式是:

$$8Na_2CrO_4+6Na_2S+23H_2O \rightleftharpoons 8Cr(OH)_3+3Na_2S_2O_3+22NaOH$$

此法工艺过程是将铬渣磨碎成约 0.147 mm,加入硫化物水溶液,并将其加热至 100 ℃。在此条件下,六价铬离子基本还原成三价铬离子状态。为了防止硫化物过量产生二次污染,在反应过程中需要加入适量硫酸亚铁,使过量的硫化物生成稳定的铁硫化物。

(2)硫黄还原。将含水 10% 左右的铬渣,粗碎至 0.542~0.833 mm,加入 0.8%~1.2% 的硫黄粉,使之均匀混合,将混合物连续加入外热式回转窑中,窑温 300 ℃,在不接触空气条件下,六价铬酸盐与硫黄反应,被还原成三价铬,副反应产生一些二氧化硫(SO_2)、硫代硫酸盐和少量硫化氢(H_2S)。

3.2.2.2　固化/稳定化

(1)铬渣中加入硫酸亚铁、氧化钡等,再加入相当数量的水泥作为胶结料,然后加水混合、搅拌、成型、静置,制成的水泥固化物可用于填海造地或垫道。

(2)石灰砂浆固化法。该法是将铬渣解毒处理后,粉碎、细磨,部分代替石灰膏用于石灰砂浆的配制。也可在适量掺加水泥的情况下完全代替石灰膏配制成水泥石灰砂浆。石灰砂浆凝结硬化后,铬化合物被固结和封存在硬化块内。

(3)蒸养砖固化法。该方法是以铬渣、硅锰水淬渣、石灰、石膏和还原剂硫化钡等为原料,经配料、破碎、加水消解、成型、蒸汽养护后,即得蒸养砖产品。

此外,为了防止铬渣流失和铬污染扩大,可采取渣堆地面防渗并加盖防水的堆贮方法。这种方法对暂时控制铬污染有一定效果,但必须经常维护,做到上盖不漏雨水,底部不渗,渗滤液不外溢,这样才能保证防止铬污染的效果。

3.2.3　铬渣的综合利用

3.2.3.1　用以制作玻璃着色剂

用铬渣代替铬铁矿作为绿色玻璃的着色剂,在高温熔融状态下铬渣中的六价铬离子与玻璃原料中的 SiO_2 作用,转化为三价铬离子而分散在玻璃体中,达到解毒和消除污染的目的,同时铬渣中的 MgO、CaO 等组分可代替玻璃配料中的白云石和石灰石原料,大大降低了玻璃制品生产原材料的消耗和生产成本。铬渣作玻璃着色剂的生产工艺流程如图 3-1 所示。用铲车将铬渣运至料仓,经槽式给料机送至颚式破碎机,粗碎至 40 mm 以下,然后用皮带输送机送至磁选机除铁后,送至转筒烘干机烘干。热源由燃煤式燃烧室提供,热烟气经烘干机与铬渣顺流接触,最后经旋风除尘器及水浴除尘,由引风机将尾气排入大气。烘干后的铬渣用密闭斗式提升机送到密闭料仓内,用电磁振动给料机定量送入磁选机器,进一步除铁,再将物料送入悬辊式磨粉机粉碎至 40 目以上。铬渣粉由密闭管道送到包装工序,包装后作为玻璃着色剂出售。悬辊式磨粉机装有旋风分离器和脉冲收尘器,收集的粉尘返回密闭料仓。

铬渣作玻璃着色剂的生产工艺控制条件为粒度大于 40 目,筛余 5%;烘干烟气温度高于 400 ℃,烘干铬渣出料温度低于 80 ℃,铬渣含水量小于 5%。

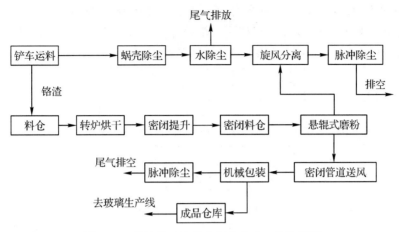

图 3-1 铬渣作玻璃着色剂的生产工艺流程图

3.2.3.2 铬渣干法解毒

将铬渣与无烟煤按适当比例混合,在 800~900 ℃下进行焙烧,使六价铬还原成三价铬。铬渣干法解毒工艺流程如图 3-2 所示。铬渣与煤炭按一定比例混合后提升到混合贮仓,借螺旋输送器送入回转窑内,在一定温度下进行焙烧还原,使六价铬还原成不易被水溶出的三价铬而达到解毒目的。解毒后的高温铬渣放入水淬池淬冷。在淬冷水中,加入适量硫酸亚铁及硫酸,提高还原反应深度。铬渣干法解毒的工艺控制条件为铬渣粒度小于 40 mm,煤粉通过6目网筛,铬渣与煤炭配比为 100:(10~13),炉头温度为 980~1 050 ℃,炉尾温度为 120~140 ℃,出料温度为 880~950 ℃,窑气中 CO 的含量为 0.5%~1.0%以上,氧含量为 0.6%~1.0%以下,物料窑内停留时间为 25~30 min,投料量为 625~750 kg/h。

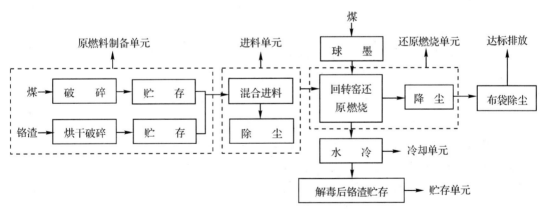

图 3-2 铬渣干法解毒工艺流程图

3.2.3.3 作炼铁原料

用铬渣代替白云石、石灰石作炼铁过程中的助熔剂,在高炉冶炼过程中,铬渣中的六价铬可完全还原,脱除率达 97%以上,同时使用铬渣炼铁,还原后的金属铬进入生铁中,使铁的含铬量增加,机械性能、硬度、耐磨性、耐腐蚀性能提高。济南裕兴化工总厂裕新化工厂、长清磷肥厂与钢铁研究总院合作,采用铬渣及硫铁矿渣生产出了高、中、低碱度的烧结矿。通过高炉高温还原冶炼两渣烧结矿,进一步消除六价铬,回收金属铬和铁,制成合格的含铬生铁。铬硫两渣炼铁工艺流程如图 3-3 所示。铬硫两渣炼铁工艺控制条件为焦渣比 3.08~3.86,风量 63~85 m³/min,炉渣温度为 1 340~1 450 ℃,烧结矿 Cr^{6+} 脱除率为 97.46%。

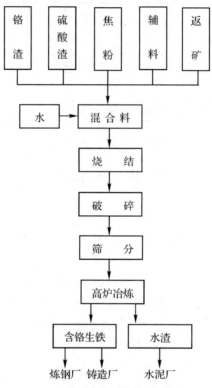

图 3-3 铬硫两渣炼铁工艺流程图

3.2.3.4 制铸石

将 30%铬渣、25%硅砂、45%烟道灰和 3%~5%轧钢铁皮混合粉碎,于 1 450~1 550 ℃的平炉中熔融,在 1 300 ℃下浇铸成型,结晶、退火后经自然降温即为成品,此法解毒效果好,但投资较高,占地面积大,铬渣用量小,铸石销路不广,应用范围受限制。

3.2.3.5 生产铬渣棉

用铬渣制成铬渣棉,其质量性能与矿渣棉基本相同,并可以消除六价铬的污染。生产铬渣棉的配比为 8 份铬渣、1 份铜冶炼渣、1 份硅砂和适量黄土。另外,用 50%铬渣、15%石英、5%黏土、40%焦宝石,成型后烘干,在 1 000~1 200 ℃温度下烧成,可制得铬渣陶瓷装饰板。

3.2.3.6 铬硫两渣高炉炼铁技术

国内很多单位用铬渣代替白云石、石灰石作为生铁冶炼过程的添加剂,进行工业化试验。铬渣中 CaO、MgO 的含量与炼铁使用的白云石、石灰石相近,可以替代。在高炉冶炼过程中,铬渣中的六价铬可完全还原,脱除率达 97%以上。同时使用铬渣炼铁,还原后的金属铬进入生铁中,使铁中铬含量增加,使铁的力学性能、硬度、耐磨性、耐腐蚀性能提高。每炼 1 t 生铁耗用 600 kg 铬渣,用铬渣做冶金工业的添加剂是比较理想的铬渣综合利用途径。

采用铬硫两渣能够生产出高、中、低碱度的烧结矿,质量基本合格。铬硫两渣炼铁的最大特点是能够消耗处理大量的废渣,每炼 1 t 含铬生铁可以彻底处理铬渣 3.55 t,硫酸烧渣 2 t,铬铁回收率 80%～90%,铬铁含铬 10%～12%,每吨生铁售价在 3 700 元以上。

3.2.3.7　制砖

将铬渣同黏土、煤混合烧制红砖或青砖技术简单、投资及生产费用低、用渣量大。研究表明,由于原料中大量黏土在高温下呈酸性,加之砖坯中的煤及其气化后一氧化碳的作用,有利于六价铬分解为三价铬,使成品砖所含 Cr^{6+} 明显下降,特别是制青砖的饮窑工序会形成一氧化碳,不仅将红褐色氧化铁还原为青灰色的四氧化三铁,而且进一步将残余六价铬解毒,效果更好。铬渣掺量较少时,对成品砖的抗压、抗折强度无明显影响。例如,广州铬盐厂以铬渣 40%(粉碎至 100 目)、黏土 60% 制成的青砖,经化验分析,三价铬为 0.5%～3%,砖的抗压强度在 140 kg/cm^3 以上,抗折强度在 60 kg/cm^3 以上。若将铬渣与陶瓷原料制得的基料按比例充分混合,喷入雾化水,混匀,造粒,用压机成型,干燥后素烧,然后上釉再干燥,最后入窑将烧制得彩釉玻化砖。此种砖外形美观,装饰方法多,市场销路好,而且由于采用干料混磨法,使得粒径均匀,反应完全,玻化量大,解毒效果好,无二次污染。

3.2.3.8　制水泥

铬渣的主要矿物组成为硅酸二钙、铁铝酸钙和方镁石(三者总含量达 70%),与水泥熟料矿物组成相似。铬渣用于制水泥有三种方式:①铬渣干法解毒后作为混合材料,同水泥熟料、石膏磨混制得水泥,铬渣用量约为成品水泥的 10%;②铬渣作为水泥原料之一烧制水泥熟料,铬渣用量约占水泥熟料的 5%～10%;③铬渣代替氟化钙作为矿化剂烧制水泥熟料,铬渣用量占水泥熟料的 2%。三种方式的铬渣用量主要取决于原料石灰石的含镁量。

3.2.3.9　代替蛇纹石生产钙镁磷肥

用铬渣代替蛇纹石作助熔剂生产钙镁磷肥,肥料质量符合钙镁磷肥三级标准,经田间试验,肥效与用蛇纹石制造的钙镁磷肥相同。利用铬渣中的钙、镁节约了蛇纹石,使每吨成本降低 10% 以上,每吨钙镁磷肥可处理铬渣约 400 kg。在生产中因以煤或焦炭为燃料和还原剂,所以可把铬渣中的六价铬还原成三价铬,从而达到无害化的目的。

3.2.3.10　制防锈颜料

铬渣经物理方法加工制成钙铁粉,具有良好的防锈性能,其质量稳定,已应用于酚醛、醇醛和环氧等防锈涂料的防锈颜料,该产品经口急性试验系无毒产品。该工艺要点是采用适当措施加速颗粒沉降速度,缩短生产周期,注意选用防潮性能良好的包装材料。该法铬渣用量大,每生产 1 t 钙铁粉可消耗铬渣 1.2～1.3 t。

3.3　磷石膏的处理技术

3.3.1　概述

磷石膏是由磷矿石与硫酸反应生产磷酸、磷肥时排放出的固体废物,每生产 1 t 磷酸约产生 4.5～5 t 磷石膏。磷石膏分为二水石膏($CaSO_4 \cdot 2H_2O$)、半水石膏($CaSO_4 \cdot 1/2H_2O$)和硬石膏($CaSO_4$),以二水石膏居多。磷石膏除主成分硫酸钙外还含少量磷酸、硅、镁、铁、铝、有机杂质等,见表 3-3。

表 3-3　主要磷石膏中杂质含量(质量分数)　　　　单位:wt%

杂质名称	二水石膏	半水石膏	硬石膏
	含72%磷酸钙	含73%~75%磷酸钙	含72%磷酸钙
P_2O_5(总计)	0.8~1.0	0.8~1.2	0.41
可溶性	0.2~0.3	0.2~0.4	0.16
共结晶态	0.4~0.5	0.5~0.6	——
未反应	0.2~0.4	0.1~0.2	——
F(总计)	0.7~0.9	0.8~1.0	0.56
水溶性F	0.1~0.2	0.1~0.2	——
SiO_2	2.0~3.0	1.0~1.5	3.57
Al_2O_3	0.3~0.35	0.1~0.15	0.04
Fe_2O_3	0.1~0.15	0.05~0.1	0.01
K_2O	——	——	0.16
Na_2O	0.25~0.3	0.3~0.4	0.3
MgO	——	——	0.01
有机物	0.1~0.2	0.05~0.1	——

堆放磷石膏不仅占用了大量土地,而且造成环境污染,因此有必要寻求磷石膏的合理利用途径,以实现磷肥工业的可持续发展和磷石膏的高度利用。

3.3.2　磷石膏的危害

磷矿石成分复杂,除供制磷酸用的氟磷灰石外,还伴生其他杂质。因此,磷石膏的化学成分除 $CaSO_4 \cdot 2H_2O$ 外,也含其他多种杂质。同时,在磷酸生产过程中,溶液中的 HPO_4^{2-} 取代石膏晶格中的部分 SO_4^{2-}。

磷石膏中的杂质可分为以下两大类。

1)不溶杂质。如石英,未分解的磷灰石,不溶的 P_2O_5,共晶 P_2O_5 氟化物及氟、铝、镁的磷酸盐和硫酸盐。

2)可溶性杂质。如可溶性 P_2O_5,溶解度较低的氟化物和硫酸盐。

此外,磷矿石中还含有砷、铜、锌、铁、锰、铅、镉、汞及放射性元素。这些杂质的种类与含量因产矿地不同而异。在湿法磷酸生产中,它们不同程度地进入磷石膏中。国产磷矿石放射性元素含量甚微。

磷矿石中值得注意的有害杂质是氟,一般含量为1%~3%,磷石膏中氟化物的含量还取决于磷和工艺水中活性二氧化硅的含量。当钠含量高时,大多数氟化物则以 Na_2SiF_6 的形式进入滤饼磷石膏中,其含量高达 1.5%~1.8%(以 F 计)。此外,氟还以 CaF_2、Na_2SiF_6、$CaSO_4$、$AlSiF_7 \cdot xH_2O(x$ 约为 10)的型态进入磷石膏中。磷石膏的滤饼中还夹带少量的游离磷酸(也含有氟)、P_2O_5、磷酸盐及其他杂质。

3.3.3　磷石膏的回收利用

3.3.3.1　磷肥工业废渣的治理与综合利用

磷肥工业废渣主要来自磷酸生产中产生的磷石膏,普钙生产过程中产生的酸性硅胶,钙镁磷肥生产过程中产生的炉渣和泥磷。这些固体废物不仅占用大量的土地,还造成土壤、水体的污染,因此应当加以综合治理,一方面可以回收其中有价值的物质,变废为宝;另一方面还可以节约土地资源,保护环境。

3.3.3.2　作水泥缓凝剂

水泥生产中一般采用天然石膏作缓凝剂。由于磷石膏中含有 P_2O_5、有机杂质等,不能直接代替天然石膏,一般需经预处理才能用作水泥缓凝剂。与使用天然石膏比较,掺用磷石膏时水泥强度可提高 10％,综合成本降低 10％~20％。用磷石膏代替天然石膏作为调凝剂掺入,还可促进水泥的凝结,提高水泥的早期强度和后期强度。在水泥生产过程中磷石膏掺入质量分数仅为 3％~5％,制成的水泥产品性能可满足环保要求。

3.3.3.3　作石膏建材

用磷石膏生产建筑石膏是目前磷石膏应用中较为成熟的方法。将磷石膏净化处理,除去其中的磷酸盐、氟化物、有机物和可溶性盐,使其符合建筑材料的要求。净化后的磷石膏经干燥、煅烧脱去游离水和结晶水,再经陈化即可制成半水石膏(即建筑石膏)。以它为原料可生产纤维石膏板、纸面石膏板、石膏砌块或空心条板、粉刷石膏等,其中以纸面石膏板的市场需求最大。

3.3.3.4　制硫酸联产水泥

磷石膏可作为硫资源用于制硫酸并联产水泥,缺乏硫资源的国家和地区对此技术尤其重视。

改性后的磷石膏经烘干脱水成为无水或半水石膏,与焦炭、黏土等混合、粉磨后加入回转窑焙烧,生成水泥熟料,再与石膏、高炉矿渣等混合制成水泥。含 SO_2 体积分数为 8％~9％ 的窑炉气经净化、干燥后,在钒催化剂催化氧化下制得 SO_2,再用质量分数 98％ 的浓硫酸二次吸收 SO_3 制得 H_2SO_4。德国的科斯菲克公司、奥地利的林兹化学公司和南非的法拉博瓦公司均采用此法生产。该技术的不足之处是投资较大,使其推广应用受限。

3.3.3.5　作土壤改良剂

磷石膏呈酸性,pH 为 1~4.5,可作盐碱土的改良剂。磷石膏中的硫是速效的,对缺硫土壤有明显的作用。磷石膏中的钙离子可置换土壤中的钠离子,生成的硫酸钠随灌溉水排走,从而降低了土壤的碱度,改善了土壤的渗透性。

3.3.3.6　制硫酸铵

利用磷石膏制备硫酸铵的工艺流程如图 3-4 所示。

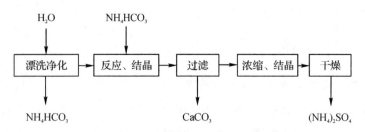

图 3-4　磷石膏制备硫酸铵的工艺流程图

该工艺操作简单,向母液中加入氯化钾即可制得氮磷钾复合肥料。不足之处是硫酸铵中的氮含量低,其单位养分的费用高于尿素和硝酸铵。

3.3.3.7　制硫酸钾

用磷石膏生产无氯钾肥——硫酸钾的方法分为一步法和两步法。日本的木浦善德公司、英国诺丁汉大学化工系、印度研究中心及中国的杨斌、陈宏刚等对一步法做了大量研究工作。一步法是以氨为催化剂,用磷石膏与氯化钾反应制得硫酸钾和氯化钙。该法工艺简单,流程短,所用设备简单,且氯化钾转化率可达到 94% 以上,但副产物氯化钙难以处理,要求氨水质量分数大于 35%,且在加压或低温条件下操作,工业放大有一定困难。

两步法生产硫酸钾的基本原理是磷石膏与碳酸氢铵反应生成硫酸铵和碳酸钙,即

$$CaSO_4 \cdot 2H_2O + 2NH_4HCO_3 \Longrightarrow CaCO_3 \downarrow + (NH_4)_2SO_4 + CO_2 \uparrow + 3H_2O$$

再将分离出碳酸钙后的硫酸铵母液与氯化钾进行复分解反应,即

$$(NH_4)_2SO_4 + 2KCl \Longrightarrow K_2SO_4 + 2NH_4Cl$$

具体工艺过程为磷石膏先经漂洗去除部分杂质,使 $CaSO_4 \cdot 2H_2O$ 的质量分数从 87% 左右提高至 92%～94%。在低温条件下将磷石膏与碳酸氢铵混合,生成硫酸铵、碳酸钙并排出 CO_2。低温条件下氨挥发较少,CO_2 气体较纯,可用于制造液体 CO_2。反应后的料浆分离碳酸钙后,得到硫酸铵溶液,再与氯化钾反应生成硫酸钾和氯化铵,经分离、洗涤、干燥得硫酸钾产品,滤液经蒸发、分离副产氯化铵。采用此法时,磷石膏利用率达 65%～70%,产品可作为优质硫酸钾肥料使用。副产品氯化铵、碳酸钙也可做肥料和水泥原料。两步法的特点是主要原料(碳酸氢铵)价廉易得,且无需加压或冷冻,条件温和,投资少,产值高,无环境污染。

3.3.3.8　作水泥矿化剂

在煅烧硅酸盐水泥时加入石膏(以 SO_3 计 1%～2%)和 CaF_2(0.8%～1.6%)复合矿化剂可以节省能耗,提高产品产量和质量。少量磷酸盐对水泥熟料烧成起着强烈的矿化作用。而磷石膏是由高度分散的二水石膏、少量 P_2O_5 和 F^- 组成的,因此可认为它是一种天然的复合矿化剂。使用天然石膏-萤石复合矿化剂烧制的熟料,在微观结构上的最大缺陷是硅酸钙受液相熔蚀产生分解的现象严重,而加入磷石膏烧出的熟料基本克服了这一缺点。

3.3.3.9　磷石膏在农业中的应用

磷石膏呈酸性,pH 为 1～4,可作盐碱地、红壤旱地的土壤改良剂。直接施用能降低土壤

的 pH,有效地改善土壤碱化性状,磷石膏中的 Ca^{2+} 与土壤中的 Na^+ 交换可以使钠黏土变成钙黏土而改善土质,提高土壤渗水性,防止表皮结壳,有利于植物生长。施用磷石膏还能有效地改善土壤的通透性和结构性,增加土壤总孔隙度和非毛管孔隙度,提高土壤结构系数。研究表明,磷石膏能有效地降低土壤的 pH 和碱化度,使 Cl^-、Na^+ 等土壤有害离子明显减少,随着磷石膏用量的增加,土壤中有机质、N、P 的含量也增加。

3.4　脱硫石膏的处理技术

3.4.1　概述

硫酸法钛白生产工艺是钛白粉的传统生产工艺,因在工艺过程中产生大量废酸和酸性废水,需要采用石灰石、生石灰或电石渣加以中和,而产生了大量钛石膏,因该石膏中富含硫酸亚铁而呈红色,故而又叫脱硫石膏。近年来随着我国钛白产业的飞速发展,脱硫石膏年产量越来越大。脱硫石膏主要来源于电力热力生产和供应业,金属冶炼和压延加工业,化学原料和化学制品制造业,采矿,能源及其加工业等行业,其中电力行业脱硫石膏产量约占总产量的 80%。脱硫石膏因黏度较大,含水率高不易脱水,除了少量得以应用外,绝大部分堆存渣场,既占用大量土地,又对周围环境造成威胁。因此,脱硫石膏的资源化利用既可实现变废为宝,又可消除环境隐患,具有较好的经济效益和良好的社会效益。脱水、脱黏后的脱硫石膏可以作为生产新型绿色建材产品的基础原材料,这符合国家产业政策和行业发展规划,是国家鼓励发展的产业化项目。

3.4.2　脱硫石膏的回收利用

根据生态环境部《2020 年全国大、中城市固体废物污染环境防治年报》显示,2019 年重点调查工业企业的脱硫石膏产生量为 1.3 亿吨,从 2016 年的 8 672.6 万吨发展到 2019 年的 1.3 亿吨,年均复合增长率约为 14.5%。然而我国脱硫石膏综合利用率却呈现逐年下降态势,2019 年综合利用量为 9 617.4 万吨,综合利用率为 71.3%,较 2018 年减少了 2.3 个百分点。由于生态环境部暂未公布 2020 年、2021 年、2022 年固体废物的相关数据,中国建筑材料联合会石膏建材分会根据火电厂装机容量(统计范围为全国装机容量 6 000 kW 及以上火电厂,煤电机组 100% 实现脱硫)、火电厂发电设备利用小时数、火电厂供电标准煤耗、脱硫效率等参数,构建电力行业脱硫石膏年产量理论计算公式,估算出 2020 年、2021 年和 2022 年的脱硫石膏总产生量分别为 1.1 亿吨、1.2 亿吨和 1.4 亿吨。据中国建筑材料联合会石膏建材分会统计,2020 年脱硫石膏综合利用量为 7 450 万吨,2021 年脱硫石膏综合利用量为 7 152 万吨,2022 年脱硫石膏综合利用量为 7 120 万吨。2022 年脱硫石膏综合利用率为 50.9%,同比下降 8.7 个百分点。2016—2022 年全国脱硫石膏的产生量和综合利用率如图 3-5 所示(2020—2022 年脱硫石膏产生量为估算值)。

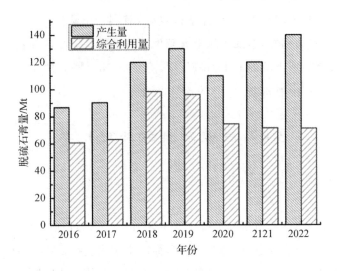

图 3-5 2016—2022 年全国脱硫石膏产生量和综合利用量

由图 3-5 可以看出,2016 年和 2017 年脱硫石膏产生量相对较低,从 2018 年开始大幅增长。2020 年脱硫石膏产生量突然下降,随后逐步恢复,但脱硫石膏的综合利用量却持续走低。"十三五"期间,随着经济发展进入新常态,经济增长速度和结构调整加快,脱硫石膏的产生量也处于较高水平,综合利用量也随着产生量的增加而增加,2016—2019 年脱硫石膏的综合利用率基本保持在 70% 以上。2020 年以来,受新冠肺炎疫情影响,社会经济受到较大冲击,随着疫情防控逐步取得成效和电力企业复工复产,电力企业加大电力供应,脱硫石膏产生量又随之逐年增加,但脱硫石膏的综合利用量仍呈下降趋势。

3.4.2.1 生产石膏砌块

脱硫石膏砌块是以脱硫石膏为主的一种新型墙体材料,石膏砌块具有自重轻、强度高、外形整齐、表面光滑、防火、隔热、隔声并可吸收空气中的水分等优点,并具有可锯、可钉、可钻、可刨等易加工特性,可以实现施工的干法作业,是一种新型的绿色环保建材。

3.4.2.2 石膏砂浆

新型石膏砂浆与传统的水泥石灰类砂浆相比,具有轻质、高强、节能等特点,且黏结性能较好,不易起壳和开裂。由于石膏本身具有很好的和易性、可塑性,同时热导率小,具有一定的保温性能,因此可以有效解决各类墙体的保温问题。

3.4.2.3 纸面石膏板

我国纸面石膏板工业自 1978 年引进设备及技术以来,逐渐发展壮大,纸面石膏板生产是国内除水泥行业外脱硫石膏消耗量最大的行业。2013—2022 年我国纸面石膏板产量如图 3-6 所示。

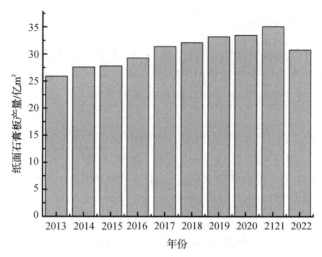

图 3-6　2013—2022 年我国纸面石膏板产量

由图 3-6 可见,近十年中国的纸面石膏板产量呈现稳步增长的态势,特别是 2020 年在全球新冠肺炎疫情的影响下,纸面石膏板行业抵抗住了冲击,产量同比增长了 0.9%;2022 年受新冠肺炎疫情余波影响,纸面石膏板产量稍显下滑,但国内纸面石膏板的产量仍达到 30.8 亿平方米,若全部采用脱硫石膏为原料,则可消耗脱硫石膏约 3 632 万吨。

3.4.2.4　用于制作路渣和高附加值的脱硫石膏

自流平石膏是自流平地面找平石膏的简称,能在混凝土楼板上自动流平,即在自身重力作用下形成平滑表面,成为较理想的建筑物地面找平层,是铺设地毯、木地板和各种地面装饰材料的基层找平材料。在浇灌 24 h 后,即可在上面行走,48 h 后可以在上面进行作业。干燥后,一般不需进行修整,其平整度即能达到要求,既减少了楼地面重量,又节省了大量黏合剂。

3.5　含油污泥的处理技术

含油污泥是一种富含矿物质油的固体废物,主要来自石油勘探开发和石油化工生产过程中产生的油泥、油砂,具有产量大、含油量高、重质油组分高、综合利用方式少、处理难度大等特点,对周围环境质量产生着不良影响。

据中国国家能源局统计数据显示,2022 年中国原油开采量达 2.04 亿吨,含油污泥产生量为原油产量的 3%,即含油污泥产生量达到 200 万吨。含油污泥污染多位于生态脆弱地区,危害大、难监管,治理情况差,实际处置率仅为 17.45%,据 1965 年以来石油产量数据,含油污泥存量即达 1.59 亿吨,按 1 500 元/吨处理成本核算,其存量规模达到 2 486 亿人民币,每年新增市场空间约 90 亿人民币。

目前,国内已积极进行油泥、油砂的治理和综合利用工作,但收效不大。国内外已经用于生产和研究处理含油污泥的方法一般有热洗涤法、溶剂萃取法、固液分离法、化学破乳法等,但这些方法由于投资、处理效果及操作成本等原因,一直未在国内得以应用普及,因此我国的含油污泥处理问题一直难以得到有效解决。下面以焦化法和生物法为例介绍含油污泥的处理技术。

3.5.1 焦化法处理含油污泥

油泥的组成主要有烷烃、环烷烃、芳香烃、烯烃、胶质及沥青质等,油泥中矿物油重质组分沉积居多。焦化法处理含油污泥就是利用重质矿物油焦化反应的特点,使油泥中的矿物油得到深度的裂解,最终生成化学性质稳定的石油焦和多馏分的轻质油,实现资源回收和保护环境的最终目的。

中国石油天然气股份有限公司安全环保技术研究院环保所在大量试验的基础上,基于焦化反应机理,提出如下工艺及基本反应条件:原料(油泥、油砂)经过预处理(脱水)后除去较大机械杂质,利用传输设备与一次性催化剂掺合后送入已经预热(合理的进料温度有利于缩短反应时间,提高液收率,同时便于操作)的焦化反应釜(180 ℃),闭釜后加热进行催化焦化反应,反应温度控制在 490 ℃,反应时间为 60 min,焦化反应气通过伴热管线(避免重组分在管中凝固,伴热温度 >350 ℃)进入三相分离器,三相分离器由循环水控制降温(<100 ℃),分离器上部分气相组分送入燃烧系统回收利用,底部含油污水排入污水处理系统,回收油送入贮罐贮存。

反应结束后,开釜除焦,生成的焦炭中石油类的含量可降至 0.3‰~0.9‰,低于《农用污泥污染物控制标准》(GB 4284—2018)中 B 级污泥产物中矿物油最高允许量(3 g/kg 干污泥,即 3‰),A 级污泥产物中矿物油最高允许量(0.5 g/kg 干污泥,即 5‰)。一次性催化剂除提供反应速度外,在生成的焦炭中还可起到分散作用,便于除焦操作的进行。除去的泥量中含有一定量的泥砂,可以燃烧或以建筑材料的方式进行综合利用,也可以直接排入外环境。该流程与目前其他含油污泥处理方法相比,具有操作设备简单、含有污泥处理彻底、矿物油回收率高等优点,有利于推广应用。液相产品中 490 ℃的汽/柴油的馏分含量较高,液相产品质量较好,可作为进一步的加工原料。

3.5.2 生物法处理含油污泥

生物处理也是目前比较有效的一种含油污泥处理技术,是今后发展的方向之一。生物处理的主要原理是微生物利用石油烃类作为碳源进行同化降解,使其最终完全矿化,转变为无害的无机物质(CO_2 和 H_2O)的过程。污油微生物降解可以按过程机理分为两个方向,一是向油污染点添加具有高效油污降解能力、自然形成并经选择性分离出的细菌、化肥和一些生物吸附剂;二是曝气,向油污染点投加含氮磷的化肥,刺激污染点微生物群的活性。采用生物法处理的优点:一是对环境影响小,生物处理是自然过程的强化,其最终产物是二氧化碳、水和脂肪酸等,不会形成二次污染或导致污染物转移;二是费用低,其费用约为焚烧处理费用的 1/4~1/3;三是处理效果好,经过生化处理,污染物残留量可以大幅度降低。其缺点:一是生物法在筛选石油降解菌和菌种培养上存在很大的困难;二是对含油率较高的污泥处理效果不是很好。

中国石油天然气集团公司环境检测总站在实验室对生物法处理含油污泥进行了研究。结果表明,油浓度越大,处理后油去除率越小,但去除速率越大,说明油浓度高,微生物接触油分子的概率大。但这个趋势没有一直延续下去,当油浓度太大时,由于土壤的疏水性增强,透气性降低,微生物活性降低,油的去除即受抑制。因此,油浓度太低,油去除率虽大,但处理一定量废渣所需土地面积太大,在费用上不合适;油浓度太高,油去除率太低,处理效果较差。只有油浓度在 15%~20% 范围内,去除率和去除速率均比较理想。

中国石油天然气集团公司采用生物法处理含油废渣,能够明显地消除油污染。当添加废渣使土壤中油浓度为 15~20 g/kg 时,处理 7 周,可去除 20% 以上的油,具有一定的应用价值。

3.6　废催化剂的处理技术

催化剂在工业生产过程中具有不可替代的作用。废催化剂是指因失去反应活性丧失原有催化功能而被废弃的催化剂。废催化剂一般具有毒性的活性金属元素以及在催化反应过程中可能接触到毒性组分,因而被列为危险废物。有研究认为,石油化工类废催化剂在运行过程中会在表面及内部孔隙中富集有机物及重金属(如铬、铜、铅等)或反应生成某些有毒物质(如氧化镍等),同时还会沉积少量的砷、磷、钠等元素。新修订的《国家危险废物名录(2021 年版)》中将废弃的含汞(HW29)及含镍(HW46)催化剂、精炼石油产品制造和基础化学原料制造过程中产生的废催化剂(HW50)等列为危险废物。废催化剂中含有的金属元素(如镍、钒、钼等)是常用的活性组分,具有较高的回收利用价值。

3.6.1　废催化剂的常规回收方法

各类废催化剂的常规回收方法一般可分为四种,即干法、湿法、干湿结合法和不分离法。

3.6.1.1　干法

一般利用加热炉将废催化剂与还原剂及助熔剂一起加热熔融,使金属组分经还原熔融成金属或合金状回收,以作为合金或合金钢原料;而载体则与助熔剂形成炉渣排去。回收某些稀贵金属含量较少的废催化剂时,往往加进一些铁之类的贱金属作为捕集剂共同进行熔炼。由于废催化剂所含金属组分和数量不一样,故其熔融的温度也不一样。催化剂的更换是有一定期限的,每次更换下的废催化剂数量有限,因此也经常将废催化剂作为部分矿源夹杂在矿石之中熔炼。在熔融、熔炼过程中,废催化剂往往会释放出 SO_2 等气体,可用石灰水加以吸附回收。干法能耗较高。氧化焙烧法、升华法和氯化挥发法也包括在干法中。由于此法不用水,所以一般称之为干法,如 $Co-Mo/Al_2O_3$、$Ni-Mo/Al_2O_3$、$Cu-Ni$、$Ni-Cr$ 等系催化剂均可采用此法回收。

3.6.1.2　湿法

用酸、碱或其他溶剂溶解废催化剂的主要组分,滤液除杂纯化后,经分离可得到难溶于水的盐类硫化物或金属的氢氧化物,干燥后按需要再进一步加工成最终产品。有些产品可以作为催化剂原料再次利用。用湿法处理废催化剂,其载体往往以不溶残渣形式存在,如无适当方法处理,这些大量固体废物会造成二次污染;若载体随金属一起溶解,金属和载体分离会产生大量废液;若金属组分存在于残渣中,则也可用干法还原残渣。电解法也包括在湿法中。贵金属催化剂、加氢脱硫催化剂、铜系及镍系等废催化剂一般都采用湿法回收。但湿法回收会产生一些废液,易造成二次污染。将废催化剂的主要组分溶解后,采用阴、阳离子交换树脂吸附法,或采用萃取和反萃取的方法将浸液中不同组分分离、提纯出来是近几年湿法回收的研究重点。

3.6.1.3　干湿结合法

含两种以上组分的废催化剂很少单独采用干法或湿法进行回收,多数采用干湿结合法才能达到目的。此法广泛地用于回收物的精制过程。如铂-铼废重整催化剂回收时浸去铼后的含铂残渣需经干法煅烧后再次浸渍才将铂浸出。

3.6.1.4　不分离法

不分离法是不将废催化剂活性组分与载体分离，或不将其两种以上的活性组分分离处理，而是直接利用废催化剂进行回收处理的一种方法。由于此法不分离活性组分载体，故能耗小、成本低、废物排放少、不易造成二次污染，是废催化剂回收利用中经常采用的一种方法。例如，在回收铁铬中温变换催化剂时，往往不将浸液中的铁、铬组分各自分离开来，而是直接用其回收重制新催化剂。再如，回收生产苯二甲酸二甲酯和对苯二甲酸用的钴锰废催化剂时，往往不将钴、锰分离开来，而是调整其钴、锰配比（按工艺要求）后直接返回新系统中重新启用。

废催化剂的回收利用针对性极强。因此，针对某种废催化剂，具体应采用哪一种方法进行回收，尚需根据此种催化剂的组成、含量及载体种类等加以选择，根据企业拥有的设备和能力及回收物的价值、性能、收率、最终回收费用等加以比较而决定。

3.6.2　含贵金属废催化剂的再生与回收利用

贵金属由于具有特殊的原子结构，在催化反应中具有优良的活性、特殊的选择性和其他各种催化功能，因而被称为"催化之王"或"工业维生素"。贵金属包括金、银、铂、铑、钯、锇、铱、钌八种金属。除金很少用作催化剂外，其他几种均较广泛地用作催化剂。贵金属催化剂可广泛地用于石油炼制及加工行业、化工行业、环保业、药业等领域的加氢、脱氢、重整、氧化、脱臭、裂解、歧化、异构化、羟基化、甲醛化、脱氨基等反应及汽车尾气的净化。

贵金属催化剂因其稀少故价格昂贵，一般使用后均进行回收，影响回收经济效益的主要因素是提高回收率的问题。贵金属废催化剂回收技术的难点是提高低品位贵金属的回收利用技术水平。

【实例 3-1】　含银废催化剂的回收利用。

银作催化剂的场合不多，主要用于乙烯氧化制环氧乙烷、甲醇氧化制甲醛及生产乙二醇。乙烯氧化制环氧乙烷用的银催化剂，往往用氧化铝或富铝红柱石为载体，载银量为 $12\%\sim15\%$。甲醇氧化制甲醛，除了使用 $Fe_2O_3 \cdot MnO_3$ 或 Cr_2O_3 促进的 $Fe_2O_3 \cdot MnO_3$ 催化剂外，主要使用银催化剂，国内采用的浮石银催化剂，其载银量在 $37\%\sim54\%$ 不等，还有使用银分子筛催化剂、电解银催化剂、银网催化剂等。将过滤后的氯化钠溶液加到含硝酸银的滤液中去，反应后静置以析出白色氯化银沉淀物。24 h 后虹吸除去上层清液，用事先已用盐酸除去铁锈的铁块置换出银。

【实例 3-2】　含铂废催化剂的回收利用。

以铂或铂族元素为活性成分的催化剂大多用于石油炼制、化工生产，以及净化气体过程。在化工生产中主要用于硝酸生产，在石油炼制中，主要用于催化重整装置（产品苯、甲苯、二甲苯）及异构化装置（产品异构环烃）等催化氧化过程，随着我国石油和化工的迅速发展及原油的重质化，造成的废铂催化剂的数量越来越大。

催化重整及异构化装置大量使用的催化剂在失活后会定期更换下来。全国每年约产生200 t 左右的废铂催化剂，这些废铂催化剂主要活性组分为铂，还有少量铼、锡等。

不同含铂量的废催化剂有不同的回收方法，对于含铂量较高的硝酸生产和汽车尾气处理催化剂，一般可采用酸碱法或沉淀法。但对于含铂量不是很高的重整催化剂和异构化催化剂，采用酸碱法或沉淀法则不够经济，可采用溶剂萃取法。

采用酸碱法从废铂催化剂中回收铂，包括预处理铝粉置换和氯化铵结晶精制等过程。铝粉置换就是用铝粉将铂从溶液中以铂粉形式置换出来。氯化铵结晶过程是用 NH_4Cl 将铂以 $(NH_4)_2PtCl_6$ 的形式结晶,加热至 $800\sim900\ ℃$,制成铂粉。

采用酸碱法从废铂催化剂中回收铂的预处理工艺流程是将废铂催化剂经筛选后进行焙烧,采用盐酸溶解,使载体 Al_2O_3 和铂同时进入溶液,再用铝屑还原溶液中的二氧化铂形成铂黑微粒,然后以硅藻土为吸附剂,将铂黑吸附在硅藻土表面上,经沉降、分离、洗涤等使铂硅藻土与氯化铝溶液分离。回收铂后的粗氯化铝,加入氢氧化铝,经溶解中和、过滤、除铁后,制得精氯化铝,可作加氢催化剂载体的制备原料。

采用酸碱法从废铂催化剂中回收铂的精制工艺流程是用王水溶解使其形成粗氯铂酸与硅藻土的混合液,经真空过滤得到粗氯铂酸,在浓缩过程除去硝酸根,加入饱和氯化铵,形成氢铂酸铵沉淀,再经真空过滤后除去氯化铵,得到的氯铂酸铵经焙烧后,制得海绵铂。该法的特点是既回收了废催化剂中的铂,也回收了载体氧化铝,使氧化铝成为生产原料。但此法的缺点是工艺过程复杂,生产周期长,处理成本高,铂纯度也不理想。

采用溶剂萃取法从重整废催化剂中回收铂,在一定程度上可避免二次污染,而且其技术指标也优于传统的酸碱法和其他的方法,有良好的经济效益和社会效益。其工艺过程是将废铂催化剂置于焙烧炉内。在温度 $800\ ℃$ 左右除炭后,用盐酸、氯酸钠三次浸出铂,铂的浸出率可达 99.9% 以上,再在离心萃取器中,以 40% 的亚砜为萃取剂,经 4 级萃取,2 级酸洗,4 级反萃,萃取率及反萃率均达到 99%。反萃液经水解除杂,用水合肼还原制取铂粉,回收率为 97%,铂粉纯度达 99.9%。

【实例 3-3】　含钯废催化剂的回收利用。

以钯为活性组分的催化剂主要用于催化加氢和催化氧化等反应过程,如粗对苯二甲酸加氢精制、羟基合成法制苯乙酸及过氧化氢、乙醛、吡啶衍生物、乙酸乙烯酯等多种化工产品的反应过程。钯催化剂用途较广,用量较大,故使用失效后产生废钯催化剂量也较大。

废钯催化剂的载体通常为氧化铝、活性炭、硅胶及铝代硅酸盐等。其中以前二者为载体的催化剂用量最大。以氧化铝为载体的废钯催化剂中回收钯的方法,较为广泛应用的是浸取法和焙烧-浸取法,也有采用氯化法的。

(1)浸取法。其可分为酸浸和碱浸两种方法。

1)酸浸。日本专利《一种从含钯催化剂中回收钯的方法》中,将一份含有 10 g 钯的废催化剂悬浮于 180 mL 水溶液(其中含 10.5 g NaClO 中),缓慢地加入 29.4 mL 浓盐酸,升温至 50 ℃,用水洗涤残渣,洗液并入上清液中,加入 20 mL 28% 的氨水,再加入 10 mL 浓盐酸,分离、洗涤二氯氨钯络盐的沉淀,并将其悬浮在 200 mL 的温水中,然后加入 20 mL 氢氧化钠,加热到 $80\sim90\ ℃$,再加入 20 mL 甲酸,使含钯络合物还原。采用此法,钯的回收率为 96.6%,纯度为 99.9%。将含铂族金属的废催化剂,采用通入氯气的稀盐酸进行浸取,即将 50 g 含钠 0.72% 的废催化剂(氧化铝载体)加入 1 mol/L 的盐酸溶液中。通入氯气,浸渍 4 h,钯的浸出率为 97.6%,再在一定压力下向浸出液中通入一氧化碳或氢气(通 1 h),可得到 99.0% 或 99.7% 的钯。

2)碱浸。日本的上野时夫提出了从被有机物污染的不溶于酸的废钯催化剂中回收钯的高效率方法。其回收步骤是用四氯化碳将废催化剂洗净,再进行干燥处理,将每份废钯催化剂中加入 100 份 2 mol/L 的氢氧化钠溶液,然后进行加热、搅拌。将此溶液冷却至室温后,向其中鼓入氯气,使溶液的 pH 下降到 9.4 以下。向溶液中加入浓盐酸,使其中的钯变成可溶性盐,过滤除去溶液中的炭质,再用碳酸钠溶液进行还原,最后得到金属钯。采用此法,钯回收率可达100％。

(2)焙烧-浸取法。将废钯催化剂于高温下进行焙烧,以除去其中的有机物和易挥发物,然后用王水浸取,经过滤后得到的滤液,用 Zn 粉进行还原,再用王水浸取,在浸取液中加入氢氧化铵,将得到的沉淀物,在通入氢气的条件下进行煅烧,即可得到粗钯。

(3)氯化法。氯化法又称氯化冶金法。它是一种不溶解载体回收钯的方法,即采用液相氯化法和固相氯化法时,先向混合浸取液中通入氯气,使废催化剂中的钯与氯络合,然后再采用传统的置换沉淀法(即加入铝和锌)置换出钯沉淀物。采用气相高温氯化法时,在850～900 ℃下废催化剂与氯接触1～3 h,使99％以上的钯成为氯化物升华至气相,用盐酸溶液吸收生成水溶性络合酸,然后再采用置换法制取钯沉淀物。由于氧化铝与氯气不反应,因此上述的几种氯化冶金法并未损失载体。

例如,对苯二甲酸加氢精制采用钯-炭催化剂,废催化剂中钯的质量分数一般在0.4％以下,活性炭质量分数在99％以上,此外还含有少量有机物、铁及其他金属杂质。从该废催化剂中回收钯,一般是用煅烧方法去除炭及有机物,然后对烧渣(钯渣)用甲酸还原,再用王水溶解,过滤后将滤液蒸干,水溶后通过离子交换除去杂质,加入盐酸反应生成氯化钯溶液,蒸发结晶、干燥后,即可得到氯化钯。此方法具有工艺过程简单、操作方便、成本较低的特点。钯的回收率可达99.0％以上。

【实例3-4】 含铂和铑废催化剂的分离与铑的回收利用。

铂、铑性质接近,在矿石中相伴生存。铑在工业上的应用多为铂的合金元素,可使铂的机械强度和耐高温能力得到提高。随着石油和化学工业的发展,铂、铑催化剂用量的增加,也必然增加了铂、铑分离和铑的回收量。

铂、铑的分离与铑的回收,除传统的沉淀法,还有萃取法、离子交换和吸附等方法。在新技术不断开发的今天,沉淀法仍与其他技术并用,是不可缺少的方法。

(1)沉淀法。李玉田提出,从废铂、铑催化剂中分离和提纯铑可采用如下工艺:先用王水溶解废催化剂,得到铂铑氯络合酸,再用氢氧化钠溶液中和,使铂与铑分离,再回收沉淀中的铑。

匈牙利 Laboda Sandor 等人提出,在回收以 $\gamma-Al_2O_3$ 为载体的含铂、铑废催化剂时,先将其粉碎成0.1 mm 的颗粒,再与氢氧化钠于160 ℃时反应1 h。反应后将生成的可溶性偏铝酸钠过滤,过滤后的不溶物用水洗涤,然后在75 ℃时溶于浓盐酸中(加入30％的过氧化氢,并通入氯气),用氢氧化钠将溶液调节 pH 至7,过滤、分离出铑的氢氧化物沉淀,再进一步提取。

德国 Hermann S.提出在分离盐酸溶液中的铂、铑时,加入氯化铵沉淀铂,滤液蒸发浓缩后残余的沉淀又沉降出来,用浓硝酸分解过量的氯化铵,溶液进一步浓缩,残余的铂再用氯化铵沉淀,然后用还原或电解法回收溶液中的铑,铑的回收率大于99％。

(2)萃取法。采用萃取法分离铂与铑是近年来发展较快的一项工艺。至今虽已发现了不少铑的萃取剂,但工业上应用的还不是很多。

李玉田等总结了铂铑合金中再生回收铑的工艺。先将合金用王水溶解,以盐类形式存在于溶液中,再加入仲胺、叔胺或季胺化合物,用有机萃取剂萃取铂,使铂和胺的络合物与其他成分分离,即铂被萃取,铑仍留在溶液中。再往溶液中加入氯化铵,就可将铑沉淀出来,经进一步处理提纯便可得到铑。

(3)离子交换和吸附。离子交换法应用较为普遍,现多与萃取法配合使用回收贵金属。

日本 Tabata H.提出将废陶瓷载体上的贵金属溶解为水溶液,在 50 ℃以 14 L/h 的空间时速通过 Amberlite LRA－900 型的离子交换树脂柱,先用 0.02％～1.0％二安替比林甲烷或 0.03％～3.0％氯化铵洗涤提取铑,然后在 45 ℃用 1.9％氯化铵和 1.4％氢氧化钠溶液洗涤提取铂。

3.7　其他几种化工固体废物的处理

3.7.1　硫酸渣

硫酸渣指黄铁矿制硫酸工艺的残渣,又称黄铁矿烘渣或烧渣,是化工废渣的一种。由于渣中含铁,可以作为钢铁冶金原料使用。主要化学成分为 Fe_2O_3,一般含铁 40％～55％,含硫 1.5％～2.0％,另外还含有 Cu、Pb、Zn 及少量 Au 和 Ag。

目前世界上硫酸渣综合利用的方法很多,我国绝大部分硫酸渣采用"分选铁精矿余渣制砖"的方法是可行的。作为炼铁原料,凡铁品位不低于 25％的硫酸渣,从中分选铁精矿都有一定的经济价值,分选工艺与一般铁矿分选工艺差别不大,可根据渣中铁矿物比磁化系数的高低分别采用重力分选或磁选方法来进行。经济分析如下,若每年硫酸渣入选量为 2 万吨,设从铁品位 30％的渣中分选出品位 60％的精矿(品位≥60％的铁精矿可直接用于炼铁),按产率 40％计算,可年产铁精矿 8 000 吨,品位 60％的精矿(硫含量≤0.5％)每吨售价 1 126 元,每吨生产成本 716 元。每吨利润 410 元,年利润 328 万元。建这样一座选铁车间的总投资 50 万元左右,生产不到两年,可全部收回投资。分选铁精矿后尚剩有 12 000 吨余渣,可用于制砖,硫酸渣本身没有胶结能力,但其中含有 SiO_2 与 Al_2O_3 等活性物质。

硫酸渣可作为烧结矿的原料,主要利用其中的含铁成分,降低烧结原料的生产成本。但它的成球性差,吸水率高,影响烧结生产率。此外含硫较高并含有 Cu、Pb、Zn 等有害元素,影响烧结矿质量。烧结料中硫酸渣的配加量一般在 10％以下。将硫酸渣进行处理,增加细度,提高其含铁量,降低含硫量,可作为球团矿的原料。日本、德国、芬兰等国家还采用高温氯化法工艺,将渣中所含金属进行氯化,然后用湿法冶金浸取金、银等贵金属,并脱除渣中的有害金属。

3.7.2　铝灰

铝灰大概有三个方面的来源:一是氧化铝通过电化学法熔炼金属铝产生的铝灰,为 30～50 kg/t 铝;二是金属铝在铸锭、多次重熔、配制合金、零部件浇铸等过程产生的铝灰,为 30～40 kg/t 铝,以上铝灰称为一次铝灰,也称为白灰,目前大部分企业将金属铝含量较高的一次铝灰回收利用;三是指二次铝工业,即将废弃的铝制品及其加工产生的废屑,回收一次铝灰过程产生的废弃物等称为二次铝灰,也称黑灰,目前回收率一般在 75％～85％,为 150～250 kg/t 铝,目前我国已将铝灰定为有害废弃物。

一次铝灰可用于生产再生铝锭,熔出铝锭后形成的二次铝灰(废铝灰),可通过铝灰回转窑成套设备将其高温烧结成铝酸钙,其过程中可有效地去除铝灰中的氮化铝、氟化物等有害物质并收得了相应的副产物(铝酸钙),使铝灰由危险固体废物转化为一般工业固体废物。以此为基础对其中的铝资源进行综合利用,生产铝化合物产品,实现了对铝灰的高值化利用。一次铝灰渣中含有数量可观的纯铝,回收简单价格低廉,会产生巨大的经济价值。

二次铝灰经由回转窑煅烧成为铝酸钙。通过采用成熟、可靠、安全、低成本的无害化处置工艺,脱除了铝灰中的氮化铝、氟化物等有害物质并收得了相应的副产物,使铝灰由危险固体废物转化为一般固体废物。以此为基础对其中的铝资源进行综合利用,生产铝化合物产品,可用于水泥,高速、净水材料、线缆填充物,高铝砖,灭火材料,实现了对铝灰的高值化利用。

3.7.3　砷碱渣

由于砷碱渣中盐份含量很高,直接进行一步固化稳定无法达到柔性填埋的浸出毒性要求,所以,砷碱渣处置的第一步一般都需要通过浸出将砷碱渣中易溶组分浸出出来,形成一种含砷酸钠和碳酸钠/氢氧化钠的浸出液,进而将砷碱渣的处置问题转化为处理含砷碱性浸出液的过程。砷碱渣浸出产生的砷碱液的处置工艺大致可以分为两类:化学沉淀工艺和分步蒸发结晶工艺。化学沉淀工艺处理含砷废水一般都是先将废水调到一定的 pH 区间(酸性),然后加入铁盐和钙盐,形成砷酸铁或砷酸钙沉淀来达到除砷目的。由于砷碱渣浸出液中碳酸钠浓度很高,形成砷酸钙过程中会有大量碳酸钙共沉,进而导致最终形成的砷渣含砷量很低,填埋成本很大;铁盐沉砷则需先在浸出液中加入大量硫酸或二氧化硫将溶液 pH 调为酸性,然后才能形成砷酸铁,进而造成大量的高盐废水(硫酸钠)的产生。近些年来,根据冶炼厂自身的工艺条件,化学沉淀法在一些锑冶炼厂有过工业应用,如湖南辰州矿业采用二氧化硫先酸化,后钙盐铁盐沉淀除砷的方法,成功处理过一定量的砷碱渣,但是总体来说规模不大,且过程中产生了大量高盐废水。分步蒸发结晶工艺利用了砷酸钠和碳酸氢钠在不同温度下溶解度的差异,通过蒸发结晶依次回收碳酸氢钠和砷酸钠。但是由于蒸发结晶过程中对温度控制的要求比较高,而且由于体积浓缩,溶液中盐分浓度很大,实际操作过程中很容易造成管道堵塞而使得生产难以为继。此外,分步结晶工艺的处理对象主要是针对成分稳定的砷碱渣,但是,实际上由于砷碱渣来源广泛,杂质较多,各种杂质离子经常导致蒸发结晶过程的也无法继续进行。分步结晶工艺曾被用作锡矿山地区砷碱渣的工业化处置,实际生产过程中管道堵塞问题频发,生产时常被中断。很明显,化学沉淀工艺和分步蒸发结晶工艺处理砷碱渣浸出液都有它们各自的优势和缺陷:化学沉淀工艺能够实现快速脱砷,却会产生大量无法回用的高盐废水;分步结晶工艺能够回收碱和水,却无法高效脱砷。

3.7.4　电石渣

电石渣是电石水解获取乙炔气后的以氢氧化钙为主要成分的废渣。乙炔(C_2H_2)是基本有机合成工业的重要原料之一,以电石(CaC_2)为原料,加水(湿法)生产乙炔的工艺简单成熟,在我国占较大比重。1 t 电石加水可生成 300 kg 乙炔气,同时生成 10 t 含固量约 12% 的工业废液,俗称电石渣浆。利用电石渣可以代替石灰石制水泥、生产生石灰用作电石原料、生产化工产品、生产建筑材料及用于环境治理等。

3.7.4.1　水泥熟料的制造

电石渣中含有大量的氢氧化钙,用于水泥熟料的制造是目前电石渣大规模处理的最好方法。石灰石是水泥生产的主要原材料,而石灰石中所含的氧化钙占到了 45%~52%。电石渣含有 92% 的氢氧化钙和 65% 的氧化钙,可以替代石灰石。在 20 世纪 70 年代开始采用电石渣制取水泥,比如山西化工、吉林化工等。那时的产品主要是采用湿式长窑炉和立式窑炉来制备的。随着水泥行业的发展,目前主要采用"湿磨干烧"工艺,多种工艺并存。安徽皖维等新的"干磨干烧"干法水泥生产线已经投入使用。这项技术作为目前最大、技术最成熟的电石渣综合利用技术,不但能彻底解决电石渣的耗能问题,还能减少大量 CO_2 排放,经济效益和社会效益显著。但电石渣水泥工艺复杂,能耗高,投资大,产量比有灰水泥低,市场竞争力差。因此,最好的办法就是综合考虑本地水泥市场的能力和能量分配,将水泥厂与氯碱企业结合在一起。同时也要考虑到运输成本和二次污染问题。

3.7.4.2　生产建筑砌块

(1)生产碳化砖。碳化砖是一种由石灰、粉煤灰等工业废料组成的非烧结砖块,经配料、消解、挤压(或震动)、碳化后的碳化物,其强度等级为 MU10～MU20。与其他非烧结件比较,碳化砖工艺简单,不仅强度高,后期强度也会持续增加,抗冻性、抗风化能力优良,不会出现收缩现象,是一种消耗工业废渣,利废节能的好产品。然而,由于碳化砖自身重量大、产品附加值低、市场前景不明朗,电石渣用量也很小。

(2)煤渣和粉煤灰砖的制备。电石渣、煤渣生产的无烧砖产品强度高,耐久性好。青岛海晶化学有限公司采用电石渣、粉煤灰、砂和少量石膏等生产出具有 20 MPa、30 MPa 的粉煤灰蒸压标准砖。但在此过程中,电石渣的用量大约为 10%,如果加入量增加,产品的吸水性、防冻性能都有一定的缺陷,因此对于大量的渣料企业来说,很难消化。煤渣砖的市场销售状况也是制约其发展的一项因素。

3.7.4.3　内墙面涂料的制备

采用脱水、烘干、煅烧、粉磨等工艺对电石渣进行预处理,把电石渣转化成氧化钙,并去除有害气体和难闻气味,使之变白,然后添加成膜物质、辅料和颜料,从而制备出一种新型的油漆。该产品具有较好的耐水性和较高的黏附力,在潮湿和炎热的环境中起到了很好的防护作用。由于经预处理后颜色较以前淡,很难达到轻质钙粉的级别,故可制成彩色油漆。利用电石渣制取内墙漆,是一种技术简便、成本低廉、经济效益显著的综合整治方法。但是,由于电石渣在涂料生产中的掺入量很少,因此很难将大量积压的电石渣全部消化掉。

3.7.4.4　生产氯化钙

以乙炔生产过程中产生的工业废物电石渣为原料,通过与盐酸反应得到氯化钙产品,减少电石渣废物的产生,进而减少对环境的污染,提高了资源利用率。

(1)配方。本技术所选用的电石渣为生产 PVC 或其他需用乙炔气的工厂中产生的废物,其氢氧化钙含量为 60%～99%,含水量为 1%～40%。

(2)操作步骤。在反应釜中加入浓度为 20%～40% 的工业盐酸后,加入电石渣进行反应,反应温度控制在 40～95 ℃,当 pH 为 5～8 时反应到达终点,反应完成后对产物进行过滤,滤液加入活性炭脱色,加入氯化钡去除硫酸根离子后过滤,将滤液浓缩,结晶、干燥得到氯化钙。加入的工业盐酸和电石渣质量比为 1∶(1～1.1),其中盐酸以纯盐酸计。电石渣以除水后的干基氢氧化钙计。

【实例 3-5】 在 1 000 mL 的烧杯中,加入 500 mL 浓度为 31% 的工业盐酸,开启搅拌,缓慢加入电石渣 310 g(此电石渣含水为 35%,干基氢氧化钙含量为 90%),控制反应温度为 60 ℃,检测反应液的 pH 为 7.0 后过滤,滤液加入 1 g 活性炭,0.6 g 氯化钡,经搅拌反应 1 h 后过滤,滤液经浓缩得到 304 g 二水氯化钙产品。经检测其含氯化钙 74%,其余指标符合行业标准。

【实例3-6】 按上述条件反应得到去除硫酸根离子的滤液后,经浓缩至氯化钙浓度达68%后,放至300 ℃烘箱中脱水烘干2 h,得到230 g无水氯化钙。经检测其氧化钙含量为98%,其余指标符合行业优级品标准。

(3)特性。本技术通过将含有氢氧化钙的电石渣与盐酸进行反应得到氯化钙,使使用乙炔的工厂中产生的工业废物电石渣得到充分利用,减少了因堆埋电石渣带来的环境污染,充分利用了资源。

3.7.4.5 生产其他建筑材料

在石灰石资源相对匮乏的地区,电石渣经过压缩过滤或放置一段时间后,可以作为电石膏销售。电石渣与石灰浆在容重、细度、有效氧化钙、氧化镁含量上表现出相近的特性,可以满足或超越一级石灰浆的要求。从使用效果看,电石渣砂浆的抗压强度稍高于石灰砂浆,两者配制的水泥砂浆具有相同的强度和规律性,在实际应用中取得了很好的效果,既节省了石灰石的资源,又带来了较好的经济效益。在石灰石资源丰富的地方,由于电石渣含水率高,直接利用价值有很大的限制。因此,从经济角度来看,采用干燥制熟化的石灰销售更好。干燥后的生石灰可以作为商品销售,可以卖给水泥企业作为原材料及建筑材料。

随着氯碱工业规模的扩大,电石渣的排放大幅增长,但如何高效利用仍然是制约该产业发展的一个重要因素。根据电石渣的化学成分及物理化学性质,结合其在建筑材料、化工产品、环境污染等方面进行综合处理,是解决这一问题的重要途径。建工材料如水泥、混凝土砌块的使用,仍然是电石渣大规模消纳的主要途径,虽能有效地解决垃圾的处置问题,但并不能带来显著的经济效益,因此,如何提高其长期稳定性,有效降低生产成本,是目前亟待解决的问题。钙基化工产品的生产对电石渣原材料的要求比较高,目前的预处理技术比较复杂,需要在现有条件下发展环保、切实可行的预处理技术;另外,国内对高附加值的纳米碳酸钙等材料的需求很大,目前钙基化工产品的附加值不高,电石渣的有效利用率也不高,需要进一步研究开发新的高价值材料,既可以减少环境污染,又可以拓宽电石渣的利用渠道,提高资源利用率,增加企业的经济效益。在烟气脱硫等领域,电石渣具有很好的应用前景,是今后大规模消纳的理想选择。但在实际应用中必须充分考虑到杂质的快速分离等净化前的费用,并在实际应用中着重于石膏的生长和氧化,以防止二次污染。电石渣是一种极具发展前景的二次资源,虽然目前电石渣的资源化利用已经取得了长足的进展,但是由于技术上的缺陷和经济效益的问题,使得电石渣的大量使用面临着巨大的困难。对电石渣的资源化利用要结合区域特点,因地制宜,根据电石渣的矿相组成提出科学的指导方针,并建立起一套系统化的管理体系,便于"以废治废"。

3.7.5 汞渣

在水银法烧碱生产过程中,在石墨阳极水银电解槽内会产生一定量的汞渣。汞渣的主要成份是汞,还含1%~3%的金属杂质和少量非金属机械杂质,如石墨粉等。

铁与汞不形成汞齐,而以铁微粒悬浮于汞中,当铁的含量达1%时,汞失去流动性并聚集成块。其余金属杂质,皆以汞齐或悬浮微粒存在于汞中。在电解槽操作正常时,汞渣可由电解槽两端的扫除室和循环室隔液器的一侧用小漏勺捞出。如汞渣量多,电解槽生产恶化,造成含氢升高时,须停车用热水将汞渣冲入扫除室,然后捞出。冲洗时间为3~4 h,有时要用塑料板或木柄伸入电解槽尾部将残余的汞渣彻底清除。

3.7.5.1　焙烧法

首先用水冲洗,以除去汞渣中的机械杂质,再用稀盐酸酸化,并经充分搅动,除去汞渣中的碱金属(使碱金属溶为氯化物),然后经压滤机压滤,并回收一部分金属汞。滤渣放入焙烧炉中进行焙烧,尾气经过两个串联的冷却器冷凝回收金属汞之后放空。汞渣焙烧法回收汞示意流程图如图 3 - 7 所示。

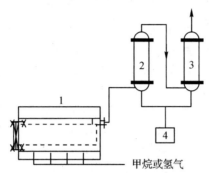

甲烷或氢气

图 3 - 7　汞渣焙烧法回收汞示意流程图

1—汞渣焙烧炉;2、3—冷却器;4—回收汞槽

焙烧法是国内外在工业上普遍采用的一种方法;但这种方法设备庞大,不易密闭,二次污染严重,并且回收率也不高。

3.7.5.2　化学氧化法

根据所使用的氧化介质不同,化学氧化法可分为次氯酸钠法、硝酸法及双氧水氧化法等。次氯酸钠是氯碱厂极易得到的副产物质,具有很强的氧化性,可使汞渣中的杂质金属氧化,并进入溶液中,从而达到汞与杂质分离的目的。反应如下(杂质金属以铁为例)。

$$Fe + NaClO + H_2O \longrightarrow Fe(OH)_2 \downarrow + NaCl \tag{3-1}$$

$$2Fe(OH)_2 + NaClO + H_2O \longrightarrow 2Fe(OH)_3 + NaCl \tag{3-2}$$

次氯酸钠不仅能将杂质氧化,而且也可以将汞氧化,因此会损失部分金属汞。

$$Hg + NaClO \longrightarrow HgO \downarrow + NaCl \tag{3-3}$$

$$2Hg + NaClO \longrightarrow Hg_2O \downarrow + NaCl \tag{3-4}$$

汞与次氯酸钠的反应较为复杂,该反应与溶液的 pH、NaClO 和 NaCl 的液度有关。

从上述各反应中可以看出化学氧化法有两个缺点:①使用的氧化介质不能有效地使金属杂质选择性溶解,同时汞渣中的汞也能被溶解,因而影响汞的回收率。②由于氧化剂的用量与汞渣中杂质浓度及汞渣的总量有关,因此,操作条件需要随加入的汞渣量及杂质的浓度而改变。

为了保证回收汞的纯度和提高汞的回收率,在操作中需加入过量的 NaClO 与汞渣反应,但这使汞的回收率大为降低。而经氧化处理并分离汞之后的含汞残渣,在微酸性条件下用 NaClO 氧化使含汞残渣溶解,再与新鲜汞渣反应,则汞渣中较为活泼的金属将二价汞还原为金属汞,使汞的回收率大为提高。

3.7.5.3　电化学氧化法

从电化学观点看,可以将汞渣视为汞与金属杂质组成的多电极短路原电池。电化学氧化

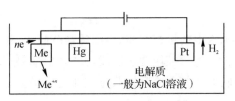

图 3-8 恒电流溶出法示意图

法可以分为

将汞渣置于一定的电解质溶液中,引入一辅助阴极(可用 Pt 极或石墨极),在外加直流电的作用下,作为阳极的汞渣中的金属杂质按电位由低到高的顺序溶出。汞渣中金属杂质的平衡电位均比汞的平衡电位为负,所以金属杂质先溶出。电解经过一定时间后,便可达到金属杂质和汞分离的目的,为了保证回收汞的纯度,通电时间要长一些。在恒电流溶出中,会有少量的汞溶出而影响汞的回收率。该法也存在与化学氧化法相类似的缺点。

(2)以汞渣为阳极的恒电位溶出法。该方法的反应原理如图 3-9 所示。

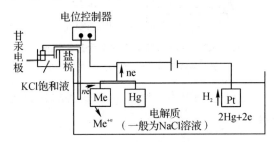

图 3-9 恒电位溶出法示意图

汞渣中金属杂质的平衡电位均比汞的平衡电位高,主要金属杂质铁的平衡电位与汞的平衡电位相差很大,一般活泼金属的平衡电位与汞的平衡电位相差更大。根据电化学原理可以使汞渣电位控制在汞的溶出电位以前,金属杂质完全溶出而汞不溶出,从而达到汞与杂质分离的目的。把汞渣置于电解质溶液中,在溶液中加一阴极,并外加一定电压,用电位控制器控制汞渣的电位在铁的平衡电位和汞的平衡电位之间,在此电位下汞渣中的金属杂质有较大的溶出速度,而汞则不会溶出。当控制电位越接近汞的平衡电位时,杂质金属的溶出速度就越快。

从恒电位阳极溶出的机理可知,阳极溶出电流密度大小与杂质金属浓度及性质有关,当溶出金属杂质浓度减少时,其溶出电流密度也减小。随着金属杂质的不断溶出,工作电流也不断降低,直至趋近于零,这时汞的杂质含量就非常低。另外,电位数值只与金属的性质(金属平衡电位的大小)有关,而与浓度和总量(汞渣的数量)无关。这样既简化了操作,也克服了化学氧化法和恒电流法的缺点。当电位控制在 $0 \sim 150$ mV 时,汞的回收率为 99%。回收汞的纯度可达 99.99% 以上。所以国内在汞害治理和汞渣的处理中,应推广恒电位阳极溶出法。

3.7.5.4 热氧化处理法

将汞渣加入铁盐的酸溶液中,经搅拌、静置后将汞分离,得到的汞再返回电解槽循环使用。铵盐可用氯化铵和硫酸铵等,酸则可用其相应的盐酸和硫酸。为确保汞的纯度,处理时间约需 8 h。

采用热氧化法处理汞渣效果好,既降低了烧碱的汞耗,也改善了环境。该法设备少、操作简便、汞渣处理量大、回收汞的纯度高、回收率高,其缺点是在反应温度下如冷却效果不好时,会有少量汞蒸汽逸出,如不加大致冷量,则应加活性炭吸附器来解决这一问题。

3.7.6　白土渣

白土渣是指在炼油和石油化工生产中产品用活性白土精制、所排出的失去活性的白土。白土渣的主要化学组成为 SiO_2、Al_2O_3 及 Fe_2O_3、CaO、MgO、Na_2O、K_2O 等。白土渣表面多孔,比表面大,表面吸附了芳香烃和其他油品,具有一定的可燃性。

以前白土渣的处理方式主要是填埋或焚烧,这种方式既污染了环境,又浪费了白土渣这种二次资源。随着技术的改进,国内在白土渣无害化处理上出现了不少新技术,如从中回收润滑油及石蜡,利用其烧砖、制吸附剂等。白土渣一般含油 20%~30%,其中的油料回收后可用于生产低档工业油,如模具油、齿轮油等,或用作炼油厂渣油调和组分及蒸馏强化剂,除油后的白土渣可作砖、水泥、建筑密封剂等的原料。而且在润滑油白土精制过程中,白土主要吸附基础油中的胶质、沥青质及稠环芳烃等有机物质,有害金属含量极少或不存在,在水泥、砖瓦、建筑密封剂等的生产中对环保要求无不良影响。回收白土渣中油料的方法主要有机械挤压法、碱洗法和溶剂法。由于碱洗法的局限性,下面只讨论机械挤压法及溶剂法。

机械挤压法是在一定的压力下,将油从白土渣中挤压出来。大连石化工程公司开发研制成功的石灰挤压法就属于机械挤压法。石灰挤压法可将白土渣中的油料绝大部分回收,处理后排放的白土废渣含油由 26%~28%降至 3%~5%,含水率在 30%左右,可直接用于制砖。

石灰挤压法分离白土渣油,是利用白土吸附的选择性,在搅拌过程中,使石灰与水作用生成的极性基团把白土吸附的润滑油及其他杂质替代出来,并采用挤压的方法,使油料与白土渣得到较彻底的分离。石灰挤压法处理白土渣的过程主要由压滤部分、油水分离部分及贮油部分组成。压滤部分完成白土渣与石灰、水的混合搅拌、挤压,将白土渣分为油水混合物及白土渣两部分;油水分离包括再生润滑油沉降脱水、输送及切出的水流入回水池再回到热水罐重复利用的过程;贮油部分负责成品油的贮存和定期外送。

溶剂法主要是利用石油醚对油及白土渣的溶解度的不同从白土渣中分离出油料的过程。当溶剂和含油白土渣接触时,溶剂对油及白土渣进行选择性地溶解形成组分不同和密度不同的两个相,利用沉降原理对混合油及白土渣进行分离。溶剂法主要分为两个工段,浸取工段和混合油蒸发回收工段。浸取工段主要实现溶剂的萃取分离;混合油蒸发回收工段主要完成混合油中油料的回收及溶剂的回收。

练　习　题

1.阐述硫铁矿渣的综合利用。

2.阐述铬渣的综合利用。

3.阐述磷石膏的综合利用。

4.阐述硫石膏的综合利用。

5.说明含油污泥的来源及处理技术。

6.简述废催化剂的常规回收方法。

7.分别举例说明含银、铂、钯等几种贵金属废催化剂的回收利用方法。

8.阐述电石渣的综合利用。

9.阐述采用电化学氧化法处理汞渣的过程。

第4章 有色金属冶金固体废物处理及资源化

有色冶金工业是我国国民经济和国防建设的支柱产业。20世纪70年代,我国开始引进国外先进技术和装备,在此基础上,科技人员进行了大量的科学研究和创新。经过几十年的发展,中国有色冶金的科技进步十分明显,有色冶金整体技术已经处于世界先进水平,并且其中不乏有我国独创的技术。2020年,我国有色金属产量首次突破6 000万吨,生产和消费均居世界第一,2021年我国十种有色金属产量达6 454万吨,约占全球总产量的50%。随着有色冶炼行业的飞速发展,有色冶炼固体废物的产排量也逐年递增。目前,我国有色冶炼行业年产固体废物超过千万吨,历年堆存量达数亿吨,已成为我国固体废物产生量最大的行业之一。一方面,我国有色冶炼固体废物利用率不超过60%,固体废物的堆存不仅占用土地,而且其中含有砷、镉、铬、汞、铅等具有高迁移性的重金属有毒元素,对环境造成了极大的污染和潜在威胁。有色冶炼固体废物已被认为是重金属污染环境的主要形态之一。另一方面,目前矿产资源紧缺,世界的铅、锌、铜矿资源储量严重不足,可使用年限均不到30年。而有色冶炼固体废物中含有铅、锌、铜等多种有价金属,其含量大多达到或超过了天然矿中的金属含量。有色冶炼固体废物造成的环境污染和资源浪费已严重制约了有色冶炼行业的绿色可持续发展。资源、环境、能源和人口的协调发展是当今世界的重大社会问题。资源短缺和环境承载能力脆弱,是制约我国经济发展的两大瓶颈。工业绿色化是大势所趋,我国有色冶金企业将面临更加严峻的挑战,环境保护已成为有色工业的生命线。因此,有色冶金固体废物的安全处理与综合管理尤为重要,是解决有色冶炼行业资源问题和环境问题的有效途径。

4.1 铝电解固体废物的处理

4.1.1 赤泥的处理与处置

赤泥是氧化铝工业生产的废料,化学成分非常复杂,一般每生产1 t氧化铝大约产出1.0~1.3 t赤泥。大量的赤泥已对人类生产、生活造成直接或间接的影响。随着赤泥产量的日益增加和人们对环境保护意识的不断提高,最大限度地限制赤泥产生的危害,多渠道地利用和改善赤泥,已迫在眉睫。

4.1.1.1 赤泥的物质组成和矿物成分

(1)赤泥的化学成分。赤泥的化学成分随矿石和氧化铝生产方式的不同而不同,主要取决于铝土矿的成分、生产氧化铝的方法和生产过程中添加剂的物质成分,以及新生成的化合物成分等。典型的赤泥化学成分分析表(质量百分比)见表4-1。

表 4-1　赤泥化学成分分析(%)

序号	成分	烧结法					混联法		
		山东	贵州	山西	中州	平均	郑州	山西	平均
1	SiO_2	22.00	25.90	21.43	21.36	22.67	20.50	20.63	20.56
2	TiO_2	3.20	4.40	2.90	2.64	3.29	7.30	2.89	5.09
3	Al_2O_3	6.40	8.50	8.22	8.76	7.97	7	9.20	8.10
4	Fe_2O_3	9.02	5.00	8.12	8.56	7.68	8.10	8.10	8.10
5	灼碱	11.70	11.10	8.00	16.26	11.77	8.30	8.06	8.18
6	CaO	41.90	38.40	46.80	36.01	40.78	44.10	45.63	44.86
7	Na_2O	2.80	3.10	2.60	3.21	2.93	2.40	3.15	2.77
8	K_2O	0.30	0.20	0.20	0.77	0.38	0.50	0.20	0.35
9	MgO	1.70	1.50	2.03	1.86	1.77	2.00	2.05	2.02
合计		99.02	98.10	100.3	99.43	99.24	100.2	99.91	100

(2)赤泥的矿物种类。赤泥矿物成分分别可采用偏光显微镜、扫描电镜、差热分析、X 衍射、化学全分析、红外吸收光谱和穆斯堡尔谱法等七种方法进行鉴定,其结果是赤泥的主要矿物为文石和方解石,含量为 60%～65%,其次是蛋白石、三水铝石、针铁矿,含量最少的是钛矿物、菱铁矿、天然碱、水玻璃、铝酸钠和火碱。其矿物组成复杂且不符合天然土的矿物组合。在这些矿物中,文石、方解石和菱铁矿既是骨架又有一定的胶结作用,而针铁矿、三水铝石、蛋白石、水玻璃起胶结作用和填充作用。

(3)赤泥污染物浓度及其评价。赤泥的 pH 很高:浸出液的 pH 为 12.1～13.0,氟化物含量为 11.5～26.7 mg/L,赤泥的 pH 为 10.29～11.83,氟化物含量为 4.89～8.6 mg/L。按《有色金属工业固体废物污染控制标准》(GB 5085.3—1996),因为赤泥的 pH 小于 12.5,氟化物含量小于 50 mg/L,故赤泥属于一般固体废渣。但赤泥附液 pH 大于 12.5,氟化物含量小于 50 mg/L,污水综合排放划分为超标废水。因此,赤泥(含附液)属于有害废渣(强碱性土)。

4.1.1.2　赤泥的物理及水理性质

(1)赤泥的物理性质。赤泥的物理性质主要包括实测的塑性、粒度分布、表征紧密度及含水程度等各项指标。

1)粒度分布。$d > 0.075$ mm 的粒组,含量在 5% 左右;$d = 0.075～0.005$ mm 的粒组,含量在 90% 左右;$d < 0.005$ mm 的粒组,含量在 5% 以下。

2)赤泥的物理性质指标。赤泥的物理性质指标主要包括密度、孔隙比、含水量、界限含水量(塑限、液限、塑性指数和液性指数)、饱和度等,其指标值见表 4-2。

表 4-2 赤泥物理性质指标

指　标		指标值	评　价
密度/ kN·m⁻³	天然密度 γ	14.5（14.2～15.1）	小于一般土
	干密度 γ_d	7.6（6.6～8.1）	小于一般土
孔隙比 ε		2.53～2.95	远大于一般土
含水量 $W/\%$		80（82.3～105.9）	远大于黏土
界限含水量	液限 $W_L/\%$	70（71～100）	大于黏土高塑性
	塑限 $W_p/\%$	50（44.5～81）	远大于黏土
	塑性指数 I_p	20（17～30）	大于黏土
	液性指数 I_L	1.30（0.92～3.37）	很大，流塑
饱和度 $Sr/\%$		91.1～99.6	完全饱和

（2）赤泥的水理性质。赤泥的水理性质主要包括渗透性、崩解性及膨胀性。它主要受赤泥的物理组成及堆放后的演变所制约。

1）持水析水特性。赤泥不仅含水量大，而且有持水特性，其持水量高达 79.03%～93.2%，尤为特殊的是当振动时其析水量仍为 5%～14.93%。这意味着赤泥振动时会改变其结构，恶化其工程性能。也揭示了赤泥堆场赤泥堆积几十米深、堆放几十年之久持水而难以固结，呈软塑-流塑淤泥质状态，强度很低，压缩性很高的原因。

2）液化势。新堆积的赤泥，由于高含水，其液化势绝大多数大于液限，加上粉粒和砂粒为憎水性的文石和方解石，新堆积的赤泥在振动作用下有发生液化的可能。

3）收缩与膨胀。赤泥虽然高孔隙、高含水，但干燥失水后不发生收缩，说明高含水不是亲水矿物存在的结果。同时，赤泥也无膨胀性。随干燥度的增加，赤泥明显发生硬化，表面有大量白色盐类沉淀并胶结。

对赤泥进行收缩试验，土样风干 45 d，含水量虽有减少，但不收缩。

4）崩解性。试验加入蒸馏水，赤泥几乎不发生变化。试验加入 5% 的 HCl 和 H_2SO_4，经 24 h 试样，颜色有变化，并呈片状和小块状崩解，但未解体。试样随时间延续，表面有大量白色盐析出，并明显硬化，是 $CaCO_3$ 和 $NaSiO_2$ 重结晶和胶结作用的结果。

（3）赤泥的物理化学特性。赤泥的物理化学特性主要包括阳离子交换和比表面积两项指标。

赤泥阳离子交换量总体上偏高，数值变幅大，最大交换量为 57.81 cmol/kg 土，最小为 20.79 cmol/kg 土，多数为 25.0～30.0 cmol/kg 土；其值高于膨胀土和高岭土，低于伊利土和蒙特土，说明赤泥的交换量不稳定。

赤泥比表面积（比表面积大小反映黏土矿物的分散程度和矿物晶格构造）偏高，最大值为 186.9 m²/g，最小值为 64.09 m²/g，大小相差悬殊，且变化幅度大，说明赤泥的矿物分散度和晶格构造差异性显著。

赤泥阳离子交换量和比表面积都偏大，这与赤泥的强碱性有关，也证明其物理化学性能是比较活跃的，而试验结果表明，赤泥在 H_2O、HCl（15%）和 H_2SO_4 三种不同溶液中做崩解试验并未解体，但与孔隙水溶液相互作用后，将会在一定程度上影响赤泥的工程性能。

(4)赤泥的力学性质。赤泥的力学性质,既受其物质组成的影响,也受赤泥的脱水和胶结作用的控制。

1)压缩性。天然状态赤泥,压缩系数 $a_{200}=1.0\sim1.6$ MPa^{-1},属高压缩性。但在压力作用下,放置一段时间后,可变为中等压缩性。另外,赤泥的压缩性不因浸入液体的物理化学性质而变化,且在酸性介质中不发生附加变形。

2)无侧限抗压强度。原状土无侧限抗压强度值 $q_u=19.7\sim53.5$ kPa,常见值大于 25 kPa,小于黄土,大于淤泥。析水后,含水量减少,q_u 将会有所增加。

3)抗剪强度。抗剪强度试验,分原状土固结快剪和快剪。试验结果是赤泥的内摩擦角 $\varphi=24°\sim33°$,比较大,相当于粉质黏土或细砂的内摩擦角度值。黏聚力 $C=6.6\sim33.0$ kPa,小而波动大。赤泥被不同的介质浸泡,φ、C 变化无规律,φ 随含水量 W 减小而增大,C 值则例外。

4)赤泥的综合连接强度 P_r。赤泥的综合连接强度 P_r 值介于 $177\sim280$ kPa,表明赤泥的 P_r 值偏高,也显示了赤泥强度差异性大。

5)赤泥的地基承载力 f_k。标贯试验平均贯入击数 N 为 $11\sim13$ 击,估算地基承载力 $f_k=250$ kPa。静力载荷试验确定 $f_k=200$ kPa。二者比较接近,说明赤泥的承载力不低。

(5)赤泥的结构形成及其特点。

1)结构形成的基本次序。新堆放的赤泥呈流塑状态,没有结构强度,松软、易变形、易液化。但堆放一段较短的时间之后,在一定的条件下,赤泥经过脱水、析水、进而干燥硬化。在这个转化的同时,发生一系列化学和物理作用,相伴而来的是开始产生胶结连接作用,赤泥由流塑状态变为可塑或硬塑状态,形成结构强度。即脱水、析水是赤泥产生强度的条件,结构强度的形成是胶结和结晶作用的结果。

2)赤泥强度形成机理。由于赤泥特有的化学成分和矿物种类,在赤泥脱水陈化的同时,产生胶结连接、结晶胶结和凝结连接。随着干燥作用的完善,赤泥总体结构强度愈来愈大,并不因介质条件的改变而变化,这说明赤泥的结构强度是牢固的水稳性连接强度。

3)赤泥结构的组合。赤泥结构总体上是由一级结构——凝聚体、二级结构——集粒体、三级结构——团聚体及这些结构之间的孔隙体积——凝聚体孔隙、集粒体孔隙、团聚体孔隙等所组成。

(6)赤泥脱水陈化与强度。大量试验表明,赤泥强度的形成与赤泥堆放时间没有必然的因果关系。表 4-3 是堆放 30 年之久的山东铝厂赤泥和堆放 7 年的山西铝厂赤泥(均为烧结法赤泥)的部分物性指标和力学指标的对比结果。

表 4-3　山东和山西赤泥物性和力学指标对比

指　标	山东铝厂	山西铝厂
$W/\%$	$80\sim87$	$78\sim100$
$r/\text{kN}\cdot\text{m}^{-3}$	$14.7\sim15$	$14.6\sim14.8$
$r_d/\text{kN}\cdot\text{m}^{-3}$	$7.9\sim8.3$	$7.9\sim8.3$
e	$2.167\sim2.347$	$2.172\sim2.46$
$N/$击	$10\sim19$	$10\sim19$

续表

指　标	山东铝厂	山西铝厂
E_s/kPa	124～280	157～155
C/kPa	6.0～19.4	6.6～33
φ/ (°)	24～29.6	24～33

表 4-3 显示,堆放 30 年之久的山东铝厂赤泥和堆放 7 年的山西铝厂赤泥,虽然堆放时间相差 20 多年,但其物性指标和力学指标却没有明显的差别。这说明赤泥堆放时间和改善其工程性能之间没有必然的因果关系,即仅仅依赖延长堆放时间没有工程意义,必须在延长时间的同时强化脱水,才是产生强度并改善工程性能的先决条件。

综上所述,赤泥是化学成分复杂的人工合成物。其特殊的堆放方式赋予了第四系松散体的某些属性,同时也有特殊性。强碱性是导致赤泥有特殊性的主要原因,其中天然含水量和界限含水量是任何天然土体所没有的。赤泥的污染物浓度超标,应按有害废渣进行环保处置或废物综合利用。赤泥的化学组成形成了胶结多孔架空结构,孔隙性强,紧密度低,但其压缩性和总体强度并不逊色。胶结连接、结晶连接,构成了赤泥的结构强度。结构强度的不可逆增长,结构的水稳性,是赤泥获得良好工程性能的原因与结果。由于赤泥孔隙大、质轻、固结结构稳定、压缩性低、渗透性弱、工程性能较好,是较为理想的承载、抗渗类建筑材料。赤泥不同于天然土体,源于有水泥化合物,该化合物是赤泥析水脱水产生强度的内在原因。充分利用该特殊化合物,发挥其特殊功能,是利用改善赤泥的有效途径,也是亟需进一步研究的课题。

(7)赤泥在工业上的利用。

1)作聚氯乙烯复合材料的填料。用轻质碳酸钙、高岭土、硅藻土、滑石粉、粉煤灰作聚氯乙烯(PVC)填料,已经被人们认识,并应用在生产上。通过扫描电子显微镜观察和应用试验,证明用赤泥作 PVC 填料,由于粒度细、级配合理、比表面积大、有活性,能被 PVC 严密包裹,而且相互间有 PVC“韧带”联结,因此,赤泥 PVC 复合材料的机械性能明显地优于其他几种材料,见表 4-4。

表 4-4　不同填料 PVC 抗张强度的比较

填料名称	黄土	硅藻土	粉煤灰	轻 钙	赤泥(1)	赤泥(2)
抗张强度/MPa	7.85	7.12	6.52	8.37	9.57	9.23

试验研究结果证明,赤泥是 PVC 的优质填料。我国台湾地区 1979 年率先开发了这种产品,用于生产波形瓦、地板砖、塑料鞋底、地板革、门窗、各种扶手和管道等产品。由于该产品质量好、成本低,很受欢迎。目前河南已将其用于生产塑料鞋底。

2)制水泥。山东早已应用赤泥代替黏土生产普通硅酸盐水泥,并达到 50 万吨每年的生产规模,产品质量达到国家标准。用赤泥不仅能生产普通硅酸盐水泥,还可以通过调整配方,生产热堵油井水泥、硫酸盐水泥。

3)作炼铁原料。用赤泥作炼铁原料,日本、匈牙利、美国、法国、比利时等国都进行了大量的研究,并获得了专利。据统计,国外赤泥的化学成分中 Fe_2O_3 的含量一般都在 30%～52.6%,国内一般在 7.54%～39.70%。因此绝大部分专利都因含铁量低而不直接利用,而是先将赤泥预焙烧,然后放入沸腾炉在 700～800 ℃下还原,使赤泥中的 Fe_2O_3 变成 Fe_3O_4,再冷却、粉碎、磁选,最后获得含铁 63%～81% 的铁精矿作炼铁原料。

4)作硅钙肥。赤泥中含有植物生长所必需的 Fe、Mg、P、K、Mn、Cu、Zn、B 等微量元素,是良好的碱性复合肥料。用赤泥生产硅钙肥工艺简单、成本低。其方法是脱水、烘干、磨细至 100 目,即可包装成产品。使用结果表明,每亩施硅钙肥 75~100 kg,水稻增产 8%~13%;每亩施钙肥 50~60 kg,小麦增产 7%~10%;玉米、地瓜、花生、苹果、棉花、蔬菜施用后,均有增产效果。赤泥硅钙肥与农家肥混合做基肥效果更好,也可沟施、穴施追肥。

除上述利用之外,赤泥还可做沥青填料,中和后可做筑路材料,填充土方及用于回收 Al、Zn、V、Cr、Mn、Zr、U、Th 和稀土等金属。

(8)赤泥在环境保护中的利用。

1)在处理废水中的应用。

A.去除水中的重金属离子。日本的研究表明,将赤泥在温度 600 ℃焙烧 30 min,然后加入含有 35 mg/L Cd^{2+}、4 mg/L Zn^{2+}、5 mg/L Cu^{2+} 的废水中,搅拌 10 min,可分别除去 98% 的 Cd^+、Zn^{2+}、Cu^{2+}。赤泥的加入量为 500 mg/L。国内曾进行拜耳法赤泥处理含 Cu^{2+},Zn^{2+},Cd^{2+},Pb^{2+} 废液的探索试验。不经焙烧的赤泥直接处理废液就可使其达排放标准。

B.除去废水中的 PO_4^{3-}、F^-、As^{3+} 等离子。我国研究人员采用赤泥除去电厂废水中的氟。其试验结果表明,赤泥有良好的除氟能力,可在一定程度上代替某些铝盐或钙盐净水剂。配以絮凝剂聚合硫酸铁,能使排放废水的氟含量降到 10 mg/L 以下。该方法简单、成本低、不产生二次污染。

美国用碱性的赤泥除去 HF、AlF_3、碳氟化合物冷却剂等制备过程中产生的含氟酸性废水。含碱液的赤泥浆能有效地沉淀溶液中的 F^-,形成近中性的浆,其含氟量由原来的 3 500 mg/L 下降到 30 mg/L,该方法比通常的石灰法更有效。

印度报道,将赤泥在 20% HCl 溶液中回流 2 h,取回流溶液并让其冷至室温,添加浓氨水至回流液完全析出沉淀。用蒸馏水将沉淀洗至无铵离子,将沉淀在 110 ℃干燥即可制成活化赤泥,其比表面积为 249 m^2/g。在室温下,活化赤泥使用量为 2 g/L,可将浓度范围为 30~100 mg/L 的 PO_4^{3-} 脱除 80%~90%。也有观点认为此方法可用于处理磷肥厂的废水。

日本曾用 20%盐酸处理过的赤泥除去溶液中的 PO_4^{3-},取得较好的结果。在 10 min 内,含 50 mg/L PO_4^{3-} 的溶液脱磷率达 50%,120 min 脱磷率达 72%,其吸附效果与当时被认为是最好的脱磷剂相当。

日本曾报道将赤泥在 600 ℃温度下煅烧 30 min,然后处理含 20 mg/L 磷的废水,搅拌 30 min 后,水中仅含 5 mg/L 的磷。

日本将赤泥用作砷离子的吸附剂,该方法比用 $Fe(OH)_3$ 共沉淀法更简单。在含 100 mg/L 砷的 100 mL 废水中,加入 100 mg 赤泥,在 pH 为 5~6 时振荡 24 h 可除去 99.5%的砷。使用过的赤泥经 100 mL 0.01 mol/L NaOH 振荡 24 h 后可再生。

C.吸附废水中的放射性金属离子。土耳其研究用赤泥吸附水中的放射性元素 Cs137、Sr90。赤泥使用前要经过水洗、酸洗、热处理三个步骤,以产生类似吸附剂的水合氧化物。赤泥的表面处理有助于 Cs137 吸附,但热处理对赤泥表面吸附 Sr90 的活性点不利,导致对 Sr90 的吸附能力不高。

据日本报道,用酸活化过的赤泥吸附水中的铀,然后用碱液解脱,铀回收率达 97%,使用过的赤泥可用 35%的盐酸再生。

D.用作某些废水的澄清剂。印度将赤泥用作制酪业废水处理的絮凝剂,在赤泥用量为

1 304 mg/L时,废水的浑浊度、生化需氧量(BOD,Biochemical Oxygen Demand)、化学需氧量(COD,Chemical Oxygen Demand)、油脂、细菌数的脱去率分别为77%、71%、65%、73%、95%。

研究人员将经酸活化过的赤泥用作纺织行业废水的絮凝剂和混凝剂。其处理废水过程如下,先将颜色很深的废水用石灰乳调至pH=8.5后加入活化赤泥,其用量为5~6 kg/m³。被处理的废水的透明度从66%增到95%,COD从1 400 mg/L下降到163 mg/L,脱除率88.4%。BOD下降95%使用过的赤泥可经盐酸活化后再使用。

上述研究报道表明,赤泥处理废水的适应面广,既可处理含放射性元素、重金属离子、非金属离子废水,也可用于废水的脱色、澄清,而且经赤泥处理的废水达排放标准。另外,使用过的赤泥可完全再生。赤泥处理废水的方法简单、成本低,使用前景较好。

赤泥处理废水之前一般都要经酸处理活化、焙烧活化。但活化后的赤泥结构、活化机理等少有报道,赤泥中哪些成分、结构起着主要作用也并不十分清楚。因此,这方面的研究有待进一步加强。

2)治理废气中的应用。德国用赤泥作烟气脱硫的研究表明,该法是有优点的,脱硫效率可达80%。如果在赤泥中添加碳酸钠,可提高赤泥吸附SO_2的能力。

Shultz Forest曾研究赤泥脱除537.8~815.6 ℃废气中的H_2S。在537.8 ℃、676.7 ℃、815.6 ℃吸附H_2S的质量分数分别为16.0%、24.0%、45.1%,使用过的赤泥可用空气完全再生。

法国研究赤泥作为氨选择还原废气中氮氧化物的催化剂,发现在由氨还原NO的过程中,赤泥具有中等程度的催化活性,但经$Cu(NO_3)_2$浸渍的赤泥可提高催化氨还原NO的活性。而在氨还原N_2O过程中,赤泥则具有较高的催化活性。

日本曾将赤泥在105 ℃干燥,然后在450 ℃焙烧1 h活化。活化后的赤泥可在500 ℃时吸附流量为106~115 mL/min,含量为1.8%的来自火力发电厂、制造业烟囱中的SO_2,脱硫效率为100%。循环10次后,脱硫效率仍达93.6%。

日本早在20世纪70年代末建立了利用赤泥中的方钠石吸附废气中的SO_2的工厂,其操作结果如下,废气中SO_2的初始浓度1 260 mg/L,经过赤泥浆处理后的SO_2浓度为55 mg/L,脱硫效率为96%,方钠石中Na_2O反应效率为70%。该法比石灰-石膏洗气法较经济。

综上所述,可用赤泥处理废气的种类包括二氧化硫、硫化氢、氮氧化物等污染气体。赤泥治理废气的方法可分为干法、湿法两种。干法是出于用赤泥中的某些组分的吸附能力吸附废气,湿法是利用赤泥中的碱成分与酸性气体反应,不论干法还是湿法处理废气的效果都较好。

4.1.2 铝厂碳渣的处理

铝电解质溶液中存在的碳渣对铝电解过程会产生一系列不利影响,如造成电解质电压降升高(即增加电解质比电阻)、导致热槽产生(当碳渣在电解质内积累到一定浓度时,电解质将发热而使槽温升高)等。这不但引起电能消耗增加,而且热槽产生时将恶化铝电解生产的诸多技术经济指标,同时对电解槽的寿命也有一定影响(槽温过高时阴极内衬材料将加速破损)。因此,探讨如何减少和抑制铝电解质溶液中碳渣的产生及寻找分离碳渣的措施就成为铝电解质生产中不可忽视的研究课题。

4.1.2.1 铝电解质溶液中碳渣的形成过程

铝电解质溶液中的碳渣主要来自三个方面:①碳素阳极的不均匀燃烧(即选择氧化)而导

致碳粒崩落;②电解过程中的二次反应生成游离的固态碳(即 Al 与 CO_2 及 CO 反应导致 C 的还原);③阴极碳素内衬在铝液和电解质溶液的侵蚀和冲刷下产生碳粒剥落。下面分别讨论碳渣的形成过程。

(1)碳素阳极的不均匀燃烧。在碳素阳极的物质组成中,骨料焦与粘结焦的化学活性是不一样的,这种差别导致了阳极的选择氧化。活性大的粘结焦在电解过程中被优先氧化,活性相对较小的骨料焦则不能完全顺利氧化,由于碳素阳极物质的氧化过程不同步,导致消耗较慢的骨料焦颗粒从阳极表面脱落,进入电解质溶液中形成碳渣。

碳素阳极物质组成的非均质性是造成选择氧化的根本原因。J. Thonstad 曾用由热解石墨与玻璃状碳制成的阳极(均质性较好)进行了电解试验,其试验结果是,在电解过程中未发现阳极选择氧化现象,在进行电解后阳极表面仍然是平坦光滑的。这说明关于工业铝电解槽碳素阳极物质组成中活性较大的粘结焦优先氧化的观点是正确的,J.Thonstad 的试验结果支持了这种观点。

在工业铝电解生产中,碳素阳极的选择氧化造成骨料焦碳粒脱落是铝电解质溶液中产生碳渣的主要原因。预焙阳极的均质性较为理想,在电解过程中选择氧化现象不十分严重,碳粒脱落较少。而自焙阳极(无论是上插还是侧插)由于均质性较差,选择氧化较为明显,碳粒脱落也较多,因而铝电解质溶液中往往也出现较多的碳渣。

(2)二次反应生成游离的固态碳。铝电解过程中的二次反应不仅降低电流效率,而且还带来另一方面的不利影响,即溶解在电解质溶液中的铝将阳极气体中的 CO 和 CO_2 还原成 C,在电解质溶液中形成细微的游离态碳渣。

造成 CO 和 CO_2 还原的二次反应有两种。

第一种反应为,在铝电解质溶液中溶解的 Al 与 CO_2 反应生成 CO,而 CO 又与 Al 反应生成 C,即

$$2Al(溶解)+3CO_2 \Longrightarrow Al_2O_3+3CO \tag{4-1}$$

$$2Al(溶解)+3\,CO \Longrightarrow Al_2O_3+3C(固态) \tag{4-2}$$

第二种反应是溶解在电解质溶液中的 Al 直接将 CO_2 还原成 C

$$3Al(溶解)+3CO_2 \Longrightarrow 2Al_2O_3+3C(固态) \tag{4-3}$$

在上述两种反应中,第二种反应对于在铝电解质溶液中生成碳渣的作用比第一种反应的作用较大一些。但是,导致生成游离态碳的两种二次反应不是铝电解质溶液中产生碳渣的主要原因。

(3)阴极碳素内衬的冲蚀剥落。在铝电解过程中,阴极碳素内衬的剥落和碎裂是铝电解质溶液中产生碳渣的又一来源。

铝电解槽启动后,由于钠的渗透及电解质溶液和铝液的侵蚀和冲刷,阴极碳素内衬不久就会产生剥落。对于由无定形碳制造的阴极碳块来说,这种现象是常见的。

钠渗入阴极碳块是引起剥落的首要原因。钠的渗入使碳块内部产生应力,导致碳块体积膨胀并变得疏松多孔,从而形成进行性剥落。

电解质溶液和铝液对阴极碳块的渗透是综合性的。有文献认为,单纯的电解质溶液和单纯的铝液对碳块的渗透均不明显,但当电解质溶液内溶解了铝后,则对碳块的渗透非常明显。文献指出,除铝液的作用外,电解质溶液渗透量还与电流密度、电解质分子比及电毛细现象等(电毛细现象导致电解质溶液对碳块湿润良好)有关。当电流密度大、分子比高、电毛细作用明

显时,电解质溶液对碳块的渗透量增大。

4.1.2.2 铝电解质溶液中碳渣的分布状态

碳渣在铝电解质溶液中的分布状态与电解质成分、电解质温度、电解质中 Al_2O_3 浓度,以及铝在电解质中的溶解量等因素有关。下面分别讨论碳渣的不同分布状态。

(1)漂浮状态。当碳渣不能良好地被电解质溶液所湿润时,大部分碳渣易于与电解质溶液分离而漂浮在电解质表面上。从电解槽内取出的电解质试样待其凝固后,可发现其断面呈白色,无明显的碳渣夹杂现象。当碳渣在电解质溶液中呈这种分布状态时,通常表明电解槽工作正常。此外当阳极效应发生时,绝大多数碳渣会从电解质溶液中分离出来浮于表面,其原因是电解质中 Al_2O_3 浓度低,电解质溶液对碳渣湿润不良,从而促使碳渣大量分离出来。

(2)悬浮状态。如果电解质溶液对碳渣湿润良好,则碳渣与电解质溶液不易分离而悬浮于电解质中,电解质溶液试样凝固后其断面呈灰色或灰白色(这是由于其中含有大量均匀分布的碳渣)。碳渣在电解质溶液中呈悬浮分布状态导致电解质大量"含碳",对铝电解槽的正常工作造成非常不利的影响,是引起电解质过热(即产生"热槽")的原因之一。

(3)与 Al 反应生成 Al_2C_3。当碳素悬浮于电解质溶液中时,将与溶解在电解质溶液内的铝反应生成碳化铝,即

$$2Al + 3C \longrightarrow Al_2C_3 \qquad (4-4)$$

生成的碳化铝会全部混合在电解质溶液中,使电解槽的工作状况恶化。从槽内取出的电解质溶液试样凝固后其断面呈黑色,并夹杂着黄色的碳化铝。当电解质内大量生成碳化铝时,电解槽工作电压随之迅速升高,电解质溶液和铝液均处于过热状态,最终将导致电解槽的工作完全停止(即电解反应停止进行)。

铝电解质溶液中生成碳化铝是由"电解质含碳"(即碳渣悬浮于电解质内)演变而成的,这种状态并不经常发生,在生产中较为少见。减少铝电解质溶液中的悬浮态碳渣的生成量并减少铝在电解质溶液中的溶解量,即可有效地抑制或避免碳化铝的生成。

4.1.2.3 碳渣对电解过程的危害

铝电解质溶液中的碳渣对电解过程的危害之一是导致铝电解质溶液的比电阻增大(即导电率降低),其结果是造成电解质电压降升高,增加了铝电解生产的电能消耗。

K. Giothelm 等报道,当铝电解质溶液中的碳渣含量为 0.04%(重量)时,电解质导电率约降低 1%,而当碳渣含量达到 1%(重量)时,电解质导电率约降低 11%。由此可见,碳渣对铝电解质溶液导电率的不利影响是极为显著的。

在工业铝电解槽中,铝电解质溶液中所含碳渣微粒的直径一般为 $1\sim10~\mu m$,碳渣微粒越小,对降低铝电解质溶液导电率的作用越大。

实际上,单纯碳素的导电率大大高于工业铝电解质溶液的导电率。电解质溶液中含有碳渣时导电率降低的原因在于两者各自的导电性质完全不同,碳属于第一类导电体(电子迁移),而铝电解质溶液属于第二类导电体(离子迁移),当电流通过两者的交界面时,界面上将产生电位梯度。对于每一个碳微粒来说,沿电流方向在不同界面上产生的电位梯度的方向和数值均不相同,在电解质溶液→碳粒界面上,产生负电位梯度,而在碳粒→电解质溶液界面上,则产生正电位梯度,两个界面上的电位梯度的差值大大高于与碳粒直径等长度的单纯电解质溶液电流路径上的电压降,因此,存在于铝电解质溶液中的碳粒几乎不导电,实际上可认为是一种绝

缘体。碳渣降低铝电解质溶液导电率的根本原因就在于此。

碳渣的危害之二是导致热槽的产生。当铝电解质溶液中的碳渣积累到一定浓度时,由于比电阻增大,必然造成电解质电压降升高,从而使电解槽两极间的电能收入额外增加。对于槽工作电压和其他技术条件正常的电解槽来说,两极间由于电解质溶液含碳导致其电压降升高而增加的这部分电能收入不为电解反应过程所必需,其唯一的消耗途径是转化为热量释放出来(电-热转换),结果引起电解质溶液过热,槽温上升,即产生所谓热槽。

出现热槽对铝电解生产是极为不利的,不但造成电能的无谓消耗,严重时甚至可使电解反应完全停止,同时在过热状态下电解槽的阳极和阴极均将受到损害(阳极氧化、阴极破损加快)。此外,为处理热槽还须消耗大量氟化盐。故其危害通常是巨大的。

碳渣的危害之三是造成电流损失。当铝电解质溶液表面漂浮有大量碳渣时,碳渣将与碳渣阳极和阴极组成电流通路,部分电流会直接通过碳渣进入阴极侧部而不能参与电解反应,形成侧部漏电。

碳渣的危害之四是导致氟化盐损失。碳渣与铝电解质溶液分离并漂浮在溶液表面后,须及时捞出槽外,捞出的碳渣中含有大量氟化盐(约 70%左右,其中主要是冰晶石)。虽然在工业上可采用浮选法或燃烧法将碳渣中的氟化盐予以回收,但回收难以彻底(彻底回收在技术上并不是不可能,但在经济上须考虑回收成本),因此,在进行回收处理后仍有一部分昂贵的氟化盐流于损失。在铝电解生产中,这种随碳渣一起被捞出而格外造成的氟化盐损失将导致氟化盐消耗的增加。

目前我国部分电解铝厂甚至未能对碳渣中的氰化盐进行回收,而是将槽内碳渣捞出后作为废物丢弃,既造成物料浪费,又形成环境污染,这种状况应该早日加以改变。

4.1.2.4 减少分离碳渣的途径

目前,工业铝电解槽在结构上仍是采用碳素材料作为正负电极,因而铝电解质溶液中碳渣的产生实际上是不可避免的。除非采用新型的电极材料(即消除产生碳渣的根源),否则无法彻底解决碳渣这一问题。

在目前铝电解工业技术条件下减少及分离铝电解质溶液中碳渣的具体途径主要有以下几种。

(1)采用高质量的阳极碳素材料。碳素阳极的不均匀燃烧而引起的碳粒崩落是产生碳渣的主要原因。在生产中使用质量不合格的阳极碳素材料则无疑为阳极的不均匀燃烧提供了更充分的条件。因此,采用高质量的阳极碳素材料是减少铝电解质溶液中碳渣的至关重要的措施(无论是自焙阳极还是预焙阳极均是如此)。

对自焙槽使用的阳极糊和预焙槽使用的阳极碳块的质量要求有所不同,但共同的要求是导电率高(即比电阻低)、抗压强度高、化学纯度高(即杂质含量少,灰分低)、孔隙度低、在电解温度下抗空气氧化性能好等。防止使用不符合质量规定标准的阳极碳素材料即可有效地减少碳粒的崩落。对电解铝厂来说,在使用前对碳素材料进行严格的质量检测是保障阳极质量的极为重要的手段。

(2)选用优质的阴极碳块。在铝电解质溶液与铝液的侵蚀和冲刷下,阴极侧部碳块和底部碳块产生剥落是碳渣的另一来源(虽然不是主要来源)。与阳极碳素材料一样,阴极碳块的质量优劣对碳块的剥落程度有重要影响,在砌筑电解槽阴极时采用优质阴极侧部碳块和底部碳块能较有效地承受和抵抗铝电解质溶液和铝液的侵蚀与冲刷,从而减少碳块的剥落。

质量不合格的阴极碳块在钠的渗透下将迅速膨胀而变得疏松多孔,并在电解质溶液和铝液的进一步侵蚀和冲刷下产生进行性剥落和破损。这不但造成铝电解质溶液中碳渣含量增加,更为严重的是将导致阴极寿命大大缩短。由此可见,采用优质阴极碳块对保障铝电解槽的正常工作具有重大意义。

(3)降低铝在电解质溶液中的浓度。铝在电解质中的溶解度的大小对碳渣能否顺利地从电解质溶液中分离出来有着极为重要的影响,这是因为铝的溶解数量是决定碳渣在电解质溶液中行为的主要因素。

铝在电解质溶液中的溶解度与诸多技术条件有关,例如,铝电解温度、冰晶石分子比、极距、电解质添加剂、槽膛内形规整程度等均对铝的溶解度有不同程度的影响。因此,在铝电解生产中必须适当摆布技术条件,尽量降低铝在电解质溶液中的溶解度,为碳渣从电解质溶液中分离出来创造有利条件。

有文献提出,当冰晶石分子比小于 3 时,由于电解质溶液中存在过剩的 AlF_3,铝液-电解质溶液界面的相间张力将增大,铝的扩散过程受到一定抑制,于是铝在电解质溶液中的溶解度减小。同时,当电解质溶液呈酸性时(即 AlF_3 过剩时),电解质的密度亦减小,增大了其与铝液之间的密度差,这无疑有利于铝液与电解质溶液的分离。

铝液-电解质溶液界面的相间张力还受到钠的影响,当冰晶石分子比超过 2.8 时,界面上会覆盖一层钠原子。其原因是当冰晶石分子比增大时,界面上生成钠的反应将加强。

$$Al+3NaF \Longrightarrow AlF_3+3Na \qquad (4-5)$$

由于钠原子是表面活性物质,将导致界面张力减小,对铝扩散进入电解质溶液有利。因此,在铝电解生产中应选择冰晶石分子比小于 2.8,以降低铝在电解质溶液中的溶解度。但冰晶石分子比也不宜过低,因为低分子比的电解质溶液溶解氧化铝的能力将减小,这虽然对碳渣分离有利(电解质溶液中的氧化铝浓度减小时溶液的粘度亦减小,碳渣易于分离),但当氧化铝不能及时溶解时将会沉降于槽底,造成沉淀过多,致使槽底电压降增大,严重时会导致槽底过热。并且,电解质溶液中氧化铝浓度减小时,铝的溶解损失将增加。因此,冰晶石分子比以控制在 2.6~2.7 为宜。国外某些铝厂近年来趋向于采用强酸性电解质,冰晶石分子比降低到 2.0~2.2,这是因为其槽型先进(中部连续下料大型预焙槽),电解质溶液中的氧化铝含量可基本维持在较理想的范围,并且其一系列技术条件均得到严格的优化控制。此外,大型预焙槽母线系统的合理配置方式也使磁场对铝液的波动干扰降低至较小限度。这些都是降低铝在电解质溶液中溶解度的有利条件,不但可使碳渣分离良好,而且可较大幅度地提高电解槽的电流效率。

铝在电解质溶液中的溶解度之所以对碳渣的分离有如此重要的影响,其原因是当电解质溶液中含有溶解着的铝时,将大大增强电解质对碳渣的湿润性(其机理是铝与碳粒发生反应首先在碳粒表面生成碳化铝外层,并且这种反应从碳粒表面向其中央呈进行性发展趋势。同时,碳粒表面还由于钠的侵入而变得疏松。碳粒表面发生的这些反应和变化导致电解质溶液对碳粒的湿润性变得良好)。铝在电解质溶液中的溶解度越大,则电解质对碳渣的湿润性越好。因此,降低铝的溶解度对碳渣从电解质溶液中分离出来具有重大意义。

由于铝电解槽的正负电极均由碳素材料组成,因此在铝电解质溶液中碳渣的产生是无法避免的,甚至由优质碳素材料组成的阳极和阴极也不能完全避免碳粒脱落。分离碳渣的主要措施是在生产中严格控制并优化铝电解技术条件。尽量降低铝在电解质溶液中的溶解度,以便减小电解质对碳渣的湿润性,促使并加快碳渣的分离。

在生产中保持适当的阳极效应系数,利用阳极效应分离和捞出碳渣,对于减少铝电解质溶液中的碳渣含量是一条行之有效的重要措施。

4.1.2.5　电解碳渣的组成成分

分析电解碳渣的组成成分必须借助仪器,应用一些方法。具体做法是取一定量的碳渣,将其破碎、筛分后再由球磨机磨到小于 0.15 mm 的粒度,然后用 X 射线衍射分析法、化学分析法、粒度分析法来分析碳渣中的各种成分。

(1)X 射线衍射分析。用 X 射线衍射分析法得出碳渣中主要含有碳和电解质。电解质主要包括冰晶石、亚冰晶石、氧化铝、氟化钙、氟化镁、锂冰晶石、氟化铝等,其含量见表 4-5。

表 4-5　碳渣中电解质的主要成分及相对含量

电解质成分	Na_3AlF_6	$Na_5Al_3F_{14}$	CaF_2	MgF_2	AlF_3	LiF	Al_2O_3	Li_3AlF_6
相对含量/%	64.2	10.2	5.6	3.5	3.2	2.1	5.1	4.1

从表 4-5 中可以看出,冰晶石和亚冰晶石含量最高,约占电解质总含量的 74.4%。

(2)化学分析。电解碳渣的化学分析结果见表 4-6。从中可看出构成电解质的元素所占的含量大约是 60%,碳约为 40%。对电解铝企业来说,碳渣确实是一种很有利用价值的"废料"。

表 4-6　碳渣的化学元素组成及含量

元　素	Na	Al	F	C	其他
含量/%	13.81	8.42	29.61	41.53	6.63

(3)粒度分布。电解碳渣粒度分布分析结果见表 4-7。

表 4-7　电解碳渣的粒度分布特征

粒　度		>0.9	0.9~0.45	0.45~0.25	0.25~0.15	0.15~0.105	0.105~0.076	0.076~0	合　计
分布率/%	个别	40.7	21.4	6.8	5.1	10.5	4.2	11.3	100
	累计	40.7	62.1	68.9	74	84.5	88.7	100	

从碳渣的粒度特征来看,大于 0.45 mm 的占 62.1%,小于 0.076 mm 的占 11.3%。实践证明,碳渣最合适的浮选粒度是 0.45~0.076 mm,而且 0.15 mm 的粒度占总磨矿粒度的 75%~85%时,浮选的电解质品质最好,生产率也比较高。磨矿粒度大,碳和电解质不能很好地单体分离,磨矿粒度小,浮选的效果不理想,碳浆中电解质的含量将增大,电解质的回收率降低。所以,碳渣在浮选前必须要经过磨矿,并使 0.15 mm 粒度的磨矿料控制在 75%~85%以内。

4.1.2.6　浮选产品的处理与应用

(1)碳粉。浮选碳粉中含碳 91%,电解质 9%。其中的碳多数是从碳阳极上掉下来的油焦,质地纯净。X 射线衍射图表明,浮选碳粉中的电解质主要为冰晶石,其次为锂冰晶石、氟化铝、氟化锂和氧化铝。相关研究已经证明,当碳阳极中含有适量冰晶石、氟化铝、氯化锂和氧化铝时,除能够补充电解质的消耗外,更有意义的是氟化锂能降低碳阳极消耗速度,冰晶石和锂盐可作为碳阳极的催化剂,提高阳极的可湿润性,降低阳极过电压,从而可以减少阳极效应的发生并且节省电能。实验研究表明,浮选碳粉经干燥后可用于铝电解自焙阳极制作原料的配料,并且配制阳极糊时,从碳粉带来的电解质不宜超过糊量的 1%。根据计算,每吨阳极糊中加入 50 kg 浮选碳粉是完全可行的。

(2)电解质。浮选得到的电解质含碳 5%,电解质 95%,其中含有的 5%的碳影响电解质的使用。因此,在用于铝电解生产之前必须除去这部分碳。试验考查了将其灼烧除去的温度条件。试验表明,碳粉在 500 ℃即开始燃烧,到 600 ℃可加速其燃烧,在马弗炉中 600 ℃下焙烧 4 h,电解质中的碳和水分基本除尽,电解质纯度大于 99%。工业上可选用小型回转窑在 600 ℃下除碳。焙烧后的电解质呈淡黄色,略带浅红色,用氟离子选择电极法测定其分子比为 2.57,X 射线衍射分析的主要成分为(%):冰晶石及亚冰晶石 65.2,氧化铝 8.3,氟化钙 7.4,锂冰晶石 5.2,氧化镁 3.7,氟化锂 2.1,氟化锗 2.1。可将其用作新铝电解槽启动用原料,或分批少量掺入新冰晶石中直接加入正常生产的铝电解槽中使用。

4.1.2.7　经济效益测算

(1)产量预测。以青铜峡铝厂电解二分厂年产铝 51 000 t,且每吨铝产碳渣 24 kg 计算。

1)每年产碳渣:51 000×0.024=1 224 t;

2)扣除 3%的损耗,实得碳渣:1 224×97%=1 187.28 t;

3)碳渣中电解质含量按 60%计算,回收率按 82%计算,回收电解质:

1 187.28×60%×82%=584.141 76 t;

4)碳渣中碳按 40%计算,回收率也按 82%计算,回收碳粉:

1 187.28×40%×82%=389.42 t。

(2)价值计算。目前电解质每吨 6 000 元左右,由于是返回本厂使用,所以只按半价 3 000元/吨,碳粉按 300 元/吨计算,则年回收电解质和碳粉的价值如下。

1)电解质:584.14×3 000=175.25 万元;

2)碳粉:389.42×300=11.68 万元。

所以,该项目的投产实施,每年将为铝厂增创效益 180 多万元。

4.1.3　铝厂修槽废渣的处理

电解槽是铝冶炼生产的中心设备,电解槽修槽废渣是铝冶炼生产过程中的主要固体废物,对其特性的研究及处理利用途径的探索近年来逐渐受到人们的重视,且取得了一定进展。

4.1.3.1　修槽废渣的产生量和构成

(1)产生量。电解槽修槽废渣的产生量主要取决于电解槽的寿命。国内电解槽连续生产天数一般都为 1 000~1 500 天,即平均寿命为 3~4 年,也有部分 160 kA 中间下料预焙槽的寿命达 2 500 天以上的,有的甚至达到 3 000 天。设计平均寿命多为 4 年左右。国外大型预焙槽的平均寿命多在 5 年(1 800 天)以上。

电解槽修槽废渣的产生量还取决于槽型大小,即电解槽生产规模的大小。如国内常见的 160 kA 预焙槽单槽大修产生的废渣为 70~75 t;75 kA 预焙槽为 30~35 t;60 kA 自焙槽则为 25~30 t。据此,一年产 1.6 万吨电解铝的小型铝厂(按安装 86 台 75 kA 预焙电解槽计),其年均产生修槽废渣量为(86÷4)×35=752.5 t;一年产 10 万吨电解铝的大型铝厂(按安装 260 台 160 kA 预焙电解槽计),其年均产生修槽废渣量为(260÷4)×75=4 875 t。一般来说,生产吨铝的修槽废渣产生量为 45~50 kg。

(2)构成。根据电解槽的构造,其大修废渣由底部碳块、侧部碳块、耐火砖、保温砖、捣固物耐火灰浆和隔热板等部分构成,其重量比为底部碳块 34％、侧部碳块 5％、耐火砖 26％、保温砖 5％、捣固物 11％、耐火灰浆 8％、隔热板 3％、其他(混合体)8％,碳块占的比例最大。

4.1.3.2　修槽废渣的特性

(1)废渣中的有害成分。电解槽修槽废渣中的有害成分主要有氟化物、氰化物及钠盐。

表 4-8 是国内某铝厂一台槽龄为 330 天的 160 kA 预焙电解槽修槽废渣中氟化物、氰化物、钠盐等有害成分的分析结果。

表 4-8　电解槽修槽废渣中的有害成分

类　别	氟/%	钠/%	氰/×10⁻⁶
底部碳块	7.89	7.56	11.60
侧部碳块	1.42	4.17	218.13
耐火砖	0.58	1.69	2.25
保温砖	0.31	0.22	7.57
捣固物	15.72	14.59	242.35
耐火灰浆	8.37	5.11	11.00
隔热板	9.40	2.61	1.85
其　他	12.57	15.11	3.65

由表 4-8 可知,电解槽修槽废渣中,捣固物受渗透程度最大。

中国长城铝业公司曾对一台生产期 1 400 天的废弃电解槽进行破碎、混合、取样分析,根据该槽生产周期中的产铝量和添加总氟量,求得平均吨铝槽衬碳块和保温材料吸附渗透的氟量为 7.5～8.0 kg、0.25～0.30 kg,占生产吨铝添加总氟量的 31％～32％和 0.92％。

据某研究单位对国内两家铝厂的修槽废渣取样分析,其含氟量高达 111～125 mg/kg。

按《有色金属工业固体废物浸出毒性试验方法标准》(GB 5086.2—1997),对河南某铝厂电解车间修槽废渣中的氟化物进行分析测定,结果为废渣浸出液中氟化物含量 131.5 mg/L,远远高于《有色金属工业固体废物污染控制标准》(GB 5085.3—1996)中有关浸出液中氟化物的最高容许浓度(50 mg/L),因此,电解铝修槽废渣属有害固体废物。

4.1.3.3　修槽废渣的处置

(1)浸出法。浸出法也称为预处理堆放法。先将修槽产生的废渣经破碎、淘洗等厂内预处理后,送往厂外渣场堆放。渣场可不采用防渗漏措施。浸出液要经处理达标后才可排放。浸出液主要用 NaOH 和水两种。

用 NaOH 为浸出液主要将冰晶石溶出,残渣呈泥浆状,还需要对其进行脱氰处理。处理流程如图 4-1 所示。

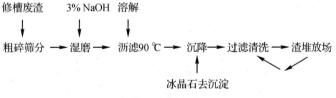

图 4-1　修槽废渣 NaOH 溶出流程图

水浸沥法处理,首先将已破碎的修槽废渣在水浸槽内搅拌沥滤,然后用 $Ca(OH)_2$ 或 $CaCl_2$ 处理得 CaF_2 沉淀。排出废液呈碱性,需进行中和处理。修槽废渣水浸沥法处理流程如图 4-2 所示。

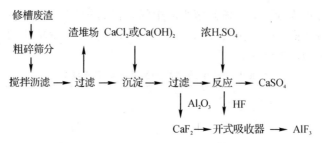

图 4-2 修槽废渣水浸沥法处理流程图

(2)防水堆存法。用黏土层或塑料材料覆盖在地面上,再把修槽废渣置于其上,且暴露在空气和雨水中。需要按规定要求,定期监测堆场排水中的 F^-、CN^- 和 Na^+ 含量和 pH 值,其浸出液,尤其是初期雨水要用泵送回厂内污水处理站处理。目前这一方法是企业采用较多的一种,但不少企业忽视了浸出液的处理问题。

一般不采用漂白粉溶液来处理厂内预处理及堆场返回的含氟、氰浸出废水。

(3)土地填筑法。修槽废渣经手工选捡回收有价部分后,将含氰、含氟较高的废弃部分暂存库中,而后定期送往选择的填筑场进行填埋处理。选择填筑场时,必须事先对场地的土壤类型、水文地质情况进行调查分析,采取专门措施,以防止修槽废渣中的有害成分对地表水和地下水造成污染。同时,还要对填筑区设置定期检测地表水的检测孔。

4.1.3.4 修槽废渣综合利用途径

铝电解修槽废渣,内含较丰富的有价值成分,若只对其进行简单的预处理后便废弃堆置,不仅污染环境,也浪费了资源。因此,研究具有经济价值的修槽废渣处理与利用技术已成为国际铝工业普遍关注的课题之一。国内外有关单位已开展了大量的研究工作,对修槽废渣的综合利用技术进行了多方面研究和探索,主要成果如下。

(1)蒸汽处理法。将挑选出保温材料、耐火砖后的废碳块破碎为碳粒,送入已通入 8×10^5 Pa 压力蒸汽的回转窑中,加热至 200 ℃,除去碳粒中的碳化物和氮化物,氟、钠及其他化合物留在致密的碳粒内。这种碳粒可用于电极糊和阳极块的制作,很有经济价值,在国外已有小规模的工业化生产。

(2)热解法。将修槽废渣中的内衬碳块破碎后,与铝厂收尘系统收得的自焙槽烟灰混合,在 1 200 ℃下通有空气和蒸汽的反应器内燃烧,释放的氯化氢与电收尘的烟气混合,经氨洗塔净化,得到氯化氢溶液,在 80 ℃与氧化铝反应后,可生产出含 18% AlF_3 的氧化铝,供电解槽加料用。

(3)作脱硫剂。据修槽废渣的化学成分和热值分析知,其石墨含量在 51.0% 以上(X 射线衍射分析确定,修槽废渣中的碳已石墨化)。实测 51.04% 石墨含量的废碳块的发热量为 17.433 8$\times 10^8$ J/kg,而 1 kg 碳块折算标准煤为 0.59 kg,故其具有较高的热值。结合烧结法生产氧化铝生料加煤排硫的工艺条件,可利用废碳块代替部分无烟煤作脱硫剂,同时也可回收其中的氧化铝和碱等组分。具体过程为将分离出保温材料、耐火砖及杂物后的废碳块破碎,使其粒度小于 50 mm,送至无烟煤或碎铝矿石的贮槽中,进入氧化铝原料系统使用。废碳块及无烟煤和铝矿石、石灰、碱等原料,在磨成生浆料时,氮化物与石灰反应生成氰化钙和氢氧化钠。在熟料烧结的过程中,碳组分燃烧可利用其热值和起脱硫作用,氮化钙将生成难溶解性硅氟酸钙,在熟料溶出时,随赤泥排出,微量的氰化物也将在燃烧时高温裂解成无害气体,整个处理过程中无二次污染,具有明显的经济效益和环境效益。整个回收流程如图 4 - 3 所示。

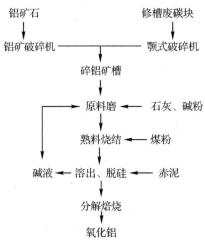

图 4 - 3　废碳块回收流程图

(4)其他。电解铝修槽废渣的处理和利用,尤其是实现工业化规模的应用技术开发,是需要继续努力的。可喜的是国内外有关方面仍在不懈的努力,寻求新的处理利用方法和途径。如,美国开展了修槽废渣作水泥生产的补充燃料和在炼铁炉中作萤石代用材料等科研项目的研究,国内有关单位也进行了"用废渣 NaF 浸出液合成冰晶石""用废碳块石墨配制炼钢保温渣"和"用废渣作水泥生产的燃料和矿化剂"等方面的研究,均取得了一定的进展。

4.2　铜冶金固体废物的处理

铜冶金固体废物主要包括采矿过程中废弃的废石及冶炼过程中产生的废渣和尾矿渣,这些固体废物大量堆积,不仅侵占了大量土地,污染环境,而且这些废渣中所含的大量有用物质没有充分利用起来。为了资源化利用这些铜冶金固体废物,国内外学者进行了大量从废渣中提取金属及利用矿渣制备建筑材料的研究,大量研究结果表明,铜冶金固体废物的利用是可行的,也是必要的,且有广阔的市场前景和良好的环境效益。

4.2.1　从含铜废渣中回收铜

我国铜矿总量丰富,居世界第四位,但以贫矿为主,且开发程度不高。而我国铜消耗量逐年增长,矿山铜(精矿)和精炼铜多年供不应求,自给率仅为 65% 左右,长期靠进口弥补。因此,一些低品位矿、尾矿、表外矿及含铜矿渣等难以开采和洗选矿脉的开发利用不仅可以满足铜的需求,而且能治理废渣、保护环境,产生巨大的社会和环境效益。

研究人员采用氨浸、蒸馏、酸化和结晶的工艺方案对难选的氧化铜矿类矿渣进行处理,最后得到五水硫酸铜产品,实验中探讨了氨浸的机理,研究了影响铜浸出率的主要因素,确定了合理的浸出液配比,得出了氨浸、蒸氨、酸化、浓缩和结晶等过程的工艺条件,为从难选氧化铜类矿石及其废渣中回收铜提供了有效的方法和基本工艺参数。

4.2.1.1 氨浸取铜的原理

目前氧化铜矿的处理采用较多的是硫化浮选法,但硫化过程要求高、投资大,一般不适合小厂。采用化学选矿法从氧化铜矿中取铜可用酸浸、碱浸和盐浸,但酸浸过程中 Fe、Al、Mg 和 Ca 等活泼金属元素也可同时进入溶液中,使浸出液成分复杂,分离困难,致使产品纯度低。同时,浸出过程产生酸性废水和废渣,造成二次污染。当采用氨溶液浸取氧化铜矿渣时,只有铜形成配位化合物而溶解,其中的 Fe、Al、Mg 和 Ca 等活泼元素均不溶解,从而达到铜与杂质分离的目的。

根据配位理论,Cu^{2+} 的电子组态为 d^9,与氨配位时,将一个 d 电子激发到 $4p_z$ 轨道,用空下来的 d_{x2-y2} 轨道与空的 $4s$、$4p_x$ 和 $4p_y$ 轨道形成 dsp^2 杂化轨道,并分别与氨中氮原子的非键轨道重叠,接受其孤对电子,形成共价配键,生成四配位的平面正方形络合物,由于其分裂能($26\ 304\ \mathrm{cm}^{-1}$)和晶体场稳定化能($37\ 086\ \mathrm{cm}^{-1}$)都较大,所以铜氨络离子容易生成且很稳定。在此条件下,Fe、Al、Mg 和 Ca 等均不发生配位作用,仍残留在固相,从而达到分离的目的。

Cu^{2+} 容易和自然铜进行歧化反应,使金属铜氧化为 Cu^+ 并生成 $[Cu(NH_4)_2]^+$,而使自然铜溶解,这也是酸法无法比拟的。

为使铜的配位反应易于进行,在体系中加入铵盐是必要的。为了提高铜的浸出率,添加一种浸取促进剂 Ex,浸出过程的主要反应如下:

$$CuO+2NH_3 \cdot H_2O+2NH_4^+ \longrightarrow [Cu(NH_3)_4]^{2+}+3H_2O$$

$$Cu+[Cu(NH_3)_4]^{2+} \longrightarrow 2[Cu(NH_3)_2]^+$$

$$2[Cu(NH_3)_2]^+ +2NH_4^+ +\frac{1}{2}O_2+2NH_3 \cdot H_2O \longrightarrow 2[Cu(NH_3)_4]^{2+}+3H_2O$$

由于铜氨络合物在受热的情况下会发生分解反应而放出氨,析出氧化铜粉末,因此采用蒸馏法从浸出液中回收铜,主要反应是

$$[Cu(NH_3)_4]^{2+}+2OH^- \xrightarrow{\triangle} CuO+2H_2O+4NH_3 \uparrow$$

反应中溢出的氨用水吸收加以回收。

4.2.1.2 浸取的工艺条件

研究人员通过正交实验研究了各因素间可能存在的交互作用,找出了影响铜浸出率的显著因素,确定了合理的工艺参数。结果表明,影响铜浸出率的最显著因子是浸出液中氨的浓度,其次是反应时间、铵盐浓度和 Ex 含量。氨与铵盐之间有一定的交互作用,而氨与 Ex 之间无明显的交互作用,得出室温下浸取时的工艺参数是浸出液组成(质量分数)为氨 12%,铵盐22%,Ex 2.3%;体系固液比(质量分数)为 1:2.5(矿渣粒度:原渣粒度);搅拌反应时间为 2 h。在此条件下铜的一次浸出率为 75.1%。为提高铜的总回收率,可采用逆流分溶的方法,即用新浸取液对尾渣进行第二次浸取。试验表明,通过二次浸取后,铜的总回收率可达 85% 左右。浸取的工艺过程如图 4-4 所示。

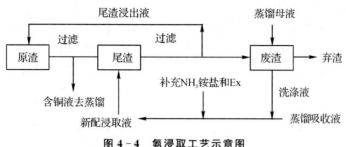

图 4 - 4　氨浸取工艺示意图

如果在 150 ℃左右进行浸取反应,则固液比可适当提高,氨和铵盐浓度可降低。一般一次浸取率可达 88% 左右。因此可不进行再次浸取,以简化流程。

4.2.1.3　蒸氨工艺

浸取得到的铜氨液在加热的情况下进行蒸馏,其过程如图 4 - 5 所示。

研究表明,开始馏出温度 88 ℃,蒸氨结束温度 99 ℃,馏后母液基本无色,氨回收率为 63% 左右。

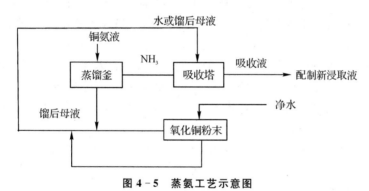

图 4 - 5　蒸氨工艺示意图

4.2.1.4　产品的制取

加热 150 g/L 左右的硫酸铜溶液,在 80 ℃左右时加入 CuO 粉末进行反应,当溶液比重达 1.36 左右后静置降至室温(如溶液中有不溶物,则应先过滤后再静置降温)。由于硫酸铜的溶解度随温度降低而显著降低,因此,在室温下静置一段时间后便有大量 $CuSO_4 \cdot 5H_2O$ 结晶析出,将结晶离心分离后即为产品。经检验,其纯度可达 97% 左右。

4.2.2　铜尾矿综合利用

4.2.2.1　概述

我国境内铜尾矿的现存数量庞大,有上千座规模较大的铜尾矿库,分布范围广泛,主要集中在江西、云南、湖北、安徽、甘肃等省。我国铜尾矿数量巨大,但综合利用率低。依据中国资源综合利用年度报告(2014),我国境内铜尾矿 2009 年～2013 年间年均产量约为 3.01 亿吨,呈现出逐年增加的趋势。截止到 2014 年底,现存铜尾矿量在我国境内的近 24 亿吨 Cu 的平均品位为 0.077%,资源综合利用率约为 8.2%,远低于国外水平。我国铜尾矿铜结构多样,单体颗粒解离率低,嵌入粒度细,矿物结构和化学成分复杂,矸石含量高。这些因素严重制约了铜尾矿的综合利用和技术的发展。

从 20 世纪 80 年代开始,我国对矿产资源综合利用工作加强了宏观管理,并于 1986 年首次在《中华人民共和国资源保护法》中将尾矿综合利用以法律形式提出,在原国家科委和原国家计委等联合制定的《中国 21 世纪议程》中,将资源的合理利用与环境保护列为四个主要内容之一。这些措施有力地推动了尾矿利用与治理工作的步伐。目前铜尾矿的主要开发手段有以下几种。

(1)铜尾矿的再选与有价元素的综合回收。我国一些矿山企业从提高经济效益考虑,对从尾矿中回收有价矿物给予关注,并陆续建成一些尾矿回收选矿厂,综合回收黄铁矿、磁铁矿、铜矿物、络铁矿、绢云母、白云石等有价组分并取得明显效益。

(2)利用铜尾矿作建筑材料。就目前有关资料来看,尾矿在建筑工程和基础工程的应用,是最主要的利用方式,也是大幅度提高其利用率的根本途径。

1)铜尾矿直接应用于交通、土木工程。铜尾矿可直接用作砂替代品、水泥粗骨料等材料。黄沙替代品、水泥骨料等是最基本的建筑材料,对化学成分没有严格要求,只要求材料有一定的强度和颗粒级配。因此利用级配合适的尾矿可以对骨料进行部分甚至完全的取代。

2)铜尾矿用作水泥矿化剂。铜尾矿含有 Fe、Cu 等有益元素,可以用作水泥复合矿化剂。在水泥生料中单掺或混合掺入铜尾矿,烧成水泥熟料时可降低烧成温度,这样既降低能耗又能改善水泥熟料的性能。

3)铜尾矿用于装饰材料。关于用尾矿生产玻化砖和微晶玻璃花岗岩、微晶玻璃等作高级装饰材料不乏其例。玻化砖以高硅尾矿为原材料,加适量黏土,经喷雾—干燥—压制—成型—高温烧成。微晶玻璃则以石英为主,可掺入 15%～25% 尾矿,加入碎玻璃,经熔化—水淬—升温晶化后成为玻璃相和结晶相的复合多相陶瓷。

4)铜尾矿用作墙体材料。长期以来,我国墙体材料一直以黏土烧结砖为主,而黏土烧结砖生产占用大量农田,为了节约耕地,充分利用尾矿,各矿山都把研制新型墙体材料作为尾矿利用的主要方面。目前研究较多的是蒸养砖、烧结砖及加气混凝土等,这些产品大多都可以大量有效消耗尾矿,并具有较好的经济和社会效益。

(3)用铜尾矿回填和复垦。采矿区充填是直接利用尾矿的最有效途径之一。尾矿只要处理得当,是一种很好的填充材料,具有就地取材、来源丰富和输送方便的特点,并省去扩建、增建尾矿库的费用。将尾矿用于矿井充填料,费用仅为碎石的 1/10～1/4。有些矿山由于地形原因,不可能设置尾矿库,将尾矿填于采空区就更有意义。

(4)铜尾矿用作土壤改良剂及微量元素肥料。尾矿中含有 Zn、Mn、Cu、Fe 等微量元素,这正是维持植物生长和发育的必需元素。因此用尾矿可以生产出肥料用于改良土壤,增加土壤内的有益金属含量,提高农作物抗病虫害侵蚀的能力。

4.2.2.2 铜尾矿综合利用实例

(1)江西德兴铜尾矿提取绢云母及其综合利用。德兴铜矿是我国一个特大型露天开采矿山,矿床类型属斑岩型铜矿床,矿石除主金属铜外,还伴生有金、银、钼、硫等许多有用组分。矿石矿物主要为黄铁矿、黄铜矿、辉钼矿等,脉石矿物为石英、绢云母、绿泥石、黑云母等。

该矿山始建于 1958 年,1965 年投产后,经多次扩建,现选矿日处理能力达 9 万吨,选矿工艺采用三段破碎(—15 mm),球磨和旋流器(部分为螺旋分级机)配套,构成闭路磨矿,溢流(—200 目占 64%)进浮选机混合半开路粗选,丢弃尾矿(输尾矿库)得铜、金、银、钼、硫混合粗精矿,粗精矿再磨再选得铜、钼、金、银混合精矿,其尾矿选硫后排入尾矿库。矿山现有 3 座尾矿库,已贮尾矿 2.2 亿吨,一方面大量尾矿占用土地,污染环境;另一方面尾矿中有用矿物被废弃,对矿产资源造成了浪费。因此,从尾矿中回收有用矿物是矿山企业的又一发展方向。

1)尾矿的性质。

A.尾矿的组成和化学成分。尾矿呈灰黄色,经 X 射线粉晶分析、红外分光光度计图谱分析及显微镜鉴定,矿物成分主要由石英、绢云母、绿泥石、方解石及微量硫化物、铁的氧化物组成。尾矿矿物平均含量为石英 45%,绢云母(包括少许伊利石)34%,绿泥石 4%,白云石和方解石 6%,黄铁矿 3.5%,此外还有少量的褐铁矿、黄铜矿、金红石等其他金属矿物。尾矿化学成分见表 4-9。

表 4-9　尾矿化学成分

化学组成/%										
SiO_2	Al_2O_3	CaO	K_2O	Na_2O	MgO	Fe_2O_3	FeO	S	烧失	合计
63.2	15.4	1.96	4.11	0.18	2.75	3.17	1.23	1.85	5.10	98.95

B.粒度特征。尾矿粒度很细,含有大量黏土矿物,呈泥砂状,各组成矿物基本单体解离,石英呈不规则粒状,绢云母呈微片状集合体、黄铁矿亦呈不规则粒度,褐铁矿多以准胶状微粒附着于伴生矿物表面或它们的粒隙间。尾矿的粒度分析见表 4-10。

表 4-10　尾矿粒度分析

粒度/μm	产率 γ/%	品位/%			分布率/%		
		Al_2O_3	SiO_2	S	Al_2O_3	SiO_2	S
<2	8.05	21.96	46.92	0.326	12.52	5.98	2.58
2~5	11.65	19.42	53.74	0.583	16.02	9.90	6.69
5~10	6.14	15.72	59.00	0.944	6.84	5.73	5.71
10~20	10.60	13.87	64.20	1.17	10.41	10.77	12.21
20~40	10.60	13.11	65.44	1.23	9.62	10.97	12.84
>40	52.96	12.89	67.62	1.15	44.59	56.65	59.97
合计	100.00	15.42	63.22	1.02	100.00	100.00	100.00

2)选矿试验研究。

A.试验方案。根据尾矿矿物组分及赋存状态,采用重力选矿方法,可得到绢云母二级产品,而要得到一级绢云母产品,需采用改变矿物表面性质的浮选方法进行分选。因此,经过反复对比试验,制定了采用旋流器生产二级绢云母产品,再采用一粗二精浮选流程以获得一级绢云母精矿。

B.重力试验。将浓度为 17% 的尾矿经搅拌后,以 2 kg/cm² 的压力给入 Φ50 mm 旋流器进行粗选,获得的溢流进入下级 Φ25 mm 旋流器进行分选,试验结果见表 4-11。

表 4-11　旋流器分级试验结果

产品名称	产率/%	Al₂O₃含量/%	Al₂O₃回收率/%
溢流	21.67	23.56	33.15
沉砂	78.33	13.14	66.85
给矿	100.00	15.4	100.00

表 4-11 表明,采用流程结构较简单的两级旋流器进行分级选别,溢流中绢云母 Al_2O_3 含量可达 23.56%,符合二级绢云母产品质量标准。

C.浮选试验。采用重选方式分离出来的绢云母精矿只达到二级品的指标,为进一步提高产品的质量,使之达到一级品的要求,只有采用浮选的方法,用药剂改变其表面性质,以便进一步富集到一级品的指标。

在大量探索试验的基础上,进行了浮选的闭路试验。给矿使用重选溢流产品,采用一段开路粗选,二段闭路精选的工艺流程,浮选的捕收剂为混合胺,调整剂为 H_2SO_4,生产的精矿可达一级绢云母指标,尾矿达二级绢云母指标,试验结果见表 4-12。

表 4-12　浮选闭路流程试验结果

产品名称	产率/%	Al₂O₃/%	S/%	Al₂O₃回收率/%
精矿(一级品)	21.70	28.08	0.36	25.80
尾矿(二级品)	78.30	22.96		74.20

3)绢云母精矿的性质与综合利用。绢云母精矿呈细鳞片状,具有丝绢光泽。主要化学成分见表 4-13。

表 4-13　绢云母精矿的化学组成

名　称	化　学　组　成/%								
	SiO₂	Al₂O₃	Fe₂O₃	TiO₂	Na₂O	MgO	K₂O	CaO	S
一级品	49.6	28.08	2.75	0.59	0.23	2.67	6.45	0.38	0.36
二级品	51.70	23.55	2.92	0.53	0.88	1.63	6.07	2.35	0.64

一级产品中,绢云母含量 74%,其主要物理性能为堆密度 0.44 g/cm³,密度 2.75 g/cm³,粒度很细,约 10 μm 占 87%。此外,它具有较强的热学、光学、电学特征及耐酸、耐碱、隔音、隔热等性能。

根据上述性能与特性,绢云母在很多工业上得到广泛应用,在塑料、橡胶业中能替代部分其他种类添加剂以改善塑料、橡胶制品的机械强度,增加产品的耐磨性、耐热性;用它作涂料、油漆、日用化工、化妆品的配合原料能增强其分散性、附着力,提高产品质量;用于陶瓷原料,还可生产高档陶瓷等。

(2)铜尾矿饰面玻璃。张先禹、王道成以吉林地区高铝铁硫铜矿尾矿为主要原料,在实验室研制的基础上,用某玻璃器皿厂的坩埚窑完成了铜尾矿饰面玻璃工业性扩大试验。

1)铜尾矿的性质。铜尾矿矿物主要由石英、长石和硫化矿组成,外观灰色,粒度为 28 目筛全部通过,化学成分见表 4-14。

表 4 - 14　铜尾矿的化学成分

化 学 组 成/%									
SiO$_2$	Al$_2$O$_3$	CaO	MgO	K$_2$O	Na$_2$O	Fe$_2$O$_3$	FeO	SO$_3$	TiO$_2$
60.40	13.24	3.79	1.18	2.40	2.48	6.00	2.46	3.90	0.45

铜尾矿的烧结性能见表 4 - 15。

表 4 - 15　铜尾矿烧结性能

烧结温度/℃	1 200~1 250	1 250~1 300	1 300~1 350	1 350~1 400	1 400~1 450
烧结情况	部分烧结	烧结	开始出现液相	大部分成液相	全部熔融,熔体很黏,充满气泡

熔体急冷后,成为充满气泡、浮渣、未熔砂粒的铸石相和玻璃相的混合体,颜色为黑色。

2)工业性实验。

A.工艺流程。

原料制备→加料→坩埚熔制→浇铸、压制、吹制成型→室式退火炉退火→切割磨抛。

B.熔制过程。熔窑为坩埚圆窑,以天然气为燃料。按实验室确定的配合料(其中实验室用的砂岩、石灰石分别用工厂的硅砂、方解石代替)在高温下分批加入 100 L 黏土坩埚中,在 1 300~1 400 ℃下熔化。化料过程中,经炉前观察、挑料、拉丝,确定玻璃料是否完全熔化、玻璃液是否均化澄清。炉前观察挑料发现,铜尾矿玻璃配合料熔化速度前期慢,后期快。其中最优的配合料熔化后熔体清纯,既不翻泡,也无"硝水"、气泡。熔化澄清后,"开缸凉料"10~20 min 之后,出料成型。出料采用舀料和挑料方式,成型采用浇铸、压制等工艺,成型模具用铸铁模板,成型时模具需预热至适当温度,若模具过热用水冷却再用。成型规格为 100 mm×200 mm,150 mm×250 mm,150 mm×300 mm 等,厚度为 10~15 mm。成型后将玻璃脱模送入室式退火炉退火,退火温度大约 540 ℃。经过 8~10 h 之后,温度降至室温,取出玻璃。因退火炉温度偏低,有少许玻璃已经在退火炉中炸裂。未炸裂玻璃经切割磨抛加工成各种规格尺寸的饰面玻璃。铜尾矿玻璃工业性试验按最优配合料连续进行了 10 d。最优配合料料性稳定,重复性好,可操作性强,对坩埚侵蚀也不大。

C.熔化、成型、退火和磨抛。铜尾矿玻璃熔化温度为 1 350~1 450℃,可采用以天然气、城市煤气、重油、煤或水煤浆为燃料的坩埚窑或小型池窑熔化。采用池窑时,由于玻璃液颜色较深,不利于透热,宜采用窑体尺寸较小且池浅的池窑,以免玻璃液在池底粘结。通过拉丝比较,铜尾矿玻璃料性较短,但成型仍可采用浇注或压制工艺。退火要用室式退火炉,若用隧道式退火窑退火时,玻璃容易炸裂,退火湿度为 580~640 ℃。成型后的玻璃必须在高于 700 ℃的温度下送入退火炉。二次加工可采用普通大理石厂的切割磨抛设备。

3)性能检测。

A.检测标准。目前国内尚无钢尾矿饰面玻璃检测标准。本试验参照《陶瓷釉面砖的试验标准》(GB/T 4100.4—1999),由同济大学材料性能测试中心进行检测(注:因其耐浓酸、浓碱较好,而耐稀酸较差,故检测改用稀酸、稀碱溶液)。

B.检测结果。铜尾矿饰面玻璃漆黑光亮,无杂质、气泡,可进行切割、磨抛等加工,磨抛后其表面光泽度不小于 100,与天然大理石相比,颜色更黑,而且均匀一致,具有高贵典雅、庄重大方的装饰效果。其理化性能见表 4 – 16。

表 4 – 16 铜尾矿饰面玻璃与同类材料主要性能对比

项　目	密　度 /(g·cm^{-3})	抗折强度 /MPa	表面硬度 （莫氏）	吸水率 /%	耐酸性	耐碱性
铜尾矿玻璃	2.6~2.7	40~50	5	0	0.3~0.5	0.1~0.2
大理石	2.71	17	3.5	0.02~0.05	10.3	0.28
花岗岩	2.61	15	5.5	0.23	0.91	0.08
废渣微晶玻璃	2.61~2.71	30~130		0	7~0.07	15.0~3.7

4)影响质量因素分析。

A.辅助料对熔制、产品性能的影响。铜尾矿 Al_2O_3 含量较高,$(SiO_2+Al_2O_3)/(Na_2O+K_2O)$ 比值较大,因此必须加入含 Na_2O、CaO 等的辅助原料以降低液相出现温度,促进熔化。但加入量要有所控制,实验表明,CaO 含量越高,铜尾矿玻璃的耐酸性也越差,在稀的酸溶液中不长时间,玻璃表面就会形成白色的结晶,并逐步向玻璃内部侵蚀,直到完全溶解。

铜尾矿玻璃中的 SiO_2 含量小于 50%时,耐酸性能较差。增加 SiO_2 含量(添加硅砂),能明显提高其化学稳定性。

B.翻泡、硝水产生的原因。实验表明,如果熔制温度过低,容易产生翻泡现象。这是因为 S^{2-}、Fe^{2+}、Fe^{3+} 在铜尾矿玻璃液中大量共存的缘故。而当温度较高时,$Fe_2O_3 \Longrightarrow 2FeO + \frac{1}{2}O$ 反应向右进行,使玻璃液中氧分压增大,有利于 S^{2-} 氧化形成 SO_2 而排出,有效地减少了玻璃液中的 S^{2-} 含量,因而减少了翻泡现象。

S^{2-} 过多会产生翻泡现象。铜尾矿中硫含量较高,而且大部分以 S^{2-} 形式存在,因此当 Na_2O 等加入量不足时,玻璃液中便有大量 S^{2-} 存在。"开缸"时,空气中的氧从玻璃液表面不断向内部渗透,S^{2-} 不断被氧化成 SO_2 而形成气泡,所以"开缸凉料"时间越长,翻泡越严重,而且表面还不断有晶斑晶膜形成并越来越厚。翻泡也是产生气泡和灰泡的原因之一。

碱金属氧化物过多产生硝水。为了消除翻泡现象而过多强加碱金属氧化物时,在炉前可以观察到玻璃液表面有大量的硝水形成。当适当减少碱金属氧化物含量时,玻璃液表面的硝水会明显减少或消除。这是因为碱金属氧化物过多时,在玻璃液中有大量的硫酸盐形成。由于产生了硝水,所以不能起到澄清剂的作用。因此外加碱金属氧化物量一定要合理控制。

4.3　铅锌冶金固体废物的处理

4.3.1　铅锌尾矿作水泥矿化剂

我国铅锌矿及冶炼厂分布很广,废渣排放量也很大,需占用大量农田作为堆放场地,其中的有害溶出物还会污染水源。另外,铅锌尾矿的化学成分接近黏土原料,并且其中含有多种微量元素,对水泥煅烧有矿化和助熔作用,有利于改善生料易烧性,提高熟料质量。将铅锌尾矿配入生料,代替部分黏土和铁粉,并作为矿化剂使用,可获得良好的社会经济效益。

4.3.1.1　铅锌尾矿的矿化机理

铅锌尾矿系铅锌矿的脉石与围岩,经破碎、粉磨、浮选后水冲排入尾矿堆场,其外观形状为细沙状或组粉状,一般在排矿口处较粗,距排矿口较远处较细。在选矿过程中加入石灰和选矿药剂(主要是硫酸盐)为表面活性剂,对水泥熟料煅烧无不利影响,表面活性剂还是生料粉磨的助磨剂。根据其含硫量的高低,可分为高硫型和低硫型两种。这些尾矿的细度(120 目筛筛余)在 15% 左右,塑性指数达 13.5% 以上,对生料成球有一定的益处。因此,铅锌尾矿可作为水泥生料的配料组分。

在生料配料中掺入铅锌尾矿燃烧水泥熟料,能大幅度降低熟料的烧成温度,促进熟料矿物的形成。其主要作用机理如下。

1)引入 Zn^{2+}、Pb^{2+} 等微量成分,在 $900\sim1\,000$ ℃ 时与熟料中的 Fe_2O_3、Al_2O_3、MgO 等氧化物反应生成含锌矿物,并以中间体的形式存在,促使熟料液相提前出现;

2)当燃烧温度升至 $1\,100$ ℃ 时,这些含锌的硅酸盐中间化合物开始熔融,并在较低的烧成温度下分解,有效地改善了生料的易烧性,加速了熟料矿物的形成;

3)熟料中的 Zn^{2+} 一部分进入中间相(主要在铁相中),不仅增加了液相量,而且降低了液相的黏度,促使 C_2S 加速吸收 CaO 形成 C_3S;

4)另一部分 Zn^{2+} 进入硅酸盐相(主要在 A 矿中),被置换出的 C_3S 中的 Ca^{2+} 又与 SiO_2 反应形成 C_3S,使 A 矿数量增加,并使 C_3S 因晶格缺陷而提高了活性;

5)Zn^{2+} 等微量成分的引入对 A 矿有稳定作用,在熟料慢冷时 A 矿也不致被分解,因而即使采用低饱和比($KH=0.85$)配料,A 矿数量也明显增多。

4.3.1.2　铅锌尾矿作为水泥熟料燃烧矿化剂的研究

我国研究人员利用黄沙坪铅锌尾矿代替部分黏土和铁粉煅烧水泥熟料,研究结果表明,铅锌尾矿能够有效降低系统共熔温度,提高矿物活性,强化分烧过程;能有效改善水泥凝结时间、早期强度等性能,具有良好的社会经济效益。其主要研究内容如下。

(1)铅锌尾矿的化学成分。黄沙坪铅锌尾矿的化学成分见表 4-17。

表 4-17　铅锌尾矿的主要化学成分

化 学 组 成/%							
SiO_2	Fe_2O_3	Al_2O_3	CaO	MgO	ZnO	PbO	SO_3(全硫)
26.20	19.39	5.10	16.22	2.80	0.30	0.15	19.52

从表 4-17 可以看出,铅锌尾矿中 Fe_2O_3 及总硫量偏高,Al_2O_3 含量偏低。经原子吸收光谱半定量分析,铅锌尾矿中还含有微量的铜、钡等元素。对其进行放射性检验,放射性指标在国家允许的安全范围之内。

(2)易烧性和易磨性试验。铅锌尾矿粗粒主要是石英砂,其易磨性较差,但由于在选矿过程中经过了粉磨,且加入了石灰和选矿药剂,其综合易磨性与石灰石相近,在掺量不大的情况下,对磨机产量无明显影响。用铅锌尾矿全部代替黏土配料,在电炉中作耐火度对比试验,从外观上看,铅锌尾矿所配料在 930 ℃ 即有烧结迹象,物料结为块状,此时用黏土配料组仍为粉状。在烧成温度下,铅锌尾矿料的液相量明显高于黏土所配料。游离氧化钙分析(见表 4-18)说明铅锌尾矿有较强的助熔矿化作用。

表 4-18　易烧性实验结果(f-CaO%)

样　品	尾矿掺量 /%	煅　烧　温　度/℃						
		800	900	1 000	1 100	1 200	1 300	1 400
Q0	0	9.21	7.62	6.98	6.22	4.47	3.29	2.12
Q1	10	8.37	6.55	5.45	5.44	4.25	3.12	1.88
Q2	20	7.62	5.67	4.87	4.23	3.89	2.67	1.22
Q3	30	6.87	4.66	4.00	3.55	3.23	2.12	0.66
Q4	40	6.44	4.78	3.88	3.02	2.98	1.82	0.45

由表 4-18 还可以看出,随着尾矿掺量的增加,矿化作用愈加明显。但当尾矿掺量大于30%时,其助熔和矿化作用变化不大。因此,适当配料的铅锌尾矿可用来作为水泥生产调整料,代替部分黏土并作为矿化剂使用。

(3)水泥物性检测。按照国家标准对试验样品进行物理性能检测,所得试验样品主要物理力学性能见表 4-19。

表 4-19　试验熟料物理力学性能

编　号	初凝时间	终凝时间	安定性	标准稠度用水量/%	抗压强度/MPa				抗折强度/MPa			
					1 d	3 d	7 d	28 d	1 d	3 d	7 d	28 d
Q0	1:10	2:30	良	26.0	13.34	36.48	50.50	62.96	3.73	6.77	7.75	8.24
Q1	1:55	4:55	良	25.8	13.34	42.27	58.84	71.98	3.53	7.26	8.53	9.41
Q2	1:45	4:15	良	25.5	19.22	38.64	50.60	62.37	4.81	6.28	8.04	8.34
Q3	2:10	5:40	良	25.8	29.62	47.66	60.11	70.71	6.18	7.94	9.12	9.41

可见,用铅锌尾矿配制的熟料,具有较理想的凝结时间和较高的强度,说明铅锌尾矿具有较好的矿化作用,用其代替铁粉、石膏配料,所得熟料强度、凝结时间等主要物理性能指标优异,可配制成 525 标号水泥。

(4)研究结果分析与讨论。从试验结果和样品检测看出,掺入铅锌尾矿作为矿化剂后,烧成熟料矿物与不掺铅锌尾矿的对比样品没有什么不同,但能使熟料矿物的形成温度明显提前,熟料凝结时间缩短,强度特别是早期强度明显提高。

1)硅酸盐矿物析晶温度降低。根据硅化物基本原理,多元体系的最低共熔温度随系统相的数量的增加而降低。由于铅锌尾矿中含有多种微量元素,本已存在的多相共熔体系的相数比参比样品明显增加,其最低共熔温度和参比样品相比明显降低,进一步导致硅酸盐矿物析晶温度降低,促进了燃烧进程。

2)微量元素的助熔和活化作用。铅锌尾矿中含有 Pb^{2+} 和 Sn^{2+} 等多种微量元素。这些微量元素不仅能在熟料形成过程中起矿化或助熔作用,而且能够掺杂或固溶到某些矿物晶格中,导致了某些矿物水化活性增强。

3)铅锌尾矿中硫的矿化作用。从铅锌尾矿的化学分析结果可以看出,除了 Pb^{2+} 和 Sn^{2+} 外,铅锌尾矿中含有一定量的硫化物。而少量硫化物的存在对熟料假烧过程具有的促进作用,早已得到了证实。所以,铅锌尾矿对熟料煅烧过程的矿化作用,实际上是多种因素同时存在的一种复合的矿化作用。

(5)工业性生产。管宗甫等在实验室研究的基础上,先后在湖南省的桂阳、嘉禾等水泥厂进行了中试,在中试时,只引进了当地的铅锌尾矿及萤石作为矿化剂,没有改变工厂原有的生产工艺、设备,不增加投资。试验取得了明显的效果,产品完全达到了设计标号要求,其物检结果见表 4-20。

表 4-20　中试熟料物理力学性能

编　号	初凝时间	终凝时间	安定性	标准稠度用水量/%	抗压强度/MPa			抗折强度/MPa		
					3 d	7 d	28 d	3 d	7 d	28 d
GY	1:10	2:30	良	27.5	36.48	50.50	62.96	6.77	7.75	8.24
JH	1:55	4:55	良	28.0	42.27	58.84	71.98	7.26	8.53	9.41
FH	1:45	4:15	良	24.2	38.64	50.60	62.37	6.28	8.04	8.34

从工业性生产结果看出,利用铅锌尾矿配制的生料易磨性与普通生料没有明显差异,且所配生料成球性能良好,球的粒度和密实度容易调节,不易形成大泥团。铅锌尾矿萤石复合矿化剂的矿化效果和助熔作用均很强,可以在立窑中烧制出强度较高的熟料,磨制出质量较好的水泥。所配生料易烧性好,窑内底火较完整,上火均匀,通风良好。

4.3.2　凡口铅锌矿的综合利用

凡口铅锌矿是目前亚洲最大的单一铅锌银矿生产基地,国家能源资源规划重点矿区和矿产资源重点勘查区,矿山资源丰富,品位高,储量大,矿石中除富含 13% 左右的铅锌金属外,还赋存大量的银和锗、镓等稀散金属。目前矿山年采矿石约 140 万吨,日处理铅锌矿石 5 500 吨,具有年产 18 万吨铅锌金属量的生产能力。主要产品有铅锌矿石、铅精矿(品位 60%)、锌精矿(品位 55%)、混合铅锌精矿(铅+锌品位 47% 以上)、高铁硫精矿(品位 47%)、建筑砂石料。经过 50 多年矿产资源开发,对社会经济做出了巨大贡献。但早期开采引起了一些生态环境问题,主要是浅部疏干排水导致地下水位下降,尾矿搁置损毁水土资源,废石尾砂堆存影响地形地貌景观等。

4.3.2.1　凡口铅锌矿利用现状

凡口铅锌矿尾矿利用工作起步于 20 世纪 80 年代中期,在尾矿中回收硫精矿、尾矿制作建筑材料水泥熟料、粗粒级尾矿作井下胶结充填骨料等方面已经取得了一些实用性成果。主要表现在以下几个方面。

(1)尾矿直接利用。尾矿直接利用是指未经再选的尾矿直接利用,如可利用尾矿作为建筑材料、土壤改良剂及磁化复合肥、采空区填充材料等。我国利用尾矿作建筑材料的研究起步于 20 世纪 80 年代初期,凡口铅锌矿选矿厂的尾矿作矿化剂煅烧水泥,在 1989 年进行试验,并于 1990 年少量应用于工业生产。这项工程只在原有水泥生产过程中掺入 5% 的尾矿砂,无需另行设计。加入尾矿作矿化剂,提高了生料易烧性,降低了煤耗,并且提高了水泥熟料的标号,产生了较好的经济效益。由于尾矿含硫较高且波动性较大,加入量不易控制,增加了对电极板和其他设备的腐蚀,还容易形成低浓度的酸,加上少量的重金属元素可能产生污染等原因,工业生产在 90 年代中后期已停止使用这项工艺。

利用尾矿作采空区填充材料。多年来,为了提高凡口铅锌矿选矿厂尾矿利用率,经过几代矿山科技工作者的艰苦求索,终于在 2003 年实现了高效分级尾矿浇面充填工业试验,此技术能有效回收 +0.019 mm 的尾矿,占总尾矿的 55%。采用高效分级尾砂替代棒磨砂浇面后,其设计灰砂比充填参数基本不变,提高了尾砂胶结充填体的强度,从而降低了单位体积浇面充填成本,年节省充填费用 600 万元。

(2)尾矿作二次资源。凡口铅锌矿的尾矿中主要成分为脉石(石英、碳酸盐矿物、绢云母等),其次为硫和铁,其中硫和铁主要以黄铁矿的形式存在,黄铁矿在整个尾矿中的含量高达 20% 左右。20 世纪 90 年代中期,由于硫精矿价格较高,一些私营企业开始在尾矿库二次回收硫精矿,当时已取得了较好的经济效益,后来由于硫精矿的价格下降,加上乱开采等原因导致停产。

(3)提高有用矿物的回收率。凡口铅锌矿投产初期使用铅锌混合浮选工艺,铅、锌、硫的回收率分别只有 74.37%、89.13%、43.06%,尾矿产出率高达 55%,尾矿中的铅锌和稀散元素等有价金属含量较高。如今用高碱电位调控快速浮选工艺,回收率得到了较大提高,铅的回收率为 87%、锌为 94%、硫为 55%。尾砂产出率下降至 43%,每年可少产出尾砂 1.2×10^8 kg,缓解了矿山尾矿库的压力,每年可节约 227.8 万元尾矿输送成本。

4.3.2.2 凡口铅锌矿利用存在的问题

尽管凡口铅锌矿的尾矿利用已经取得了一些成绩,特别是利用尾矿作采空区填充材料方面已取得了突破,但还存在一些问题。首先是缺乏强有力的约束和激励机制,没有充分利用好国家对尾矿综合利用的优惠政策;其次是矿山开发利用尾矿资源的意识还不够强,尾矿中有价值的金属元素,特别是稀散金属镓、锗等没有得到充分的回收(主要原因是精矿中的镓、锗等稀散金属不计价),尾矿资源开发利用科技投入偏少,科研力量薄弱;引进和开发利用尾矿的先进技术、设备、工艺不够,真正使尾矿成为 21 世纪企业生产新资源方面的研究还比较少;研究与应用脱节现象比较突出,有应用前景的研究成果难以转化为现实生产力;企业过多地从经济效益出发考虑尾矿的综合利用,较少地从社会效益和环境效益考虑如何更好地回收利用尾矿;凡口铅锌矿的矿藏比较丰富,还有一段较长时间的开采期,企业领导对尾矿的综合回收利用不够重视。

4.3.2.3 凡口铅锌矿综合利用计划

我国资源利用率和选矿回收率都较低,与发达国家相比仍有提升空间,一是目前我国的再生资源回收利用率偏低,主要品种回收率不超过 50%,二是我国再生资源综合利用层次、利用附加值亟需提升。目前,矿山生产的尾矿数量多,剩余在尾矿中的有用组分也多,造成巨大损失。凡口铅锌矿目前的选矿水平已达到了世界一流,但在 20 世纪 60、70 年代生产的尾矿中金属元素有较高的品位(铅、锌总含量有时达到了 2%),稀散金属镓、锗等到现在还一直没有充分的回收。要综合利用这些尾矿,首先必须弄清尾矿资源贮量和分布,需要对尾矿库重新进行钻探取样,进行财政预算评价,这种前期地质工作比开发一个新的露天矿山容易得多,结果也精确得多。其次,凡口铅锌矿的尾矿库具有良好的交通和生产设施,可节省一大笔基建费用。第三,尾矿结构疏松,容易开采,无需破碎和磨矿,生产成本低,综合利用尾矿在经济上合理、在技术上可行。近年来,国内许多院校对尾矿综合利用开展了大量研究工作,并取得了一定的成果。比如,马鞍山研究院对国土资源部的专家预测,尾矿利用将是 21 世纪矿产综合利用范围最广、潜力最大的领域,将是人们争先利用的新资源,是矿山企业振兴的坚实物质基础。结合凡口铅锌矿尾矿综合利用的调查情况,对它的综合利用和研究主要体现在以下几个方面。

(1)综合回收尾矿中有价的组分。先综合回收尾矿中有价值的组分,再将余下的尾矿直接利用,这是我国目前处理尾矿最常用的方法。由于技术水平、装备性能和选矿工艺的限制,造成有用组分流入尾矿中,特别是 20 世纪 60、70 年代生产的尾矿。20 世纪 90 年代以来,凡具备条件的矿山大都开始了尾矿的再选工作,由于各种原因,凡口铅锌矿的尾矿至今没有进行再选。尾矿中可供利用的有较高价值的元素有铁、铅、锌、镓、金、银、硫、锗、铜、镉等 10 余种,特别是稀散金属镓、锗的再选将大有可为。

(2)利用再选后的尾矿作采空区填充材料。目前,凡口铅锌矿的尾矿未经再选就直接分离出 +0.019 mm 粒级进行采空区填充,对减少尾矿产出,减轻尾矿坝的库存起到了重要作用,经济效益十分明显。然而,在矿产资源日益短缺的今天,从充分回收有价值的元素,特别是回收稀散金属元素方面去考虑,这是一种巨大的浪费。对尾矿的再选研究方面要加大资金投入,力争早日实现尾矿中的有价金属充分回收利用,再选后的尾矿作采空区填充材料将会使矿产资源利用最大化。

(3)用铅锌尾矿生产水泥熟料。凡口铅锌矿尾矿生产水泥熟料的研究始于 1989 年,由于当时没有解决好尾矿中硫含量过高的问题而被迫停产。如今,只要将尾矿中的硫精矿回收利用,降低硫的含量,在原来的试验研究基础上,结合当今的尾矿生产水泥熟料新技术,再进行一些科学研究,完全可以转化为工业生产。由于凡口铅锌矿尾矿富含铁质及其他微量元素,构成具有较低的共熔系统,煅烧时表现为物料上火速度快,底火层薄而脆,易导致粘边等不正常情况的发生。因此,配料时有必要配入较大量的黏土,以增大熟料的烧结范围,增加底火强度,利于底火层的稳定。另外,对入厂原材料的质量,要严格执行内控指标,实行专门验收,分别堆放,专人管理,对铅锌尾矿的掺入份量要严格按化验室指令搭配,这样产出的水泥熟料标号可以提高 5%～10%,还可以降低煤耗,具有较高的经济效益和环境效益。在配水泥熟料过程中,必须考虑有毒的重金属镉、汞、铅等的污染问题,要严格按照国家有关标准配制。

(4)制作地面砖。目前,利用尾矿开发新型彩色地面砖固化剂及相关的成型工艺技术已经成熟。该工艺技术是利用新型固化剂所形成的细腻、高强度刚玉胶质层,使砖体表面有较好的玉质感、光滑耐磨。试制的彩色尾矿地面砖具有色彩鲜艳、表面光亮、棱角分明、花样繁多等特点,其各项技术指标均达到或超过国家对道路、人行道用砖的标准要求,符合当前市政建设的需求。试验表明,尾矿可以大部分或全部代替河砂,具有投资少、见效快、风险小、尾矿利用率高的特点,是一种新型的环保产品。该产品既可以用于街道两侧及广场铺设,又可以进入市场销售,在创造较好经济效益的同时,也产生了非常好的社会效益和环境效益。利用尾矿生产新型彩色地面砖技术的关键在于新型固化剂的应用,凡口铅锌矿产生的尾矿因含有重金属元素,不能直接制造地面砖,必须经过再选以去除大部分的重金属元素,再选后的尾矿与新型固化剂的不同配比还需进行大量基础研究。

(5)堆土复垦。对凡口铅锌矿尾矿进行了有价值元素再选,再选后分出 +0.019 mm 的尾矿进行井下充填,-0.019 mm 尾矿进行生产水泥熟料和制作地面砖以后,余下的尾矿将大大地减少,对这部分没有回收价值的尾矿进行堆土复垦是一种有效的方法。多年来,凡口铅锌矿在废水和湿地治理方面积累了丰富的经验,一些学者利用生物治理手段做了大量的工作,包括种植高密度植物香蒲、筛选抗性藻类、菌类微生物等。经过十多年的努力,生物种类已逐渐增加,现今已形成了以香蒲、芒、油草等多年生草本植物为主体的人工湿地污水处理系统,其中香蒲最为繁茂。如今可以充分利用这些研究成果对余下的尾矿进行堆土复垦,以解决凡口铅锌矿的尾矿污染。堆土复垦后不能种植经济作物,尤其是粮食和蔬菜。此法没有从根本上解决尾矿对地下水和地表水的重金属污染。

此外,利用凡口铅锌矿尾矿再选后,粗粒级井下填充余下的细尾矿作路基材料,强度是否达到二级公路的要求还有待研究。在条件成熟时还可以回收绢云母等非金属矿物。

4.4 镁冶金固体废物的处理

我国炼镁企业发展迅速,皮江法炼镁技术设备投入少、成本低,但生产 1 t 镁产渣为 6.5～8.0 t,目前企业镁处理渣主要以填埋和堆积为主,污染土地,阻碍农作物生长,并造成资源浪费和生态环境的破坏。皮江法炼镁渣含有大量的 $\beta\text{-}2CaO \cdot SiO_2(s)$,具有较高活性,但在扒渣冷却过程中,当温度降到 798 K 下则转变成 $\gamma\text{-}2CaO \cdot SiO_2$,体积增大 12%,所以在冷却时容易发生粉化现象,导致渣中粒径 147 μm 以下细粉高达 60% 以上,流动到空气中不仅污染环境还引起人类呼吸道不适,高碱性的还原镁渣冷却时也吸收空气中水分而潮解,合理利用镁渣关系到企业发展和环境的改善。

4.4.1 镁渣概述

镁渣是金属镁厂在炼镁过程中排放的固体废弃物。生产金属镁的工艺大致如下。将白云石在回转窑中煅烧,然后经研磨成粉后与硅铁粉和萤石粉混合、制球,送入耐热钢还原罐内,在还原炉中以 1 190～1 210 ℃ 的温度及 1.33～10 Pa 真空条件下还原制取粗镁,再经过熔剂精炼、铸锭、表面处理,即得到金属镁锭,剩余的残渣即为镁渣。

镁渣的主要成分是 CaO、SiO_2,此外还有未还原的 MgO 等。由于各镁厂生产条件及工艺差别,镁渣的成分并不是固定的,而是有一个波动范围。镁渣成分波动的范围是 CaO 为 40%～50%;SiO_2 为 20%～30%;Al_2O_3 为 2%～5%;MgO 为 6%～10%;Fe_2O_3 约 9%。

从化学分析角度看,镁渣应该具有较高的火山灰活性,然而,实际应用表明镁渣的火山灰活性远远低于粒化矿渣、粉煤灰等活性材料。一般 CaO、Al_2O_3 含量较高而 SiO_2 含量较低的混合材料活性比较大。由镁渣的组成含量可以看出,镁渣的活性系数(Al_2O_3/SiO_2)比较低,但其碱性系数和质量系数很高,所以镁渣容易吸水,冷却后容易吸收空气中的水分而潮解,从而导致其水化活性比较低。

镁渣主要矿物组成为 $\gamma\text{-}C_2S$、$\beta\text{-}C_2S$。由于 $\beta\text{-}C_2S$ 可在低于 1 200 ℃(炼镁温度)时形成,所以镁渣在出罐以前以 $\beta\text{-}C_2S$ 为主,出罐后大部分活性较高的 $\beta\text{-}C_2S$ 在冷却过程中于 400～500 ℃(排渣时自然降温过程中)发生相变转变成稳定的 $\gamma\text{-}C_2S$,相变过程中发生体积变化,造成约 12% 的体积膨胀,由此引起渣的粉末化,化学内能也相应降低。另外 $\gamma\text{-}C_2S$ 有明显水化惰性,这也是镁渣水化活性比较低的一个原因。但是镁渣中含有一定量的 $\beta\text{-}C_2S$、MgO、Mg_3N_2 和 $f\text{-}CaO$ 等水化活性矿物,在没有激发剂作用下,镁渣自身也可以发生水化反应,具有一定的水化活性。镁渣加水消解后,水溶液的 pH 增大,表面生成一层厚度大约为 1.0 mm 的乳白色的"浮冰",干燥后发生结块并出现硬化现象,说明镁渣自身有水解和水化的能力。镁渣中含有的 MgO、Mg_3N_2 和 $f\text{-}CaO$ 等矿物使镁渣在一定程度上因水化反应而具有膨胀特性。

4.4.2　镁渣的综合利用

目前我国的镁渣综合利用技术主要集中于作为钢铁脱硫剂或循环流化床锅炉脱硫、生产复合硅酸盐水泥和新型墙体材料、泡沫玻璃、钙镁硅复合肥、固化剂、胶凝材料、混凝土膨胀剂、陶粒支撑剂和多孔陶瓷滤球等方面。

(1)生产复合硅酸盐水泥和新型墙体材料。复合硅酸盐水泥是由硅酸盐水泥熟料、两种或两种以上规定的混合材料、适量石膏磨细制成的水硬性胶凝材料,称为复合硅酸盐水泥。水泥中混合材料总掺加量(按质量百分比)应大于 20%,不超过 50%。利用镁渣生产复合硅酸盐水泥的原理是在水泥生料中加入炼镁废渣,煅烧成硅酸盐水泥熟料后,再加入适量镁渣等掺料,磨细制得复合水泥(MgO 质量分数约为 4.0%)。需要注意的是利用镁渣生产复合硅酸盐水泥,掺量范围应满足水泥中方镁石含量的限制要求。

在国内,已有研究发现将镁渣直接与磨细的矿渣按照一定比例混合,添加复合激发剂,可配制胶结料。这种利用镁渣生产墙体材料的工艺简单,成本低廉,节省能源,并且这种金属镁渣生产出的胶结材料具有良好的胶凝性能,制成的墙体材料密度小、强度高、耐久性好,产品质量符合相关标准。大部分企业只是单一地应用镁渣材料制砖,其实还可以在镁渣中掺入一定量的轻骨料,制作轻质保温、隔热墙体材料或制成屋面材料。

(2)循环流化床锅炉脱硫。由于循环流化床锅炉脱硫技术主要是利用氧化钙进行脱硫,而镁渣中氧化钙的质量分数在 50% 左右,所以对镁渣进行脱硫性能的研究是有意义的。且有研究发现镁渣作为脱硫剂,脱硫效果主要与镁渣的粒径、孔隙率、脱硫温度等因素有关,粒径越小,孔隙率越高的镁渣,在适当的空气过量系数和温度下,可提高镁渣的脱硫效率。

(3)微晶泡沫玻璃。特定条件下玻璃发生晶化得到晶粒细小并均匀分布的微晶玻璃,材质介于陶瓷和玻璃之间,力学性能、耐腐蚀性及热稳定性优良,主要生产工艺多采用烧结法和压延法等,具有较高经济附加值。有色金属水淬渣多为亮黑色,含硅酸铁较多,目前铜、铅、镍炉渣生产微晶泡沫玻璃研究较多,镁渣应用较少。

镁渣成分中存在大量的钙、镁、硅氧化物,但碱度大不能直接用于微晶泡沫玻璃制备,需添加助熔剂和玻璃粉降低镁渣碱度,并改善软化温度和耐腐蚀性能,达到泡沫玻璃生产条件。研究发现利用 Na_2CO_3 作发泡剂,分析纯六偏磷酸钠稳定气泡,助熔剂硼砂降低烧结温度,此外,Na_2CO_3 分解产物是强效助熔剂 Na_2O,促进 Si —— O 键断裂,所得泡沫玻璃内部析出微晶 $CaSiO_3$ 及 Ca_2SiO_4,继续添加镁渣导致微晶尺寸增大,当渣量超过 35% 时,可能产生 $CaAl_2Si_2O_3$、$Ca_2Fe_2O_5$ 等晶体,当加入助熔剂 2%、稳泡剂 3%、发泡剂 2%、反应 30 min、温度 950 ℃ 时,泡沫玻璃综合性能最好。此外,还需考虑可能出现的重金属问题,目前微晶玻璃用于建筑墙体隔热,若能扩大其耐腐蚀和多孔性能,比如生物玻璃植入等,可扩大应用领域,提高使用价值。

(4)硅钾复合肥。我国严重缺钾,探明的可溶性钾只占全球的 2%,钾长石的开发煅烧能耗高、排放高,烟气需脱硫脱硝,高成本低售价,企业经济效益差。钾长石制得钾肥中重金属等杂质含量难控制,使用安全性低,肥料煅烧时氧化硅与碳酸钙形成水硬性的 β-2CaO·SiO_2,极易造成土壤板结。镁还原渣中含有土壤有益元素 Ca、Mg、Si、Fe,有害金属含量低,Cr 以毒性较小的 Cr^{3+} 存在,铬、铜、镍浸出质量浓度均低于危险废物标准限值,含有对土壤有益元素,污染风险低。传统工艺使用磷酸、硫酸或盐酸对镁渣改性处理后制备肥料,工艺复杂且存在废液回收和析出有害元素,李咏玲采用碳酸钾高温分解得到氧化钾,再与镁渣反应得到 K_2O-CaO-SiO_2 和 K_2O-MgO-SiO_2 渣系,加热温度、冷却方式、镁渣粒度、K_2O 添加量等影响肥料结晶性能,此外,添加 3% MgO 利于 Mg_2SiO_4 结晶相生成,可改善肥料中钾缓释性与硅溶出性。Xia Dehong,Ren Ling,Chen liangze 等针对氮磷钾复合肥中 Ca、Mg、Si 等次级元素不足导致农作物抗虫、抗病能力较低的问题,利用镁渣制备得到 Ca-Mg-Si 复合肥应用效果优于市场上同类化肥,抗虫性更高,作物生长周期缩短且产量提高。

若在皮江法炼镁工艺原料中加入难溶性含钾矿石,炼镁的同时附产含钾复合肥料,实现镁渣的合理回收,炼镁时镁渣中的 CaO 与含钾原料反应生成硅钙酸盐,钾实现可溶性转变;同时,真空条件的使用减少重金属挥发逸出,镁渣内重金属量明显降低,提高镁渣对作物的安全利用性;此外,由于炼镁还原工艺时间长,可减小镁渣冷却速度和自粉化,β-$2CaO \cdot SiO_2$ 转变成 γ-$2CaO \cdot SiO_2$,改善硅酸钙水硬性引起的土壤板结。镁渣利用价值高,克服难溶钾肥原料煅烧时重金属含量高且能耗高的缺点,一举两得,工艺简单,提高企业社会和经济效益。

(5)固化作用。利用镁渣使软土固化。软土强度和压实度差影响路基寿命,一般采用固化材料(石灰和水泥)实现软土固化,水泥固化剂强度虽达要求,但成本高、水稳定性较差;石灰固化材料成本低,但效果也较差。此外,还有二灰固化剂(粉煤灰、石灰),但因强度和水稳定性都差,使用不多。粉砂土路基液化现象严重,加入镁渣对高含水水泥粉砂土进行固化,水泥中 OH^- 激发镁渣活性,改善颗粒间的胶结黏附力,粉砂土液化现象明显改善,试验结果表明,7.28 d 粉砂土黏聚力分别增加了 103.0%、73.8%,使得土样变形由柔性变形转化为脆性变形。

利用镁渣制作固化剂。镁渣固化/稳定重金属工艺效果明显、工艺时间短且适应性广、操作简单,具有很高的使用价值,陈玉洁等利用镁渣及粉煤灰混合渣处理污酸渣,实现铜和镉的固化/稳定,镁渣的添加并未改变污酸渣内物相,仅影响衍射峰的强弱。研究发现在污酸渣内添加 60% 镁还原渣后,Pb 主要以 $PbSO_4$、PbO 和 $CdO \cdot PbO_2$ 形式存在;掺杂 60% 镁渣的污酸渣经过 1 150 ℃ 高温处理 6 h,产生了 $CaO \cdot Al_2O_3 \cdot SiO_2$ 的胶凝体系及 $3CaO \cdot Al_2O_3$(C_3A)相,优化了固化/稳定重金属 Pb 的效果。

此外,利用镁渣改善膨胀土路基,膨胀土塑性指数、液限、自由膨胀率均发生显著改善,无侧限抗剪和抗压强度都先增后减,当添加 15% 镁渣时强度最大。

(6)建筑方面。利用镁渣制作胶凝材料。含有活性的阳离子和高水化活性的镁渣,水化后转化为硅酸钙凝胶,但产物内部 $[SiO_4]^{4-}$ 链易丢失形成杂化物结构,为改善凝胶耐久性,添加一定细粒度的硅酸盐水泥或其熟料、细矿渣,水泥基胶凝材料具有自收缩性缺点,需添加粉化膨胀性镁渣进行控制。研究发现采用镁渣、石膏及水泥、粉煤灰、碱性激发剂制得新型胶凝材料,镁渣与粉煤灰比影响产品性能,5:5 时胶凝材料的强度和力学性能最优,10% 石膏、15% 水泥,所得产品性能较好。目前已有轻烧氧化镁所得改性硫氧镁水泥胶凝体系固化含氰废渣,部分含氰废渣参与胶结水化过程阻碍 CN^-,还提供骨架作用增大强度,后续可研究镁固废胶凝材料固化含氰废渣工艺和机理,实现科学处置危险废物。

利用镁渣作为混凝土膨胀剂。混凝土硬化时易因失水导致干缩和因温降引起冷缩,为控制混凝土的收缩开裂需添加膨胀剂进行改善以提高耐久性,冶金废渣镁渣或钢渣常用作此类膨胀剂。镁渣中钙、镁氧化物发生水合反应后均得到膨胀性的氢氧化物,体积膨胀率各自为 97.9%、148%,单使用镁渣且在水中养护 7 d 后,无法满足标准混凝土膨胀剂要求,需添加激发剂改善镁渣性能,如石膏激发镁渣火山灰活性,石灰加快水化过程改善其早期的膨胀性能,添加后各养护龄期下均达到混凝土膨胀剂的强度和限制膨胀率要求。

(7)工业用途。利用镁渣作为陶粒支撑剂。在石油天然气开采时,为保证油气岩层裂开而不闭合,需要注入携带陶粒支撑剂的压裂液流体,此人造高强陶粒支撑剂直接影响开采进程。镁渣可替代三氧化铬、二氧化钛等辅料得到高强陶粒支撑剂,显著降低工艺烧结温度和燃料消耗,针对镁渣陶粒支撑剂最佳烧结温度的研究较少。

4.5 钛冶金固体废物的处理

我国具有丰富的钛资源,具有广泛的发展前景。我国钛白粉工业起步较晚,1955 年一些研究机构才开始进行硫酸法的系统研究。1956 年在上海、广州和天津等地开始试用硫酸法生产钛白粉,但只能用于生产搪瓷和电焊条,产量低,质量也差。1958 年制成涂料用型钛白粉。随后就逐步建立了一些钛白粉厂,设备趋于正规化和大型化,钛白粉产量增大的同时,质量也在不断提高。钛渣是经过物理生产过程而形成的钛矿富集物俗称,是生产四氯化钛、钛白粉和海绵钛产品的优质原料。

4.5.1 含钛冶金渣概述

钛渣是电炉熔炼制得的富含二氧化钛的渣料。二氧化钛是一种多晶型化合物,主要有三种晶型,即板钛型、锐钛型和金红石型,表 4-21 是二氧化钛的晶格常数。

表 4-21 二氧化钛的晶格常数

晶 型	板钛型	锐钛型	金红石
晶 系	斜 方	正 方	正 方
晶 形	板 形	锥 形	针 形
晶格常数/nm	$a=0.916\,6$	$a=0.375\,8$	$a=0.458\,4$
	$b=0.543$	$c=0.951\,4$	$c=0.295\,3$
	$c=0.513\,5$	$2\theta=25.5°$(衍射角)	$2\theta=27.5°$(衍射角)

二氧化钛的晶体结构表现为一个钛离子被六个氧离子包围,钛离子与氧离子之间又有很强的结合力。二氧化钛的分子量为 79.86,在常温下几乎不与其他化合物作用,呈化学惰性,是一种化学性质十分稳定的两性物质。二氧化钛在高温和长时间煮沸条件下才能与氢氟酸和浓硫酸发生化学反应。

二氧化钛可与氢氧化钠的熔融物反应,也可与碱金属的碳酸盐一起熔融,还能溶于碳酸氢钾的饱和溶液,这些都可以作为制取钛酸盐的手段。二氧化钛必须与还原剂混合,才能与氯气反应。二氧化钛在高温下可被氢、钠、镁等还原剂还原成低价钛的化合物。二氧化钛在有机介质中,在光和空气的作用下可循环地被还原和氧化而导致介质被氧化,我们把这种性质叫作光化学活性。这一特性使二氧化钛成为某些反应的有效催化剂。二氧化钛还可以与其他物质反应,如硫化碳、氨气、酸式硫酸盐等等。

二氧化钛具有优良的光学性质,主要表现为二氧化钛具有极高的不透明性,这是由于在二氧化钛粉末表面发生光的散射所致。但已经凝聚的细粒二氧化钛,因有效粒度变粗而使其不透明性降低,由于二氧化钛与涂料介质之间的折射率相差很大,所以二氧化钛有很强的遮盖力和着色力,二氧化钛有很高的反射率,但如果粒子粗糙,也不能起到镜面作用,会降低光泽度,并会带来其他底色,着色后色调发暗。在整个可见光谱内,二氧化钛晶体发生强烈的等幅散射,使人的视觉得到白色的感觉,这是由于二氧化钛的结构稳定,可见光的激发作用并不能使电子获得足够的能量进行引人注目的跃迁,具有很低的吸收作用和很高的散射能力,二氧化钛对可见光中所有波长的光波都有同等程度的反射,因而呈现白色。但是,钛白的白色并非十全十美,因为它会吸收处于光谱远蓝端的短波光,使产品带有淡黄色调,金红石型的二氧化钛比锐钛型的吸收更为强烈,因此金红石型显出的淡黄色调也更强烈,而这个缺点,可被其较高的反射率和遮盖力所抵消。

4.5.2 含钛冶金渣的处理与处置

钛渣是复杂多元体系,采用常规浸出、选矿等方法难以将固溶体结构打开。若想使钛渣中的钛与杂质分离,必须对其进行预处理。大量研究发现,高温焙烧能够改变钛渣的物相组成、破坏黑钛石固溶体结构,有利于杂质去除,使钛渣品质得到提高。目前主要采用氧化-还原焙烧、氧化-氯化焙烧、钠化焙烧、磷酸化焙烧等。矿物的不同,有的工艺在焙烧酸浸后还会采用一段碱浸用来除去酸浸后含有的硅、磷等杂质,促使钛进一步富集。

(1)氧化-还原焙烧浸出。加拿大矿业公司(Quebec Iron Titanium,QIT)最早采用氧化-还原焙烧浸出工艺处理钛渣,基本原理是先利用氧化-还原焙烧使钛渣中黑钛石的固溶体结构发生改变,然后通过酸浸工艺去除杂质。在氧化焙烧阶段,钛渣中低价态的 Ti^{3+}、Fe^{2+} 转化成高价态的 Ti^{4+}、Fe^{3+},同时 Fe 发生迁移,向颗粒表面移动,另外破坏钛渣中的硅酸盐玻璃体结构形成 $CaSiO_3$、SiO_2、CaO,而在还原过程中高价态铁被还原,低价铁在酸浸阶段更容易浸出除去。此工艺处理钛渣效果良好,但钛渣经过氧化还原处理后需要高压盐酸浸出,盐酸容易腐蚀设备,因此对设备要求高,很难实现工业化生产。

(2)酸化焙烧浸出。酸化焙烧浸出是采用浓硫酸、浓磷酸、三氧化硫气体等破坏钛渣的固溶体结构,将其中的 Ti^{3+} 氧化成 Ti^{4+},杂质转化成硫酸盐或磷酸盐等形式,后期经酸浸处理,钛与杂质分离。酸化焙烧可在低温下进行,但是焙烧过程采用硫酸、磷酸或 SO_3,若为气体则要求设备气密性良好;若为浓硫酸则危险性较高,并且目前的研究表明,采用酸化焙烧生产的人造金红石产品质量不高。

(3)钠化焙烧浸出。钠化焙烧浸出是钛渣与碱金属盐在高温下反应生成可溶性碱金属盐,再通过浸出将钛与杂质分离。钛渣中的钛主要以黑钛石相存在,无论是钠化焙烧工艺还是亚熔盐工艺生产金红石或生产二氧化钛,生产过程中排放的 CO_2 对空气污染小,但是因其成本较高,钠化焙烧工艺和亚熔盐工艺很难工业化生产。单纯提高钛渣的品位不可行,利用钛渣低成本、高效、制备高附加值的二氧化钛成为众多研究者研究的方向。

(4)选择性析出。上世纪 90 年代开始,东北大学隋智通教授通过教研工作结合我国复合矿中存在多种有价元素的资源特性提出了"选择性析出技术"。"选择性析出"的原理是先通过调整出一定物理化学条件,利用化学位梯度使渣中的目标相选择性地富集,再通过控制一定条件,促使富集相析出长大、粗化,然后采用合理工艺(选矿或浸出)进行分离除杂。钛渣的选择性析出,是含钛相预先富集到金红石相,另外由于金红石不溶于稀酸,渣中大部分杂质溶于稀酸,因此可采用酸浸分离或者碱浸工艺除杂。

选择性析出方法比较新颖,但是该方法前期处理难度大,并且需要后处理工艺,成本也较大。

(5)微波处理钛渣制备金红石。现有的人造金红石生产工艺中存在生产工艺流程较长、成本较高、环境污染大等问题,再加上国家对环保要求越来越严格,因此,必须改善人造金红石的生产工艺,探索人造金红石制备的新型工艺,同时加快现有生产方法的装备的升级换代。

微波加热属于一种"整体加热"方式,即样品整体吸收微波能,使内外同时加热。除了具有整体加热优势外,与常规加热方式相比,微波加热还具有选择性加热、加热效率高、能耗低且环保等优势,并且微波加热具有促进冶金反应速度以及降低反应所需温度的作用。因此,微波加热技术在矿物处理、冶金、化工过程单元方面得到广泛应用。陈菓等对钛渣进行了微波加热焙烧研究,利用微波加热将钛渣加热到 950 ℃,并进行保温 60 min 处理。实验结果表明:微波处理后的钛渣中锐钛型 TiO_2 晶型成功转变为金红石型 TiO_2 晶型。

4.5.3　含钛冶金渣的综合利用

我国钛资源的利用率只有近 15%,原矿中大约 50% 的钛进入了钛精矿,在随后的高炉冶炼过程中流入高炉渣中,形成了钛渣。影响渣中钛资源综合利用率的因素主要有两个,一是矿石的嵌布关系复杂,约 50% 的钛集中在钙钛矿中,渣中的钛分散在钙钛矿、富钛透辉石、攀钛透辉石、尖晶石和碳氮化钛等多种含钛矿物中;二是分散在高炉渣中的含钛矿物晶粒非常细小,平均只有 10 mm 左右,采用常规选矿技术分离回收钛非常困难。因此,回收利用钛渣中的钛,难度较大,钛渣的综合利用率还有待提高。目前钛渣利用的主要方向有两方面,一是提纯钛渣中的 TiO_2,如制人造金红石;二是利用钛渣制各种材料制品,如用钛渣制陶瓷材料或混凝土等。

(1)制备高纯 TiO_2。制人造金红石。人造金红石是制钛白粉的主要原料之一。钛白粉可以制涂料、高级白色油漆、白色橡胶和高级纸张的填料,也大量用于生产氯化法二氧化钛,也可用于生产四氯化钛等。涂料在白色颜料中,钛白的性能最佳。二氧化钛最优异的属性是折射率高,使它的粉末体具有卓越的颜料性能。世界二氧化钛产量中,有 60% 用于制造涂料,其中金红石型约占总量的 70% 以上。用钛白制造的涂料,色彩鲜艳、用量省、品种多、漆膜寿命长、使用广泛。

钛白的表面性能及分散性的好坏,钛白的粒度,钛白的水溶盐组分及钛白的晶型是否有表面处理,对生产出来的涂料的使用性能都有很大的影响。钛白的细度越细,分散性就越好,涂料的光泽就越高。尽管钛白价格比传统白色颜料高几倍,但它的颜料性能也比后者好几倍。几十年来经济和质量因素的演变使钛白取代了传统的白颜料。据预测在今后的 50 年或更长的时间内,还找不到具有工业价值的新型白色颜料来取代它。今后,随着现代化建设的发展,人民生活水平逐年提高,家用工业品的拥有量与日俱增,对白色、浅色涂料需求量愈来愈多,钛白用量将会大量增长。

(2)制造塑料。塑料的性质主要取决于合成树脂,而钛白可以改进塑料的性能。由于钛白的不透明性大,白度高,化学稳定性好,与合成树脂、催化剂、增塑剂等接触不发生反应,是制造白色或彩色塑料中最优良的不透明剂、着色剂和填充剂之一。加有钛白的塑料不仅可以提高强度,呈蓝色底相,延长使用寿命,而且用量省、色彩鲜艳、无毒。不同塑料对二氧化钛的要求不一样,用于绝缘性塑料的钛白,要求所含的水溶性盐要低;用于塑料薄膜的钛白,可采用不经后处理的锐钛型,要求含水分低;用于聚苯乙烯、聚烯烃塑料的钛白,应经过有机表面处理。

世界上塑料用钛白占钛白消费量的 15.5%,仅次于涂料工业。全世界每年消费于塑料工业的钛白约 35 万吨。塑料是我国钛白的一个潜在用户,以世界平均耗量计,每吨塑料制品耗用钛白约 5 kg。随着我国塑料产量的大幅度增长,塑料用钛白一定会有较大的增长。

(3)造纸。二氧化钛是生产纸张的高级填料,钛白加填的纸张其不透明度比其他填料高 10 倍。此外,用钛白加填的纸张白度高、光泽好、强度大、薄而光滑、性能稳定、降低印刷穿透能力。造纸用钛白必须有良好的水分散性、颗粒细而均匀、铁含量低、化学性能稳定,这样才能使造纸工艺过程稳定。但我国造纸行业与世界先进造纸技术相比仍存在着问题。目前 TiO_2 只应用于超薄纸张和特殊纸张中。

(4)化学纤维。二氧化钛在纤维中是一种优良的消光剂,常用来进行内消光和外消光。在纺丝原液中加入少量的钛白,就能得到很好的永久性消光和增白效果,而不影响纤维的强度和物理性能,还可提高韧性。用钛白消光的化纤产品,易染色、手感好、耐穿用。因此,它是化纤工业不可缺少的原料。

不同的化学纤维对钛白的要求不同。用白度好、着色力强的钛白,制得的化学纤维白度和色度均好。经过表面改性的钛白用于某些化学纤维中,还可以改善其耐光性和耐候性,扩大应用范围。化学纤维工业为确保质量,对钛白的水分、纯度、细度、三氧化二铁含量、灼热碱量、水分散性等均有相应的要求。

(5)橡胶。橡胶用钛白的质量要求在硫化加热(110~170 ℃)时不泛黄,对硫磺和其他配合剂的稳定性良好,不与这些配合剂反应而变色。钛白在橡胶工业中,除作为着色剂外,还有补强、防老、填充作用。用钛白制得的白色和彩色橡胶制品在日光照射下耐曝晒、不龟裂、不变色、老化慢、强度高、伸展率大,并具有耐酸和耐碱的性能。钛白的着色力均高于其他白色颜料,在生胶中分散性能好。在橡胶中加入少量钛白,除增加着色效果外,还可提高橡胶的耐热性和稳定性。

(6)油墨。钛白是高级油墨中不可缺少的白色颜料。在油墨生产过程中,颜料对油墨的质量起着至关重要的作用。油墨用钛白应外观纯白、耐久不黄泛、表面润湿性好、耐酸碱、耐光、耐热、易于分散。用于照相凹凸板的油墨应使用锐钛型钛白,而印金属的油墨则应使用金红石型钛白,并要求不含氧化锌,吸油量低、耐热、耐蒸汽、耐弯曲、耐候性好。

(7)搪瓷。二氧化钛有很大的折射率,它对入射光线发生折射、反射或由绕射面发生偏射和散射的能力最强,因此是最好的白色乳浊剂,所得的瓷釉乳浊度最强。不仅如此,二氧化钛在制造瓷釉时能与其他材料均匀混合、不结块、熔制作业容易,在釉料中都能熔融,在冷却结晶时能结成适当的晶粒,从而使瓷釉获得很高的不透明度。由于不透明度高,因此所得制品重量轻、机械强度高、表面光滑、耐酸性强、色泽鲜艳,不易沾污。

搪瓷用二氧化钛要求纯度高,含杂质少,对于能使钛瓷釉产生黄荫的铁和铬、影响折射率的铌及铜、锰、硫、钨等要严加控制;同时,对光线的蓝调、红调、绿调折射率要高。不同的搪瓷品种对二氧化钛的晶型也有不同要求,若采用混晶型的二氧化钛可节省二氧化钛用量的 15% 左右。二氧化钛的颗粒大小也要均匀,在熔制时易于与其他材料混合,从而使熔制温度和时间容易控制。

(8)电焊条。二氧化钛是很好的造渣剂,焊接时形成熔渣覆盖在熔池上,不仅能使熔化金属与周围气体隔绝,而且能使焊缝金属的结晶处于缓慢冷却的保护之中,从而改善了焊缝结晶的形成条件。二氧化钛是很好的稳定剂,所得熔渣的熔点低、黏度小、流动性好、操作稳定、工艺性能好。二氧化钛的脱氮能力也很高,钛与氮能形成稳定的氮化钛,迅速进入渣中,从而排除了氮对焊缝的有害影响,改善了焊缝金属的机械性能。二氧化钛还有较强的附着力,在焊条制造时可减少水玻璃的用量,是很好的黏塑剂。

(9)冶金。二氧化钛在冶金工业上用于制造高温合金钢、非铁合金、硬质合金、砂钢片和金属钛等产品。含钛合金钢耐高温、质量轻、机械性能和抗腐烛性好。常用于制造飞机、人造卫星、导弹及化工设备。二氧化钛与碳、氮、硼等生成的一系列化合物硬度极大,其中以碳化钛的硬度最高,是硬质合金中的重要品种。与涂料用钛白不同,冶金用二氧化钛的质量要求是化学成分,而不是物理性能,要求其纯度要高。

(10)其他用途。随着纳米技术的发展,丰富的钛资源使得纳米二氧化钛的研究与应用已经成为焦点。纳米二氧化钛还具有很高的化学稳定性、热稳定性、无毒性、超亲水性、非迁移性,且完全可以与食品接触,因此被广泛应用于抗紫外材料、纺织、光催化触媒、自洁玻璃、防晒箱、食品包装材料等。

纳米二氧化钛具有很强的散射和吸收紫外线的能力,特别是对人体有害的中长波紫外线的吸收能力很强,效果比有机紫外吸收剂强得多,并且可透过可见光,无毒无味、无刺激性,因而广泛用于化妆品。对于化妆品中二氧化钛含量而言,粒径越小,可见光透过率越大,可使皮肤白度显得自然。但添加的颗粒粒径不是越小越好,太小会将毛孔堵住,不利于身体健康;而粒径太大,紫外吸收又会偏离这一波段。纳米二氧化钛的光催化功能在医学领域也得到了充分的应用。利用二氧化铁光催化作用治疗肿瘤,这种方法将来在医学临床上可用于治疗消化系统的胃、肠肿瘤,呼吸系统的咽喉、气管肿瘤,泌尿系统的膀胱、尿道肿瘤和皮肤癌等。

在耐火材料工业中,二氧化钛可以用于制造特种耐火材料;在玻璃工业中,可以制造耐热玻璃、玻璃纤维、不透红外线玻璃等特种玻璃;利用二氧化钛还可以制造地毯、装饰织物、美术颜料、蜡笔、铅笔等;同时,二氧化钛还可用于制造非线性元件、介质放大器、电镀材料等。

4.6　几种特殊有色金属冶金固体废物的处理

4.6.1　含砷废渣的处理

含砷废渣主要可分为冶炼废渣和处理废酸、废水时的含砷废渣及电解时产生的含砷阳极泥等。冶炼废渣中的砷主要以砷的中间产物的形式存在,处理废水、废酸时的含砷废渣主要有硫化砷渣、砷酸钙渣和砷酸铁渣。

4.6.1.1　冶炼废渣的处理

目前,对于含砷高的冶炼废渣一般采用以下两种方法,一种是用氧化还原焙烧等火法处理,使其中的砷以白砷(As_2O_3)的形式回收;另一种是用酸或碱浸等湿法流程,先把砷从废渣中分离出来,然后再做进一步的处理。前者火法处理砷的回收率比较高但劳动条件差,容易产生二次污染且成本高;后者的湿法处理较火法有成本低,无二次污染,劳动条件好,低能耗和除砷效率高等优点,但其工艺流程较复杂,生产中应设法缩短流程,简化操作。

锑冶炼企业中产生的砷碱渣是粗锑加碱精炼除砷过程的产物,其中的锑主要以亚锑酸钠的形态存在,砷以砷酸钠的形态存在。锡矿山炼锑厂碱渣中锑和砷的物相组成列于表 4 - 22。

表 4-22　精炼碱渣内锑和砷的存在形式和含量

存在形式	Na_3SbO_3	Na_3SbO_4	Sb	Na_3AsO_3	Na_3AsO_4	As
含量/%	83.27	0.22	16.51	97.88	1.89	0.23

其碱渣处理方法为先加水搅拌浸出碱渣中的砷酸钠和亚砷酸钠(砷浸出率达 99%以上),而锑盐及金属锑等不溶成分则留于浸出渣中,锑的回收率可达 95%以上,经澄清后,所得浸出渣(一般称锑渣)含锑 50%~63%,含砷低于 1%,烘干后送反射炉或鼓风炉处理。浸出液可直接蒸发浓缩或再加以烘干,产出结晶砷酸钠混合盐或无水砷酸钠混合盐,这两种混合盐经玻璃厂试用证明,都可以代替白砷作澄清剂,以生产优质玻璃。

4.6.1.2　处理含砷废水时产生的含砷废渣的处理

对硫化砷渣的处理以制取白砷为主,使用较多的方法主要有硫酸铜置换法和硫酸高铁法。使用硫酸铜置换法生产白砷的代表厂家是日本住友公司。该公司采用非氧化浸出法,用硫酸铜溶液中的 Cu^{2+} 置换硫化砷渣中的砷,然后再用 6%以上的 SO_2 还原得到 As_2O_3 与其他重金属离子分离。该工艺环境好、自动化程度高,能得到纯度为 99%以上的氧化砷。整个生产过程在常温常压下进行,既安全又可靠,可以回收砷、铜,同时也可以回收硫,但此工艺流程比较复杂。贵溪冶炼厂以硫化砷滤饼为原料从日本引进了该湿法生产白砷的工艺。白银公司冶炼厂采用硫酸高铁法在常温下操作处理硫化砷渣,制取白砷,回收有价金属铋,既治理了砷害,改善了环境,又综合回收了有用资源,同时无二次污染。各企业可根据自产废渣的成分及自身的条件选择适合自己的处理方法。对于砷钙渣,若锑含量较高则可代替白砷用于玻璃配料中,低锑砷钙渣则和砷酸铁一起经高温固化处理后废弃。然而,美国环保局的毒性浸出程序(TCLP)浸出实验结果表明,砷酸钙的稳定性较差,具有相当高的溶解度,与砷酸钙接触的溶液中砷的浓度高达 900~4 400 mg/L。另有报道称,在 700 ℃下煅烧砷酸钙沉淀可以有效降低其溶解度,提高其稳定性。

4.6.1.3　含砷阳极泥的处理

铜、铅阳极泥是在铜、铅电解精炼过程中产生的一种副产品。阳极泥中通常含有 Au、Ag、Se、Te、Pb、Cu、As、Sb、Bi、Ni、Fe、Sn、S、SiO_2、Al_2O_3 和铂族金属等。目前,国内外各大型冶炼厂处理阳极泥仍使用火法流程,即通常所称的阳极泥处理的传统工艺,但火法处理设备投资大,利用率低,设备配套不全,容易产生二次污染,故也有企业采用湿法或火法-湿法联合处理工艺。一般对于含砷阳极泥的湿法处理方法为先脱除贱金属(脱杂)以富集贵金属,然后再从浸出液中分别还原出银粉、金粉和铂、钯等贵金属。砷作为一种极为有害的元素,在阳极泥的处理过程中,分布于流程的各个环节中,不仅使处理流程复杂化,影响其他综合利用产品的质量和产量,更重要的是严重地污染了环境,因此,必须先对阳极泥进行脱砷预处理。对于铜阳极泥,有报道先采用 KOH 溶液进行预处理,选择性地除去其中所含的砷和锑,之后再采用常规的加碱焙烧、水浸回收硒、硫酸浸出回收铜、盐酸浸出碲、电解回收贵金属的工艺,这样就减少了砷和锑对环境的污染。对当前较难处理的高砷铅阳极泥,研究人员采用苏打烧结水浸的方法处理。将阳极泥与苏打加入适当水均匀混合置于马弗炉中焙烧,焙烧产物水浸除砷后,经过滤分离,滤渣回收银及其他有价金属,滤液浓缩结晶获粗亚砷酸钠产品。也有研究人员提出了一种在水蒸气气氛中焙烧脱砷的新工艺。试验主要对反应气氛、焙烧温度、焙烧时间等影响因素进行了系统考察。结果表明,在水蒸气气氛下焙烧高砷铅阳极泥,脱砷率≥87%,焙砂含砷<3%,脱砷效果明显好于空气气氛。利用此法可有效地实现砷的开路处理,避免"砷害"。M. A. Femandez 等人首先采用碱性浸出黑铜渣中的砷和锑,然后采用酸性浸出黑铜渣中的铜。日本今井贞等人采用碱性浸出黑铜渣并生产亚砷酸。日本专利报道了将黑铜渣经预氧化后,用硫酸浸出生产硫酸铜和亚砷酸的工艺。

4.6.1.4　砷产品的开发与应用

目前,金属砷主要作为合金材料应用到铜和铅的合金中。此外,砷也被当作掺杂材料应用到一些半导体材料中,如 N 型半导体材料等。而随着人们健康和环保意识的增强,砷在杀虫剂、除草剂、木材防腐剂、农药等方面的用量正在逐渐降低。

(1)合金材料。砷具有半金属性,因而也被用作合金材料。例如,在铅中加入 2% 的砷构成的砷铅合金在军事工业中被用以制造子弹头、军用毒药和烟火。在铜中添加 0.15%～0.5% 的砷制成的砷铜合金可以显著降低铜的导热性和导电性,提高含氧铜的加工塑性,常用于生产火车燃烧室的支撑螺旋杆及高温还原气氛中的零部件。

(2)半导体材料。高纯砷不仅是制取化合物半导体砷化镓、砷化铟等的原料,还是半导体材料锗和硅的掺杂元素,例如,半导体材料硅中掺砷后成为 N 型半导体,它的自由电子的浓度大大增加,导电能力也大大增加。这些材料被广泛应用于二极管、发光二极管、激光器等的制造中。

(3)医药。砷具有生理和药理作用,也被广泛应用于医药卫生领域。在 18～20 世纪,一些砷的化合物就曾被当作药物使用,例如,现在已经被抗生素所替代的阿斯凡纳明,就曾被保罗·埃尔利希用于治疗梅毒和锥虫病。有研究表明,一些含砷中药制剂不仅可抑制肿瘤组织生长,还具有抗病原微生物以及抗疟疾的作用。2000 年,美国食品药品监督管理局也同意把三氧化二砷开给得急性早幼粒细胞白血病并对维 A 酸有抗药性的病人。

(4)木材处理。砷对昆虫、细菌与蕈类有极大的毒性,因而被应用到木材的防腐剂中。例如,铬酸铜砷(CCA)是木材防腐处理中一种常见的防腐盐,自 20 世纪 50 年代开始就成为了砷最大的消费领域。但是近年来,随着世界各国对环境保护以及健康要求的不断提高,美国、日本、欧盟等国家和地区已经禁止或者严格限制使用 CCA 木材防腐剂和 CCA 处理木材,取而代之的是 ACQ(四价铜铵络合物)和 CBA(吡咯硼铜络合物)等不含砷的绿色建材型木材防腐剂,因而砷在木材处理领域的应用量大幅下降。

(5)其他应用。砷有毒性,也曾被应用到杀虫剂、除草剂和毒药中。例如,已经被甲基砷酸钠(MSMA)与甲基砷酸二钠(DSMA)所取代的砷酸氢铅在 20 世纪时曾被用作果树用杀虫剂,但它会损伤使用者的大脑。

砷的一些化合物也曾被当作颜料用于玻璃、陶瓷等,如醋酸亚砷酸铜(又名巴黎绿)曾被用来当作绿色颜料,但因为砷有毒,因而含砷的颜料也逐渐被替代。

砷也被加入到黄铜当中,用于抵制脱锌,这种黄铜常用来制造水管配线。

4.6.2　锡锑渣的处理

4.6.2.1　锡锑渣的化学全分析

广东省顺德市锡锑冶炼总厂的锡锑渣化学全分析结果见表 4-23。

表 4 – 23　锡锑渣化学全分析/(％)

损耗	SiO_2	Al_2O_3	Fe_2O_3	CaO	MgO	CaF_2	FeO	SnO_2	MnO_2	Sb_2O_3	TiO_2	RO_2	PbO_2	ZnO	CuO	总 计
−1.09	20.42	14.31	18.54	15.06	5.54	7.93	10.17	1.61	1.39	1.33	1.07	0.96	0.82	0.54	0.08	99.77

注:RO_2 指碱,氧化钠,氧化钾。

从表 4 – 23 中可以看出,锡锑渣的化学成分主要为 CaO、SiO_2、Al_2O_3、Fe_2O_3、FeO、CaF_2、MgO 等,其矿物组成主要是橄榄石($2Fe_2O_3 \cdot SiO_2$)、高碱硅酸钙、镁蔷薇辉石($3CaO \cdot MgO \cdot 2SiO_2$)、磁铁矿及大量的玻璃体。根据锡锑渣中 Fe_2O_3、FeO 含量较高的特点及含有多种微量元素可起到矿化作用的特性,可以利用它替代萤石作矿化剂煅烧水泥熟料。河北科技大学材料学院的研究表明,橄榄石与鳞石英的最低共熔温度为 1 178 ℃,比正常熟料的最低共熔点 1 338 ℃要低 150 ℃以上,因此引进锡锑渣能使熟料最低共熔温度下降,促使液相提前生成;锡锑渣能降低水泥熟料烧成时液相出现的温度,降低液相的黏度,从而使 C_3S 的形成温度降低了 120～180 ℃,促进了 C_3S 的形成;锡锑渣中铁(Fe_2O_3 和 FeO)的含量较高,Fe_2O_3、FeO 的存在具有一定活性,能降低 $CaCO_3$ 的分解温度,促进低 $CaCO_3$ 的分解;锡锑渣中橄榄石属斜方晶系,无解理面,磁铁矿属等轴晶系,这与硅酸盐水泥熟料矿物组成非常相似,在熔融状态下起到诱导结晶的晶核作用,改善生料的易烧性。

4.6.2.2　处理实例

研究人员曾尝试用广东省顺德市锡锑冶炼总厂的锡锑渣替代萤石作矿化剂,在卓峰水泥公司二厂 Φ3.0 m×10 m 机立窑生产线上煅烧水泥熟料并获得成功,取得了良好的经济效益和社会效益。其主要工艺措施如下。

1)强化磨前细碎工艺,严格控制入磨物料粒径(Φ20 mm 筛)筛余≤15％,合格率≥95.0％;控制入磨物料水分,石灰石≤1.0％,黏土=1.5％～4.0％,铁砂 3.5％,煤=3.0％～5.0％,锡锑(或萤石)≤2.0％,各合格率≥90.0％。

2)采用微机控制系统,提高配料计量的准确性,确保出磨生料细度、SiO_2、CO、Fe_2O_3 及含煤量的合格率≥80.0％。

3)强化窑前均化工艺,出磨生料定时轮换入库,出库时多库搭配,采用空气搅拌库均化,确保入窑生料 SiO_2、CaO、Fe_2O_3 的合格率≥90.0％。

4)用锡锑渣作矿化剂煅烧熟料后,上火速度加快,根据这个特点,把湿料层的厚度由原来的 500 mm 改为 600～700 mm,并要求使用"压边部、勤松边、提中火、保窑心"的"V 型窑面煅烧操作方法";统一采用小球料暗火连续煅烧操作技术,坚持加料、用风、上火速度、卸料"四平衡";以稳定底火为中心,提高窑工的责任心,及时处理偏火、呲火、粘边等异常窑况;尽量提高入窑风量,确保中部通风良好,抓好相关工序的协调配合,使立窑煅烧逐步实现大风、大料和快烧急冷。

5)锡锑渣的掺入使生料球的质量下降,给煅烧增添了一定的难度。为此在成球工艺上,调整成球盘角度和边沿高度,适当延长成球时间,缩小料球粒径,使 5～8 mm 料球占 85％以上,并将成球水分由 12.5％～13.5％提高到 13.0％～14.0％,有效改善生料的成球质量。

6)由于锡锑渣熔点低,煅烧时液相出现温度降低。造成易结深边,底火变软,不利于煅烧控制,为此该厂将熟料的配热量由 4 100 kJ/kg 降至 3 930 kJ/kg 左右。同时,稳定煤的发热量,控制煤的挥发成分、全硫量,为立窑煅烧硬底火的形成和良性循环创造客观优势。

工业试生产中锡锑渣应用前后出厂水泥物理性能对比见表 4 - 24。

表 4 - 24　锡锑渣应用前后水泥配比及物理力学性能

锡锑渣掺入量/%	POR425 水泥配比/%			80 μm 筛筛余/%	比表面积/m² · kg⁻¹	损耗/%	安定性	凝结时间		抗折强度/MPa		抗压强度/MPa	
	熟料	石膏	混合材					初凝	终凝	3 d	28 d	3 d	28 d
0	89.0	3.5	7.5	2.1	365	2.51	合格	2:46	4:27	4.8	7.2	25.7	49.9
0.5	88.5	3.5	8.0	1.8	369	2.54	合格	2:37	3:58	5.0	7.5	26.1	51.2
1.0	88.5	3.5	8.0	1.6	377	2.72	合格	2:31	3:52	5.3	7.8	26.6	52.6
1.5	88.0	3.5	8.5	1.5	388	2.61	合格	2:35	3:45	5.6	8.0	27.4	52.4
2.0	88.0	3.5	8.5	1.9	381	2.48	合格	2:49	3:30	4.6	7.7	27.9	51.5

用锡锑渣作矿化剂后,大大改善了生料的易烧性,且立窑煅烧过程中无不良现象,减少了锡锑渣应用前立窑易出现吡火、底火拉深等异常窑状,明显提高了熟料的产品质量。从表 4 - 24 可以看出,出厂水泥质量伴随出窑熟料质量的提高而提高,在提高水泥综合质量的前提下,还可多掺混合材,降低水泥生产成本。

4.6.3　银铋渣的处理

银铋渣是铋精炼过程中加锌除银所得的一种副产品,其中富含 Au、Ag、Bi、Zn、Cu 等多种有价金属,具有很高的经济价值。目前处理此类物料的方法多为传统的火法,将银铋渣熔融后吹炼得到金银合金,铋在烟尘中以氧化铋的形式回收;也有用氯化法(氯气氯化法、氯酸钠氯化法)浸出分离贱金属,再从渣中回收金银的工艺。火法存在金属直收率低、污染严重的问题;氯化法存在流程长、金银需分段回收、设备腐蚀严重等问题。工作人员研究了硫酸浸锌、硝酸浸其他金属的全湿法新工艺,不仅能对 Au、Ag、Bi、Zn、Pb、Cu 等进行有效分离,且直收率高,生产成本低。该工艺简单实用,易于进行工业化生产,特别适合于处理富含 Au、Ag 的物料。其主要研究内容如下。

4.6.3.1　银铋渣性质

试验所用银铋渣原料外观呈灰色,是块状和粉状的混合物,其中 Ag 以 $AgZn_3$、Au 以 $AuZn_5$ 物相形式存在。试样中主要化学元素的含量见表 4 - 25。

表 4 - 25　试验用银铋渣中各主要元素的含量

元　素	Ag	Au	Bi	Zn	Pb	Cu
含　量/%	4.04	400.1(g/t)	40.05	29.52	4.22	3.01

4.6.3.2　原理及工艺流程

试验采用硫酸浸锌、硝酸浸其他金属的全湿法工艺,结合从浸出液中提取各种有价金属的手段,从银铋渣中回收金渣、银粉、次硝酸铋、工业硫酸锌和海绵铜等产品。

1)稀硫酸浸锌。将银铋渣用稀硫酸浸出,Zn 溶解为 $ZnSO_4$ 溶液,其反应式为

$$Zn + H_2SO_4 \longrightarrow ZnSO_4 + H_2 \uparrow$$

$ZnSO_4$ 溶液经进一步处理后,可得工业硫酸锌产品($ZnSO_4 \cdot 7H_2O$)。

2)硝酸浸其他金属。浸锌后的浸渣用硝酸浸出,Ag 被溶解,其反应式为

$$Ag + HNO_3 \longrightarrow AgNO_3 + NO\uparrow + H_2O$$

与此同时，其他金属 Bi、Pb、Cu 及残余的 Zn 与硝酸也有类似反应，如 Bi 与硝酸的反应为

$$Bi + HNO_3 =\!=\!= Bi(NO_3)_3 + NO\uparrow + H_2O$$

而 Au 则因不发生任何反应而留在渣中成为金渣产品。

3）沉淀银。向硝酸浸出产生的含 Ag、Bi、Pb、Cu、Zn 浸液加入食盐，Ag^+ 和 Pb^+ 将与 Cl^- 发生沉淀形成铅银渣，其反应式为

$$Ag^+ + Cl^- =\!=\!= AgCl\downarrow$$
$$Pb^{2+} + Cl^- =\!=\!= PbCl_2\downarrow$$

铅银渣可通过氨浸使 AgCl 溶解，得铅渣和含银溶液，含银液用水合肼还原即可得银粉产品。

4）中和水解沉铋。沉银后的含 Bi、Cu、Zn 溶液用氨水处理并用水稀释，可沉淀出次硝酸铋产品，其反应式为

$$Bi(NO_3)_3 + NH_3 \cdot H_2O \longrightarrow BiONO_3\downarrow + NH_4^+ + NO_3^- + H_2O$$

5）铜的提取。沉铋后的含 Cu、Zn 溶液与 $ZnSO_4$ 溶液一同经锌粉置换除杂和蒸发结晶，可得海绵铜产品和工业硫酸锌产品。

4.6.3.3 浸出研究

将所有试样破碎至 2 mm 以下，进行浸出试验。

（1）磨矿细度试验。在湿法浸出过程中，原料粒度愈细，则反应速度愈快，有利于金属的浸出。在新工艺中，经济地获得粒度适宜的反应料是获得较好技术指标的关键。研究表明，细度在 200 目物料达 70% 左右时比较经济合理。进一步提高磨矿细度，浸出率提高幅度不大，却增加了磨矿成本。

（2）稀硫酸浸锌试验。稀硫酸浸锌主要是为后段硝酸浸出时尽可能减少硝酸消耗量。该试验获得的锌浸出率为 82.5%（按渣计）。锌浸出率不高的主要原因是锌与铜、银等形成合金包裹所致。此时，Bi、Cu、Ag、Pb 等几乎不浸出。

（3）硝酸浸出试验。除锌后的银铋渣用硝酸浸出，Ag、Pb、Cu、Bi 及残余的 Zn 均溶于溶液，从而与 Au 实现一步分离。该试验分别考查了 HNO_3 用量和反应温度对金属浸出率的影响，试验结果表明：

1）当 HNO_3 用量为理论量的 1.25 倍时，Pb、Bi、Cu、Ag 的浸出率均在 98% 以上；低于此值时，Pb、Bi、Cu、Ag 的浸出率均有显著下降。HNO_3 用量过高时，将增加 HNO_3 耗量和损失，并给后段处理带来麻烦。因此，HNO_3 用量控制在理论量的 1.25 倍为最佳。

2）升温对浸出是有利的。当体系温度为 60 ℃时，Pb、Bi、Cu、Ag 的浸出率为最高；温度达到 80 ℃时，浸出率反而下降，主要是由于 HNO_3 挥发过快所致。因此，60 ℃为最佳反应温度。

3）在最佳条件下，能很好地实现 Au 与其他金属的分离，渣率为 4.97%，Au 在浸出渣中的富集比平均为 20.12，有利于更好地回收 Au。

4.6.3.4 浸出液中金属的分离提取

（1）银的分离与提取。向硝酸浸出液中加入一定量的饱和食盐水，加热至 80~90 ℃，搅拌 1 h 即可过滤。此时滤液中 Ag<1 mg/L，Ag 的沉淀率大于 99.8%。氯化沉银过程中，Pb^{2+} 以 $PbCl_2$ 形式也同时沉淀下来，而最终得到铅银渣和含 Bi、Cu、Zn 液。沉银液进入下段分离，铅银渣用氨水浸银，过滤后得含银液和铅渣。铅渣中含银大于 500 g/t，需返回浸银，以提高银的

浸出率；含银液用水合肼还原得含银 99% 以上的银粉，尾液处理后集中排放。

（2）沉银液分离铋。将沉银后的溶液用 $NH_3 \cdot H_2O$ 中和至 pH=2.0～2.5，再用水稀释至原来的 2 倍，得 $BiONO_3$ 沉淀，过滤后得次硝酸铋，铋沉淀率大于 99.5%。

（3）铜锌的分离。沉铋后的含 Cu、Zn 溶液返回至硫酸锌溶液中，调整 pH=1.5～2.0，加热至 80～90 ℃，用锌粉置换除杂，Cu 成为海绵铜产品，溶液经蒸发浓缩，结晶成工业硫酸锌（$ZnSO_4 \cdot 7H_2O$）。

（4）试验产品成分分析。将最佳浸出条件下整个试验分离得到的产品经干燥后分析成分，结果见表 4-26。

表 4-26　试验产品成分分析结果/(%)

产品名称	主含量	直收率
金渣	Au 8 021.3[①]	99.64
银粉	Ag 99.36	银粉中 96.65，金渣中 1.58
次硝酸铋	Bi 70.25	97.76
海绵铜	Cu 90.13	96.37
工业硫酸锌	Zn 21.96	95.83

①Au 的主含量单位为 g/t。

表 4-26 表明，全湿法新工艺使银铋渣中的有价金属得到了充分的分离回收，金、银的直收率高达 99.64% 和 98.23%，其他金属的直收率也均在 95% 以上。

<h1 align="center">练　习　题</h1>

1.有色冶金固体废物的来源有哪些？

2.有色冶金固体废物对环境的污染和危害有什么？

3.简述铝电解固体废物赤泥在工业及环保领域的应用。

4.铝电解质溶液中碳渣如何形成？减少及分离铝电解质溶液中碳渣的途径有哪些？

5.铜渣在建筑方面的应用有哪些？

6.简述凡口铅锌矿的综合利用计划和研究现状。

7.目前，我国镁渣的综合利用主要集中在哪些方面？

8.简述钛冶金渣的综合利用方向。

第5章 矿山固体废物处理及资源化

5.1 矿山生产及其固体废物

矿山资源是一个国家发展的重要基础。矿山一般是指采矿、选矿及对其所产生矿石进行破碎、切割等粗加工的生产单位,即采矿作业的场所,包括开采过程形成的开挖体、辅助设备及运输通道等。矿山固体废物是指矿山开采及利用过程中产生的大量的固体废物,通常主要分为废石和尾矿两种类型。常见的矿山固体废物包括露天矿剥离和坑内采矿产生的大量废石、采煤产生的煤矸石、选矿产生的尾矿及冶炼产生的矿渣等。如果不能及时有效地处理矿山固体废物,不仅会带来严重的资源浪费,而且会给生态环境带来巨大的影响。目前,我国矿山固体废物整体利用率较低,在社会主义现代化发展的今天,科技现代化的研究与发展对做好固体废物资源化利用提出了新的挑战,而合理、科学、有效地利用矿山固体废物对于我国开展绿色开采矿物的发展有重要的意义。

近年来,我国金属、非金属矿山采选行业发展迅猛,矿山选厂排出的尾矿数量与日俱增,其中以金属矿山的尾矿种类和数量更为巨大。21 世纪初期,中国各类金属矿尾矿的贮存总量约为 60 亿吨,且每年以 3 亿吨的数量增加。2013 年,中国尾矿产生量为 16.49 亿吨,其中铁尾矿为 8.39 亿吨,铜尾矿 3.19 亿吨,黄金尾矿 2.14 亿吨,其他有色及稀贵金属尾矿为 1.38 亿吨,非金属矿尾矿为 1.39 亿吨。截至 2013 年底,中国尾矿累积贮存量达 146 亿吨。2018 年全国重点发表调查工业企业尾矿产生量为 8.8 亿吨,占重点发表调查工业企业一般固体废物产生量的 27.4%。2019 年全国重点发表调查工业企业尾矿发生量为 10.3 亿吨,综合利用率为 27.0%。2021 年我国尾矿年产量为 13.08 亿吨。

近年来,我国已重点关注尾矿的综合利用,但由于共生、伴生的复杂矿较多,开发利用率并不高,且选矿设备陈旧、自动化管理水平不足,有用矿物回收利用率普遍较低。2013 年,尾矿综合利用量为 3.12 亿吨,综合利用率为 18.9%。2018 年全国重点发表调查工业企业尾矿综合利用量为 2.4 亿吨(利用往年贮存量为 1 151.6 万吨),综合利用率为 27.1%。2018 年其他工业固体废物综合利用率粉煤灰为 74.9%、煤矸石为 53.7%、冶炼废渣为 88.7%,可见尾矿距我国其他工业固体废物平均综合利用率仍有较大差距,尾矿综合利用的路途任重而道远。

5.1.1 矿山生产概述

根据开矿石中所含矿物成分的不同,可将矿山分为煤矿和非煤矿山、金属和非金属矿山。

金属矿山包括贵金属(金、银)、有色金属(铜、铅、铝、钨、锌等)、黑色金属(铁、铬、锰)、稀有金属(钽、铌)和放射性矿山金属(铀、钍)。非煤矿山是指开采金属矿山、放射性矿石及作为石油化工、建筑材料、辅助原料、耐火材料及其他非金属矿物(煤炭以外)的矿山。矿山开采可分为露天开采和地下开采两种方式。埋藏浅、厚度大的矿体多采用露天开采,埋藏深、厚度小的矿体多采用地下开采。介于两者之间的矿体则需要进行技术经济方案比较后才能确定用露天开采还是地下开采,或上部用露天开采,下部用地下开采。

5.1.1.1 采矿基本概念介绍

(1)矿石、矿体、矿床。凡是地壳中的矿物集合体,在当前技术经济水平条件下,能以工业规模从中提取国民经济所必须的金属或矿物产品的,称为矿石。

以矿石为主体的聚集体叫矿体,矿床是矿体的总称,一个矿床可由一个矿体或若干个矿体所组成。

(2)围岩、废石。矿体周围的岩石称为围岩。根据围岩与矿体的相对位置,有上盘与下盘围岩和顶板与底板围岩之分。凡位于倾斜至急倾斜矿体上方和下方的围岩,分别称为上盘围岩和下盘围岩,凡位于水平或缓倾斜矿体顶部和底部的围岩,分别称为顶板围岩和底板围岩。

矿体周围的岩石,以及夹在矿体中的岩石,称为夹石。不含有用成分或有用成分含量过少,当前不具备开采条件的,统称为废石。

(3)品位、边界品位、最低工业品位。品位是指矿石中有用成分的含量,一般用重量百分数(%)表示,贵重金属则用 g/t 表示。

边界品位是划分矿石与废石的有用组分的最低含量标准。对不同种类的矿床,许多国家都有统一规定的边界品位。

最低工业品位简称工业品位,是指在当前技术经济条件下,矿物原来的采收价值等于全部成本,即采矿利润率为零时的品位。

有开采利用价值的矿产资源,其品位必须高于边界品位和最低工业品位。

5.1.1.2 开采步骤

金属矿床地下开采一般包括矿床开拓、矿块的采准、切割和回采四个步骤。

(1)矿床开拓。从地表开掘一系列巷道通达矿体,使地面与矿体之间形成一个完整的通路,以建立提升、运输、通风、供排水、供电、供风、行人等系统。

(2)矿块采准。在已完成开拓工程的阶段(或盘区)内,掘进采准巷道,将阶段划分为矿块(或采区),并形成矿块的行人、通风、凿岩、出矿等系统。

(3)切割工作。在已完成采准工程的矿块里,掘进切割、拉底巷道、辟漏等,为大规模落矿开辟自由面和补偿空间,为矿块的放矿创造良好的条件。

(4)回采工作。在切割工程完成后的矿块,直接进行大量采矿工作。回采工作主要包括落矿、运搬和地压管理三项作业。

其中,落矿是利用凿岩爆破的方法将矿石从原岩中分离出来的过程;运搬指矿石自采场至阶段运输巷道装载点进行装车的过程;地压管理是对采空区地压进行抗衡或利用而采取的措施。

5.1.1.3 金属矿床开发的基本要求

与其他行业相比,采矿作业环境和劳动条件相对较差。故矿床开采过程中应注意以下要求。

1)要确保开采工作的安全,并具有良好的劳动条件;

2)要符合环境保护法的要求,减少对环境的破坏;

3)要高效可持续发展。

我国拥有数量众多的各类矿山,这些矿山在开采、运输、加工,以及矿山辅助设施开挖、使用、维修等过程中均会产生数量庞大的固体状或泥状废物,主要包括选矿尾矿、采矿废石、赤泥、冶炼渣、粉煤灰、炉渣、浸出渣、中和渣等。矿山固体废物概况起来主要分为两类,一类是尾矿,即在选矿加工过程中排放的固体废物,其储存场地称为尾矿库;另一类是剥离废石,即在开采过程中剥离出的岩土物料,堆放废石地,称为排土场。

5.1.2 矿山固体废物引发的问题

矿山开发过程中所产生的固体废物危害较大,会对大气、土壤、水源等造成负面影响,矿山固体废物作为我国固体废物的重要来源,若不能合理的被处置,不仅会带来各种各样的环境与生态问题,而且会对人类身体健康造成威胁。其主要的危害途径和问题如图5-1所示。

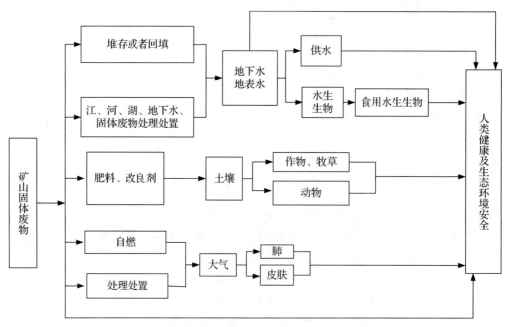

图5-1 矿山固体废物对生态环境及人体的主要危害途径

5.1.2.1 引发严重的地质灾害和工程事故

地面及边坡开挖影响山体的稳定,导致岩(土)体变形诱发崩塌和滑坡等地质灾害。同时矿山排放的废石(渣)常堆积于山坡或沟谷,在暴雨发生下极易引起泥石流。如1999年,黑沟铁矿排土场内发生严重的泥石流灾害,导致周边厂房受到严重的损坏,引发的经济损失达4 000万;2000年广西壮族自治区南丹县大厂镇鸿图选矿厂尾砂坝溃坝,殃及到附近住宅区,造成 70 人伤亡,其中死亡 28 人,另有数十人失踪;2008 年 8 月,山西省太原市娄烦县太原钢铁集团尖山铁矿排土场发生滑坡,部分房屋掩埋,造成 45 人死亡失踪、1 人受伤;同年 9 月,山西临汾市襄汾县特大尾矿库溃坝事故造成 267 人遇难等。图 5-2 所示为某矿山采矿过程中尾矿形成的堆坑,矿山的地质灾害发生频率较高,且治理困难,需要投入大量的人力、物力及资金,而如何有效管理和利用这些矿山固体废物,也是亟需解决的问题。

图 5-2　尾矿形成的堆坑

5.1.2.2　对周围土壤、水质资源造成污染

由于采矿、选矿活动,使地表水或地下水含酸性、重金属和有毒元素,这种污染的矿山水通称为矿山污水。矿山污水危及矿区周围河道、土壤,甚至破坏整个水系,影响生活用水、工农业用水。当有毒元素、重金属侵入食物链时,也会给人类带来潜在的威胁。2019 年,广西省百色市德保县马隘镇大喜村一座废弃长达 11 年的铅锌矿,由于未进行有效处理,矿洞流出的废水通过灌溉水流入农田,造成约 40 亩农田弃种,300 多亩农田受到影响,从尾矿库流出的污水中含有铅、锌、镉、砷等多种重金属,这些重金属破坏了河道中的生态平衡,饮用水也受到威胁;2011 年云南曲靖某公司被曝将 5 000 多吨工业废料铬渣非法倾倒,使得水库中 Cr^{6+} 严重超标,30 万立方米水被污染,直接威胁人类健康。由于矿山废弃物堆放造成的水污染比比皆是,对矿山固体废物的有效处理迫在眉睫。图 5-3 所示为某矿山采矿过程中形成的污水。

图 5-3　矿山固体废物形成的污水

5.1.2.3　占用大量农田、土地资源利用率降低

矿山固体废物大量堆存带来各类隐患。它们在占用了大量的土地资源与空间的同时,所

产生的次生危害及对生产、生活和生态环境造成的破坏也时刻影响着人们。据统计,在我国矿山破坏土地的总面积中,约59%是由于采矿形成的采空区而遭到破坏的,20%被露天废石堆占据,13%被尾矿库占据,5%被地下采出的废石堆所占用,3%处于塌陷危险区。这其中,尾矿和废石堆占到了总数的38%。以陕西省安康市为例,安康市2021年工业固体废物产生量为39.38万吨,综合利用总量为3.2万吨,贮存量为33.32万吨。

矿山固体废物大量堆存带来各类隐患,在占用了大量的土地资源与空间的同时,所产生的次生危害及对生产生活和生态环境造成的破坏也时刻影响着人们。在矿冶领域,世界工业发达的国家已把无废料矿山作为矿山的开发目标,把尾矿的综合利用程度作为衡量一个国家科技水平和经济发达程度的标志之一。国外尾矿的利用率可达60%以上,欧洲一些国家已经在向无废物矿山目标发展。矿物固体废物的综合利用,不仅仅是追求最大的经济效益,还要从资源综合回收利用率、保护生态环境等方面综合加以考虑。随着科技的发展和学科间的互相渗透,尾矿利用的途径将越来越广阔。同时,对于我国进一步提高矿山固体废物的综合利用提出了更高的要求。

5.1.3 国内矿山固体废物的现状及发展趋势

矿山固体废物中的有害物质(如砷、镉等有害元素)会对周围环境及人体产生直接的危害。我国矿山固体废物处理有三种常见的方式,分别为资源化利用、焚烧处理和填埋处理。具体处理方式见表5-1。

表5-1 矿山固体废物的主要处理方式对比

处理方式	资源利用	焚化处置	填埋处置
应用	仍含有可获取、有价值元素的矿山固体废物	煤矸石、部分有害废物及其他高热值矿山固体废物	无害废石、尾渣及残渣、无热值固体废物
优点	提高有害废物经过无害处理后的使用价值;为市场提供金属、建材;增加废物价值	大幅高效减少固体废物量;消除疾病传染途径及病原体,有效减少毒素;节省土地资源	降低成本;科技成熟;适合多种废物类型
缺点	需要前期处理或分类;需要进一步处理副产品及残渣;维护监控成本高;技术要求高	产生不需要的副产品,成为环境污染源;危害周围居民健康;设备初期投资高	填埋前需要处理废物;需要大量空间;潜在污染风险,需要长期维护;对土地资源有长远影响

2015—2020年我国矿山固体废物的产量如图5-4所示。

对于这些矿山固体废物,通过不断加强政策、执行环保监管和有效利用固体废物资源,我国矿山固体废物的处理量逐年不断上升,占固体废物产量的比重也逐年增加。2020年,我国矿山固体废物的处理量为14.79亿吨,占固体废物产量的47.03%。2015—2020年我国矿山固体废物量占产量的比重如图5-5所示。

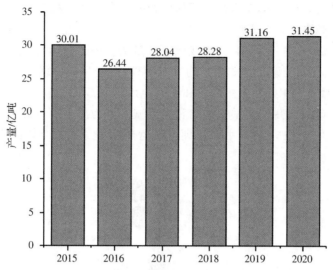

图 5－4　2015—2020 年我国矿山固体废物产量(单位:亿吨)

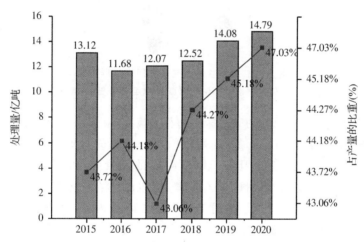

图 5－5　2015—2020 年我国矿山固体废物处理量及占产量的比重(单位:亿吨,%)

5.1.4　矿山固体废物的组成与性质

矿山固体废物主要来自于矿山的开采、加工、运输等各个工艺过程,其矿物组成与原矿的矿物组成基本相同。不同类型的矿山原矿通常是由各种不同的矿物相组成,包括自然矿物元素、硫化物、氧化物、卤化物、氢氧化物及含氧的各种盐类矿物等。其中以含氧盐类矿物、氧化物和氢氧化物为主。材料的组成与结构决定材料的性质,材料的性质决定其用途,掌握不同矿山固体废物的组成及基本特性,才能够对这些废物进行合理、妥善的处置,对其资源化利用具有重要的指导意义。

5.1.4.1　矿山固体废物的组成

原矿的组成一般都是多矿物组成相,主要存在各种自然元素矿物、硫化物及其他类似化合物、氧化物、含氧的各种盐、卤化物等。矿山固体废物主要来源于开采、加工、运输等环节,因此其组成与原矿的组成基本相同,掌握矿山固体废物的组成与性质对于合理、友好的运用各种矿山固体废物具有重要的指导意义。

(1)硅酸盐矿物相。硅酸盐矿物是组成地壳含量最多的矿物相,是原矿、尾矿和废石中最主要的组成成分,而已知的硅酸盐矿物相约 800 多种,大概为矿物总数的 1/4,占地壳总重量的 80% 左右,硅酸盐矿物相是许多非金属和稀有金属的来源,如高岭石、石英、长石、绿宝石、镁橄榄石及 Li、Zr、Cs、Rb 等。硅酸盐矿物相中键型主要为离子键和共价键,特别是 Si — O 键,这些键的键强大,因此硅酸盐矿物具有硬度高、物理及化学性质稳定的特点。图 5 - 6 所示为组群状硅酸盐矿物的结构图。

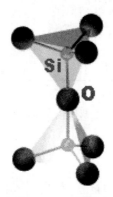

图 5 - 6　组群状硅酸盐矿物四面体群构造

注:根据 [SiO]₄ 链接方式不同,有孤岛状、组群状、链状、层状、架状

(2)碳酸盐矿物相。目前已知的碳酸盐矿物相大概有 80 多种,占地壳总量的 1.7%,其中以 Ca、Mg、Na 等的碳酸盐矿物相最多,其次为 Fe、Mn 等碳酸盐矿物相。碳酸盐矿物主要是由络阴离子 $[CO_3]^{2-}$ 及相关金属阳离子结合生成的化合物,如菱铁矿($FeCO_3$)、方解石($CaCO_3$)等,主要有岛状、链状及层状三种结构类型,以岛状结构碳酸盐居多,$[CO_3]^{2-}$ 呈平面三角形排列,碳原子居中央,三个氧原子居于三角形的角顶,内部以共价键至离子键键性,络阴离子 $[CO_3]^{2-}$ 与阳离子之间主要靠较弱的离子键结合。碳酸盐矿物相多以无色和浅色为主,除了阳离子及 Fe 和 Mn 外,具有玻璃光泽,硬度适中,相对密度与阳离子关系密切,导电、导热性质较差,化学性质稳定,溶解度较大。

(3)硫酸盐矿物相。硫酸盐矿物相在地壳中含量较少,仅占地壳总重量的 0.1%,主要是以金属阳离子和硫酸根相结合的化合物,阳离子主要有 Mg、K、Na、Al、Cu 等。阳离子与 $[SO_4^{2-}]$ 之间主要以离子键连接,有岛状、环状、链状及层状四种结构类型;硫酸盐矿物一般颜色较浅,透明至半透明,大部分具有玻璃光泽,一般硬度较低(1.5~3.5),阳离子中 Pb、Ba 的比重较大,导电、导热性较差,不具有磁性,硫酸盐的化学性质不稳定并且易溶于水。常见的硫酸盐矿物有含水石膏($CaSO_4 \cdot 2H_2O$)、明矾石($KAl_3[SO_4]_2(OH)_6$)、胆矾($Cu[SO_4] \cdot 5H_2O$)等。

(4)氢氧化物和氧化物矿物相。这两种矿物占地壳总量 17% 左右,是地壳重要的组成矿物相,主要是由阴离子 O^{2-} 和 OH^- 与其他金属及非金属相结合构成的化合物为主。其中石英族矿物相所占比例最多,达 12.6% 左右,Fe 的氧化物和氢氧化物占 3.9% 左右。石英为主要的造岩矿物,其他氧化物可以用为提取其他重要金属及放射性元素的重要矿物,还可以作为宝石及耐火材料原料的来源,如玛瑙、宝石等。由于 OH^- 半径较大(1.36 Å),矿物的结晶构造与

OH⁻ 的分布有很大关系。OH⁻ 呈六方最紧密堆积,构成层状结构,层间以分子键为主,层内以离子键为主。因此,这类矿物多为板状、片状和鳞片状,硬度低。还有少数呈针状、柱状的氢氧化物,内部具有链状结构,链内铝-氧为离子键,链间以较弱的氢键连接,因而,硬度比层状结构的大。氢氧化物主要形成于外生风化和沉积作用中,以土状、鲕状或隐晶质块状为主。

(5)硫化物及其类似化合物矿物相。该种矿物相大概有 350 种左右,主要是金属的硫化物,包括金属与硒、砷、碲、锑、铋等的化合物,大概占地壳总重量的 0.15%。虽然其含量有限,但是可以富集成具有工业意义的矿床,特别是有色金属,如锌、铜、铅、汞、镍、钴等,都是以硫化物的矿物相矿床为主,因此在工业上具有重要的意义。硫化物及其类似的化合物矿物阳离子与络阴离子元素的种类及比例不同,因此含硫矿物的种类较多,晶体结构复杂,而且具有金属光泽,但较弱、硬度较低(小于 5.5)、熔点不高且在酸中易分解。

5.1.4.2　矿山固体废物的性质

材料的组成与结构决定材料的性质,性质决定材料的用途,因此了解矿山固体废物的组成、结构、性质对于资源化合理利用矿山固体废物具有重要的指导意义,而矿山固体废物区别于其他废物,具有其特有的物理、化学、力学等性质。

(1)物理性质。物理性质主要包括光学性质、磁学性质、电学性质、可润湿性等,主要与矿物的化学组成与内部结构有关,周围环境对其也有一定的影响。

1)电学性质。矿物的电学性质主要分为导电性和荷电性,导电性主要是指材料导电的能力;荷电性主要是指在外部环境下,如摩擦、加热、加压等条件下,矿物相表现出一定的导电能力。

A.导电性。矿物对电流的传导能力,称为导电性。材料的导电性与内部结构及化学键有关。有些矿物完全不导电,如白云母;有些矿物具有良好的导电性能,如磁黄铁矿($Fe_{1-x}S$)、铜矿、金矿等,这些矿物或者全为金属,或者含有一定的金属,金属当中主要以金属键为主,而金属键一般导电性较好。

B.荷电性。受外部环境的作用,一些矿物相会表现出良好的导电性。如电气石受热时,会表现出来电性;自然硫在与丝绢或者毛皮摩擦时,表现出电性;还有一些矿物相会在机械作用力下表现出良好的电性。主要是因为在这些矿物中热能和机械能转换为电能。

2)光学性质。矿物的光学性质是指矿物对光线的吸收、折射和反射所表现出来的各种性质,包括颜色、光泽、透明度等,而这些性质之间相互联系。

A.颜色。矿物的颜色多种多样,而单纯的色调很少。矿物的不同颜色主要是矿物对不同波长的光波吸收和反射的结果。一些矿物相颜色鲜艳,通常会被用作装饰材料或者颜料矿物等。

B.光泽。矿物表面对于投射光线的反射能力称为光泽。因此反射能力的大小也反映出矿物相的光泽度。可借助于脉石矿物的光泽、颜色的差异进行光电选择来提取固体废物中的有价矿物。

C.透明度。当光线投射于矿物表面时,一部分光线被表面反射,一部分光线则直射或者折射进入矿物的内部。经过吸收后所透过矿物的光线称为透明度。影响透明度的因素较多,一般矿物的内部构造、入射光的波长、矿物的厚度、矿物集合体的形态及裂隙这些因素的影响较大。一般按照透明度可将矿物分为透明矿物、半透明矿物及不透明矿物。透明矿物,如云母、冰洲石等,绝大部分的光线能透过矿物,且完全或基本上透见另一物体;半透明矿物,如闪锌矿等,矿物能透过小部分光线,且能模糊地透过另一物体;不透明矿物,光基本不会通过,如磁铁矿等。

3)磁学性质。矿物的磁性是指矿物能被永久磁铁或电磁铁吸引或矿物本身能够吸引铁物体的性质。通常用比磁化系数表征矿物相的磁性强弱。比磁化系数是指 1 cm³ 的矿物在磁场强度为 1 Oe(1 Oe=79.6 A/m)的外磁场中所产生的磁力。磁性对于矿山固体废物的综合利用有重要的指导意义,通常可根据不同矿物的磁性差异进行磁选分离磁性不同的矿物。根据磁化系数可将矿物分为四大类,如表 5-2 所示。

表 5-2 按照比磁化系数对矿物的分类

种　类	比磁化系数 $\times 10^{-6}$ (cm³/g)	特　点	典型矿物
强磁性矿物	>3 000	在磁场(900~1 200)Oe 能与其他矿物分离	磁铁矿、黄铁矿等
中磁性矿物	(600~3 000)	在磁场强度 2 000~8 000 Oe 才能与其他矿物分离	钛铁矿、铬铁矿等
弱磁性矿物	(15~600)	在磁场强度大于 10 000 Oe 才能与其他矿物分离	黑钨矿、赤铁矿等
非磁性矿物	<15	无法采用磁选分离方法分离回收	石英、长石等

对于一些磁性较弱的矿物,也可通过一些工艺处理提高这些矿物相的磁性,如人工焙烧赤铁矿、白铁矿等都可以提高这些矿物相的磁性。

4)润湿性。矿物的润湿性是浮选的理论基础,通常作为判别矿物可浮性好坏的标志。

润湿性主要是指矿物表面能否被液相润湿的性质。能够被水润湿的材料称为亲水材料,如石英、云母等;不能被水润湿的材料称为憎水材料,如石墨、滑石等。矿物的润湿性主要与矿物内部结构的键型有关,一般情况分子键为憎水材料,即不易被润湿的矿物相,原子键矿物为亲水性,即易被润湿的矿物相。

由于各种矿物润湿程度不同,在水溶液中可能上浮也可能下沉。一般情况,难润湿的矿物(憎水矿物)易上浮,如方铅矿颗粒(密度为 7.4 g/cm³)在水中与气泡相遇,矿粒表层的水层迅速破裂,矿粒与汽泡紧密结合而上升。润湿性强的矿物(亲水矿物)难浮,如石英颗粒(密度为 2.65 g/cm³),在水溶液中,石英表面与水紧密结合,空气不能排除石英表面的水层,则石英颗粒不易附着在气泡上,仍留在水中。因此,矿物在水介质中是上浮还是下沉,起主导作用的是其润湿性,而不是相对密度。

(2)化学性质。矿物中的原子、离子和分子,借助于不同化学键的作用,处于暂时的相对平衡状态。当矿物与空气、水等接触时,将引起不同的物理、化学变化,如氧化、水解及水化反应等。因此,组成矿物中的质点相互排斥和吸引、化合与分解,必然产生一系列的化学性质。在固体废物资源化利用方面,最为关心的化学性质为氧化性和可溶性。

1)氧化性。物质的氧化作用在自然界普遍存在,矿物相存在于大气环境中会受到不断的氧化。矿物相暴露于外部环境,长期在氧气、二氧化碳、酸及水的作用下,原有的结构遭到破坏,形成一些新的金属氧化物、氢氧化物及含氧的盐类等次生的矿物相。矿物相的氧化与周围环境中二氧化碳的浓度、水溶液的性质、矿物的化学组成及周围溶液的浓度有关。通常,矿物氧化后,其组成、结构与性质与原母矿的不同,这会给选矿造成一定的影响,但是氧化反应的过程也会形成一些新的次生矿物集合体或者造成某些金属的进一步富集,这些都可以被再次利用,进一步加强了矿山固体废物资源的二次综合利用。

2)可溶性。当固体矿物(溶质)放到一定的溶剂(水溶液、酸溶液及各种有机盐溶液)中,在矿物表面的粒子(分子或离子),由于本身的振动及溶剂分子的吸引作用,离开矿物表面,进入或扩散到溶液中,这个过程称为溶解。即溶质和溶剂的质点相互吸引或排斥的过程,可以矿物的溶解度来表征可溶性。通常影响矿物可溶性的因素有矿物晶体结构类型及化学键、阳离子的电价与离子半径、阴阳离子的半径比、矿物相中 OH^- 及 H_2O 含量、温度、压力等因素。在常温常压下,硫酸盐、碳酸盐及含有 OH^- 及 H_2O 矿物易溶,如石膏、胆矾等。大部分的硫化物、氧化物及硅酸盐类矿物难溶,如正长石、蓝晶石、石榴石等。矿物的可溶性是矿物中有价成分浸出和回收的重要依据。

(3)力学性质。力学性质是材料在外力作用下所呈现出的性质,力的作用方式多种多样,表现形式也多种多样,如强度、硬度、断口、解离、韧性、弹性及相对密度等。固体废物中最常用到的表征力学性能的参数有硬度、相对密度。

1)硬度。材料抵抗某种外来机械作用力的能力称为硬度。可借助一些方法测得矿物相的硬度。硬度的表示方法有布氏硬度(HB)、维氏硬度(HV)、洛氏硬度(HR)、肖氏硬度(HS)、莫氏硬度等。固体废物综合利用时其粉碎设备、粉碎时间、粉碎机械力的选择与矿物相的硬度有很大的关系。同时,在对矿山废物进行综合利用时,根据其硬度的不同,应用的领域也不一样。硬度大的固体废物可作磨料或者骨料使用,硬度小的可作填料、集料使用。

2)相对密度。相对密度是指矿物在 4 ℃时的质量与同体积的水质量的比值。相对密度在资源化利用途径选取时具有重要的指导意义。可根据相对密度的大小对矿物等级分类,见表5－3。

表 5－3　矿物按照密度等级分类

种　类	相对密度(g/cm³)
轻密度矿物	<2.5
中等密度矿物	2.5~4
重密度矿物	>4

5.2　矿山固体废物的管理

为了生产企业的环境及职业健康安全管理体系正常的有效运行,实现相关企业的管理目标,防治危险废物污染环境以保障人体身心健康,需要对固体废物的管理制定相关的管理制度,以保证资源的合理利用并实现环境友好发展的目的。

5.2.1　矿山固体废物的管理原则

《中华人民共和国固体废物污染环境防治法》(简称《固废法》)对我国固体废物的管理总的技术原则进行了明确规定:"国家对固体废物污染环境的防治,实行减少固体废物的产生、充分合理利用固体废物和无害化处置固体废物的原则",即减量化、无害化和资源化原则。

1)减量化,指减少固体废物的产生量和排放量,是防止固体废物污染环境的优先措施原则。

2)无害化,指对已产生又无法或暂时尚不能综合利用的固体废物,经过物理、化学或生物方法,对其进行对环境无害或低危害的安全处理、处置,达到废物的消毒、解毒或稳定化,以防止并减少固体废物的污染危害。

3)资源化,指采取管理和工艺措施从固体废物中回收物质和能源,包括三个范畴,物质回收,即处理废物并从中回收指定的二次物质,如回收有价金属等;物质转换,即利用废物制取新形态的物质,如生产水泥及其他建筑材料等;能量转换,即从废物处理过程中回收能量,作为热能或电能,如通过有机废物的焚烧处理回收热量发电。

在经历了许多事故与教训之后,人们越来越意识到对固体废物实行首端控制的重要性,于是出现了"从摇篮到坟墓"的固体废物全过程管理的新概念。目前,在世界范围内取得共识的解决固体废物污染控制问题的基本对策是,避免产生(Clean)、综合利用(Cycle)、妥善处置(Control)的所谓"3C 原则"。

依据上述原则,可以将固体废物从产生到处置的过程分为五个连续或不连续的环节,从而进行控制。其中,第一阶段是各种产业活动中的清洁生产,此阶段通过改变原材料、改进生产工艺及更换产品等方法,最终达到控制减少或避免固体废物产生的目的。第二阶段是在第一阶段的基础上,对生产过程中产生的各种固体废物,应该尽可能的进行系统内的回收利用。当然,在各种生产和生活活动中不可避免地要产生固体废物,建立和健全与之相适应的处理处置体系也必不可少。但在很多情况下,采用清洁生产技术及系统内的回收利用,作为首端控制措施显得尤为重要。

对于已产生的固体废物,则通过第三阶段(系统外的回收利用,如废物交换等)、第四阶段(无害化、稳定化处理)、第五阶段(处置、管理)来实现其安全处理处置。在最终处置管理阶段的前面还包括浓缩、压实等减容减量处理。

5.2.2 矿山固体废物管理的相关法律法规及标准

5.2.2.1 矿山固体废物管理的相关法律法规

建立和健全相应的法规、标准体系是解决固体废物污染控制问题的关键。随着社会的发展,人们越来越认识到固体废物管理的重要性。许多国家先后开展了固体废物及其污染状况的调查,并在此基础上制定和颁布了固体废物管理的相关法律法规,每个国家的固体废物管理法规和标准的建设都经历了一个漫长的过程,从简单到不断的完善整个体系。美国是目前关于环境法规制定最完善的工业发达国家之一,美国的环境立法始于 19 世纪,1899 年颁布的《河流和港口法》,关于固体废物最早的是 1965 年颁布的《固体废弃物处置法》,是美国第一个固体废物的专业性法规,1976 年修改为《资源保护及回收法》,该法在 1980 年、1984 年经美国国会加以修订,趋于完善,是目前世界上最为全面、最详尽的关于固体废物管理的法规。基于《固体废弃物处置法》的要求,美国国家环境保护局(U.S. Environmenttal Protection Agency,EPA)又颁布了《有害固体废物修正案》,包括九大部分及大量的附录,与《固体废物处置法》有关章节对应,实为《固体废物处置法》的实施细则。为了清除已废弃的固体废物堆置厂对周围环境造成的污染,美国于 1980 年又颁布了《环境应对、赔偿和责任法》,又称"超级基金法",该法规规定,联邦政府直接负责解决堆置厂地有害物质的释出及可能危害公众健康和环境的问题,对无人管理的废弃堆置场地提供清理费用,同时为了确保对废弃场地的补救方案的有效进行,对有关补救行动做了技术规范。

日本的环境立法是在第二次世界大战后逐渐建立起来的,最开始,日本经济迅速发展,忽略了环境问题,各类由于环境污染造成的事故频繁发生,使得日本成为公害岛国。因此 1970年,日本制定了《防治公害事业费企业负担法》《废弃物处理及清扫法》《海洋污染防治法》《关于严重危害人体健康的公害罪惩治法》《农用地土壤污染防治法》和《水质污染防治法》,同时对涉及环境污染的《有毒品及剧毒品管理法》《农药管理法》进行了修订。1972 年日本又颁布了《自然环境保护法》,与《公害对策基本法》一起称为日本环境保护的基本法。1970 年颁布的《废弃物处理及清扫法》,几经修订,是日本主要的有关固体废物的法规,目前已经形成了包括固体废物资源化、减量化、无害化及危险废物管理在内的相当完善的法规体系。1991 年,日本还颁布了《再生资源利用促进法》,有利于促进固体废物的减量化和资源化。

我国对环境污染的立法始于 20 世纪 70 年代末,于 1978 年首次提出了"国家保护环境和自然资源,防治污染和其他危害"的规定,紧接着 1979 年颁布了《中华人民共和国环境保护法》,属于我国环境保护的基本法。在此之后,我国又颁布了涉及海洋污染、大气污染、水污染等相关法规,目前颁布涉及固废污染的法规如下:

《中华人民共和国固体废物污染环境防治法》

《浙江省固体废物污染环境防治条例》

《危险废物转移联单管理办法》

《固体废物鉴别标准通则》

《国家危险废物名录》(2021 年版)

《危险废物鉴别标准》

《危险废物贮存污染控制标准》

《一般工业固体废物贮存场、处置场污染控制标准》

《关于办理环境污染刑事案件适用法律若干问题的解释》(两高司法解释)

上述立法,对促进及加强我国固体废物的有效管理具有重要的作用,总体来说,我国对于固体废物的立法起步较晚,目前尚未形成完整系统的法规体系,远不能满足固体废物管理的需求,通知限制了相关其他标准的制定,简而言之,目前存在以下五方面的问题急需解决。

1)关于固体废物管理的法规、标准在数量上不能满足目前管理的需求;

2)有关固体废物管理的规定在内容上不够全面,需要不断完善修改;

3)现有的固体废物管理法规定比较零散,缺乏系统性,需要进一步统一、协调;

4)需要进一步加强固体废物管理法规和标准的科学性;

5)需要加强与国际上相关法规、标准的接轨。

5.2.2.2　矿山固体废物管理标准

我国的固体废物管理国家标准基本由原国家环境保护总局(现更名为国家环境保护部)和建设部在各自的管理范围内制定。建设部主要制定有关垃圾清扫、运输、处理处置的标准。国家环境保护部制定有关污染控制、环境保护、分类、检测方面的标准。

(1)分类标准。分类标准主要包括《国家危险废物名录》《危险废物鉴别标准》、建设部颁布的《城市垃圾产生源分类及垃圾排放》及《进口废物环境保护控制标准》(试行)等。

(2)方法标准。方法标准主要包括固体废物样品采样、处理及分析方法的标准。如《固体废物浸出毒性测定方法》《固体废物浸出毒性浸出方法》《工业固体废物采样制样技术规范》《固体废物检测技术规范》《生活垃圾分拣技术规范》《城市生活垃圾采样和物理分析方法》《生活垃圾填埋场环境检测技术标准》等。

（3）污染控制标准。污染控制标准是固体废物管理标准中最重要的标准，是环境影响评价制度、"三同时"制度、限期治理和排污收费等一系列管理制度的基础。它可分为废物处置控制标准和设施控制标准两类。

1）废物处置控制标准，指对某种特定废物的处置标准、要求。如《含多氯联苯废物污染控制标准》。

2）设施控制标准，目前已颁布或正制定的标准大多属这类标准，如《一般工业固体废物贮存场、处置场污染控制标准》《危险废物安全填埋污染控制标准》等。

5.2.3 矿山固体废物的管理制度

根据我国国情，并借鉴国外的经验和教训，《固废法》制定了一些行之有效的管理制度。

（1）分类管理制度。固体废物具有量多面广、成分复杂的特点。因此，《固废法》确立了对城市生活垃圾、工业固体废物和危险废物分别管理的原则，明确规定了主管部门和处置原则。《固废法》第50条中明确规定"禁止混合收集、贮存、运输、处置性质不相容的未经安全性处理的危险废物，禁止将危险废物混入非危险废物中贮存"。

（2）工业固体废物申报登记制度。为了使环境保护主管部门掌握工业固体废物和危险废物的种类、产生量、流向及对环境的影响等情况，进而有效进行固体废物全过程管理，《固废法》要求实施工业固体废物和危险废物申报登记制度。

（3）固体废物污染环境影响评价制度及其防治设施的"三同时"制度。环境影响评价和"三同时"制度是我国环境保护的基本制度，《固废法》进一步重申了这一制度。

（4）排污收费制度。固体废物污染与废水、废气污染有本质的不同，废水、废气进入环境后可在环境中经物理、化学、生物等途径稀释、降解，并有着明确的环境容量，而固体废物进入环境后，不易被环境体所接受，其稀释、降解往往是难以控制的复杂而长期的过程。严格地说，固体废物是严禁不经任何处置排入环境当中的。根据《固废法》的规定，任何单位都被禁止向环境排放固体废物，而固体废物排污费交纳，则是对那些按规定或标准建成贮存设施、场所前产生的工业固体废物而言的。

（5）限期治理制度。为了解决重点污染源污染环境问题，《固废法》规定，对没有建设工业固体废物贮存或处置设施、场所或已建设施、场所不符合环境保护规定的企业，实施限期治理、限期建成或改造。限期内不达标的，可采取经济手段甚至停产的手段进行制裁。

（6）进口废物审批制度。《固废法》明确规定："禁止中国境外的固体废物进境倾倒、堆放、处置""禁止经中华人民共和国国境转移危险废物""国家禁止进口不能用作原料的固体废物；限制进口可以用作原料的固体废物"。为贯彻这些规定，中华人民共和国对外贸易经济合作部、中华人民共和国国家工商行政管理总局、中华人民共和国海关总署和中华人民共和国国家进出口商品检验局1996年联合颁布了《废物进口环境保护管理暂行规定》及《国家限制进口的可用作原料的废物名录》，规定了废物进口的三级审批制度、风险评价制度和加工利用单位定点制度等。

（7）危险废物行政代执行制度。固体废物的有害性决定了对其必须进行妥善处置。《固废法》规定："产生危险废物的单位，必须按照国家有关规定处置；不处置的，由所在地县以上地方人民政府环境保护行政主管部门责令限期改正;逾期不处置或处置不符合国家有关规定的,由所在地县以上地方人民政府环境保护行政主管部门指定单位按照国家有关规定代为处置,处置费由产生危险废物的单位承担"。行政代执行制度是一种行政强制执行措施,这一措施保证了危险废物能得到妥善的、适当的处置。而处置费用由危险废物产生者承担,符合我国的"谁污染谁治理"的原则。

(8)危险废物经营单位许可证制度。危险废物的危险特性决定了并非任何单位和个人都可以从事危险废物的收集、贮存、处理、处置等经营活动。必须由具备一定设施、设备、人才和专业技术能力并通过资质审查获得经营许可证的单位进行危险废物的收集、贮存、处理、处置等经营活动。必须对从事这方面工作的企业和个人进行审批和技术培训,建立专门的管理机构和配套的管理程序。因此,对从事这一行业的单位的资质进行审查是非常必要的。

《固废法》规定,"从事收集、贮存、处理、处置危险废物经营活动的单位,必须向县级以上人民政府环境保护行政主管部门申请领取经营许可证",许可证制度将有助于我国危险废物管理和技术水平的提高,保证危险废物的严格控制,防止危险废物污染环境的事故发生。

(9)危险废物转移报告单制度。危险废物转移报告单制度也称危险废物转移联单制度,这一制度是为了保证危险废物运输安全、防止非法转移和处置,保证危险废物的安全监控,防止危险废物污染事故的发生。

5.2.4　矿山固体废物的环境监测

矿山的开发不仅带来了巨大的生产效益,也造成了生态环境破坏与环境污染。它不仅产生大量"三废"(废气、废水、废渣),而且破坏原有地形地貌和地质结构,引起一系列严重的矿山环境问题。矿山环境地质问题类型多、分布广,可以归纳为资源损毁、地质灾害、环境污染三大类,包括以下几点。

1)矿产资源开发压占、毁损土地资源严重;

2)采矿活动引发的地面(沉)塌陷、地裂缝、边坡失稳等地质灾害问题突出;

3)矿产资源开发过程中的"三废"排放污染环境,造成公害;

4)采矿活动造成了地下水均衡系统破坏;

5)采矿活动加剧了矿区水土流失和土地沙化。

为了进一步掌握我国矿山地质环境发展变化趋势,必须进行矿山地质环境监测。通过监测及时掌握矿山地质环境动态变化的规律,预测矿山地质环境发展变化趋势,从而提出相应的防治措施。由于多方面的原因,目前我国还没有系统地开展矿山地质环境监测工作,这严重影响了矿山环境管理决策的制定。

5.2.4.1　监测目标任务

通过开展矿山地质环境监测,进一步认识矿山地质环境问题及其危害,掌握矿山地质环境动态变化,预测矿山环境发展趋势,为合理开发矿产资源、保护矿山地质环境、开展矿山环境综合整治、矿山生态环境恢复与重建、实施矿山地质环境监督管理提供基础资料和依据。具体工作任务应包括以下几个方面。

1)开展单个矿山的地质环境监测和区域集中开采区或群采点矿山地质环境监测;

2)建立矿山地质环境监测数据库和信息系统;

3)矿山地质环境监测数据分析、处理及共享;

4)矿山地质环境质量评价与预测;

5)提出矿山地质环境管理控制措施及矿山地质环境综合治理对策建议;

6)编制矿山地质环境监测年报;

7)向社会提供矿山地质环境方面的信息服务。

5.2.4.2　监测原则

(1)国家、地方和矿山企业联合监测。国家控制全国范围内的重点区域监测,地方控制省(区、市)内的重点区域监测,矿山企业负责本矿区范围内的监测,闭坑矿山无法找到责任人的由国家委托所在省(区、市)的地质环境监测机构进行监测。

(2)重点区域监测先行。在全国范围内选择环境地质问题严重、对当地人民生命和财产构成重大威胁的矿产集中开采区或者群采点,建立国家重点区域矿山地质环境监测示范。根据我国矿产资源的开发现状,优先考虑以下几个区域:①东北地区老工业基地煤、石油、铁矿开采区;②西北地区生态环境脆弱区的煤、石油、天然气、有色金属矿开采区;③华北地区煤矿、铁矿、非金属矿开采区;④西南地区铁矾钛矿、有色金属、化工矿产集中区;⑤长江中下游地区铁钨锡稀有金属矿开采区;⑥其他矿山环境地质问题严重区。

应将常规监测和应急监测相结合,常规监测是对指定的矿区地质环境因子进行定期监测,以确定矿区环境地质问题及其发展变化趋势,评价矿区地质环境质量状况及地质环境治理成效。

对于矿山环境地质问题严重的热点地区、发生突发性矿山地质灾害事件的矿区,除了进行常规监测外,还要进行应急性监测,快速获取数据,为矿区地质灾害的应急处理和控制提供依据。

根据当地的实际环境状况、人员技术水平、原有设备情况、监测精确度要求等因素,选择较实用的监测技术手段,采用传统监测手段和高新技术方法相结合,以保证监测数据资料的准确度。传统监测手段包括现场原位测试和室内化验。高新技术手段以多波段、多时相和高分辨率遥感遥测技术为主。

(3)监测组织和工作程序。中华人民共和国自然资源部是全国矿山地质环境监测的行政主管部门,各省(自治区、直辖市)自然资源主管部门负责本行政区域内的矿山地质环境调查评价工作。

矿山企业是单个矿山地质环境监测的主体,矿山企业应成立专门的监测机构或者委托其他专门监测机构对本矿区范围内的地质环境进行监测,监测数据向所在地区地质环境监测机构汇交。如果是闭坑矿山或者矿山企业已经倒闭,无法找到责任人,由所在省(自治区、直辖市)地质环境监测机构负责监测。

各省(自治区、直辖市)地质环境监测机构负责本辖区内的重点矿山开采区域的地质环境动态监测,以及突发性和应急性的矿山地质环境监测。监测数据向国家级地质环境监测机构汇交。

国家级地质环境监测机构负责全国范围内跨省界的重大矿区、热点矿区、突发矿山地质环境事件的矿区及其他应急性的矿山地质环境监测;负责制定矿山地质环境监测技术要求与实施细则,规范数据格式标准,建立数据采集和汇交制度,建立全国矿山地质环境监测数据库,开发矿山地质环境监测信息系统,接受各省(自治区、直辖市)监测机构上报的数据,并对数据进行整理、汇总、分析、集成和综合研究,编写全国矿山地质环境监测年报。工作流程:①建立矿山基本情况档案;②确定矿山地质环境监测内容;③现场监测并填写监测表,将数据输入数据库;④区域遥感监测并填写遥感解译表;⑤监测数据汇总、分析、整理,编写监测报告。

(4)监测内容。

1)侵占、破坏土地及土地复垦监测。侵占和破坏土地类型、面积,破坏土地方式,破坏植被类型、面积,可复垦和已复垦土地面积。

2)固体废物及其综合利用。监测固体废物的种类、年排放量、累计积存量、来源、年综合利用量,固体废物堆的主要隐患、压占土地面积等。

3)尾矿库监测。尾矿库数量和规模,年接纳尾矿量,尾矿的主要有害成分、主要隐患、年综合利用量等。

4)采空区地面沉(塌)陷监测。塌陷区数量,塌陷面积,塌陷坑最大深度、积水深度,塌陷破坏程度等。

5)山体开裂、滑坡、崩塌、泥石流地质灾害监测。本年度发生次数、造成的危害,地质灾害隐患点或隐患区的数量,已得到治理的隐患点或隐患区的数量。

6)水土流失和土地沙化监测。水土流失和土地沙化的区域面积及治理情况等。

7)矿区地表水体污染监测。废水废液类型、年产出量、年排放量、年处理量、排放去向,地表水体污染源、主要污染物、污染程度及造成的危害、年循环利用量、年处理量。

8)土壤污染监测。土壤污染的污染源、主要污染物、污染程度及造成的危害等。

9)地裂缝监测。地裂缝数量、最大地裂缝长度、宽度、深度,地裂缝走向、破坏程度。

10)废水废液排放监测。年废水排放量及达标排放量,废水主要有害物质及排放去向,废水年处理量和综合利用量等。

11)地下水监测:①地下水均衡破坏监测,矿区地下水水位、矿坑年排水量、含水层疏干面积、地下水降落漏斗面积等;②地下水水质污染监测,pH、氨氮、硝酸盐、亚硝酸盐、挥发性酚类、氰化物、油、汞、铬(六价)、总硬度、铅、氟、镉、铁、锰、溶解性总固体、高锰酸盐指数、硫酸盐、氯化物、大肠菌群及反映本地区主要水质问题的其他项目。

矿山企业将监测数据填写到监测记录表中,原始监测记录表在上报省级地质环境监测机构之前应制作一份副本自己保存。所有监测数据表副本以一个工作年度为单位装订成册。

各省建立以省为单元的矿山地质环境监测数据库,存储长期的监测数据序列。在数据库的基础上建立以省为单元的矿山地质环境监测管理信息系统,作为各省级地质环境监测机构进行数据录入、存储、查询、统计、报表、分析的基础平台,省级地质环境监测机构收到各矿山企业报来的监测数据表后,以县为单位装订成册,并及时输入省级矿山地质环境监测数据库。在矿山地质环境监测信息系统的支持下,对本年度的监测数据进行综合统计、分析、报表输出,编写本省矿山地质环境监测年度报告,并将年度报告和数据分别以电子文档和数据库文件的形式上报到国家级地质环境监测机构。

国家级地质环境监测机构建立国家级矿山地质环境监测中心数据库,接收和储存来自全国各省(自治区、直辖市)的矿山地质环境监测数据。国家级地质环境监测机构对本年度各省(自治区、直辖市)矿山地质环境监测数据进行综合分析、评价与研究,并结合各省(自治区、直辖市)矿山地质环境监测年度报告,编写全国矿山地质环境监测年报,随中国地质环境监测公报一起向政府和社会公众发布。

5.3 矿山固体废物的处理及处置

矿山固体废物处理主要是指采用合理、有效的工艺方法对固体废物进行加工或者直接利用,如作为二次资源对有价元素进行综合的回收利用、作为建筑材料的原料、作为填充材料、土壤改良剂等。由于矿山固体废物的不当处置,会对一个国家的经济、环境、社会等造成严重的危害,如资源浪费、水污染、工程灾害、植被破坏等,所以用合适、安全的工艺对矿山固体废物的处理及处置是目前解决固体废物的一项重要工作。

5.3.1 矿山固体废物治理的必要性及意义

矿山固体废物的处理与处置是实现矿业可持续发展的必然要求,具有非常重要的意义。

(1)矿山固体废物的处理是解决我国资源短缺的需要。我国是世界上矿业生产大国,矿产资源总量丰富,然而人均占有量却不足世界平均水平一半。人口增长和经济发展与矿产资源供给之间的矛盾日益突出。在45种主要矿产资源中,我国人均储量仅为世界平均水平的58%;关系到国计民生支柱性大宗金属矿产(铁、锰、铜、铝、镍、钴、金、银、铂、钾等10种)资源相对不足,致使我国矿产品供给对国际市场依赖程度较高,其中铁矿石对国际市场的依赖程度更高,未来几十年内,国家的经济建设对矿产品的需求继续增加,我国面临着严峻的矿产资源短缺的挑战。矿山固体废物具有其双面性,是危害也可将其利用,我国矿山固体废物具有产量大、伴生成分复杂的特点,由于开发资源时取富弃贫等特点,我国的矿山固体废物具有资源二次再利用的巨大潜力,开展矿山固体废物的二次资源利用,扩大资源利用总量,补充资源短缺,是目前解决资源短缺的主要途径。

(2)延长矿山使用年限的需要。目前,一批老矿山相继闭坑,生产能力大减,产量将进一步下降,矿山职工失业的趋势加剧。开展金属矿山固体废物的有效利用和合理处置,既可延长矿山使用年限,又能解决工人的再就业问题,还可以增加资源补给。

(3)节约土地资源的需要。十分珍惜、合理利用土地和切实保护耕地,是我国国民经济发展的基本国策之一。目前,我国人均耕地仅为世界人均数的1/4。我国同时又是矿业开发大国,开发矿藏过程将不可避免地对耕地造成破坏。目前,全国矿山开发占用土地面积较多,以我国露天矿为例,排土场、尾矿库占地面积占矿山用地面积的30%~60%。全国固体矿产采选业排出的尾矿、废石破坏土地和堆存占地面积较大,因此,做好矿山废弃地土地开发整体规划,开展废弃地土地复垦工作,实现"占补平衡"或"补大于占",对于我国这样一个人口众多、人均占地面积很少的农业大国具有重要的意义。

(4)提高矿业经济效益的需要。矿山固体废物堆存,需要花费大量征地及管理费用,已成为企业的巨大负担,仅尾矿库基建费用就占整个采选企业费用的10%左右,最高达40%。我国现有尾矿库12 600余座,每年需要巨额费用。另外,由矿山固体废物而引起的环境污染及其引起的直接经济损失也高达十余亿元,间接损失则难以估量。开展矿山固体废物的处理与处置,充分挖掘现有矿山潜力,培育矿山新的经济增长点,有利于提高整个矿山行业的经济效益和市场竞争力,实现经济增长方式的转变。

(5)抑制重大工程与地质灾害的需要。近些年来,我国矿山固体废物堆存诱发了多次重大地质与工程灾害,诸如排土场滑坡、泥石流、尾矿库溃坝等,给社会带来了极大的损失。治理工程地质灾害不仅难度大,而且代价高昂,有时甚至超过开采矿产品的价值。因此对矿山固体废物进行及时的治理,是预防重大工程及地质灾害的需要。

(6)保护环境的需要。矿山固体废物的排放或堆存,给环境增加了严重的压力,打破了原始的生态平衡,既给人类环境带来了不同程度的污染,也对地球环境、生态平衡、人类健康及生命财产安全造成了极大的危害和潜在的威胁,它直接和间接地给国民经济造成的损失十分巨大。通过矿山固体废物的污染防治、灾害控制和治理,遏制矿山环境继续恶化的趋势,改善生态环境,提高人们的生活质量,将有助于促进人口-资源-环境的协调发展。

5.3.2　矿山固体废物处理及处置面临的主要任务

开展矿山固体废物处理与处置,实现矿山固体废物的"减量化、资源化、无害化",变废为宝、化害为利,从根本上改善和提高矿区生态环境质量,提高矿业经济效益,促进我国矿产资源合理配置,保证我国矿业经济和矿区生态环境实现"双赢"已势在必行,刻不容缓,是我国矿业目前所面临的重要任务。

(1)从源头做起,开展资源综合利用,减少固体废物的产生量。从源头做起,开展一次资源的综合利用,减少固体废物的产生量,特别是细粒尾矿的产生量,是既有效、又经济的方法。为此,在工艺设计和生产实际中,除了要提高矿石中主元素的回收率外,还要考虑伴生、共生的金属元素、非金属元素的综合回收,尽量避免主流程后面的尾巴工程。对于综合回收技术还不太成熟的复合多金属矿,可以采取资源储备方式,待条件成熟时再开采利用,以避免资源的浪费。

(2)开展矿山固体废物的资源化,增加资源补给。开展矿山固体废物的资源化主要包括对损失于尾矿或剥离废石中的有价金属元素、非金属元素进行综合回收,这方面已有许多成功的典型事例;废石、尾矿用于建筑原料、生产建材制品或用于采空区充填料,如利用一些尾渣代替粘土来生产空心砖;用废石、尾矿代替黄砂作为混凝土骨料;利用尾矿生产大宗用量的路面砖、烧结砖、不烧砖,用尾矿生产高档次的微晶玻璃;利用尾矿中含有的微量元素作为土壤改良剂或生产磁化尾矿复合肥等,提高废石和尾矿的综合利用率。

(3)重视和落实矿山固体废物引发的环境污染治理和灾害控制。一是要坚持实施矿产资源"在保护中开发,在开发中保护"的原则,提高全民的"资源意识"和"环境意识",将环境保护贯穿于资源开发利用的全过程;二是要将矿山固体废物的污染防治纳入矿山生态环境综合整治的整体规划中,以生态学和生态经济学原理为指导,以协调资源开发、固体废物的综合利用与污染防治,以经济社会发展和矿区环境保护与建设为对象,通过统一规划、综合建设,达到生态建设、环境建设和矿区经济建设协调发展;三是要因地制宜,根据各个矿山的实际情况,采用合理的方式对固体废物引发的环境污染进行综合治理,如固体废物堆场(库)的复垦绿化、尾矿库扬尘的抑制、固体废物排放酸性水的治理等,并将环境污染治理与资源综合利用结合起来;四是要加强矿山固体废物堆场灾害的监测、控制与治理,避免诸如尾矿库溃坝、排土场滑坡与泥石流、矸石山自燃、粉煤灰库泄漏等灾害的发生,确保生命与财产的安全。

(4)依靠科技进步,提高矿山固体废物的处理与处置水平。要加强矿山固体废物的资源化、减量化、无害化方面基础应用研究力度,推广成熟的综合利用技术;要积极鼓励科技人员投入矿山生态环境综合整治和固体废物综合利用中去。当前迫切需要解决的技术问题包括经济、高效地综合回收矿山固体废物中有价元素的选矿技术;低成本、大用量、适销对路的尾矿建材产品开发技术;矿区生态环境综合整治与生态恢复技术;矿山废水治理与循环利用技术;无废和少废采选工程技术;尾矿资源整体综合利用技术;尾矿库、排土场灾害预警与控制技术;细粒尾矿筑坝工艺及筑坝安全技术等。

(5)建立、健全符合我国国情的矿山固体废物处理与处置法律、标准和政策体系。目前,要进一步建立和完善固体废物处理与处置的法律体系建设,在深入开展矿山固体废物综合利用与生态示范区建设模式、指标体系、考核标准、政策措施研究的基础上,制定矿产二次资源利用技术政策及矿山采选业清洁生产技术要求,尾矿库、排土场安全稳定性建设与运行准则,矿区生态示范区建设、验收标准等,以规范矿山开发行为,保证矿业开发健康稳定进行,同时要建立覆盖黑色和有色金属、黄金等行业典型矿山固体废物堆场(库)灾害数据库,建立可靠的尾矿库、排土场灾害评价体系、预测预报体系和现代管理体系,确保尾矿库与排土场的安全运行。

5.3.3 矿山固体废物的资源化处理

矿山固体废物主要有两大类,尾矿和废渣。

矿石中含有两种或两种以上的有用矿物,在选矿时被一起选出的精矿产品,称作混合精矿。尾矿是选矿作业中得出的有用成分含量最低的产物。尾矿是一种具有很大开发利用价值的二次资源,尾矿的资源化利用是矿业发展的必经之路,也是能够保证矿业可持续发展的依据,图5-7所示为选矿过程中废石和尾矿的形成过程。

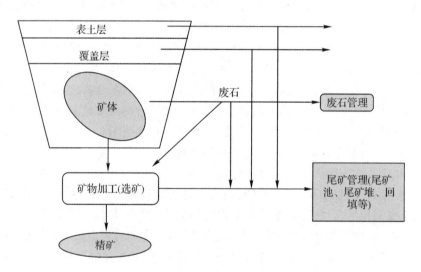

图5-7 选矿过程中尾矿与废石的形成过程

5.3.3.1 尾矿的排放与管理

尾矿管理设施排出的污水和粉尘,都会对人类、动物及植物具有不同的毒性。污水可能呈酸性或碱性,可能包含溶解的金属及矿物加工形成的可溶解或不可溶解的有机组成,或者采矿作业过程中形成的腐殖质和长链羟基酸。对于排放物中所含的物质,pH、溶解氧含量、温度和硬度都可能会影响受体环境的毒性。造成环境污染的关键原因如下:

1)含有金属硫化物;

2)硫氧化物暴露在氧气和水中;

3）硫氧化产生酸性含金属浸出液；

4）长时间持续产生浸出液；

5）缺乏酸缓冲矿物。

这些浸出液会造成动植物中的金属累积、土壤污染、人及动物的寿命缩短。因此需要对这些尾矿进行管理。尾矿和废石的管理有多种方式，最常见的方法如图 5-8 所示。

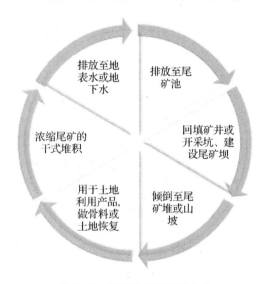

图 5-8　尾矿的常见管理方法

5.3.3.2　尾矿的资源化利用

图 5-8 中的管理方式仍存在各种各样的问题，这些固体废物对环境、人类及其他生物的威胁依然存在，未曾对尾矿进行合理的资源化利用。尾矿主要是指各种有色金属如锡、汞、锌等金属矿山在开采过程中形成的大量尾渣。有色金属矿山尾渣中主要含有目的金属、伴生的有价金属、伴生的非金属矿物等，而且许多矿山尾渣中具有回收利用价值的有价组分，其品位往往高于对应原生矿的品位，其价值惊人，可根据其组成及性质的不同对其进行开发利用。目前常见的主要有进一步提取有价组分、制备建筑材料、用作废料或者土壤改良剂、填充采空区、覆土造地等几种途径，具体利用方式将在本章中 5.4、5.5、5.6 中进行详细的介绍。

5.3.4　矿山固体废物资源化发展的有效措施

矿山固体废物不合理的处理及处置已经造成了严重的环境污染及大量资源的损失，在污染环境、水资源的同时，阻碍了我国的经济发展。矿山固体废物资源化发展势在必行，综合来看，矿山固体废物资源化发展需要按照以下五个方面的措施进行开展。

1）推动固体废物资源化利用项目市场化运作，让政策驱动和市场驱动共同发力，激发社会投资活力和动力。当前固体废物资源化利用主要靠政策驱动，市场驱动的效果还不明显。一些矿山企业固体废物资源化利用项目考虑更多的是受环保政策影响，而没有将这作为一个可盈利的商业项目进行市场化运作。这就需要政府通过政策引导来激发市场主体活力，营造全社会积极参与的良好氛围。同时，充分发挥各有关部门、行业协会的指导作用，宣传固体废物综合利用的典型案例，推广典型经验。

2)加强矿山的废石、尾矿等固体废物资源利用率。由于矿产资源不同,矿山的废石、尾矿等废弃物其岩相组成、化学成分、理化性质均有差异,其基础数据、利用现状、潜力评价工作调查的普遍缺失,直接制约了后续工作的开展。同时,多数矿山企业对尾矿的利用处理,只重视价值较高的、成本相对低的资源进行回收利用。随着我国对建筑工程质量要求越来越高,高性能人造石材的需求也越来越大。这些废石、尾矿等固体废物产生的超细粉料经过一定的技术处理后,与水泥颗粒形成良好的级配,大幅度改善了制品的密实性,提高了强度和耐久性,能生产出高附加值的人造石材。

3)进一步完善相关法律法规,加强细节管理,从大处着眼,细微处入手,打通各类堵点痛点。通过淘汰落后产能和严控基础项目建设标准,在固体废物制品的走向市场方面拓展更加广阔的市场空间。加大固体废物利用产品在新农村建设、城市更新、江河湖泊生态修复中的应用,推动固体废物建材化和资源利用化的发展。

4)进一步扩大固体废物利用产品的市场和应用场景。其重点集中在固体废物制品高值化技术、固体废物建材低能耗生产技术和固体废物进一步挖掘潜力开发新型建材扩大应用范围等几个核心技术。在加大示范项目建设方面,在以往市政交通行业的基础上,今后应进一步扩展固体废物建材的应用范围,在江河湖泊等生态修复领域建设示范性工程,为将来在更广的行业应用奠定基础。

5)通过"数智化"来引领绿色矿山建设。随着产学研用的协同创新,矿山机械装备行业近年来发展迅速,已经开始向实现安全矿山、无人矿山、高效矿山、清洁矿山的目标迈进。

5.3.5 矿山固体废物综合利用的工程实例

(1)株洲钼渣的综合利用。以国内株洲硬质合金厂为例,该厂主要以钼精矿为主要原料,采用湿法冶炼生产各种钼酸盐、钼的氧化物、纯金属钼粉、纯金属钼等制品,该厂钼渣的产出率为钼精矿量的20%左右,形成钼渣的主要化学组成为钼占15%~20%,其中可溶性钼为4%~6%,不溶性钼为11%~14%,不溶性的钼主要是以$PbMoO_4$、$CaMoO_4$、$FeMoO_4$的形式存在。

1)酸分解方法处理钼渣工艺流程。常用钼渣处理方法有苏打焙烧法、酸分解法、高压碱浸法和苏打直接浸出法等。其中苏打焙烧法存在很多缺点,主要是工序复杂,辅助材料消耗多,能耗高,金属收率低等,而相比之下,酸分解法的生产流程短,金属收率高,产品质量好,劳动强度及生产条件较好。株洲硬质合金厂最早用苏打焙烧法处理钼渣,后改用酸分解法。酸分解法处理钼渣工艺流程如图5-9所示。

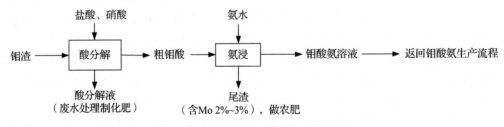

图5-9 酸分解法处理钼渣工艺流程图

酸分解法是用盐酸将钼渣中的难溶钼酸盐分解,使钼呈钼酸沉淀;再用硝酸将钼渣中的

MoS_2 氧化分解呈钼酸沉淀。Fe、Ca、Pb 等杂质以氯化物形式进入溶液,硫以硫酸的形式进入溶液,从而分离钼与可溶于酸的杂质。

$$CaMoO_4 + 2HCl \longrightarrow H_2MoO_4 \downarrow + CaCl_2$$
$$Fe_2MoO_4 + 6HCl \longrightarrow 3H_2MoO_4 \downarrow + 2FeCl_3$$
$$PbMoO_4 + 2HCl \longrightarrow H_2MoO_4 \downarrow + PbCl_2$$
$$MoS_2 + 9HNO_3 + 3H_2O \longrightarrow H_2MoO_4 \downarrow + 9HNO_2 + 2H_2SO_4$$

酸过量时,部分钼会转化成氧氯化钼,溶解进入酸分解液。

$$CaMoO_4 + 4HCl \longrightarrow MoO_2Cl_2 + CaCl_2 + 2H_2O$$
$$CaMoO_4 + 5HCl \longrightarrow HMoO_2Cl_3 + CaCl_2 + 2H_2O$$
$$CaMoO_4 + 6HCl \longrightarrow MoOCl_4 + CaCl_2 + 3H_2O$$

为了降低酸分解液中的钼含量,分解后需要用氨水中和料浆,使溶液中的钼完全以钼酸形式沉淀析出。

$$MoO_2Cl_2 + 2NH_3 \cdot H_2O \longrightarrow H_2MoO_4 \downarrow + 2NH_4Cl$$
$$HMoO_2Cl_3 + 3NH_3 \cdot H_2O \longrightarrow H_2MoO_4 \downarrow + 2NH_4Cl + H_2O$$
$$MoOCl_4 + 4NH_3 \cdot H_2O \longrightarrow H_2MoO_4 \downarrow + 4NH_4Cl + H_2O$$

酸分解后,滤饼中的钼酸可被氨水溶解,生产钼酸铵进入溶液,并与不溶的固体杂质分离,该过程称为氨浸。

$$H_2MoO_4 + 2NH_3 \cdot H_2O \longrightarrow (NH_4)_2MoO_4 + 2H_2O$$

2)酸分解法工艺过程及条件。酸分解过程按照渣∶水∶盐酸=1∶(1~1.2)∶3 的比例向酸分解槽内加入水(或者是仲钼酸铵生产流程中的酸沉母液)和盐酸,加热至 70 ℃后开始搅拌,同时加入钼渣,温度至 90 ℃时,保温搅拌 1 h 使难溶钼酸盐完全分解。再根据钼渣中 MoS_2 的含量,加入适量的硝酸,使得 MoS_2 氧化分解,之后搅拌 1 h,然后停止加热,待浆料温度降至 90 ℃,加入氨水调节 pH 至 0.5~1,然后趁热放出,过滤抽干,粗钼酸滤饼转入氨浸流程;滤液转入废水处理流程,最终制成化肥。

氨浸过程按照湿钼酸∶水∶氨水=1∶2.5∶0.8 的比例,首先向浸出槽内加入洗水或水,加热到 70~80 ℃,搅拌,同时加入粗钼酸和氨水,然后将浆料 pH 调至 8.5~9,温度控制在 70~80 ℃,搅拌 30 min 后,静置沉淀,之后将上清液过滤,再将沉淀物加热至 80~90 ℃,然后过滤。槽内按粗钼酸∶水=1∶2 的比例加入水,将水加热至沸腾,分数次淋洗滤饼,浸出液转入仲钼酸铵生产流程,做浸出稀溶液使用,洗水转入下批粗钼酸氨浸,尾渣做农肥。

此外,我国顾珏等人研究了热球磨苏打法处理氨浸钼渣的新工艺,该工艺由于采用热球磨浸出,从而把机械能转化为物料的内能,使晶格变形,缺陷增大,内应力增强,反应的活化能降低,剥除了反应产生的固相产物膜,增大了物料的比表面,因而钼浸出率提高,浸出时间缩短,经济效益提高,同时也克服了现行其他工艺因配加高碱量而引起的一系列弊病。其最佳工艺为 Na_2CO_3∶Mo(摩尔比)=1.5~1.6,温度 130~140 ℃,时间 1.5~1.6 h,钼浸出率达 90% 以上。该工艺生产成本低,浸出条件良好,操作易控制,当氨浸渣中的钼主要以不溶性的钼酸盐形式存在时效果较好,且溶出的杂质少。

(2)霍邱铁矿区尾矿综合利用。霍邱铁矿区是一个全隐伏的大型铁矿区,南北长约 40 km,东西宽 3~6 km。自北而南由陶、周集、张庄、李老庄、范桥、草楼、周油坊、吴集、重新集等 10 个大中型矿床组成。截至 2019 年底,霍邱铁矿已探明的资源储量为 16.5 亿吨,在全国居第五位。

霍邱铁矿区具有资源量大、分布集中的特点。矿石组分简单,矿石矿物主要为磁铁矿、磁铁-镜铁矿。矿石可选性好,属贫矿,其平均含铁品位只有 31%～34%,比世界其他国家铁矿平均品位低 11 个百分点。霍邱铁矿矿体埋藏较深,主要铁矿资源分布在 50～600 m,适宜地下开采。

1)固体废物产生、处理处置基本情况。霍邱铁矿区开发过程中的固体废物主要有井下采掘废石、干选废石和尾矿。

霍邱铁矿区已经投产和正在建设的矿山企业有霍邱大昌、李楼、诺普、草楼、重新集、周油坊等 6 家,目前 6 家矿山企业拟开采的资源量占霍邱铁矿区总储量的 58.6%。6 家矿山企业固体废物产生、利用及堆置情况见表 5-4。

表 5-4 6 家矿山企业固体废物产生、利用及堆置情况

固体废物类型	矿山企业	产出量/(万吨/年)	利用率/(万吨/年)	堆存处置/(万吨/年)	利用途径
废石	大昌	102.25	60.33	41.92	基础设施建设
	李楼	528.26	391.77	136.49	基础设施建设
	诺普	35.81	23.93	11.88	基础设施建设
	草楼	30.00	24.60	5.40	基础设施建设
	重新集	211.03	90.71	120.32	基础设施建设
	周油坊	268.04	211.74	56.30	基础设施建设
	合计	1 175.39	803.08	372.31	
尾矿	大昌	105.32	0	105.32	
	李楼	312.80	268.10	44.70	井下填充
	诺普	53.21	9.91	43.30	井下填充
	草楼	132.84	24.60	108.24	井下填充
	重新集	294.75	237.34	57.41	井下填充
	周油坊	255.50	230.80	24.70	井下填充
	合计	1 154.42	770.75	383.67	

从表 5-4 可以看出,废石产生目前总量约为 1 175.39 万吨/年,其中 803.08 万吨用于企业本身建设,包括厂房、办公生活区建设、道路修建、尾矿库筑坝等生产生活配套设施建设用;剩余 372.31 万吨作为建材用于阜六高速周集至马店段、白庙、范桥、高塘等居民安置点建设及乡村道路修建、附近居民做建材。目前没有出现废石库存状况。

6 家矿山企业每年产生尾矿 1 154.42 万吨,用于井下采空区充填为 770.75 万吨,需堆处置的尾矿库量为 383.67 万吨。堆存量占尾矿产生量约 33.3%。6 家矿山企业拟开采的资源量占霍邱铁矿区总储量的 58.6%,按照现有 6 家矿山开发尾矿堆存比例,如矿区大中型矿山全部开发,每年尾矿堆存量约为 655 万吨。

霍邱铁矿区尾矿约 70% 充填于井下,约 30% 需要采取其他处理处置方式。采用堆存处置受当地自然条件制约,很难找到理想尾矿库。因此,必须采取其他更为合理的处理处置途径。

铁矿尾矿综合利用途径包括混凝土砌块、水泥掺合料、尾矿再选、磁化肥等,结合霍邱矿区的实际情况,采取以下综合利用途径。

2)尾矿用作混凝土砌块。中国矿业大学(北京)从 20 世纪 80 年代起一直致力于尾矿的综合利用研究,已经有多项研究成果应用到实际,如免烧尾矿砖、砌块、瓦、轻质材料、微晶玻璃等。根据吴集矿尾矿砂粒级实验分析,矿区经磁选的尾矿矿砂性能符合配置 300 号以上混凝土构件掺合料的要求,达到国家标准,并且生产出的产品具有良好的保温、隔热、耐热、抗渗、不锈蚀等特点,与同强度天然骨料配制品相比,容重减轻约 20% 左右。周油坊矿目前正在规划建设一条砌块生产线,年产量 1.9 亿块,年消耗尾矿量 30 万吨。

3)尾矿用作水泥掺合料。细粒级铁尾砂以一定比例作为水泥掺合料用于水泥生产已在许多水泥厂获得应用。如马钢陶冲铁矿水泥厂、马鞍山十七冶水泥厂、海螺水泥厂等都有将铁尾砂作为水泥生产掺合料的实践经验。根据霍邱某水泥厂生产试验,细粒级铁尾砂以 10% 的比例配入普通硅酸盐水泥配料中,水泥试块强度测试达到或超过一般硅酸盐水泥,目前已经利用细尾砂生产出合格水泥产品。只要将铁尾砂以约 7% 的比例配入水泥生产中,则 300 万吨生产能力的水泥厂每年将消耗尾砂约 20 万吨。因此,应对尾库区周边水泥厂进行调研,加大区域资源配置和协调,拓宽尾矿用作水泥掺合料的途径。

4)尾矿再选提取硅砂。根据矿区尾矿砂含 SiO_2 高(约 70%)的特点,经过强磁选尾矿,SiO_2 含量仍在 20% 左右,可通过浮选提纯得到硅砂。大昌铁矿委托有关科研院所进行尾矿提取硅砂科研攻关,取得了较好的实验室效果,目前已经形成了成熟的产业链。如尾矿再选提取硅砂获得应用,尾矿堆存量将减少约 20%,而且可大大提高尾矿的综合利用价值。

5)尾矿用于制作磁化肥。霍邱铁矿区土壤类型主要有地带性黄棕壤、水稻土两大类,又以水稻土面积最大。黄棕壤是北亚热带的地带性土类,其剖面形态特征是具有黄棕色的心土层,一般质地黏重,紧实。水稻土在项目区分布最广,该区水稻土一般多为黏壤或粉砂黏壤土,呈微酸性或中性,通气性差,也是较好的耕作土壤。霍邱矿区产生的尾矿中一般铁矿物含量在 8%～14%,将这样的尾矿进行适当的磁化处理后生产复合肥。这种复合肥具有抗结块、抗破碎、散落性好的特点,肥料施用方便,施入土壤中不仅可以改善土壤的性能,而且能达到增产的效果。目前安徽金蓼复合磁化肥有限公司年产 40 万吨有机肥及复合磁化肥的一期项目在霍邱县已经建成投产。

(3)准格尔露天煤矿煤矸石综合利用。

1)利用煤矸石复垦造地。神华准格尔能源有限责任公司(简称"准能公司")地处丘陵地带,沟壑纵横,植被稀疏,耕地很少,随着准格尔煤炭的开发建设,大量的土地被征用,因此利用矸石复垦造地有着非常重大的意义。它可以用"以地换地"的方法降低征用土地费用,保护环境,防止水土流失,使企业得到可持续发展,实现了经济效益、生态效益的协调增长。几年来,准能公司采用科学的采掘—运输—排土—复垦连续作业的方式,坚持土地复垦与采矿生产紧密结合的原则,使填沟造地工作卓有成效,走了一条符合我国煤矿实际的土地复垦和生态综合整治的路子。

在矿建剥离期间,对东、北和西排土场范围内的 17 处沟谷,用剥离岩土构筑 14 座非永久性截水坝,3 座挡水坝和东挡 1 号永久性挡水拦沙坝,使泥沙在坝内沉积,防止水土流失。根据有利于复垦种植和防止水土流失的要求,设计了多层台阶状排土场,将矸石和剥岩石用汽车运输到排矸场,推土机将矸石逐段逐层推平压实,并覆以 3 m 厚的黄土,力求使复垦后的土地和土壤的自然结构相对一致,填满一层造田一层,直到沟壑全部填满。其作业过程为表土采集堆存在→岩石排弃压实→表土覆盖→土地覆盖→土地整形。利用煤矸石填沟造地,既有利于煤矿矸石的堆存堆放,可以造福当地居民百姓,又有着很好的社会效益和经济效益。

准能公司露天矿利用煤矸石和剥离土进行填沟造地,然后在上面营造观赏性果园和苗圃,现在已经大有成效。根据树木、花、草不同的生长、开花、结果特点及对抗性的不同,分成了苹果园、梨园、杏园、桃园等几块观赏区,呈现出不同的观赏风格。园内共栽植各种乔灌木 7 000多株(丛),成活率在 70% 以上。其他景观区也各具特色。如今,昔日荒山现已成为矿区工业广场的亮丽风景线。

2)利用煤矸石发电。利用煤矸石发电是煤矸石综合利用中社会效益、环境效益、经济效益相统一的最有效途径,也是煤矿发展煤矸石综合利用的重头戏。准能公司 2005 年 5 月正式投产运行的 2×130 MW 煤矸石热电厂,采用流化床技术,使用煤矸石和劣质煤发电,自发自用,降低准能公司煤炭开发的成本,节约能源,创造经济效益。它不仅减少了矿区煤矸石、劣质煤的继续排放和自燃,有利于降低矿区的环境污染,还可以给露天矿及选煤层供热。使用循环流化床锅炉(CBF),煤矸石能在低温状态下燃烧(850~900 ℃),所产生的灰、渣不会融化,具有一定的活性,完全添加到水泥生产中去,做到了灰渣的零排放和煤矸石的洁净燃烧。2011 年 8 月 14 日,二期的 2×330 MW 的矸石发电厂投入运行,2013 年 10 月实施了矸石发电公司一、二期炉外脱硫及二期脱硝技术改造。

3)利用煤矸石制作耐火材料。准格尔蒙盛材料有限公司利用准能公司洗选出来的煤矸石作为原料生产耐火原材料,经过两年多的化验室实验、半工业实验和工业实验,证明它的可行性。如今生产的 1 200 t 耐火合成原料,在武汉钢铁公司耐火材料厂应用,生产大型高炉用高密度铝碳砖,连铸钢包用钢包浇注料等。在上海宝光耐火材料厂应用,给宝山钢铁公司生产300 t 连铸钢包用补炉料。在攀枝花钢铁集团金山耐火材料厂有限公司应用,生产连铸钢包用"501"滑板砖,取得良好的效果。煤矸石生产耐火原材料有着良好的经济效益和社会效益。

4)利用煤矸石作路基材料和露天开采回填。利用煤矸石回填采空区和矿区道路路基材料,既可以大量消耗掉煤矸石,减少占地和对环境的污染,又可以使地表稳定性加强,防止露天滑坡。目前,准能公司用煤矸石回填采空区后,再进行复垦造地。

5.4 矿山固体废物中有价金属的回收

许多矿山的尾矿及废石中具有回收利用价值的有价组分,其品位往往大于相应的原生矿品位,充分利用分选技术回收这些有价金属对充分利用资源、延缓矿产资源的枯竭具有重要的意义。

5.4.1 铁矿山固体废物中有价金属的回收

铁尾矿是铁矿开发过程中所产生的主要固体废物之一,是一种非常重要的二次资源,而我国的铁尾矿资源储存量和新增量巨大。虽然我国铁矿资源储藏总量丰富、矿床类型齐全,但多以贫矿为主。且我国铁矿资源具有集中分布的特点,在鞍山、白云鄂博、攀枝花等地区形成矿带,长年累月在很多地区形成了巨大的铁尾矿存量。据统计,截至 2018 年底,我国尾矿累积堆存量约为 207 亿吨,其中铁尾矿占比最大。表 5-5 给出了我国部分地区的铁尾矿的主要成分。

表 5-5　我国部分地区铁尾矿主要成分(质量分数/%)

地区名称	SiO_2	Al_2O_3	Fe_2O_3	CaO	MgO	TFe	MnO	P_2O_5
邯郸铁矿	31.98	6.49	10.23	30.77	13.84	—	0.12	—
梅山铁矿	27.88	7.27	25.00	14.62	1.78	—		
安徽铁矿	43.58	12.21	—	1.00	2.70	17.54		
唐山铁矿	72.79	6.08	6.20	4.85	3.16	4.48	0.085	0.16
密云铁矿	61.7	9.09	14.8	5.85	3.52		0.24	
陕西铁矿	48.92	12.00	15.02	10.8	7.32			
迁安铁矿	68.1	6.80	10.9	3.5	3.80			
金岭铁矿	6.47	5.32	8.27	19.48	13.21			
他达铁矿	21.06	6.57	—	0.50	0.50	38.00	0.64	0.057
鞍山铁矿	75.91	0.65	—	1.82	1.51	11.69	—	—

我国铁尾矿排放主要以赤铁尾矿和磁铁尾矿矿物相为主,根据化学组成可将铁尾矿分为高铝型、高硅型、高钙镁型、低钙镁铝硅型、多金属型。铁尾矿中除了金属铁之外,还有钒、钛、钼、钴等多种有色金属和稀有金属元素,除此之外还有非金属硫和石英等矿物相,目前我国对于铁尾矿中提取金属铁的工艺技术相对成熟,除此之外还可在铁尾矿中提取钛、锌、钼等金属相。图 5-10 所示为目前铁尾矿的主要处理途径。

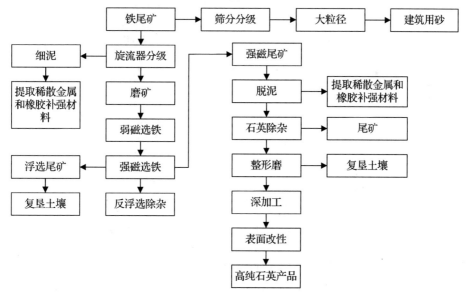

图 5-10　铁尾矿的主要利用途径

图 5-11 所示为一种从铁尾矿中提取金属铁的方法,能够更高回收利用铁的回收方法。北京科技大学刘占华等采用弱磁选-直接还原焙烧-磁选工艺对内蒙古某高硫铁尾矿进行处理,得到了铁品位为 92.86%、相对弱磁精矿回收率为 82.37%、硫含量为 0.40% 的还原铁,获得了较好的提铁降硫的效果。包钢选矿厂稀土浮选尾矿中含铁 24% 左右,采用反浮-正浮工艺流程,铁精矿产率为 26.55%、品位为 61.65%、回收率为 59.46%。若年处理稀土浮选尾矿 50

万吨,则可年产铁精矿 13 万吨,直接经济效益预计每年可达到 1 000 万元。四川某铁矿选厂采用浮选-磁选工艺对该矿铁选尾矿进行再选,以丁黄药、2 号油等作为浮选药剂,可从弱磁选尾矿中获得铁品位 62.28%、铁回收率 32.59%的强磁性铁精矿,以及铁品位 51.87%、铁回收率 5.36%的弱磁性铁精矿。通过采用磁选、磁选加浮选工艺对铁矿选厂尾矿进行再次选矿,回收的铁精矿品位均达到 50%以上。

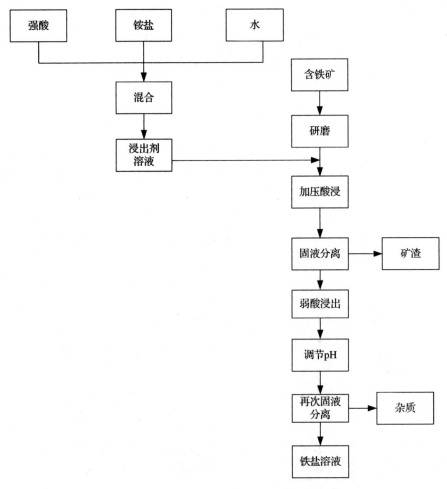

图 5-11 一种从铁尾矿中提取金属铁的工艺流程

同时,还可以从铁尾矿中提取其他金属,万丽等人通过对某选矿厂的选铁尾矿进行各种物理化学工艺方法处理,最终获得了锌、钼品位分别为 41.53%、0.797%,锌、钼回收率达 92.87%、67.26%的锌钼混合精矿,同时还可以得到品位为 51.75%、回收率为 91.51%的硫精矿。邓秀兰通过对内蒙古某铁矿选铁尾矿进行如图 5-12 所示的工艺流程处理,最终获得 TFe 的产率为 0.95%、品位 54.32%、回收率为 5.07%的铁精矿,获得 TiO_2 产率为 1.92%、品位 39.52%、回收率为 28.63%的摇床精选钛精矿,以及 TiO_2 产率为 0.20%、品位 31.83%、TiO_2 回收率为 2.40%的摇床精扫选钛精矿,钛精矿总产率为 2.12%,TiO_2 品位为 38.79%,TiO_2 回收率为 31.03%。

图 5 - 12　某铁尾矿提取铁、钛过程

5.4.2　有色金属矿山固体废物中有价金属的回收

有色金属通常指除黑色金属以外的矿物,也可以指除去铁(有时也除去锰和铬)和铁基合金以外的所有金属。包括铜、铅、锌、镍、钴、钨、锡、铋、钼、锑等重金属,金、银、铂族等贵金属,以及稀有金属、稀土金属和分散金属。我国的有色金属资源较为丰富,品类较为齐全。但是有色金属复合矿多,有的品位较低,不但多种有色金属常共生在一起,而且有些铁矿中也含有大量的有色金属,造成尾矿中的有价金属量较大,开发适合中国资源特点的新技术、新工艺、新设备和新材料,对有色金属尾矿再选有重要意义。有色金属尾矿再选需采用浮选-重选-浮选工艺联合配置,工艺较为繁琐复杂。

(1)铜尾矿中回收有价元素。如可在铜尾矿中进一步提取铜,铜尾矿中存在铜、硫、钨、铁等,主要的矿物相有黄铜矿、辉铜矿、黄铁矿等。提取金属铜的流程图如图 5-13 所示。

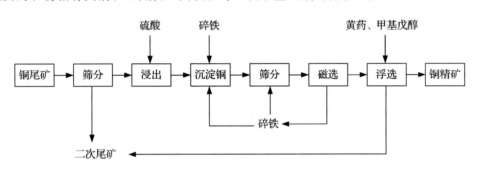

图 5 - 13　铜尾矿提取金属铜的流程图

首先对铜尾矿进行破粉碎处理,然后筛除粒径大于 1 mm 的颗粒料,筛下料用硫酸浸出半小时左右,加入量为 1 吨尾矿 2.3～2.5 kg 硫酸,再将浸出液用碎铁置换,接着通过筛分和磁选回收碎铁后进行浮选,控制 pH 为 4.6 左右,沉淀铜经过浮选即得到铜精矿。

同时还可从富含白钨的铜矿中提取金属钨,如图 5-14 所示,最终得到白钨精矿中 WO$_3$ 的含量在 67% 左右。

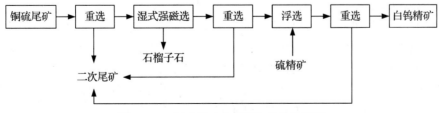

图 5 - 14　铜硫尾矿中提取白钨的流程图

铜尾矿除了可以提取金属铜、钨之外,也可以提取金属铁,还可以从含硫的铜尾矿中回收硫精矿等。

安庆铜矿矿石类型分为闪长岩型铜矿、硅卡岩型铜矿、磁铁矿型铜矿及硅卡岩型铁矿等四类,矿石的组成矿物皆为内生矿物。主要金属矿物为黄铜矿、磁铁矿、磁黄铁矿、黄铁矿,经浮选、精矿、磁选回收铜、铁、硫后,仍有少量未单体解离的黄铜矿进入总尾矿;磁黄铁矿含铁和硫,磁性仅次于磁铁矿,在磁粗精矿浮选脱硫时,因其磁性较强,不可避免地夹带一些细粒磁铁矿进入尾矿。选矿厂的总尾矿经分级后,+20 μm 粒级的送到井下充填储砂仓;-20 μm 粒级的给入尾矿库。尾砂的化学分析结果见表 5-6。

表 5-6 尾砂化学组成(质量分数/%)

产　品	Cu	S	Fe
粗尾砂(+20 μm)	0.143	2.36	9.76
细尾砂(-20 μm)	0.07	1.67	13.45
总尾砂	0.119	2.13	11.00

目的是从该尾矿中进一步提取铜、铁资源,在粗尾砂中可以提取铜,在细尾矿中可以提取铁,通过精选,最终得到了铜品位为 16.94% 的合格铜精矿,获得铁品位 63.00% 的铁精矿,两年创产值 491.95 万元,估算每年利税 421.45 万元,取得了较好的企业经济效益和社会效益。

(2)铅锌尾矿中提取有价组分。除了铜尾矿之外,在铅锌尾矿中也可以提取一些有价的组分,常见的是硫化铅锌尾矿,硫化铅锌矿浮选分离出金属铅、锌后,其尾矿含有丰富的可回收再利用资源,如金、银、铜、铁、锑、钼等物质,利用尾矿的物理及化学性质,选用不同的方法,提取出有用物质。如可以通过生物-化学浸出法回收金、银。国外一家铅锌硫化矿回收金、银的流程如图 5-15 所示。

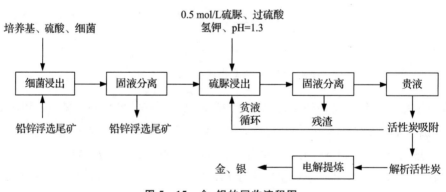

图 5-15 金、银的回收流程图

(3)钼尾矿中提取有价金属与其他矿物相。我国钼资源储量丰富,根据 2018 年国土资源部发布的数据,我国钼矿资源金属储量达到 830 万吨,位居全球第一。主要集中在中南、东北、西北、华北等地区。与国外相比,我国低品位钼矿床居多,伴生物质复杂多样,综合利用有待提高。目前对于钼尾矿中有价金属的回收研究较多,工艺相对较为成熟。精选后留下的钼尾矿主要以辉钼矿、钼酸钙、钼华等含钼矿物为主,除此之外还有黄铁矿、磁铁矿、菱铁矿、褐铁矿、白钨矿、黑钨矿、黄铜矿、方铅矿、闪锌矿、辉铋矿、铋、金等金属矿物。目前对钼尾矿常用的处理方法是先进行磨矿抛尾或者脱泥作业,采用磁选回收磁铁矿和磁黄铁矿等含铁矿物,或者用重选-加温浮选、重选-浮选等联合流程回收钼、钨等有价金属,钼精尾清洗-浓密-两次磨矿-浮选等工艺综合回收铜、铁、硫等有价元素,以及微生物浸出综合回收 Mo、Cu、Fe、S 等有价矿物。刘东斌等人采用如图 5-16 所示的工艺流程,制备得到 Na_2O+K_2O 含量>11.66%、Fe_2O_3 含量为 0.62% 的长石精矿。

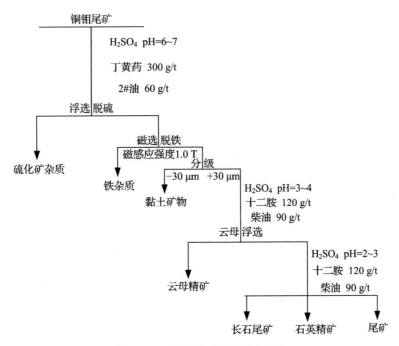

图 5-16 铜钼尾矿长石回收过程

5.4.3 金矿山固体废物中有价金属的回收

我国金矿资源非常丰富,但贫矿多,富矿少,单一矿少,共伴生矿多。受生产技术水平和粗放型生产方式的影响,大量的金尾矿金品位在 0.5 g/t 以上,我国每生产 1 t 的黄金,大约要消耗 2 t 的金储量,回收率只有 50% 左右,国外大量研究表明,金尾矿中约 50% 的金都是可以回收的,因此金尾矿是潜在的二次资源,具有可观的经济价值。"炭浆法(Carbon in Leaching,CIL)"是目前最常用的一种从金矿中提取金的方法,于 1973 年在美国投入生产,随后在全世界得到广泛的应用。炭浆法指向矿浆中加入活性炭,同时进行浸出和金吸附,除了炭浆法之外,常用的尾矿中提取金的方法还有"堆浸法(Heap leaching)"和"树脂浆法(Resin in pulp)"。"堆浸法"是 1967 年发展起来的,即将金矿石筑成堆进行氰化物溶液的喷淋浸出;"树脂浆法"与"炭浆法"相似,是由前苏联开发的,1967 年在乌兹别克斯坦的穆龙陶大型露天金矿建成投产。相比于"树脂浆法"和"堆浸法",炭浆法保留了氰化浸出的主体工序,取消了液固分离和加锌置换两个工序,以碳吸附、解吸和电解取而代之。炭浆法氰化提金的简史如下。

1847 年,莱扎斯基首次发现炭能从含金溶液中吸附金。

1880 年,澳大利亚广泛使用活性炭从溶液中吸附回收金。

1934 年,齐普曼直接加木炭从氰化浸出矿浆中吸附金,炭不循环使用。

1952 年,查德拉发现热 NaOH＋NaCN 溶液可从载金炭上解吸附。使得当代炭浆工艺的基础活性炭实现循环使用。

1961 年,美国科罗拉多州卡林顿选金厂首次用炭浆工艺进行小规模生产。

1973 年,美国拿达科他州霍姆斯特克金矿选矿厂首次用炭浆法进行生产,矿石处理量为 2 250 t/d;之后,在美国、南非、菲律宾、澳大利亚、津巴布韦等国相继建成几十座炭浆提金厂;1985 年,我国在灵湖矿和赤卫沟矿建成炭浆提金厂。此后,我国相继建成十几座炭浆提金厂。

炭浆工艺流程如图 5-17 所示。

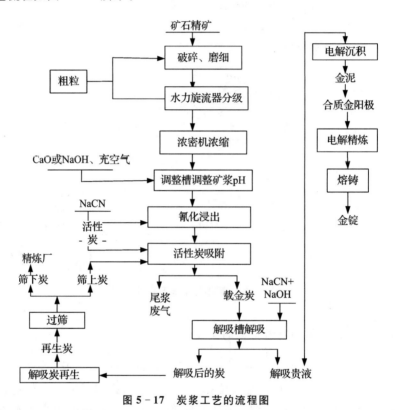

图 5-17　炭浆工艺的流程图

从炭浆法解吸载金炭的溶液的特点:①含金浓度高;②游离氰化物浓度高;③NaOH 浓度高等。

(1)张家口金矿炭浆厂。张家口金矿是 20 世纪 70 年代投产的,设计规模为 500 t/d,原流程为混汞＋浮选,选矿回收率为 75%,1984 年改造为炭浆提金工艺,选冶回收率达 92% 以上,经数次技术改造,生产规模达到 600 t/d。

1)矿石性质。矿石为贫硫化物含金石英脉类型。矿石中主要金属矿物为褐铁矿和赤铁矿,其次为方铅矿和白铅矿、铅矾、磁铁矿及少量黄铁矿、黄铜矿及自然金。脉石以石英为主,其次有绢云母、长石、方解石、白云石等。绝大部分自然金与金属矿物共生,其中以褐铁矿含金为主,矿石密度 2.15 g/cm³。

2)工艺流程。原矿经两段一闭路流程破碎后,粉矿粒度达到 12 mm,经两段磨矿,矿石细度达到 85%,达到 200 目。磨细的矿石经高效浓密机脱水,矿浆的浓度提高到 40%~45%,然后给入炭浸系统。在炭浸系统中添加氰化物,充入中压空气,加入活性炭。经过两段预浸和七段边浸边吸后,尾矿品位降至 0.3 g/t,尾液品位降至 0.03 mg/L。炭浸尾矿排至污水处理系统,采用氯碱法进行处理,处理后尾矿含氰量降至 0.5 mg/L 以下,然后排至尾矿库沉淀自净。由炭浸系统提出的载金炭筛洗干净后到金回收系统解吸、电积。炭浸系统串炭由离心提炭泵和槽内溜槽桥筛完成。解吸作业使活性炭载金量由 3 500 g/t 降至 80 g/t 以下,解吸炭经酸洗、加热再生后返回炭浸系统。

3)技术数据。张家口金矿炭浆厂的工艺条件及工艺指标见表 5-7 和表 5-8。

表 5-7　张家口金矿炭浆厂的具体工艺条件

预浸时间	4.1 h	解吸时间	18 h	矿浆浓度	40%～45%
解吸温度	135 ℃	充气量	0.23 m³/hm³	解吸压力	0.31 MPa
pH 值	10.5～11.0	解吸液成分	1%NaOH+0.5%NaCN	氰化钠浓度	0.04%～0.05%
炭浸时间	14.35 h	解吸液流速	0.84 L/s	活性炭密度	10～15 g/h
电积槽内阴极数	20 个	串炭速度	700 kg/d	电积时间	18 h
电积温度	60～90 ℃	电积槽电压	2.5 V	每批处理炭量	700 kg
预热时间	2 h	槽电流强度	1 000 A	硝酸浓度	5.0%
再生气氛	水蒸汽	碱浓度	10.0%	再生时间	20～40 min
洗涤时间	2 h	再生速度	25～35 kg/h		
再生温度	一区 650 ℃　再生窑给炭水分为 40%～50% 二区 810 ℃　再生窑冷却方式为水淬 三区 810 ℃　活性炭再生周期为 3 个月				

表 5-8　张家口金矿炭浆厂工艺指标

CIL 系统	原矿品位/(g/t)	尾渣品位/(g/t)	尾液品位 g/m³	尾液 CN-浓度 g/m³	浸出率/%	吸附率/%
	2.5	0.20	0.03	200	92.0	97.5
解吸电积 系统	载金炭品位 g/t	解吸炭品位 g/t	电积贫液品位 g/m³		解吸率/%	电积率/%
	2 000～3 500	50	6.0		99.8	99.9

(2)银洞坡金矿炭浆法从金尾矿中回收金银。银洞坡金矿采用全泥氰化炭浆提金工艺回收老尾矿中的金、银。生产工艺流程为尾矿的开采利用一艘 250 t/d 生产能力的简易链斗式采砂船,尾矿在船上调浆后由砂泵输送到 250 t/d 炭浆厂,给入由 Φ1 500 mm×3 000 mm 球

磨机和螺旋分级机组成的一段闭路磨矿。溢流给入 Φ250 mm 旋流器,该旋流器与 2 号 (Φ1 500 mm×3 000 mm)球磨机形成二段闭路磨矿,其分级溢流给入 Φ18 m 浓缩池,经浓缩后浸出吸附,在浸出吸附过程中,为了进一步扩大处理能力,提高指标,用负氧机代替真空泵来供氧,采用边浸边吸工艺,产出的载金炭,送解吸电解后,产成品金。其选冶工艺流程如图 5-18所示。

经过工业生产实践证明,上述方法的主要指标达到了令人比较满意的结果。该方法的生产能力为 250 t/d 以上,尾矿浓度为 20%左右,细度为 0.074 mm 占 55%,双螺旋分级机溢流为 0.074 mm 占 75%,旋流器分级溢流 0.074 mm 占 93%,浸出浓度为 38%～40%,浸出时间为 32 h 以上,氧化钙用量为 3 000 g/t,氰化钠用量为 1 000 g/t,五段吸附平均底炭密度为 10 g/L。各主要指标为浸原品位中金 2.83 g/t,银 39 g/t,金浸出率为 86.5%,银浸出率为 48%,金选冶总回收率达 80.4%,银选冶总回收率达 38.2%。

据老尾矿库尾矿资源的初步勘查,含金品位大于 2.5 g/t 的尾矿约 38 万吨,可供炭浆厂生产 4～5 年,按工业生产实践推算,则可从尾矿中回收金 760 kg,银 5 t,创产值 7 000 多万元。同时指出,由于处理尾矿的直接成本较低,因此处理 1 g/t 的尾矿也稍有盈利,它不仅增加了黄金产量,也可降低企业的生产费用,因而处理 1 g/t 以上的尾矿也是有利的。

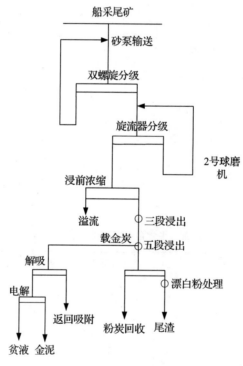

图 5-18 炭浆法在金尾矿中提金选冶流程图

(3)某金属尾矿中提取金。某金矿尾矿平均金品位为 0.70 g/t,具有潜在的经济价值,其主要的化学组成见表 5-9,因此通过浮选选金实验,采用硫酸为矿浆 pH 调整剂、硫酸铜为活化剂、Y89 黄药为捕收剂,采用 2 粗 2 精 1 扫、中矿顺序返回流程处理,可获得金品位为 30.88 g/t、金回收率为 59.11%的金精矿。

表 5-9　某金矿的主要化学组成(质量分数/%)

组成	Au	Ag	S	Fe	As	Sb	CaO	MgO	SiO$_2$	Al$_2$O$_3$
含量	0.70	0.22	0.14	4.06	0.12	0.03	5.46	2.71	63.08	14.30

除了在金尾矿中提取金以外,金矿石中往往还伴生少量的其他有价值的组分,金银提取成功后,这些组分会在一定程度上富集,对这些组分进行回收可以进一步提高企业的经济效益,而且能够减少环境污染。据分析,在我国的金尾矿中,伴随了铅、锌、铜、铁、硫等金属或者非金属物质,一些尾矿中铅的品位超过了 1.0%,一些锌的品位大于 0.5%,铜的品位为 0.2%,这些物质都具有很好的回收利用价值,若能将这些物质回收利用是一件非常有意义的事。

5.5　矿山固体废物在建筑材料中的综合利用

矿山尾矿在提取有用元素后,仍然存留大量的未应用的废物,这种废物大多由多种矿物相组成,如石英、长石、角闪石、辉石、黏土、铝硅酸盐矿物、白云石等矿物相,其中硅、铝的比例较高,这些物质的组成就为生产建筑材料奠定了一定的基础,因此矿山固体废物在建筑材料方向应用广阔,前景较好,如生产各种工艺陶瓷、墙地砖、混凝土等。

5.5.1　矿山固体废物制备免烧砖和烧结砖

矿山尾矿中除了部分可以回收利用的金属及非金属的矿物之外,一般还有大量的可用于加工生产建筑材料的脉石矿物,如石英石、方解石等,利用这些尾矿和一定的生产工艺可生产一些免烧砖、烧结砖、多孔砖等。

(1)免烧砖。免烧砖因其制备过程无需烧结,且以粉煤灰、煤渣、煤矸石、尾矿渣、化工渣或者天然砂等废弃廉价易得的工业废料为原料,各组分按较优配比混合,加水泥调和后压制成型,不仅能解决大宗固体废物堆积污染环境的问题,节约了土地资源,同时还能实现固体废物的资源化,创造了大量商业价值。

周龙等人以广西崇左大新铅锌矿尾矿库,再加入石膏、石粉、水泥等制备得到免烧砖,其性能满足《非烧结垃圾尾矿砖》(JC/T 422—2007)MU 25 的级别要求,固体废物利用率达 25%,实现了固体废物资源化综合利用。利用铅锌尾矿制备免烧砖的流程如图 5-19 所示。

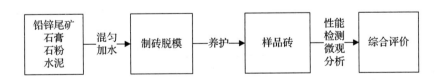

图 5-19　利用铅锌尾矿制备免烧砖的流程图

陕西洛南黄龙铺矿区的钼尾矿,其主要化学组成见表 5-10,以该钼尾矿、水泥及粉煤灰为主要原料,制备工艺流程如图 5-20 所示,当原料质量为钼尾矿:水泥:粉煤灰=80:10:10、拌合用水量为 10% 时,养护 28 d 后强度达 22.4 MPa,达到《非烧结垃圾尾矿砖》(JC/T 422—2007)MU15 的标准。

表 5-10 某钼尾矿的主要化学组成(质量分数/%)

组 分	SiO$_2$	Fe$_2$O$_3$	Al$_2$O$_3$	K$_2$O	Na$_2$O	MgO	CaO	TiO$_2$	MnO$_2$	P$_2$O$_5$	SO$_3$	烧失量
钼尾矿	77.54	4.73	4.25	2.48	1.34	1.50	1.85	0.95	0.70	0.11	2.86	1.69

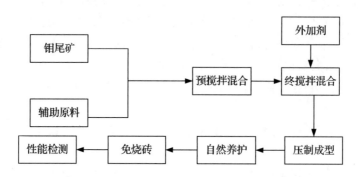

图 5-20 利用钼尾矿制备一种免烧砖的流程图

以内蒙古包头某铁矿的尾矿作为主要原料,其化学组成见表 5-11,除了铁尾渣之外,还有熟石灰、标准砂、水泥、石膏,原料质量比为 100:25:22:15:2,水固比为 10%,成型压力为 20 MPa,制成 Φ50×30 mm 的圆柱试样,养护温度为 60 ℃,恒温湿气养护箱养护 7 d,强度达 12.14 MPa,性能满足《烧结普通砖》(GB 5101—2017)中 MU 10 的强度要求。

表 5-11 某铁尾矿的主要化学组成(质量分数/%)

组 分	SiO$_2$	Fe$_2$O$_3$	NaO$_2$	MgO	K$_2$O	Al$_2$O$_3$	CaO	烧失量
铁尾矿	55.70	28.50	0.25	4.00	0.70	3.00	4.50	3.35

以四川某铜尾矿为研究对象,其中主要的矿物组成为石英、长石、方解石、少量云母,其化学组成见表 5-12,将该尾矿作细骨料,加少量普通硅酸盐水泥作胶结料,石灰作激发剂,加入适量混凝土发泡剂和废弃聚苯泡沫粒预孔剂,浇铸或捣打成型,养护 28 d,通过测试其密度和抗压强度等性能表明,该砌块容重为普通混凝土的 1/2~2/3,可作为建筑物的承重和非承重填充砌块。

表 5-12 某铜尾矿的化学组成(质量分数/%)

组 分	Al$_2$O$_3$	Fe$_2$O$_3$	NaO$_2$	K$_2$O	MgO	TiO$_2$	MnO	CuO	P$_2$O$_5$	SO$_3$	Cl	CaO	F
铜尾矿	13.30	17.45	4.87	2.07	2.25	1.75	4.00	2.07	3.00	7.33	0.35	7.33	0.35

(2)烧结砖。以尾渣作为免烧砖的研究较多,同时由于尾渣中含有的特殊成分,在高温条件下会发生一些物理或化学反应,因此可用于作为一些烧结砖的原料。罗立群等以铁尾矿和煤矸石作为主要原料,加入部分的污泥,当铁尾矿:煤矸石:污泥:页岩=54:30:6:10时,制备工艺见图 5-21,其中成型压力为 20 MPa,烧结温度为 1 100 ℃,保温 3 h,经过高温烧结后,材料中的重金属被固化或部分挥发,符合《危险废物鉴别标准 浸出毒性鉴别》(GB 5085.3—2007)的规定。

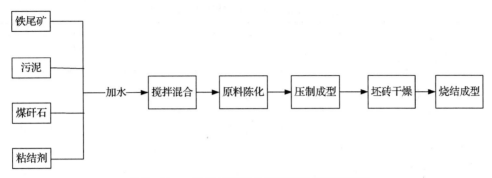

图 5 - 21　一种铁尾矿制备烧结砖的工艺流程图

以迁安铁尾矿为主要原料,同时加入粉煤灰和黏土,该铁尾矿的主要矿物组成为石英、黄铁矿、长石、韭闪石、钙沸石,化学组成见表 5 - 13,其制备工艺流程与图 5 - 21 所示类似,以铁尾矿∶煤矸石∶黏土＝92∶5∶3 的原料加入比例,采用半干发压制成型,成型压力 25 kN,成型坯体自然风干 1～2 d,经干燥箱内干燥,以升温速度为 3～8 ℃/min 升温至 1 050 ℃,保温 1.5～2 h,得到抗压强度达 20 MPa 以上,吸水率低于 20％的满足《烧结普通砖》(GB 5101—2017)的烧结砖。

表 5 - 13　铁尾矿的主要化学组成(质量分数/％)

原　料	SiO_2	Al_2O_3	Fe_2O_3	CaO	MgO	K_2O	Na_2O	TiO_2	SO_3
铁尾矿	58.99	8.32	7.98	4.92	4.56	0.21	1.60	0.38	0.21

以洛南某地的钼尾矿为主要原料,其化学组成见表 5 - 14,根据化学组成发现,该钼尾矿属于高硅高铁型钼尾矿,加入一定比例的粉煤灰,可改善其烧结性能,通过如图 5 - 22 所示的工艺流程,钼尾矿与煤矸石的加入比例为 95∶5,成型水分 12％,成型压力 15 MPa,烧成温度 1 050 ℃,保温 120 min,制备得到满足普通烧结砖的要求,其抗压强度为 24.8 MPa,吸水率为 14.51％,密度为 1.83 g/cm³,烧失量为 7.81％。

表 5 - 14　某钼尾矿的主要化学组成(质量分数/％)

原　料	SiO_2	Fe_2O_3	Al_2O_3	K_2O	其　他
钼尾矿	72.96	10.85	4.05	2.98	9.16

图 5 - 22　一种钼尾矿制备烧结砖的工艺流程图

为了解决黄金尾矿堆存问题,提高其综合利用率,以山东招远某黄金尾矿(细粒)为主要原料,该尾矿的主要化学组成见表 5 - 15,加入膨润土和粉煤灰提高整体的可塑性和烧结性,加水混合均匀,成型干燥后,在 1 175 ℃下保温 50 min,制备的烧结砖耐压强度为 38.7 MPa,抗折强度为 10.54 MPa,密度为 1.908 g/cm³,吸水率为 3.5％,满足国家相关标准的烧结砖。

表 5-15　某金矿的主要化学组成(质量分数/％)

原　料	SiO$_2$	Al$_2$O$_3$	K$_2$O	Na$_2$O	Fe$_2$O$_3$	CaO	MgO	TiO$_2$	SO$_3$	烧失量
金尾矿	69.00	14.60	6.17	2.14	2.68	3.08	1.21	0.344	0.247	1.83

5.5.2　矿山固体废物制备微晶玻璃

微晶玻璃是由基础玻璃经过一定程序的热处理控制成核和晶化形成的,包含一定量微晶的多晶材料。传统玻璃是通过熔融淬火技术制成的基本不含晶体的玻璃熔块。最早对微晶玻璃的研究,就是从利用工业废料、矿渣和炉渣等开始的。1957 年美国康宁玻璃厂首先研制出了微晶玻璃,对微晶玻璃的发展具有历史性的贡献。1960 年苏联 Kitaigocodski 研制成功了矿渣微晶玻璃,1966 年第 1 条辊压法微晶玻璃生产线建成并投产。20 世纪 70 年代中期,日本电气硝子株式会社成功地用烧结法研制出了不同品种和规格的微晶玻璃。我国从 20 世纪 80年代以来也开始加入微晶玻璃的研究行列,20 世纪 90 年代初步进入了工业化试验阶段,在材料学研究方面领先的高等院校是其中的代表。微晶玻璃脱胎于基础玻璃,同时含有无序的玻璃相和规整的结晶相,其中结晶相的占比可以进行设计调控,体积分数从 10^{-6} 到 100％ 不等。这些晶相带来的结构变化使得微晶玻璃的性能远远超过普通玻璃,同时又展现出没有玻璃相的陶瓷所不具备的优势,如高透明度、低热膨胀性、高强度、良好的介电稳定性等,这些良好的性能使得微晶玻璃近些年被广泛应用,如耐热厨具、玻璃板材、精密光电仪器中的缓冲热震支撑系统、火箭飞行器耐热介电部件等。微晶玻璃的材料具有极大的设计空间,近年来其研究体系不断被丰富化,利用工业固体废物制备微晶玻璃的研究也较多。金属矿尾矿的主要成分为Al$_2$O$_3$、SiO$_2$ 等,其中还含有微量的贵金属如 Au、Ag 等,这些贵金属是制备微晶玻璃的有效晶核剂。国内在研究利用铜尾矿、金尾矿、铝土矿尾矿、钨尾矿等制备性能优良的微晶玻璃方面取得了较大进展。

利用尾矿废渣制备微晶玻璃的工艺主要有两种,一种是熔融法,即将配合料在高温下熔制为玻璃后直接成型为所需形状的产品,经退火后在一定温度下进行核化和晶化,以获得晶粒细小且结构均匀致密的微晶玻璃制品,熔融法的最大特点是可以沿用任何一种玻璃的成型方法,如压延、压制、吹制、拉制、浇注等,适合自动化操作和制备形状复杂的制品。另一种为烧结法,它是将配合料经高温熔制为玻璃后倒入水中淬冷,经水淬后的玻璃易粉碎为细小颗粒,再装入特殊模具中,采用与陶瓷烧结类似的方法,让玻璃粉在半熔融状态下致密化并成核析晶。烧结法适合于熔制温度高的玻璃和难以形成玻璃的微晶玻璃的制备,同时,因颗粒细小,表面积增加,比熔融法制得的玻璃更易于晶化,可不加或少加晶核剂。用烧结法制备的尾矿废渣微晶玻璃板材可获得与自然大理石与花岗岩十分相似的花纹,装饰效果好,但存在残留气孔的问题,合格率有待提高。

【案例 5-1】　利用钾长石生产微晶玻璃。

峨眉钾长石尾矿的主要化学组成见表 5-16,根据其化学组成分析,可以用烧结法利用钾长石尾矿生产微晶玻璃,烧结工艺生产微晶玻璃是以 CaO-Al$_2$O$_3$-SiO$_2$ 系统为主,将配合料高温熔融成为玻璃液,水淬后形成细小玻璃颗粒(0.5～1 mm),再装入模具,经一定温度烧结-核化-晶化-形成微晶玻璃,具体流程如图 5-23 所示,制备过程不需要加入晶核剂,利用微粒间表面积大,界面能低的特点,在其晶面诱发晶体,由表及里形成针状或者柱状晶体,最终达到整体析晶的结果。以 CaO-Al_2O_3-SiO_2 系统为主的微晶玻璃主晶相为 β-硅灰石。

表 5 - 16　钾长石尾矿的主要化学组成(质量分数/%)

组 成	SiO_2	Al_2O_3	CaO	MgO	Fe_2O_3	FeO	K_2O	Na_2O	TiO_2
含 量	65.70	18.56	0.60	0.12	0.66	0.27	9.02	3.52	0.55

尾矿 → 粉碎 → 配料 → 熔融 → 水淬 → 晶化 → 磨光 → 切割 → 微晶玻璃

图 5 - 23　钾长石尾矿生产微晶玻璃的工艺流程图

钾长石的主要化学成分为 SiO_2 和 Al_2O_3,总含量达 84.26%,因此制备的微晶玻璃属于 CaO-Al_2O_3-SiO_2 系统,其中一定量的 Na_2O 和 K_2O 有利于微晶玻璃的形成。将长石尾矿破碎,与配料混合均匀,装入坩埚,加料温度 1 250 ℃,熔制温度 1 500 ℃,保温 90 min,取出坩埚,水淬玻璃熔体,得到玻璃团粒,将玻璃团粒加工成 1～7 mm 的玻璃颗粒。烘干玻璃颗粒然后进行晶化处理,若要形成微晶玻璃,就必须使玻璃体中均匀地形成一些晶核,这些晶核生长发育成几纳米至几微米的微晶体,这些晶体在微晶玻璃中的比例大概为 40%～95%,含量与原料组成、成核方式、晶核剂种类及浓度有关。将制备得到的玻璃粒装入瓷盘,放入电炉中,在 650 ℃核化,1 145 ℃～1 165 ℃晶化,完成后冷却出炉、打磨、抛光,可得到 80 mm×80 mm 及 100 mm×100 mm 的微晶玻璃装饰板。

【案例 5 - 2】　利用钨尾矿制备微晶玻璃。

根据钨尾矿中的化学组成,用其制备微晶玻璃一般多以熔融工艺,同时还需要加入其他原料,一般会加入长石、石灰石、芒硝、纯碱,其中纯碱为助溶剂,芒硝为澄清剂,钨尾矿:长石:石灰石:芒硝:纯碱=(50～60):(5～10):(35～45):(1～2):(3～5)为配料,1 450～1 520 ℃熔融,再成型、退火即可生产出以石灰石和磷灰石为晶相的微晶玻璃,其工艺流程如图 5 - 24 所示,所用成核剂为萤石和磷矿石,也可以萤石单独为矿化剂,若单独使用,萤石的加入量为 6%～9%,核化温度为 680～700 ℃,晶化温度为 900～950 ℃。

尾矿 → 配料 → 熔融 → 成型 → 退火 → 晶化 → 磨光 → 切割 → 微晶玻璃

图 5 - 24　钨尾矿生产微晶玻璃的工艺流程图

5.5.3　矿山固体废物制备水泥和混凝土

根据化学组成不同,在生产水泥中最常用作混合材的尾矿一般有硅质尾矿、高钙尾矿、黏土类尾矿和复合类尾矿。

(1)硅质尾矿。硅质尾矿主要成分是 SiO_2,含量约为 60%～80%,同时含有一定量的 Al_2O_3,矿物组成以石英、长石,云母等为主。

(2)高钙尾矿。此类尾矿 CaO 含量相对较高,CaO 含量大于 10%,矿物组成以方解石、石英及硅酸盐矿物为主,其成分更接近于水泥熟料,因此具有一定的可行性,也是用于水泥混合材研究较早的尾矿之一。

(3)黏土类尾矿。黏土由多种水合硅酸盐和一定量的氧化铝、碱金属氧化物和碱土金属氧化物组成,并含有石英、长石、云母及硫酸盐、硫化物、碳酸盐等杂质,如高岭土、蒙脱石、水铝英石等。含黏土类尾矿多采用热活化工艺进行活化，在一定的温度下，尾矿中的黏土类矿物脱水发生结构改变形成不稳定相态，从而具有一定的反应活性。

（4）复合类尾矿。复合类尾矿不具备上述三类尾矿的特性，SiO_2 含量一般在 $40\%\sim60\%$，矿物组成复杂，通常以钙、镁和铁硅酸盐矿物居多。

以尾矿加入水泥中一般有两种方式，一种是直接代替原料，如硅酸盐水泥，可以取代部分的石灰质原料或者黏土质原料，另一种是在两磨一烧的最后工艺磨的时候以混合材的形式加入，利用其弱自硬性或者二次水化产生胶凝作用。利用尾矿制备的工艺流程如图 5-25 所示。

图 5-25 尾矿生产硅酸盐水泥的工艺流程图
(1)尾矿以生料形式加入；(2)尾渣以混合材的形式加入

河北张家口紫金矿业，在金尾矿中再加入石灰石、铁尾矿、铝尾矿，这些材料的化学组成见表 5-17，工艺流程如图 5-26 所示，在 1 450 ℃下保温 30 min，最终得到以 C_3S、C_2S、C_3A、C_4AF 为主的矿物相的水泥，其矿物组成与硅酸盐水泥熟料一致，同时游离 CaO 含量在可控范围内，不影响最终水泥石的体积安定性，从标准稠度需水量、初凝时间、终凝时间、3 d 抗折强度、28 d 抗压强度均满足《通用硅酸盐水泥》(GB 175—2007)中 PO 32.5 的性能要求。

表 5-17 原料的化学组成(质量分数/%)

原料化学组成	SiO_2	Al_2O_3	Fe_2O_3	CaO	MgO	SO_3	K_2O	Na_2O	TiO_2	SrO
金尾矿	65.22	17.32	1.43	2.95	0.42	0.07	5.69	5.52	0.12	0.08
铁尾矿	21.85	5.45	44.78	8.86	1.55	1.98	0.79	—	0.50	—
铅尾矿	33.14	32.80	13.46	0.88	0.31	0.08	1.225		1.92	

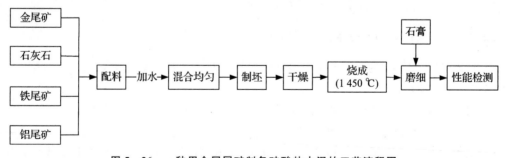

图 5-26 一种用金属尾矿制备硅酸盐水泥的工艺流程图

严峻等用铜尾矿替代硅质原料，制备硅酸盐水泥熟料，该研究采用江西铜业集团的铜尾矿，该铜尾矿的化学组成见表 5-18，其中的矿物组成主要是石英和钾长石，研究结果表明，与砂岩相比，铜尾矿作为硅质原料制备的硅酸盐水泥，经 1 450 ℃煅烧后游离 CaO 的含量低于

1%，1 400 ℃下熟料中游离 CaO 的含量符合相关标准，不影响硅酸盐水泥的体积安定性，且形成主晶相 C_3S 及液相的温度更低，烧结更容易。

表 5-18 铜尾矿的主要化学组成（质量分数/%）

组　成	CaO	SiO_2	Al_2O_3	Fe_2O_3	MgO	SO_3	Na_2O	K_2O	烧失量
铜尾矿	1.13	69.18	12.84	1.55	0.73	1.69	0.23	6.94	2.39

5.6 矿山固体废物土地复垦

土地资源是国家重要的自然资源，土地资源的开发利用有力地支持了各项生产建设。在生产建设中，因挖损、占压、工程施工等造成了土地资源的破坏及生态环境的恶化。据统计，我国由于生产建设造成坡坏的土地复垦率不到 10%，而国外发达国家的土地复垦率已达到 50%以上，土地资源造成了严重的浪费，严重阻碍了我国社会经济的发展和破坏了生态环境，不符合我国人多地少的国情。针对目前存在的主要问题，对目前采矿过程中形成的露天采场、排土场、尾矿进行土地复垦十分必要，矿山固体废物土地复垦主要是指尾矿库（坝）的复垦工作。

5.6.1 矿山固体废物土地对环境的危害

矿山固体废物主要是指尾矿库（坝）等对环境的危害。主要造成以下几点危害。

（1）占用土地数量日益增加。尾矿库占用大量土地，特别是耕地，少则占地几十亩，多则数千亩。仅以具有一定规模的 1 500 座尾矿库按 500 亩/座粗估，占地约 75 万亩，如果按 1 亩/人计，它将解决 75 万人的生存问题。目前，除少数尾矿得到利用外，相当大数量的尾矿都只是堆存，占用大量土地，而且随着尾矿数量的持续快速增长，其占用土地的量必将进一步增大，问题将进一步突出。

据粗略统计，2015 年年底尾矿累积堆存直接破坏和占用土地达 6.5 万平方千米。虽然目前尾矿占用的土地大部分为未耕种或不宜耕种的土地，但其占用了后备土地资源，尤其对于我国这样人口众多、人均耕地面积少的农业大国威胁更为严重，其造成的压力和难题将是久远的。如铜陵凤凰山铜矿 1 号尾矿库位于矿区 1 km 外的林冲上方峡谷内，占地 86 700 km^2，建坝前是一片杂草丛生的灌木林。

（2）浪费可再生资源。尾矿堆置不但污染了环境，而且造成了可再生资源的严重浪费。尾矿经过适当加工处置可作为二次资源加以回收利用，如尾矿制砖、制玻璃，作水泥或其他建筑原材料等已被近年的研究实践所证实和利用。然而，尾矿的再生利用率在我国依然很低，我国每年因固体废物污染环境造成的经济损失超过 90 亿元，如连未充分利用的资源计算在内，则全国每年工业废物堆置造成的经济损失约 300 亿元。

（3）尾矿污染严重。尾矿场粉尘污染十分严重，尾矿流堵塞污染河道、农田、村舍，甚至影响居民生活的事屡屡发生。在干燥冬春季，北方不少尾矿库大量尾砂飞出库外，覆盖耕地良田，甚至发生"尘暴"。前苏联资料表明，一个大型尾矿场扬出的尾矿落到地面达 300 t/hm^2，粉尘等可飘浮到 10~12 km 之外。尾矿库粉尘已成为众所周知的矿区公害之一。据捷克和波兰的研究表明，粉尘污染可使谷物损失 27%~29%，甜菜收成减少 5%~10%。我国一个被铁矿尾矿污染的牧场里的牛得了肺沉着病。一些矿区，由于当地职工和居民长期受到粉尘等污染物的侵害,影响了厂区一些居民的身体健康。鞍山地区周边的五大铁矿全部都在城市建设规划圈内,超大型铁矿开发半环形围绕鞍山已形成四个巨型的露天采坑,其面积总计达 11.6 km²;五个大型的排岩场,累计岩渣堆放总量达 16 亿吨,占地面积 22.3 km²;八个大型铁尾矿库,累计接受排泄铁矿 5 亿多吨,占地面积近 20 km²。采坑、排岩场、尾矿库及矿山的其他生产设施的总占地面积达 50 km² 左右,受矿山开采影响的面积约为 150 km²。多年来开采选矿中形成的大面积的尾矿场,仅鞍山几个大型铁矿尾矿场的占地面积就达 14.96 km²,占铁矿区总面积的 15.32%。大面积堆放的尾矿不但占用了大量的土地,而且造成了鞍山市的空气污染,加剧了矿区的水土流失,尾矿废水还污染了周边的土壤和水资源,给矿区及周边地区的土地、环境与生态造成了严重的污染。

一些尾矿库长时间堆存含酸、碱液浓度高、颗粒细的尾矿或者泥状废物,一旦设施承受不了或遇到极端自然条件,有可能引发溃坝等灾害性事故,引起泥石流、淹没耕田、堵塞河道、损坏公路等,造成严重的环境污染,威胁下游人民生命财产的安全。其中,含有有毒有害废物的尾矿若堆放不当,将会引起严重的灾害性事故,如易爆、易燃、辐射放射性等严重的污染危险源。

(4)引发严重的次生环境污染。尾矿在选矿过程中经受了破磨,体重减小,表面积变大,堆存时易流动和塌漏,造成植被破坏,伤人事故时有发生,尤其在雨季,极易引起塌陷和滑坡。

在气候干旱风大的季节或地区,尾矿粉尘在大风推动下飞扬至尾矿坝周围地区,造成土壤污染、土质退化,甚至使周围居民生病。

尾矿成分及残留选矿药剂对生态环境的破坏加剧,尤其是含重金属的尾矿,其中的硫化物产生酸性水进一步淋浸重金属,其流失将对整个生态环境造成危害,而残留于尾矿中的氯化物、氰化物、硫化物、松醇油、絮凝剂、表面活性剂等有毒有害药剂,在尾矿长期堆存时会受空气、水分、阳光作用和自身相互作用产生有害气体或酸性水,加剧尾矿中重金属的流失,流入耕地后破坏农作物生长或使农作物受污染,使农作物中重金属含量成倍或十几倍地增加,流入水系又会使地面水体或地下水源受到污染,毒害水生生物。

尾矿流入或排入溪河湖泊,不仅毒害水生生物,而且会造成其他灾害,有时甚至涉及相当长的河流沿线。

因此,为保护人类生存环境,减小矿业开发对自然生态的破坏,矿山固体废物占用的土地复垦已是矿业土地复垦工作的中心任务之一。

5.6.2 矿山固体废物土地复垦利用方式的选择

矿区尾矿库复垦利用方式多种多样,其最终确定将影响矿区土地复垦的规划,并起到关键的制约作用,同时受社会、经济、自然条件的制约。一般应因地制宜,选择宜农则农、宜林则林、宜渔则渔、宜建则建的合适复垦利用目标,并以获得最大的社会、经济和环境效益为准则。

影响尾矿库复垦利用方式的主要因素是当地气候、地形地貌、土地性质及水文地质条件、尾矿砂理化特性和需求状况等五大因素,其需求状况主要是指当地土地利用总体规划或城市建设规划、市场需要和土地使用者的愿望,对尾矿库复垦利用方向的选择要基于深入分析和调查此部分影响因素,并从森林用地、牧草地、农业用地、娱乐用地、水利及水产养殖等土地利用类型中,通过多方案对比分析来确定最优复垦利用方式。

一般来说,在复垦矿山固体废物土地时应该遵守以下四条基本原则。

（1）现场调查及测试原则。矿山废物土地复垦要根据矿山当地的各种条件确定复垦利用方式和进行复垦工程的技术经济分析，因而需要进行大量的、细致的土地、气候、水文地质、市场等情况的调查分析及对尾矿砂理化性质进行分析测试。

（2）因地制宜。矿山固体废物土地复垦受到周围环境的制约，对破坏后的土地进行因地制宜，具有投资少、见效快、见效好的优点。反之若对不适宜复垦为农业用地的尾矿库硬性复垦为农业用地，结果往往不尽人意。

（3）最佳效益及综合治理原则。效益往往是一个工程是否开始的主要依据之一，也是衡量工程优劣的标准之一。目前，我国的经济实力还不够雄厚，复垦工作需要较大的资金支持，要注重经济效益，力争用较少的经济投资达到最大的产出。土地复垦不仅仅是恢复土地及其利用价值，还要恢复生态环境，因此尾矿复垦工程所期望达到的最佳效益是经济、社会及生态效益的统一。综合治理是有利于优化组合、产生高效益的。

（4）服从土地利用总体规划原则。对于位于城郊的矿山废物占用的土地的复垦利用，应考虑符合城市建设规划的原则。土地利用总体规划是对一定地域范围全部土地的利用、开发、保护、整治进行综合平衡和统筹协调的宏观指导性规划。土地复垦的实质就是被破坏土地的再利用，恢复土地的原有功能。所以矿山固体废物占用土地复垦利用方式的选择只有服从土地利用总体规划才能保证农、林、牧、渔、交通、建设等方面的协调，从而才能恢复或建立一个有利于生产、方便生活的生态环境。

此外，由于采矿生产是一个动态的过程，土地破坏也是动态的，所以矿山固体废物占用土地的复垦利用规划应与矿山生产的发展相适应，需遵循动态规划的原则。

5.6.3　矿山固体废物土地复垦的利用方向

矿区固体废物土地基本上都有着立地条件差、植被难以自然恢复的特点，但是由于矿种及原始地理条件的差异，形成的矿山废物土地也各有特点。因此，在进行矿山生态植被恢复中，规划治理的方向、采取的策略和技术方法都会有所不同。但是从国外到国内，矿区固体废物土地修复都是一项十分重要的工程，英国、德国、澳大利亚等国家的矿山土地复垦技术已经达到相对较高的水平，我国矿山土地复垦水平还很低，目前我国主要用的方法包括种草和植树，需要覆盖较厚的表层土，实际效果并不尽人意。我国目前处于矿山土地复垦的初级阶段，主要的复垦方向包括以下几方面。

（1）矿山土地复垦用作农业用地。复垦用作农业用地需要覆盖表层土并且施加肥料，或者在前期种植豆科植物对土地进行改良，增加肥力，可用以下公式来计算覆土厚度。

$$P_c = h_b + h_k + 0.2 \tag{5-1}$$

式中：P_c——覆土厚度，一般为 0.2 m～0.5 m；

　　　h_b——毛细管水升高值，随土壤类型不同而变化，m；

　　　h_k——育根层厚度，与植物具体种类相关，m。

（2）矿山土地复垦用作林业用地。多数的矿山复垦土地，特别是坝体坡面覆盖一层山皮土后可以用于种植小灌木、草藤等植物，在库内可种植乔木、灌木等，甚至还可以种植一些经济果木林等。复垦造林有利于提高矿区的生态环境，并对周围地区生态环境保护起着良好的作用。

（3）矿山复垦土地用作建筑用地。有些尾库矿的复垦利用必须与城市的建设规划相协调，根据尾库矿的环境条件、地理位置、地质条件等来修建不同的建筑物，以便能收到更好的社会效益、经济效益及环境效益。

地基处理是建筑复垦的关键,应该根据尾库矿的特性、结构形式及地层构造等设计相应的基础条件,在结构设计上采取可靠措施,达到安全、经济、合理的最终目的。但是尾库矿上建筑物一般为2~4层,不宜超过5层。

(4)尾矿砂用作复土造地。尾矿砂一般具有良好的透气、透水性,一些尾砂中含有一些植物生长所必须的营养元素,特别是一些微量的元素,因此尾矿砂可以用作改良土地的物质而复垦造地。

(5)尾矿砂综合利用。随着科技的进步,尾矿砂在各个领域得到了广泛的应用,尾矿砂成分比较复杂、分布不均匀,由于地域的不同,尾矿砂中有价组分的种类及含量差别较大,因此对于尾矿砂的综合利用具体问题具体分析,目前我国对尾矿砂的综合利用主要有回收有价成分、生产免烧砖、砌块、轻质材料、微晶玻璃、制作肥料、充填矿山采空区等方面。

5.6.4　矿山固体废物土地复垦的利用现状

我国由于矿区开产形成的固体废物量逐年增加,特别是占用土地较多的尾矿库,我国现有人大小小的尾矿库400多个,全部金属矿山堆存的尾矿已达到50亿吨以上,而且以每年产生尾矿约5亿吨的速度增长。随着经济的发展,对矿产品需求大幅度增长,矿业开发规模随之加大,因此产出的尾矿数量不断增加。目前,除了少部分尾矿得到利用外,相当大数量的尾矿都只有堆存,占用土地数量可观,而且随着尾矿数量增加而利用量不大的状况仍在继续,占用土地数量必将继续增大。另外,尾矿库对周围的环境也会造成污染。为保护人类生存环境的洁净与安全,减小矿业开发对自然生态的破坏,尾矿库土地复垦已是矿业土地复垦工作的中心任务之一。

目前我国尾矿库的复垦利用现状大致可以分为三类。

(1)目前正在使用的尾矿库。这类尾矿库的复垦利用主要是在尾矿坝坡面上进行复垦植被,一般是种植草藤和灌木,而不种植乔木,原因是种植乔木对坝体稳定性不利。如攀枝花矿选矿厂的尾矿库,坝体坡面上曾人工覆盖山坡土约150 000 hm²,以种草为主,并辅之以浅根藤本植物,经过试种,取得了预期效果。

(2)尾矿库已经堆满或已经局部干涸的尾矿库。这类型的尾矿库是复垦利用的重点。如本溪钢铁公司南芬选矿厂老尾矿库于1969年新库建成后停止使用,国家投资10万元,覆土300 mm厚,造田180 000 hm²,复垦后交给当地的农民耕种。程潮铁矿闭库的尾矿干滩186 000 hm²已经全部复垦绿化。

(3)尾矿砂直接用于复垦种植。如唐山马兰庄铁矿尾矿库,充满尾砂后,排水疏干,然后由当地农民种植花生、大豆等经济作物,收成良好。

5.6.5　矿山固体废物土地复垦的效益分析

矿山固体废物土地复垦效益主要包括环境效益、社会效益及经济效益三方面,对这三方面效益进行综合分析,目的是实现三种效益的协调统一及矿山固体废物占地的最大程度的复垦。

5.6.5.1　矿山固体废物土地复垦的环境效益

矿山固体废物土地复垦主要是指尾矿库土地复垦,尾矿库土地复垦环境效益是指矿区尾矿库土地复垦投资的环境价值或贡献。尾矿土地复垦效益分直接环境效益和间接环境效益。

直接环境效益主要是采取复垦与生态环境恢复措施所获得的节能及回收产品的效益,具体体现在对尾矿中的有用组分的回收利用与二次开发,以保证原材料得到最大限度的利用,既减少了污染物排放量,也为矿山企业减少了生产成本。间接环境效益则是指土地复垦后减少占用土地,经济作物植物损失费和污染土壤的费用。

环境效益评价指标一般有生态特征指标、功能综合指标和社会政治环境指标三类。其中生态特征指标主要包括以下几个方面。

(1)气候条件的恢复或改善程度。复垦后绿色植物具有吸收 CO_2、释放氧气的功能,按利用 CO_2 制造氧气的工业成本计算,可以将生物措施的生态效益货币化以衡量其效益,即

$$V_d = SQP \tag{5-2}$$

式中:V_d——制氧价值,元;

S——林草地面积,hm^2;

Q——林草地释氧效率,m^3/hm^3;

P——单位体积制氧工业成本,元/m^3。

(2)土壤条件的恢复或改善程度。保护土壤和生物量增加效益是指生物措施对土壤保护,包括防止土壤养分的流失及土壤结构的改善,进而引起土地质量提高,促进林木生长,引起生物量的增加。因此,可采用生物量来表征保护土壤的效益,即:

$$V_c = (V_{c1} - V_{c2}) \times p \tag{5-3}$$

式中:V_c——生物量增加的价值,元;

V_{c1}——实施措施后生物量,m^3;

V_{c2}——实施措施前生物量,m^3;

p——单位生物量价值,元/m^3。

(3)水土保持程度。叶延琼、张信宝、冯明义等专家学者运用价值规律,探讨了以土地价值为核心的水土流失治理经济核算分析方法,根据治理前后土地质量变化引起的土地收益差异计算土地价格。其计算公式为

$$\alpha_1 = Y_1 \times P_1 - C_1 + D_1 - S_1 \tag{5-4}$$

$$\alpha_2 = Y_2 \times P_2 - C_2 + D_2 - S_2 \tag{5-5}$$

式中:α_1、α_2——措施实施前后土地的纯收益,元/hm^2;

Y_1、Y_2——实施措施前后作物单产,kg/hm^2;

P_1、P_2——实施措施前后作物价格,元/kg;

S_1、S_2——实施措施前后作物单位面积的税费标准,元/hm^2;

D_1、D_2——实施措施前后各种土地补偿费;

C_1、C_2——实施措施前后管理成本,元。

$$P_t = P_{t2} - P_{t1} = \alpha_2 r[1 - (1+r)n_2] - \alpha_1 r[1 - (1+r)n_1] \tag{5-6}$$

式中:P_t——措施实施前后的土地增值效益,元;

r——措施实施前土地的还原利率;

P_{t1}、P_{t2}——措施实施前后的土地价格,元;

n_1、n_2——不实施措施的土地使用年限。

(4)生物资源恢复或保护程度。

(5)自然景观和生态环境恢复及重建程度。

(6)减少和控制污染的程度。

(7)森林草地资源的保护或恢复程度。

(8)保护、改善水资源。尾矿库土地复垦保护、改善水质的效益可用货币化来衡量,即

$$V_b = \Delta q \times W \times p \tag{5-7}$$

式中:V_b——水质改善效益,元;

Δq——植被恢复前后径流水质等级差异;

W——径流量,m^3;

p——净化水质单价,元/m^3。

生态特征部分指标可以进一步分解为次级因子,如土壤条件的恢复或改善程度由土壤肥力恢复、土壤结构改善等决定。功能综合指标包括水文调节、侵蚀控制、废物净化能力、生产能力等。社会政治环境指标包括人类活动强度、物质生活指标、农药和化肥使用强度等。环境效益评价指标大多仍属定性指标,仍需通过赋值法定量化。但相对社会效益指标而言其可定量化程度大大提高,可用加权加和法求取生态环境效益值。

如将每项生态效益进行货币化计算其生态经济效益,不仅繁冗,基层部门无法操作,而且科学依据不足。为此,建议采用标准地块法,假定某一区域顶极自然植被地块为标准地块,先确定标准地块的植被类型和植被覆盖度,再计算当地块受损后,生态环境退化,等级降低后不同等级受损地块的植被类型和植被覆盖度,从而计算土地复垦生物措施的生态效益。计算方法为

$$V = (X_1 - X_2) \times S \tag{5-8}$$

式中:V——生态经济效益,元;

X_1——治理前地块强化恢复植被投资单价,元/hm^2;

X_2——治理后地块强化恢复植被投资单价,元/hm^2;

S——地块面积,hm^2。

5.6.5.2 矿山固体废物土地复垦的社会效益

矿区土地复垦的社会效益反映矿区土地复垦对社会的作用、贡献及价值。通过对国家利益保障程度、社会稳定程度、耕地保护程度、法规政策完善程度和社会对矿区土地复垦的关注和认可程度等赋值的定性与定量综合方法求其单值指标,然后用加权加和法求取社会效益值。此外,矿区土地复垦投资的社会效益还体现在促进社会进步方面,其相关指标有提高劳动生产率、调整土地利用结构、增加就业率、提高人均纯收入、人均GDP、恩格尔系数、商品率等。

5.6.5.3 矿山固体废物土地复垦的经济效益

矿山固体废物土地复垦的经济效益是指矿区尾矿库土地复垦投资的经济价值,尾矿的堆存、管理需花费大量的人力、财力和物力,主要体现在占用土地、经济作物损失费用、污染水土源的费用和管理费用等。20世纪50—60年代矿山征地价格为4 500~6 000元/hm^2,80年代为4 500~9 000元/hm^2。国内矿山覆土造田平均费用为4 500元/hm^2,受益为(1:4)~(1:5.01),因此矿山固体废物土地复垦经济意义重大。由于评价的目的和角度、层次等不同,矿区固体废物土地复垦经济指标也不同。蒋家超等将尾矿库土地复垦经济效益指标分为直接经济效益指标和间接经济效益指标。

(1)直接经济效益指标是指直接经济投入与取得的效益,包括工程费用、利息、单位投资与

净效益(设备与人工)、投资年限等。相关的主要综合性指标为有以下几个。

1)年利润与年净收益。

$$年利润＝年总产值－年总成本(含税) \tag{5-9}$$

$$年净收益＝年利润＋年折旧 \tag{5-10}$$

2)投资利润率与投资收益率。

$$投资利润率＝\frac{年利润}{矿区土地复垦投资}×120\% \tag{5-11}$$

$$投资收益率＝\frac{年净收益}{矿区土地复垦投资}×120\% \tag{5-12}$$

3)投资回收期。

$$投资回收期＝\frac{矿区土地复垦投资}{年净收益} \tag{5-13}$$

4)净现值。

$$净现值＝年净现金流量×贴现系数 \tag{5-14}$$

5)内部收益率。内部收益率指在评价年限里,使净现值为零时的贴现率。

(2)间接经济效益指标是指采用土地复垦后可以减少尾矿堆存占用土地、经济作物植物、污染土壤和管理所产生的损失费用,其相关的主要单项指标如下所述。

1)矿区土地复垦率,即已复垦土地的面积占破坏土地总面积的比率。

2)复田比,即用经济的充填物料充填后所能恢复的土地占整个塌陷区面积的比例。

3)复垦土地利用率,即复垦利用的土地面积占已复垦土地面积的比率。

4)净增耕地率,即复垦土地净增耕地面积占项目规划设计面积的比率,从耕地保护角度讲,此项指标越高越好,但从综合效果的角度,应存在合理的净增耕地率。

5)复垦土地的集约度,即复垦土地的单位面积的劳动、技术及资本的投入数,复垦土地集约度不一定越高越好。

6)总产量(总产值),即复垦土地粮、棉、果的产量或产值。

以上指标适用于无利用价值的土地的投资复垦评价,对于原来有一定经济利用价值的土地投资复垦评价,则必须采用增量法评价。如增量利润、增量净现值和增量内部收益等。矿区尾矿库土地复垦经济效益值可通过以上的多个经济指标加权加和方法求值,也可选取某一经济指标值作为经济效益值。这些指标体现了尾矿库土地复垦可增加有效耕地面积、实现土地资源和矿业可持续利用与发展。

综上所述,矿区尾矿库土地复垦的生态环境效益是经济效益的基础,是社会效益得以体现的依托,是保证持续获得经济效益、社会效益的大前提;而经济效益、生态环境效益又能通过社会效益实现它们的真正"价值",通过社会效益才能看出生态系统的经济效益、生态环境效益被人类社会认可的程度。

矿区尾矿库土地复垦效益是其社会效益、经济效益及生态环境效益的综合,可以采取加和法或积和法,对社会效益值、经济效益值及生态环境效益值进行单目标化与货币化,求取矿区尾矿库土地复垦投资的社会效益、经济效益、环境效益综合值。

5.6.6　矿山固体废物土地复垦对人群健康的影响

矿山固体废物占用土地的特点及其复垦措施及效益的特殊性,复垦后的土地作为农田、作为建筑基地均可能通过环境各子系统迁移、转化等途径产生多种有害的物质,比如环芳烃、重金属等,对土壤生态环境、人类身体健康等都会产生影响,因此对复垦环境进行评估非常必要。

5.6.6.1 生态环境与人体健康影响的评价方法

(1)环境污染物对人类健康的影响。环境污染物对人群健康的影响取决于对有毒化学物品的初始评估及社区暴露在该环境中的评估。毒物毒性大小取决于化学物品本身的毒性、人体吸收该物质的剂量、该物质对人体重要器官的影响、该物质的最终归宿等。对人而言,直接暴露于污染物的途径包括通过呼吸道吸入蒸气、气体、雾或受污染的粉尘;通过消化道摄入含有污染物的饮用水、食物等;皮肤、黏膜吸收毒性。虽然经常暴露于某种毒性物质环境中相当于吸收该物质,但吸收剂量可能不同,因为受许多因素的影响,摄入和吸收剂量的差别称为生物可获得量。对于特定的化学品,将可能吸收的剂量与某一个可以接受的吸收标准相比较,即可进行风险评估。

(2)无作用剂量。根据各种化学污染物不良生物学效应的剂量-效应关系,估计在人群中可能产生不良效应的预期频率(危险性),是毒理学安全性评价研究的一个重要方面。凡超过正常生理范围的效应,均对机体有不良的影响。对机体产生不良效应的最低剂量称为阈剂量;没有观察到对机体产生不良效应的最大剂量称为无作用剂量。阈剂量和无作用剂量是制定卫生标准的主要依据。

(3)每日容许摄入量。在制定环境最高容许浓度的卫生标准时,由于考虑到人和动物的敏感性不同、人的个体差异及有限的动物实验数据用于大量的人群等因素,需要有安全系数。从无作用剂量推算用于人的每日容许摄入量(ADI),安全系数常采用100,但根据毒性资料,可供选用的范围很大,世界卫生组织(WHO)专家委员会曾建议可在10~2 000范围内选用。计算人体对污染物的摄入量时,应考虑人体可能要暴露于其中的所有物质,如饮用水、食物、空气等。

5.6.6.2 健康风险评估

(1)尾矿库水对人群健康的影响。尾矿库水可以通过地表径流和地下水渗流影响饮用水系统,通过尾矿库水的化学性质、水量及潜在稀释趋势的分析可评估其对周围居民可能产生的健康危害。

(2)空气污染对人群健康的影响。计算通过呼吸道摄入的污染物吸收,吸收的效果取决于污染物(烟、雾、粉尘、蒸汽等)的性质,吸入粒子的大小、形状、化学组成及其对人体呼吸系统的不同影响。

(3)食物链污染对人群健康的影响。经过皮肤、消化道吸收土壤中的污染物是人体接触毒性物质的另外一种途径。

(4)放射性物质的污染。通过现场测定放射线水平,用来评估社区居民可能存在的放射性污染。

练 习 题

1.简述尾矿、废石的形成过程。

2.尾矿、废石的主要组成、性质是什么?

3.简述目前国内铅锌矿中主要可回收的矿物种类及主要的工艺特点。

4.矿山固体废物土地复垦的效益包括哪些方面？一般如何评价其效益？

5.如何评价矿山固体废物土地复垦对环境的影响？

6.举例说明工业固体废物的处理技术和资源化途径有哪些。

7.矿山固体废物对生态环境与人体健康造成危害的具体途径有哪些？

8.简述矿山固体废物都有哪些性质。

第6章　钢铁工业固体废物处理及资源化

6.1　概　　述

钢铁工业作为 21 世纪高产、高效和技术先进的"魅力工业",在国民经济中,钢铁工业的发展举足轻重。进入 21 世纪后,世界钢产量快速增长,钢铁工业进入第二个高速发展期;2006年中国粗钢产量进一步跃升到 12.4 亿吨,2010 年达到 14.2 亿吨,2014 年—2017 年增至 16.9亿吨,2019 年中国钢产量达到 9.96 亿吨,占世界总钢产量的 53.3%,2020 年全球粗钢产量达到 18.64 亿吨,同比下降 0.9%,2021 年全球粗钢产量为 19.505 亿吨,同比提高 3.7%,目前钢铁工业仍处在快速增长的发展中。

多年来,我国钢铁工业的快速发展不仅加速了我国工业化进程和国民经济的快速增长,并且对社会经济的发展起了重要作用。我国传统的钢铁工业以高资源、高能耗和高污染的粗放式增长道路为主,过去十几年里,中国钢铁工业在保证产量快速增长的同时,在节能降耗方面也取得了显著的成果。目前,中国钢铁工业产量快速增长阶段基本结束,未来将以产业结构调整和升级为主要发展方向,中国要在保证足够钢材供给量的情况下,进一步降低生产能耗。因此,未来中国钢铁工业共同的时代命题是可持续发展和市场竞争力问题。

6.1.1　钢铁工业生产的特点

世界钢铁生产工艺主要包含两种流程,即以高炉-氧气转炉/电炉炼钢工艺为主的工艺流程,即长流程(也称 BF-BOF 长流程);以废钢-电炉炼钢为主的工序生产流程,即短流程(简称 EAF 短流程)。根据产品类型和生产工艺流程将我国钢铁企业分为两大类型,即钢铁联合企业和特殊钢企业。钢铁联合企业采用长流程生产,铁矿经过烧结(球团)、焦化、炼铁、轧钢等生产工序;特殊钢企业取消传统高炉炼铁工序,采用短流程生产,以废钢(或直接还原铁 DRI)作为原料,直接在电炉内以铁水和废钢冶炼钢水,短流程以取消炼铁高炉的投资减少了成本,同时也省去煤粉、焦炭、铁矿石和熔剂的使用,减少烧结、炼焦、炼铁等工序造成的污染,具有建设投资少、建设周期短的特点。随着社会资源结构和技术进步的程度,也可以采取长流程和短流程的并存发展,如图 6-1 所示。此外,非高炉炼铁的发展也扩大了生产工艺的类型。非高炉炼铁工艺比传统的长流程在依赖优质资源、节能和实现生产过程环境友好方面具有得天独厚的优势,一些非高炉直接还原-电炉短流程可实现节能 50%、减少污染物排放量 70%以上。随着工程技术和冶金理论的进步,钢铁生产流程逐步走向大型化、连续化、自动化和高度集成化。钢铁生产流程向简单化发展,连铸(凝固)工序也逐步向高速化方向、近终型发展。工艺流程采用"三脱"预处理和钢的二次冶金工艺,使包括电炉、转炉在内的各工序的功能逐步优化和简化,冶炼时间明显缩短,生产效率大大提高。连铸工序之后采用热装热送、一火成材,进一步实现了集成、简化、紧凑和连续的特征。

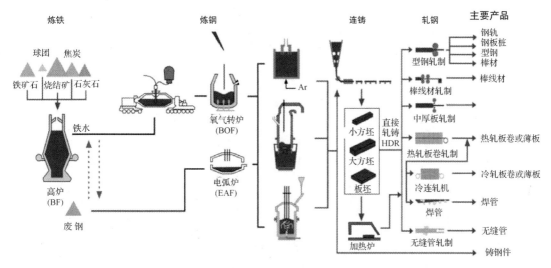

图 6 - 1　现代钢铁生产工艺流程图

钢铁工业生产的特点包括以下几点:①能耗大。2001—2018 年我国钢铁工业能源消耗主要以煤炭为主,煤炭平均占钢铁企业总能源消耗的 65%～70%,电力平均可以占到 25%～30%,主要基于我国的能源结构——多煤少气,天然气和燃料油使用比例较少,占比一般都在3%以下。②设备集中、规模庞大、物流量大,环境污染严重。钢铁工业是我国国民经济的重要基础产业和实现工业化的支柱产业,不仅消耗大量的能源和资源,同时也是大气污染物主要排放行业,生产过程中金属收得率相对受限,并且伴随着大量的废渣、废气、废水和其他污染物的排出,表 6 - 1 列述了钢铁企业粉尘、烟尘、二氧化硫的主要来源,表 6 - 2 列举了钢铁企业所带来的废物和部分副产品。③钢铁流程工序多,结构复杂。钢铁生产流程为不可逆的复杂过程,是一类远离平衡、开放的系统。

表 6 - 1　钢铁企业粉尘、烟尘、二氧化硫的主要来源一览表

生产工艺	主要污染物	排放源
一、原料处理	粉　尘	原料堆场
	粉　尘	原料运输机转运
	粉　尘	矿石破碎筛分设备
	粉　尘	煤粉碎设备
二、烧结(球团)	烟尘、二氧化硫	烧结机机头
	烟尘、二氧化硫	带式(或竖炉)球团设备

续表

生产工艺	主要污染物	排放源
三、炼铁	粉尘 粉尘 粉尘 粉尘 粉尘 粉尘	烧结机机尾 烧结矿筛分系统 贮矿槽 粉焦粉碎系统 炉前原料贮存槽 原料转运站
四、炼钢	烟尘 烟尘 烟尘 烟尘	高炉出铁场 高炉煤气放散 铸铁机 混铁炉
五、轧钢	烟尘、二氧化硫 烟尘 烟尘 烟尘 烟尘 烟尘 烟尘 烟尘 粉尘 粉尘	平炉(吹氧平炉) 转炉(顶吹氧转炉) 连铸、火焰清理机 电炉 炉外精炼炉 化铁炉 混铁炉 铁水脱硫
六、铁合金	烟尘、二氧化硫 粉尘 粉尘 粉尘 烟尘 粉尘 烟尘 烟尘 烟尘 烟尘	散状料转运站 辅助物料破碎 加热炉(烧煤) 钢坯火焰清理机 机械清理机 热带连轧、精轧机 冷带连轧、双平整机 敞开式电炉 封闭式电炉 精炼电弧炉 回转窑 熔炼炉
七、炼焦	烟尘 烟尘 烟尘 烟尘 烟尘 烟尘	焦炉装煤设备 出焦设备 熄焦设备 焦炉 煤及焦粉碎、筛分、转运点 竖窑

续表

生产工艺	主要污染物	排放源
八、耐火	烟　尘	回转窑
	烟　尘	隧道室
	粉　尘	破碎、筛分设备
	粉　尘	运输系统
九、炭素制品	烟　尘	锻烧炉
	烟　尘	焙烧炉
	烟　尘	石墨化炉
	烟　尘	浸焙炉
	粉　尘	原料破碎、筛分转运点
十、机修	烟　尘	化铁炉
十一、动力	烟尘、二氧化硫	锅炉
十二、辅助原料加工	烟　尘	石灰窑
	烟　尘	白云石窑
	粉　尘	矿石破碎、筛分、转运点

表 6-2　钢铁工业中的废物和副产品(节选)

生产阶段	副产品和废物
焦炭生产	硫酸铵、苯、浓焦油、萘、沥青、粗酚、硫酸、焦油; 锅炉与冷却器清除残渣; 氨生产中排出的石灰泥浆; 焦化废水机械澄清排出的污泥; 熄焦水与温法除尘器排出的湿尘泥; 焦化废水处理的活性污泥; 粉尘
烧结厂	废气净化产生的粉尘; 二次烟尘产生的粉尘
高炉	高炉渣; 铸造场烟气除尘产生的粉尘; 煤气净化产生的粉尘; 煤气洗涤水净化产生的污泥
炼钢	钢渣; 二次排放控制产生的粉尘; 干法烟气除尘产生的粉尘; 钢厂除尘用工艺水产生的污泥

续表

生产阶段	副产品和废物
热成型和连铸	铁屑； 轧机污泥； 铁皮坑渣； 辗磨与切削废物； 轧辊辗磨产生的污泥
精加工	来自表面机械处理的铁屑； 工艺水处理产生的铁屑； 粉尘； 再生设备产生的 Fe_2O_3； 再生设备产生的 $FeSO_4 \cdot 7H_2O$； 酸洗废液； 中和污泥； 废热处理盐； 来自金属表面除油与清洗的残渣
其他辅助部门	含油废物： 液态废物：如废油和废油乳化液，含油污泥； 含油固体废物：如润滑剂生成的固体废物及含油的金属切削物； 轧钢废料，建造和拆除的废钢； 废耐火材料； 屋顶集尘； 挖掘出的土； 下水道污泥； 家庭废物； 大块废物

6.1.2　钢铁工业固体废物污染及治理现状

如前所述，钢铁工业生产过程中必定伴随着大量的废渣、废气、废水和其他污染物的排出，我国钢铁工业的固体废物主要包括矿山开采时产生的矿山废石，选矿后的尾矿，冶炼时所产生的高炉渣、转炉钢渣、氧化铁皮、除尘灰、水处理污泥及炼焦固体废物等。不同工艺过程的固体废物均存在环境污染。

6.1.2.1　原料装运/准备

越来越多的钢铁企业为提供"稳""高""净""匀"的高品质原料，建设并改造原料车间(原料场)，采用新工艺流程、新冶炼设备，展开铁精料的加工、准备和运输作业，实现能源和资源的节约，降低废物的排放，促进资源的循环使用。铁矿粉从交通运输设备上卸下、贮存，然后露天混合，混合后的铁矿通过焙烧方式制备烧结成球团或烧结块，以供高炉使用。由于原料需求量大，所以钢铁企业主要考虑原料在装卸和运输过程中的成本。高质量的石灰石一般直接入高炉，也可以用作烧结矿(球团矿)的添加剂或炼钢熔剂，或在特殊炉窑中将其转化为煅烧石灰。对于煤的处理常通过"清洗"去除矿物杂质后，入焦炉冶炼成高炉用焦炭，而非焦煤通过粉化处理后可以代替焦炭直接喷入高炉。废钢则通过切碎、筛选和分类,去除影响冶炼的有机涂料、有色金属和其他杂质。

原料场(车间)是钢铁厂污染源中环保治理的难点之一,主要污染物是粉尘。在原料的运输、装卸作业和露天料场、取料作业、混匀配料、筛分作业等过程中都会产生无组织排放且原始浓度为 $5\sim15$ g/m³ 的粉尘,不仅影响身体健康,并且严重污染周边环境。对于此类粉尘主要通过以下手段加以控制,包括向贮料堆喷结壳剂或水;确保道路和车轮保持清洁;收集原料装卸场的粉尘并且加以处理,除去内部的悬浮固体和油;装卸作业区远离居民区。

我国大部分原料场中原料准备工艺与环保技术的应用发展不协调,而宝钢原料场的建设却实现了一次飞跃,设计中采用各类环保设备来处理粉尘以减少对环境的污染,包括使用布袋除尘和电除尘系统;在胶带机输送系统上通过安装设备控制粉尘排放浓度小于 50 mg/m³,如安装胶带机罩子、胶带机洒水及清扫器;在煤堆上喷洒表面凝固剂,在料场进出口设置卡车洗车装置,在各露天料场设置洒水系统等。受宝钢原料场环保理念和技术措施影响,国内多数钢铁企业在原料场后续设计和建设中也逐步采取其先进理念,采用了水力除尘、机械除尘和密闭除尘等环保措施。虽然原料场设计中重视除尘环保工艺的改善,但我国原料场粉尘控制效果一般,尤其与国外相比,在露天料场扬尘的治理方面差距明显。随着我国和国际社会对环境环保问题的关注和高标准,原料准备的降尘防尘工艺技术得到了一定的发展,如高效率除尘设备的应用,抑尘剂的开发与应用,密闭的皮带通廊的采用等。我国于 20 世纪 90 年代中期首次提出了"挡风抑尘墙"技术。宁波钢铁公司、鄂州球团厂、太原钢铁公司、梅山钢铁公司、邯钢公司新区、鲅鱼圈钢铁厂等先后在原料场修建了挡风抑尘墙。因此,在原料准备系统中使用先进的防尘降尘技术减少了露天料场粉尘的无组织排放,并且很大程度上降低岗位粉尘浓度,极大降低了整个原料准备系统排放浓度。

6.1.2.2　烧结球团

近年来,我国烧结(球团)工艺发展迅速,据不完全统计,全国有烧结机 1 200 多台,其中大型烧结机(大于 180 m²)100 多台,重点企业 457 台,产能达到 7.2 亿吨。近期新建的烧结机工艺完善,具有强化制粒、成品整粒、自动配料、偏析布料(初级)、烧结矿鼓风铺底料和环式冷却系统,几乎都设置了较为完善的过程检测和控制系统,并采用计算机控制系统对生产过程自动进行控制、监视、操作生产管理。我国已在 200 多套烧结设备上设置烟气脱硫脱硝或脱硫综合治理装备,66 台烧结机上设置烧结余热回收利用技术与装备。太钢采用活性炭脱硫脱硝并实现其他有害物质的脱出装备,采用高效干式布袋除尘器作为环境除尘装置,工厂环境得到明显改善。

烧结(球团)矿是炼铁的主要原料,烧结生产工艺流程是将各种粉状(白云石、石灰石、生石灰)、含铁原料(富矿粉、铁精矿等)配入适量的燃料(碎焦、煤粉)和熔剂,加入适量的水,经混合后在烧结设备上使物料发生一系列物理化学变化,将矿粉颗粒黏结成块。烧结生产的工艺流程主要包括烧结料的准备,配料与混合,烧结和产品处理等工序。烧结机一般使用厚料层布料,机上的混合料经负压点火后,在烧结抽风机负压作用下进行从上而下的抽风烧结。产物烧结矿经过冷却、破碎、筛分,合格的成品烧结矿送炼铁厂作为原料,不合格的烧结矿则返回烧结机重新作为烧结原料使用。

而球团矿的生产工艺流程就是把焦粉、细磨铁精矿粉或其他含铁粉料添加少量添加剂(石灰和膨胀土)混合后,由皮带机送球机加水造球。在加水润湿的条件下,通过造球机滚动制成直径为 12 mm 的小球,再经过干燥焙烧,固结成具有一定强度和冶金性能的球型含铁原料,即球团矿。目前主要的几种球团焙烧方法是竖炉焙烧球团、带式焙烧机焙烧球团、链箅机-回转窑焙烧球团。竖炉焙烧法最早,采用较多的是带式焙烧机法,目前多采用竖炉法,多为酸性球团,需配合碱性烧结矿才可供炼铁高炉使用,以改善高炉炉料结构。竖炉结构简单,但能耗较高,生产能力小而发展较慢。60%以上的球团矿是用带式焙烧机法焙烧的。链箅机-回转窑法出现较晚,但由于它具有一系列的优点,所以发展较快,也已成为主要的球团矿焙烧法,它的能耗低,生产能力大,产品质量好。"湿球"通过干燥和在移动的炉箅上或在炉窑(竖炉或回转窑)中加热到 1 300 ℃而生成适于高炉生产的球团矿,其工艺流程类似于烧结。

钢铁工业中烧结(球团)厂产生大量的污染物,是钢铁企业的主污染车间,主要的污染物有颗粒物(烟粉尘)、SO_2、氟化物、氯化物、NO_x、CO_2、CO 及重金属等。在烧结(球团)生产过程中所产生的污染见表 6-3。SO_2 和工业烟粉尘占烧结(球团)厂的污染物比重最大,其中,工业粉尘占钢铁工业总排放量的 25% 左右,SO_2 占钢铁工业总排放量的 60% 左右,烟尘占钢铁工业总排放量的 20% 左右。其他排放物包括由含油轧制铁鳞中的挥发物生成的挥发性有机物质(VOCs)、焦炭屑;由所用原料的卤化成分生成的酸蒸汽(如 HF 和 HCl);从烧结原料中挥发出的金属(包括放射性同位素);在某些操作条件下由有机物生成的二噁英。

表 6-3　烧结(球团)生产过程中所产生的污染

序 号	生产工序	污染源	主要污染物
1	原料准备	原料场、原料装卸、堆取、输送、破碎、筛分、干燥、煤粉制备	颗粒物
2	配料混合	原燃料存贮、配料、混合造球	颗粒物 颗粒物、SO_2、NO_x
3	烧结(焙烧)	烧结(球团)生产设备	CO、CO_2、Hg、H_2O、蒸汽、氯化物、氟化物、二噁英、重金属等
4	破碎冷却	破碎、鼓风	颗粒物
5	成品整粒	破碎、筛分	颗粒物

与国外相比,我国球团生产差距较大,国外先进炼铁高炉多采用 50%～100% 的球团矿,国内多数链箅机-回转窑工艺焙烧技术落后与先进并存、生球质量低,球团难以实现"大型化"生产,中小型生产线多,设备效率和性能差;产品质量较差(包括抗压强度和铁品位低);品种单一,我国生产酸性球团矿,而国际上多数是直接还原球团和碱度为 0.8～1.0 的自溶性球团。从环保角度分析,大多数球团矿生产仅有除尘设施,对其他有害成分几乎无脱除设置。

6.1.2.3　高炉炼铁

近几年我国高炉炼铁技术经济指标显著进步,大型高炉炉衬寿命明显提高,富氧喷煤技术、高风温技术的发展大幅度提高。炼铁生产工艺流程是以烧结矿和球团矿为炼铁主要原料,并掺入富块矿,以少量硅石和萤石做熔剂,焦碳做燃料(也做还原剂)。这些原料、燃料和辅料经槽下卷扬筛分、配料、称量后(槽下有除尘系统及在线排放监测),由斜桥料车上料,经高炉炉顶送入高炉炉内进行冶炼,冶炼过程中由风机将冷风送入热风系统(有废气在线排放监测)加热后,向高炉炉膛鼓入热风助焦炭燃烧,同时向炉内吹氧和喷吹煤粉。焦碳、煤粉燃烧后生成煤气,炽热的煤气在上升过程中把热量传递给炉料,原、辅料随着冶炼过程的进行而熔化并滴落下降。在炉料下降和煤气上升过程中,先后发生传热、还原、熔化、渗碳等过程使铁矿还原生成铁水。同时烧结矿等原料中的杂质与加入炉内的熔剂相结合而生成炉渣。高炉炼铁是连续生产,生成的铁水和炉渣不断地落入到炉缸底部,到一定时间后,由炉前操作打开高炉出铁口出铁(高炉炉前有煤气在线检测)。从出铁口出来的铁水通过高炉出铁场的铁沟、撇渣器等流入铁水罐车的罐内,并且热装送往炼钢厂炼钢。当铁水用于炼钢有富余时,则将剩余铁水送铸铁机浇注冷却成铸铁块。高炉渣由出铁场的渣沟流出,多采用炉前水淬法处理,生成的高炉水渣由皮带外送并出售给新型建材厂。高炉冶炼时产生的高炉煤气为炼铁厂的副产品,经煤气处理系统(有煤气在线检测)的重力除尘器和布袋除尘器两级除尘再经高炉煤气余压发电(TRT)系统后供热风炉烧炉和发电厂发电。

为解决高炉冶炼生铁高碳排放问题,开发非高炉炼铁技术迫在眉睫,我国非高炉炼铁技术发展相对缓慢,并未出现重大的创新发展。几十年来,我国直接还原铁产量一直小于 60 万吨/年,只有富蕴金山矿业、天津钢管公司的回转窑单机生产能力在 15 万吨/年,其他企业生产能力均小于 7.5 万吨/年。2007 年以后我国回转窑直接还原厂因为持续亏损而几乎全部停产。近年来,我国迅速发展转底炉工艺。攀钢、四川龙蟒公司也投产复合铁矿处理的转底炉;马钢、日钢、沙钢和莱钢等单位已投产了含铁含锌尘泥处理用转底炉设备。但是大多数转底炉产品质量尚不能满足生产需求、作业率和金属化率不够理想,并未形成可靠、成熟、具有竞争力的转底炉工业技术工艺。非高炉直接还原-电炉短流程可以解决废钢质量和数量问题、有效降低钢铁流程产品综合能耗,为生产高端钢铁产品提供纯净铁,实现资源综合利用的优势,促进钢铁企业可持续发展的绿色工艺。但我国因缺乏资金投入,所以还没有大型气基直接还原竖炉和节能、成熟的粉矿直接还原设备等前沿技术的生产装置,表 6-4 为各种非高炉主要炼铁方法及炼铁工艺的优缺点及对比分析。

表 6-4　炼铁工艺的优缺点及对比分析

工　艺	能　耗	排　放
科雷克斯法(COREX)	少量或不需要使用焦炭;不需炼焦和烧结工艺;生产流程短,成本低	存在竖炉粘结的问题;冶炼的矿石相对有限;燃料比高于传统高炉
流化床熔融还原工艺(FINEX)	原料需求广泛;对环境污染少;全流程可以连续稳定运行;设备利用率大为提高	煤气难以综合利用;难以大型化;降低 CO_2 的排放量有限铁水质量低于高炉
直接还原炉炼钢法(HISarna)	不需烧结和炼焦;含铁原料来源广泛;解决了吸放热的矛盾;尾气得到充分利用	现阶段能耗高于同产能高炉;需要一定量的焦炭;综合成本高于高炉;生产稳定性低于高炉
非焦煤及铁矿粉炼铁法(HISmelt)	单体生产效率高;二次燃烧传热速度快;吨铁 CO_2 排放量少;操作简便易行;成本约为高炉的 $70\%\sim80\%$	难以控制渣铁的搅动、渣中碳含量和喷枪位置;炉衬腐蚀较为严重;脱硫效果较差
铁精矿粉熔融还原工艺(CCF)	生产设备简单;能量利用率和生产率高;二次燃烧的负担减轻	生产成本高于高炉;工艺技术不成熟

每生产 1 t 高炉铁水会在出铁场散发出平均约 2.5 kg 的烟尘,主要存在于主铁沟、下渣沟、出铁口、铁水罐,这部分烟尘也称为"一次烟尘";而在高炉开、堵铁口时所产生的烟尘量占

总烟尘量的14%,此部分烟尘称为"二次烟尘"。目前,一次烟尘的控制治理为国内绝大部分高炉的出铁场除尘系统的主要工作,受工艺条件的限制,二次烟尘只能通过技术操作予以控制。炼铁生产排出的污染物数量大,且废水、废气和固体废物几乎数量相当。炼铁产生的主要污染物包括在一些辅助作业及出铁作业期间排放的氧化铁的颗粒物(含铁粉尘);渣处理过程则排出不同数量的 H_2S 和 SO_2,甚至会产生气味问题。高炉出铁场设有可用来减少颗粒物形成和排放的净化系统或装有排气/袋滤净化装置。在现有的高炉出铁场排气系统的收集作用下,收集的颗粒物通常可以完全返回烧结厂。废水产生于炉渣处理和高炉煤气湿式净化工序。

6.1.2.4 炼钢

钢铁联合企业的炼钢厂一般包括三种作业类型,即炼钢(电炉、转炉)、二次精炼和连铸。21世纪炼钢技术发展的重大技术方向是实现洁净钢稳定、高效和低成本生产。通过炼钢生产结构的优化完善大幅提高钢材洁净度生产水平,转炉钢产品种类逐步扩大。开展转炉煤气与蒸汽优化回收技术实现负能炼钢、结合全自吹炼技术和新工艺及装备可大幅提高资源利用率和保证可持续发展。

转炉炼钢的生产工艺流程为高炉铁水从炼铁厂用铁水罐车热装送到炼钢厂,先兑入混铁炉混匀保温,而后加入转炉中加氧枪炼钢。在冶炼优质钢种时,铁水需先送至铁水预处理站进行铁水预脱硅、磷和硫,采用脱硫剂喷吹脱硫。转炉炼钢以铁水及少量废钢等为原料,以萤石、石灰(活性石灰)等为熔剂,炉前加料并在铁水和废钢加入炉内后摇直炉体进行吹炼。根据冶炼时间向炉内用氧枪喷氧气、惰性气体,根据喷吹的部位可分顶吹、底吹和顶底复合吹转炉,根据吹氧位置进行划分。目前常用的顶底复合吹炼是在炉底吹惰性气体(如 Ar、N_2)、炉顶吹氧。转炉吹炼时由于铁水中碳和氧气发生反应产生大量含 CO 的炉气(转炉煤气),同时熔剂与铁水中杂质相结合生成钢渣。当吹炼结束时,倾倒炉体炉后挡渣出钢。出钢过程中向钢包中加入少量铁合金实现脱氧合金化。转炉炼钢过程的污染物包括固体废物和废气,应重点关注废气与烟尘。转炉炼钢过程中的废气主要由吹氧过程中的氧气转炉的炉口排放,转炉煤气主要成分为 CO,并且在炉内进一步氧化后可部分产生 CO_2。二次反应的强度与炉口上方烟雾罩的设计有关(选择合适的烟雾罩可以最大限度控制空气进入,从而减少 CO 的部分氧化而实现转炉气中的 CO 的含量最大限度地增加)。通过收集足够多的高含量 CO 气体可以做宝贵的能源,否则它将被烧掉。由于氧枪对钢水熔池的作用和铁被氧化成细微氧化铁颗粒,因此烟尘主要由氧化钙和氧化铁组成,可能含有废钢所含有的重金属如石灰微粒、锌和渣。所产生的烟尘量由操作条件(如流速)、吹氧系统和废钢的质量以及泡沫渣是否使用决定。当 BOF 氧气转炉炉体中的废钢与铁水接触,或当铁水与空气接触产生氧化铁细尘时,或装料出现废气排放时,这些排放物一般会上升至 BOF 熔炼车间顶部,通过车间的静电除尘器或袋式过滤净化装置收集和净化后排入大气。转炉煤气一般通过两种方法回收处理,包括干式技术或湿式洗涤。湿法处理有法国的 I-C 法(敞口烟罩)、德国的 KPUPP 法(双烟罩)和日本的 OG 法(单烟罩)等方法。其中 OG 法由于技术先进、运行安全可靠,是目前世界上采用最广泛的转炉烟气处理方法。OG 法先对转炉煤气进行显热回收,用冷却塔将烟气冷却到380 ℃,再用湿法除尘洗涤净化并冷却至42 ℃,然后用 PA 文丘里洗涤器进行二级除尘。该法的总除尘效率达99.5%。干法处理是利用高压静电除尘器来净化转炉煤气中的烟尘。从烟气中回收的铁可作为烧结厂的原料使用。净化过程产生的 BOF 烟尘或污泥,根据杂质元素含量决定是否返回这一流程,常被填埋处理或作为水泥添加剂出售。此外,吹炼过程中及炉体上方密封罩周围主系统的泄漏产生转炉二次烟尘,通常可以像装料排放那样被处理和收集。转炉炼钢固体废物/副产物包括转炉渣、废耐火材料、钢凝壳、污泥和粉尘,常用于重新利用(耐火材料)、回收(凝壳/炉渣/粉尘/污泥)、出售(粉尘、部分炉渣和污泥),或作填埋处理。

　　我国电炉炼钢目前以独立自主的大型超高功率电炉炼钢发展为主,以合理电气运行技术作为大型电弧炉炼钢安全高效生产最重要的基本技术,在长期废钢资源短缺的限制下,我国很多电炉企业利用热兑铁水的工艺开发各种配加铁水的工艺装备和技术,炼钢原料多样化。国内预计 2025 年产废钢 2.6 亿吨,未来应在工艺流程中加强粉尘和噪音治理,实现与城市和谐共存。电弧炉炼钢从整体可分为原材料的收集、冶炼前的准备工作、熔化期、氧化期和还原期五大阶段。原料包括废钢、铁合金、石灰、萤石等为原料和辅助料,炼钢电炉有直流电炉和交流电炉两种,多数是三相交流电炉。交流电炉根据功率大小又分为普通电炉、高功率电炉和超高功率电炉。电炉生产工艺流程为移开电炉炉盖后将合格的检选废钢料由料罐倒入炉内,装料时应将小料的一半放入底部,小料的上部、炉子中心区放入全部大料、低碳废钢和难熔炉料,大料之间放入小料,中型料装在大料的上面及四周,大料的最上面放入小料,然后炉盖复位。有些厂先利用电炉烟气对废钢进行预热,同时由下料系统将辅助料经电炉炉盖上的加料孔分批入炉。电炉通电后冶炼开始,整个冶炼阶段按其先后分为熔化期、氧化期和还原期。熔化期指的是从通电开始到炉料全部熔清为止,约占整个冶炼时间的一半左右,耗电量占电耗总数的 2/3 左右,废钢表面的油脂类在熔化期吹氧后发生物质燃烧,金属也进行熔化。大量吹氧的氧化期使钢液中的磷继续氧化,使炉内熔融态金属激烈氧化脱碳,大量赤褐色烟气产生。氧化渣扒渣完毕到出钢这段时间称为还原期,主要任务是脱氧、脱硫、控制化学成分、调整温度。还原期钢液中的硫和氧等杂质被去除,钢水成分得到调整。在氧化期和还原期分期排渣,产生氧化渣和还原渣。冶炼结束后出钢。钢水后续如需精炼,则送精炼工位进行精炼。

　　和转炉炼钢工艺类似,电炉炼钢的主要污染物以粉尘和废气为主,固体废渣相对较少。粉尘与废气在炉内产生,并通过废钢预热器或炉顶(通过所谓的第四孔)排出。废气通过燃烧室燃烧残余的 CO 和有机化合物,用来减少有毒有机化合物和气味的生成,也能保护烟气系统低碳钢管道免受过高温度损害。炉渣层内部或上面喷入的氧气协同废气在炉内燃烧,不仅使炉子热输入增加,而且电能需求量也相应减少。离开炉子后,燃烧过的气体通往热交换器内冷却至过滤温度,然后,炉子上方的熔炼车间顶部收集到的二次烟气与其混合,这种混合废气一般采用袋式除尘器净化。粉尘排放主要由氧化铁、重金属(包括 Pb 和 Zn)与其他金属组成,主要由合金钢或镀层钢挥发产生,或由废钢加料中有色金属碎片产生。电炉冶炼 1 t 钢排放的粉尘总量可能为 10~18 kg 不等。通常电炉(EAF)作业设置的闭路净环水系统很少需要废水处理,来自 EAF 作业的固体废物/副产物包括电炉渣、炉尘和耐火材料。一般可以重新利用(如耐火材料、EAF 粉尘),出售(如 EAF 粉尘用于炼锌厂、炉渣用于公路建设)或填埋处置(如粉尘、炉渣和耐火材料)。

6.1.2.5　连铸

　　连铸的生产工艺流程为将合格钢水送连铸钢包回转台,回转台转动到浇注位置后,将钢水注入中间包,中间包再由水口将钢水分配到各个结晶器中去。结晶器作为连铸机核心部件,它使铸件成形并迅速凝固结晶,并在冷却水的间接冷却下钢水形成坯壳。拉矫机与结晶振动装置共同作用,将结晶器内的铸件拉出,经弯曲段、扇形段,再通过二冷段用水直接喷淋冷却,最终到矫直段,矫直后的铸坯定尺被切割成一定长度,再喷号及去毛刺后即得产品连铸坯。喷雾室中的冷却水收集铸造产品表面的氧化铁皮,该冷却水在重新使用之前则需要进行沉淀处理。高效连铸技术是连铸技术的发展趋势和主要的研发方向,常用手段包括以下内容:①恒拉速连铸技术;②薄板坯连铸技术;③连铸生产工艺装备的进步;④动态轻压下、动态二冷控制;⑤结晶器在线调宽。在炼钢工序连铸坯凝固传热、连铸坯热装热送和轧钢工序过程中释放大量余热,需回收连铸坯余热资源,主要从热送运输工序及轧钢工序两个方面。连铸污水主要含有氧化铁皮、悬浮固体和油,对连铸污水的处理主要包括氧化铁皮的分离、浓缩及脱水处理和回收油、悬浮固体。一般采用纤维球过滤器、稀土磁盘、旋流沉淀池设备组合的形式对传统废液处理工艺进行改进。连铸过程固体废物主要包括连铸坯在二冷区的"高温湿式氧化"及在空冷区"高温干式氧化"环境条件降温冷却,生成的氧化铁皮不仅量大造成金属料损失,而且对热轧板卷产品的表面质量有影响。

6.1.2.6 轧钢

轧钢作为钢铁生产的最后一道工序,产品种类繁多,有型材、线材、板/带材、管材等几大类。轧钢按轧制温度的不同分为热轧和冷轧。热轧生产指的是钢坯(钢锭)经加热炉(或均热炉)加热后,通过不同类型热轧机直接实现高温轧制,目前向热装热送发展。将热轧产品(主要是热轧卷、板)经酸洗后去除其表面的氧化铁皮,并通过冷轧机在常温下进行轧制的工序为冷轧生产。冷轧后的钢卷通常为了消除冷加工硬化现象而采用在罩式炉内进行再结晶退火,并用平整机保持平整后可提高表面光洁度。部分冷轧产品将在表面镀(涂)非金属镀层或金属涂层,生产镀(涂)层带钢(钢板)。

(1)热轧工艺。热轧工艺的基本流程为钢坯送至加热炉加热到轧制温度(多为1 150~1 250 ℃),出炉后的炽热的钢坯通过高压水除磷以除去加热过程中生成的氧化铁皮,除磷后的热钢坯送入不同轧机(按轧制程序分类,有精轧机、粗轧机;按轧制产品分类,有钢板、型钢、线材、钢管等轧机)进行连续轧制或往复轧制。轧钢时为了降低轧辊轴承和轧辊等设备及轧件的温度,需采用喷淋冷却对其降温,喷淋冷却后则产生大量含氧化铁皮和油的热轧废水。"一火成材"(即钢坯到热轧成材只需一次加热)以降低热轧生产工序能耗的一般要求。轧机轧出的钢材还要根据产品要求进行精整工序,即定尺剪(锯)切、自然冷却和矫直等。对连轧机出来的高温钢板需进行层流冷却(在输出辊道上冷却,冷却水采用顶喷和底喷)。

热轧工艺过程中主要排放的污染物包括来自均热炉(和/或)加热炉的燃烧废气(如大型轧钢厂多以煤气或重油作燃料,燃烧状况正常时,废气中除含有NO_x外,还有少量烟尘、SO_2、CO_2、CO和颗粒物),同时也包含来自轧制和润滑油的挥发性有机化合物(VOCs),燃烧废气成分受燃烧条件和燃料类型的影响。轧钢时由于温度非常高,因此需要在轧钢过程各个阶段采用高压喷水管喷淋冷却去除表面铁鳞,产生含有铁鳞和油的热轧废水,虽然工艺一般采用闭路循环水系统,但这些热轧废水在排放之前必须处理以去除悬浮固体和油。固体废物/副产物包括切余料和铁鳞皮,被分别返回BOF和烧结厂。

(2)冷轧工艺。冷轧工艺中钢铁的冷轧生产流程是钢铁-退火酸洗-轧制-碱洗-退火镀锌涂层或光亮退火-平整-剪切入库。开卷机对冷轧原料的热轧板卷开卷后,一般送往盐酸连续酸洗机组进行酸洗以清除铁锈,酸洗后需经过清水漂洗以除去钢板表面上残留的酸液,甚至有的钢板还需要碱洗,钢板酸洗会产生盐酸酸洗废液和酸、碱废水废液。钢板经酸洗后再送入冷轧机组进行连续轧制。钢板在冷轧后需进行必要的热处理(如退火处理),板卷一般采用罩式退火炉进行热处理,并在其内罩通保护气体(氮气、氢气等)。冷轧过程中需要用乳化液或棕榈油作冷却、润滑剂(润滑轧件及轧辊等),因此很容易产生含废乳液和乳化油的冷轧废水。部分冷轧产品(带钢)后续还需要采用热镀(电镀)锌生产机组进行表面镀(涂)层处理,如生产镀锌带钢等,而这些带钢表面处理机组产生的废水较复杂。冷轧带钢镀(涂)层处理时先要对冷轧带钢进行化学清洗,产生碱性含油废水和酸性废水。热镀锌带钢生产为保持锌层光泽并防止表面产生锌锈,则需对带钢表面钝化处理以产生含铬废水。电镀锌带钢生产机组由化学预处理、电镀及后处理三个工序组成,乳化液和碱性含油废水为化学预处理段产生的废液;酸(碱)性电镀废液为电镀工艺段产生的废液;含磷酸盐或含铬的废液及其清洗水是后处理段产生的废液。

冷轧生产过程虽然要求实现清洁生产,但是实际生产过程中不可避免的产生废气、废液、粉尘、噪声等污染。主要污染源包括酸洗机组运行排放的有毒气体,冷轧机组运行排放的废弃物乳化液油泥,连续退火机组运行中排放的碱性水蒸气,在电镀槽里排出含有 H_2SO_4 和 $ZnSO_4$ 等气体,平整机组在湿平整时产生的含有少量金属粉尘的平整液水雾和干平整时产生的 FeO 金属粉尘。除此之外,冷轧车间其他工艺还会产生废水,包括酸洗机组废气处理冷轧机架油雾处理、电镀锌废气处理、连续退火废气处理等工艺排出的有害废水,在磨辊车间抛丸装置在对轧辊抛丸时也会产生含铁粉尘。废水主要以冷轧过程的油乳化液和悬浮固体以及来自酸洗过程产生的酸洗废水为主。固体废物/副产物包括切余料、酸洗池污泥、酸再生污泥和废水处理装置产生的氢氧化物污泥。固体废物/副产物被回收(切余料)、或出售(酸再生污泥)、或被填埋处置。

6.1.3 国内外治理钢铁工业固体废物技术发展趋势

从生产角度来看,工业固体废物可作为原料再次利用,加强对固体废物的利用有助于贯彻落实可持续发展战略。钢铁企业的观念在逐渐发生变化,加大废渣处理投资,将过去直接抛弃或简单利用的固体废物"变废为宝",绝大多数固体废物得到了综合利用,尤其以冶金渣、含铁尘泥为代表的固体废物资源化利用水平不断提升。我国对于工业固体废物的综合利用率还是不高,因此钢铁行业的可持续发展正面临着环境与市场的双重严峻挑战,清洁生产的实施迫在眉睫。清洁生产不仅仅只是一种防治污染手段,更是一种全新的生产模式。清洁生产通过对短缺资源的代用、资源的综合利用、二次能源的利用及降耗、节能、节水,合理利用自然资源实现物料消耗降到最低,从而减少污染物和废物的排放;通过强化管理和优化生产过程,提高人员素质,保持人员精干、机构精简,达到组织的节能、降耗、增效、减污的目的,最大限度的创造社会、经济和环境效益。国内外钢铁企业清洁生产技术以发展高效生产技术提高固体废物的综合利用率,钢铁工业排放的固体废物主要为粉煤灰、含铁尘泥、尾矿、高炉渣、除尘灰、钢渣等大都可作为原料生产产品。国内外治理钢铁工业固体废物技术发展趋势包括以下几点。

1)钢铁产品设计。需要充分注意产品使用、制造、回收利用全程中生态化、无害化的要求。钢铁产品制造所需资源的开采、加工、提纯和输送过程无污染,例如,采用清洁能源油、用精矿粉代替矿石、天然气代替煤,控制并减少工序过程中污染物的排放和废物的产生。

2)钢铁产品的制造过程。以高效率、低消耗、高合格率、"零排放"为目标,并且尽量在生产过程内将污染物吸收或利用。先进技术和流程优化的程度、应用程度与装备的开发决定上述要求。

3)排放物资源化、无害化处理。钢铁生产过程产生的大量炉渣、废物、粉尘、气体、废水及其他废液是可以用于其他行业的原料,因此应重视排放物的高附加值利用,如高炉煤气余热发电等。

4)钢铁产品的使用、再使用和回收。要求充分体现产品的"绿色度",要合理使用并充分关注再加工后更好的应用性能,钢材是100%回收的"绿色"材料。

6.2 采矿废石的处理及利用

冶金矿山开发过程中所产生的固体废物占较大比例,我国矿山开发所产生的大量固体废物的处理方式主要为储存至尾矿库或者排土场中,也有些矿山的废物堆放在自然环境中。矿山废石的大量堆积不仅严重影响对矿产资源的综合利用水平,也对环境造成了严重的危害,因为废石的堆积在占据大量土地的同时也对土壤环境造成了严重的破坏。为了缓解人类生存环境与社会发展之间的矛盾与危机,提高固体废物的综合利用率势在必行。

近些年,我国对于冶金矿山固体废物的综合再利用问题,主要的处理方式为对废弃物进行有用矿物的二次回收再利用,如可对尾矿进行二次再选,回收有价金属,作为冶金原料;对废物直接再利用,作为生产相关非金属材料的原料,如建筑材料、耐火材料等;对于无法直接或者间接利用的废物,一般进行处理后定点堆存,最大程度化的减少废物对人类生存环境的污染和破坏。

6.2.1 采矿废石的来源及处理

矿山固体废物主要包括矿山开采和矿石选矿加工过程所产生的固体废物,主要为废石和尾矿。矿山固体废物虽然是选矿、提取了有用矿物之后的产物,但其中往往含有许多有用的元素和矿物,是宝贵的二次资源,一旦开发出来,形成规模化和产业化,经济价值不可估量,对落实可持续发展和发展循环经济具有重要意义。废石是在矿山开采过程中所产生的几乎无工业价值的矿床围岩和矿体夹石。对于坑道采矿而言,废石就是坑道掘进和采场爆破开采时所分离出而不能作为矿石利用的岩石;而对于露天矿来讲,废石即为矿床表面剥离的围岩或夹石。一般采用人工拣选的方式将矿石和废石分开,对于废石一般的处理方式为排弃、堆积、覆土造田。

尾矿是选矿厂在特定技术条件下将矿石磨细选取有用矿物粉后产生的不宜再分选回收利用的矿山固体废料,也就是开采的矿石经选出精矿粉后所剩余的废物,通常排入矿山附近筑有堤坝的尾矿库里。选矿厂排出的大量尾矿,不仅会造成大量的资源浪费,而且占用大量的土地资源,污染环境。尾矿的综合利用可以回收大量矿物资源,提高矿产资源的利用率,减少环境污染。

6.2.2 采矿废石的综合利用

冶金矿山采矿废石的综合利用主要是回收存于尾矿和剥离废石中的有价金属元素、非金属元素,近些年在这些方面的应用已有许多典型的成功案例。

6.2.2.1 作为原料进行"二次利用"

铁矿矿山产生的固体废物废石中常含有较多种类的金属化合物和非金属矿物组分,在实际的资源再利用过程中可对废石进行再加工,直接作为原料加以利用。例如,废石成分中含有较多的钙、钾、磷等成分,经过加工之后可以作为土壤改良剂,施于酸性或碱性土壤中达到改良土壤的目的。

6.2.2.2　造田复地

该工艺主要是对受废石常年堆积占用而遭到破坏的土地进行植被的重新覆盖,以达到稳定岩土、减少水土流失、减少水体及土壤污染的目的。利用废石库进行造地复田,最早开始于美国的 20 世纪 30 年代,这种方式在我国部分矿山中已得到应用,取得了良好的社会和经济效益。

6.2.2.3　作充填料

将冶金矿山所伴生的废石用于井下充填和加工石料。将废石用作采空区的充填料,一般废石充填在矿山有两种方式,一种是干式充填(即全废石充填);另一种是作为细砂(包括尾砂、河砂等细粒级充填料)与胶结充填的粗骨料。

铁矿废石的储量大、强度高并且其力学性能稳定,因此在对铁矿废石各项指标检测合格的基础上将其用于制备砂石骨料,不仅可以缓解天然骨料的供应压力,还能在一定程度上解决废石堆存过剩的难题,具备较高的环境效益、经济和社会效益。20 世纪初期相关学者对酒泉钢铁集团铁矿矿山的废石用于砂石骨料的制备开展了大量的研究工作,进行物相分析、粒度分布分析、放射性分析及化学成分的检测分析,根据相关砂石的标准对铁矿山废石破碎后制成的粗骨料与细骨料的相关指标进行检测分析,检测结果可知该铁矿废石可作为生产粗骨料和机制砂的原料。

6.3　高炉渣的处理及利用

在炼铁厂高炉冶炼时,燃料、熔剂与铁矿石之间发生高温反应,得到铁水的同时也会产生大量的固体废物,如高炉渣、高炉瓦斯泥(灰)等。高炉渣是钢铁冶炼过程中数量最多的一种废渣,是高炉在炼铁过程中由矿石中脉石、熔剂中的非挥发组分、燃料中的灰分和其他一些不能进入生铁中的杂质组成的一种易熔混合物。我国高炉渣目前主要集中用于建筑建材领域,但仍有大量的高炉渣以简单堆放为主,长期堆放不仅污染环境,而且占用土地。

6.3.1　高炉渣的来源、性质及分类

6.3.1.1　高炉渣的来源

高炉冶炼时,其中矿石中的脉石、熔剂等非挥发性组分和焦炭中的灰分形成了以硅铝酸盐与硅酸盐为主要成分的熔融物,浮在铁水表面,定期从排渣口排出,经空气或水冷处理后形成高炉渣。高炉渣的产量与焦炭中的灰分含量、矿石品位及熔剂的质量有关,由氧化钙、二氧化硅及氧化镁等成分所组成,高炉渣占钢铁企业固体废物 50% 以上,多数情况下,每炼出 1 t 生铁可产高炉渣 300~450 kg。

6.3.1.2　高炉渣的性质

(1)化学组成。由于冶炼方法和矿石品位的不同,冶炼得到的高炉渣化学成分十分复杂,一般含有 15 种以上的化学成分,并且成分波动范围很大。但高炉渣主要成分有 4 种,即 CaO、

SiO_2、MgO 和 Al_2O_3，这四种成分约占高炉渣总重的 95%；此外，也含有一定量的 FeO、MnO、K_2O、Na_2O 及硫化物等。一些特殊的高炉渣可能含有 TiO_2、V_2O_5、P_2O_5、BaO、Cr_2O_3、Ni_2O_3 等成分。其中，Al_2O_3 和 SiO_2 主要来自矿石中的脉石和焦炭中的灰分，CaO 和 MgO 主要来自于熔剂。

（2）矿物组成。高炉渣内 CaO、SiO_2、Al_2O_3 和 MgO 四种成分含量合计超过炉渣组成的 95% 以上，故可视为 CaO-Al_2O_3-SiO_2 的三元体系。矿物组成在 CaO-SiO_2-Al_2O_3 三元相图上处于 C_2AS、CAS_2 和 C_2S 的结晶区。在碱性矿渣中，一般形成钙长石（CAS_2）、硅酸二钙（C_2S）、钙镁黄长石（C_2MS_2）、钙铝黄长石（C_2AS）、镁橄榄石（$MgO·SiO_2$）、硅灰石、硫化钙、硅钙石和尖晶石等晶体。酸性矿渣中主要是 CAS_2 和 $2CaO·SiO_2$。当快速冷却时全部凝结成玻璃体，当缓慢冷却时（特别是弱酸性的高炉渣）往往出现洁净的矿物相，如假硅灰石、黄长石、斜长石和辉石。

（3）水渣性质。水渣是钢铁企业冶炼生铁时排出的高炉渣经过水冷处理后的产物，高温熔渣用大量的水急冷成粒，其中的各种化合物快速冷却时来不及形成结晶矿物，而以玻璃体状态将热能转化成化学能，这种潜在的活性在激发剂的作用下，与水化合生成具有水硬性的凝胶材料，是生产水泥的优质原料。高炉水渣以玻璃体为主，多为块状、晶质蜂窝状或棒状的细粒，呈浅黄色（少量墨绿色晶体），丝绢光泽或玻璃光泽。水渣的化学组成虽然大致相同，但却是一种不稳定的化合物，其活性的波动也十分明显。

（4）膨珠性质。膨珠也叫膨胀矿渣珠，高温熔渣进入流槽后经喷水急冷，后经高速旋转的滚筒击碎、抛甩并继续冷却，工艺流程中熔渣自行膨胀，珠内存有气体和化学能，膨珠外观大都呈球型，表面有釉化玻璃质光泽，珠内有微孔，孔径大的有 $350\sim400~\mu m$，小的有 $80\sim100~\mu m$，除孔洞外，其他部分都是玻璃体（90%～95%）。膨珠外观呈椭圆形或球形，表面有一定光泽，颜色有棕色、灰白或深灰色，颜色越浅，玻璃体含量越高。由于膨珠是半急冷作用下形成的，珠内存有化学能和气体，具有多孔、质轻（松散容重 $400\sim1~200~kg/m^3$）及表面光滑的特点，松散容重大于陶粒、浮石等轻骨料，粒径大小不一且孔互不相通，强度随容重增加而增大，自然级配的膨珠强度均在 3.5 MPa 以上，不用破碎，可直接用作轻混凝土骨料。除了具有水淬渣所拥有的化学活性外，还具有隔热、保温、质轻、吸水率低、弹性模量高和抗压强度高等优点，是生产水泥和建筑用轻骨料的优质原料，也可利用隔热特性作为防火隔热材料。

6.3.1.3 高炉渣的分类

由于操作工艺和炼铁原料品种和成分的变化等因素的影响，高炉渣的组成和性质也具有很大差异，高炉渣的分类根据碱度、生铁品种和冷却方式分为三种类别。

（1）按高炉渣的碱度分类。高炉渣的碱度是指主要成分中的碱性氧化物与酸性氧化物的含量比，以 R 表示。即

$$R=(CaO\%+MgO\%)/(SiO_2\%+Al_2O_3\%)$$

按照高炉渣的碱度可把矿渣分为如下三类。

1）碱性矿渣，碱度 $R>1$ 的高炉渣。

2）中性矿渣，碱度 $R=1$ 的高炉渣。

3）酸性矿渣，碱度 $R<1$ 的高炉渣。

这是高炉渣最常用的一种分类方法，我国高炉渣大部分 $R=0.90\sim1.15$。

（2）按冶炼生铁的品种分类。

1)冶炼铸造生铁时排出的高炉渣,即铸造生铁高炉渣。

2)冶炼供炼钢用生铁时排出的高炉渣,即炼钢生铁高炉渣。

3)用含有其他金属的铁矿石冶炼生铁时排出的高炉渣,即特种生铁高炉渣。

(3)按冷却方式分。常用的熔融高炉渣冷却方式有三种,急冷、半急冷和缓冷,其对应的成品渣分别称为水渣、膨胀渣和重矿渣。

6.3.2 高炉渣的处理工艺

高炉渣的处理是炼铁生产的重要环节,根据处理方式可分为急冷、半急冷,其主要处理工艺及利用途径如图 6-2 所示。

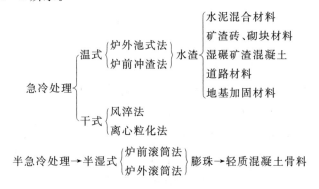

图 6-2 高炉渣主要处理工艺及利用途径

6.3.2.1 急冷处理

急冷处理也即水淬处理或干式处理工艺,水淬是将熔融状态的高炉渣置于水中急速冷却至粒状矿渣,是最常用的处理方式。近年来也有人研究开发了风淬干式处理工艺,以回收炉渣显热,也可以根据高炉渣处理位置分为渣池水淬和炉前水淬。

1)渣池水淬:用渣罐将高炉热熔渣运到距离高炉较远的沉底池内淬水处理的工艺,目前国内钢铁企业多将溶渣直接倾入水池中,水淬后用吊车抓出水渣并放置在堆场装车外运,沉淀池也称水淬池,因此这种方法得到的渣也称为泡渣。该工艺节约用水并降低成本,缺点是易产生大量蒸汽、渣棉和硫化氢气体,由设置在冲渣沟上的烟囱直接排空而污染环境。

2)炉前水淬:在高炉炉台前设置冲渣沟(槽),出渣过程中熔渣被高压水淬在冲渣沟(槽)内直接冷却成粒,随后被输送到沉渣池并经抓斗抓出,脱水后外运。由于热熔渣浆直接在炉前淬水形成,成矿速度快,熔浆温度较高而且相对均匀,伴生及次生矿物较少,水渣质量相对稳定。

6.3.2.2 半急冷处理

半急冷处理是将高炉熔渣在适量水冲击和成珠设备的配合作用下,甩到空气中使水蒸发成蒸汽并在内部形成空洞,再经空气冷却形成一种多孔珠状矿渣的处理方法,处理后的高炉渣称为膨胀矿渣或膨珠。

6.3.2.3 缓冷处理

缓冷处理是将高炉熔渣在指定的渣坑或渣场内自然冷却或淋水冷却形成重矿渣(也称块渣)的处理方法,处理后炉渣经挖掘、破碎、磁选和筛分得到碎石材料,但因污染问题基本淘汰。

6.3.3　高炉渣的综合利用

目前,高炉渣的处理工艺和方式发展迅速,并且对高炉渣的有效利用的研究不亚于国外,但是我国高炉渣的综合利用率却并不高,有些企业还经常反复出现问题,究其原因,大多数问题和复杂的工艺技术管理、生产关系和经济政策方面相关,例如利润分配、税收政策、资金来源、技术政策等有关问题。对于高炉渣的利用取决于高炉渣的处理工艺,目前,高炉渣的主要用途有作建筑材料或水泥、提取有价成分、制备复合材料、生产肥料、污水处理和回收潜热(如高炉渣的热焓约 1 719 kJ/kg,高炉渣带走的热量占高炉总能耗的 16% 左右,有效回收高炉渣的潜热具有非常大的经济及社会效益)。此外,还包括目前较新的其他高附加值用途,下面将详细介绍高炉渣的各种综合利用的途径和工艺。

6.3.3.1　高炉水渣生产水泥

在水泥熟料、石灰、石膏等激发剂作用下,水渣显示出潜在的水硬胶凝性能,可作为水泥生产的优质原料,水渣不仅可以作为水泥混合料使用,也可以制成无熟料水泥。

(1)矿渣硅酸盐水泥。矿渣硅酸盐水泥用粒化高炉矿渣与硅酸盐水泥熟料和 3%~5% 的石膏制得,其中石膏混合磨细或者分别磨后再混合均匀。水渣在磨细前必须烘干,但烘干温度不可太高(<600 ℃),否则会影响水渣的活性。在磨制矿渣水泥时,水泥的抗压强度随着高炉矿渣掺量的增加而稍有降低,但总体影响不大,高炉矿渣的掺量对抗拉强度的影响更小,高炉矿渣的掺量可以占水泥重量的 20%~95%,对水泥生产成本的降低十分有利。

从矿渣硅酸盐水泥的新生成物的性质和硬化过程的特点来看,矿渣硅酸盐水泥具有良好的安定性,通常受水泥中游离 CaO 影响,游离 CaO 遇水消解而发生体积膨胀。但在矿渣硅酸盐水泥中,熟料水化时所产生的 $Ca(OH)_2$ 被矿渣吸收,因而很少发生体积膨胀的现象。矿渣硅酸盐水泥适用于大体积混凝土构筑物中,具有较强的抗溶出性硫酸盐侵蚀性能,耐热性较强。但硅酸盐矿渣水泥早期强度低,而后期强度增长率高,因此施工时应注意早期养护。此外,在冻融作用或循环受干湿条件下,其抗冻性较硅酸盐水泥差,所以不适宜用在水位时常变动的水工混凝土建筑中。

(2)石膏矿渣水泥。石膏矿渣水泥是将石膏和干燥的水渣、石灰或硅酸盐水泥熟料分别磨细或者按一定的比例混合磨细后再混合均匀得到的一种水硬性胶凝材料。在配置石膏矿渣水泥时,高炉水渣为主要的原料(配入量可高达 80% 左右),石膏属于硅酸盐激发剂,可提供水化时所需要的硫酸钙成分,激发矿渣的活性,一般石膏的加入量以 15% 为宜。碱性激发剂为少量硅酸盐水泥熟料或石灰,对矿渣碱性起到活化作用,能促进硅酸钙和铝酸钙的水化。

(3)石灰矿渣水泥。石灰矿渣水泥是将干燥的粒化高炉矿渣,生石灰或熟石灰以及 5% 以下的天然石膏,按适当的比例配合磨细而成的一种水硬性凝胶材料。石灰的掺入量一般在 10%~30%,它可以使矿渣中的活性成分得到激发,生成铝酸钙和水化硅酸钙。石灰矿渣水泥可用于蒸汽养护的各种混凝土预制品,水中、地下、路面等的无筋混凝土和工业与民用建筑砂浆。

6.3.3.2　高炉渣生产建材

建筑材料是高炉渣利用的重要方面,常见的有水泥、石膏、高炉矿渣微粉、混凝土掺和料、矿渣刨花板、空心砖等。另外,高炉渣半数急冷加工成膨胀矿渣珠或膨胀矿渣可直接作轻混凝土骨料。

(1)生产矿渣砖。矿渣砖的主要原料是水渣、石灰、石膏、水泥,一般要求水渣有较高的强度和一定的活性。由于水渣不具有足够的独立水硬性,因此生产矿渣砖时要加入激发剂。常用的激发剂有碱性激发剂(水泥或石灰)和硫酸盐激发剂(石膏)两类,可以单独使用也可重复使用。水渣中具有潜在水硬性或独立水硬性的 C_2S 和 C_3AS 等和石灰的氧化钙进行水化作用而生成水化产物,凝结硬化后提高强度。砖的强度随石灰中 CaO 含量增加而提高,一般要求 CaO 含量在 60% 以上,同时 MgO 少于 10%。砖的安定性受石灰细度的影响,若石灰中含有大于 900 孔/平方厘米筛的颗粒,即使很少量也会引起砖的开裂。这是因为石灰颗粒在砖坯内消化时,体积膨胀产生巨大内应力的结果。

(2)生产湿碾矿渣混凝土。湿碾矿渣混凝土是将激发剂(水泥、石灰和石膏)和水渣放在轮碾机加水碾磨制成砂浆后,与粗骨料拌和而成。湿碾矿渣混凝土的各种物理力学性能与普通混凝土相似,如抗拉强度、弹性模量、钢筋黏结力和耐疲劳特性。主要优点是具有很好的耐热性能,可以用于工作温度在 600 ℃ 以下的热工工程中;具有良好的抗水渗透性能,可以用于制作防水混凝土;制成抗压强度 50 MPa 以下的混凝土。

(3)水淬高炉渣用作砂子。活性较低的水渣(含铁量较高的渣)一般作砂子,或者因为建筑工程附近无砂子来源、水渣滞销且堆积过多、严重影响高炉运行时,也可以用作砂子,水渣中不含泥土等有害杂质,为建筑工程添加新砂资源。

(4)膨珠用作轻骨材料。由于膨珠是半急冷作用下,具有多孔、质轻、表面光滑、松散容重大于浮石、陶粒等轻骨料。其不用破碎,可直接用作轻混凝土骨料,用作混凝土骨料可节约 20% 左右的水泥。用膨胀矿渣珠配制的轻质混凝土导热系数为 0.407~0.582 W/(m·K),容重为 1 400~2 000 kg/m³,抗压强度为 9.8~29.4 MPa,具有良好的物理力学性能。膨珠具有水淬渣相同的化学活性外,还可以作为防火隔热材料,高钛型膨珠可以锁住土壤水分并有效改善植物生长情况。通过膨胀矿渣珠生产工艺制取的膨珠,自然级配好、面光、质轻、吸音隔热性能好。

(5)矿渣棉。矿渣棉是以矿渣为主要原料,在熔化炉中熔化后获得熔融物,再加以精制而得到的一种白色棉状矿物纤维。它具有隔音、绝冷、保温等性能。熔渣在熔炉加热后熔化流出,用压缩空气或蒸汽喷吹成矿渣棉的方法叫作喷吹法;原料在熔炉熔化后落在旋转的圆盘上,用离心力甩成矿渣棉的方法叫作离心法。喷吹法生产简单,但矿物棉产品质量较低。离心法制备的矿物棉质量较高,但是工序多而不易大规模使用。高炉矿渣可作为矿渣棉的主要原料,占 80%~90%,还有 10%~20% 的萤石、白云石或其他如卵石、红砖头等。喷吹法生产矿渣棉的工艺流程如图 6-3 所示。但此种方法不仅未充分利用高炉熔渣的显热,而且污染环境,纤维质量较差。现多采用交流电弧炉熔化调质设备,再经过离心机甩至成棉,具有工艺除尘率高、渣棉质量高、能源消耗低的特点。矿渣棉可用作保温材料、吸音材料和防火材料等,矿渣棉广泛用于冶金、建筑、机械、交通和化工等部门。

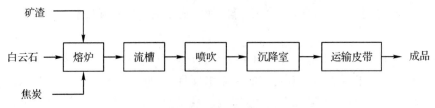

图 6-3　喷吹法生产矿渣棉的工艺流程图

6.3.3.3　微晶玻璃

微晶玻璃是近十几年发展起来的新型无机材料,含有大量玻璃相和微晶相共存的多晶固体材料,微晶玻璃的原料除采用岩石外,还可采用高炉矿渣,微晶玻璃可以很好地固定高炉渣中有害元素,生产成本较低。高炉渣内加入以碱氧化物为主的助熔剂和 Fe、S、Ti 等元素为主的晶核剂,经过合适的热处理制度后得到性能优良的微晶玻璃。矿渣微晶玻璃产品比高碳钢硬、比铝轻、热稳态性好、机械性能优于普通玻璃、电绝缘性能接近高频瓷、耐磨性不亚于铸石。矿渣微晶玻璃广泛应用于煤炭、化工、冶金和机械等行业。

高炉渣制备微晶玻璃工艺包括熔融法、烧结法、溶胶—凝胶法、二次成型工艺、压延法等。其中烧结法和熔融法是最常用的方法,但由于熔融法熔制温度高,玻璃在成型过程中迅速冷却导致形核困难,时间和能量消耗大,因此生产过程中热制度难以控制。蒲华俊以高炉渣、硅砂、TiO_2、Na_2SO_4、Na_2SiF_6 等为原料,采用直接熔融法制备较好的机械性能、表面闪光的微晶玻璃石材,过程无需热处理,最高的显微硬度为 633 HV,具有较好的热稳定性,可用于建筑装饰领域。

烧结法熔制温度低,所需时间短,比熔融法更容易晶化。一般矿渣微晶玻璃需要以下化学组成的配比,二氧化硅为 40%～70%,氧化钙为 15%～35%,三氧化二铝为 5%～15%,氧化镁为 2%～12%,氧化钠为 2%～12%,晶核剂为 5%～10%。在回转式或固定式炉内将高炉渣、硅石和结晶促进剂一起熔化成液体,然后经吹、压等一般玻璃成型方法成型,并在 730～830 ℃下保温 3 h,最后升温至 1 000～1 100℃并保温 3 h 后使其结晶,冷却即为矿渣微晶玻璃。

6.3.3.4　生产铸石

高钛高炉渣配加少量石英砂、铬矿石和铁矿石生产铸石,其成品不亚于玄武岩铸石。我国也有企业曾进行高钛渣微晶铸石的研究,原料最优配比为石英砂 40%～30%,含钛矿渣 60%～70%,萤石 3%～4%,微晶铸石的物理力学性能为抗压强度 800 MPa,抗折强度 80～100 MPa,抗冲击强度 10～40 MPa,硬度 8～9 级,体积密度 2.93 g/cm^3,耐磨系数 0.25～0.35 g/cm^2。

6.4.3.5　生产农肥

高炉渣中不含放射性元素和重金属,但含有钙、硅、镁、铁和钛等植物营养元素。用高炉渣生产硅肥可以提高高炉渣综合利用价值,生产 1 t 硅肥消耗约 1.7 t 高炉渣,不仅减少了炉渣占地和环境污染的危害,又能促进农业增产。硅肥是一种以含氧化钙和氧化硅为主的矿物质肥料,因此高炉渣可以用来制备硅肥改善土壤环境。硅肥的加工过程为把高炉渣磨细(细度 0.175～0.147 mm),添入适量的硅元素活化剂,搅拌混合后装袋(或搅拌混合造粒后装袋)。

直接将高温高炉渣在水淬池内水淬后,用抓斗机将水淬物捞起并配入 10% 的粉煤灰,加水一起进入球磨机湿磨,粒度达到 0.5 mm 以下,经干燥后即得硅肥。制得的硅肥中含氧化钙和氧化镁的总量大于 30%,可溶性硅大于 15%。

6.3.3.6　制备矿渣超细粉

矿渣微粉是高炉水渣经研磨后得到的超细粉末,其化学成分主要是 CaO、MgO、SiO_2、Al_2O_3、Fe_2O_3、TiO_2、MnO_2 等,含有 95% 以上的玻璃体、硅酸二钙、硅灰石和钙黄长石等矿物。矿渣微粉一般用于混凝土的矿物外加剂,可直接掺入商品混凝土中替代等量水泥,混凝土掺入矿渣微粉后性能明显得到改善,根据比表面积和活性的不同,一般掺加量在 20%~40%。

根据现有的装备情况,理论上矿渣微粉的制备可分为球磨机、立式磨、辊压机、振动磨 4 种粉磨工艺,或者采用联合粉磨工艺,如辊压机＋球磨机、立式磨＋球磨机的联合。生产企业可根据周边市场及当地对矿渣微粉的需求量、企业矿渣年排放量或者矿渣保证供应量来确定合理的生产规模。

一些国内企业已将矿渣微粉以半成品原料和其他物料一起用来制备多用途产品,主要包括以下几种。

(1)钢渣微粉和矿渣微粉双掺生产复合粉。在矿渣微粉中掺入一定量的钢渣微粉生产复合粉可提高混凝土的液相碱度,土建构筑物的寿命得到提高,钢筋的腐蚀减少,该复合粉非常适合生产大体积混凝土构件,或者用于一些重要工程的关键部位,但是,使用中要加强对钢渣微粉中游离氧化钙和氧化镁的检测,严格控制二者含量并调控含量不超标,以保证混凝土不遭受破坏。

(2)矿渣微粉、硅灰和其他物质按比例生产高性能混凝土。二氧化硅微粉又称硅灰,是生产工业硅或硅铁时矿热炉产生大量挥发性很强的 SiO 气体与空气迅速氧化并冷凝形成的烟尘,烟尘经收尘器回收后的得到硅灰,其主要成份为 SiO_2,夹带少量 Na_2O、K_2O、C、Fe_2O_3 等。它的特点是颗粒非常细微、活性好,其比面积是普通水泥的 50~100 倍($13~30 m^2/g$),其粒径多小于 0.5 μm,容重为 0.2~0.4 kg/m^3,最细的仅有 0.01 μm。

广西鱼峰水泥股份有限公司将立磨生产得到的活性达到 75 级的粒化高炉矿渣粉掺入 P.O 52.5 水泥后水泥强度达到 60±2 MPa。

6.3.3.7　污水处理剂

高炉渣具有比表面积大、微孔多等特点,可作为吸附剂去处理废水,用来处理重金属或印染废水,也可以用来除磷,并且可以利用其除磷特性作为人工湿地的基质,但处理污水时用量大且容易产生其他废物。高炉渣内多含有以配位体 SiO_4^{4-} 为主体结构单元的玻璃状结构,部分 Si^{4+} 由于被 Al^{3+} 取代而生成 AlO_5^{5-},聚合程度较低,潜在活性强;高炉渣在特定的激发剂作用下水化生成硅酸钙及 C-S-H 凝胶,凝胶中的网状结构可以有效地吸附重金属离子,且具有良好的耐久性,因此可以用于污水处理剂;利用炉渣余热分解碳酸盐也可处理污水。有学者还发现高炉渣可用作覆砂材料,海底污泥上覆盖高炉渣后可以促进海水水质的净化和底泥污染物的分解。

6.3.3.8　玻璃和陶瓷

高炉渣在玻璃料中是氧化铝的来源,氧化铝在玻璃中具有稳定剂的作用并可以提高玻璃的耐久性,但用量一般不超过 3%。国外也有采用高炉渣替代玻璃料中部分碱,在瓶玻璃料中矿渣掺入量不大于 14%,在平板玻璃料中矿渣掺入量为 8%~10% 时,Na_2O 用量可减少 1%

～2%。

俄罗斯根据玻璃陶瓷的制造原理,利用高炉渣生产陶瓷得到高炉渣陶瓷,生产工艺简单,主要用于建筑工业。乌拉尔汽车玻璃工厂将康斯坦提诺夫卡冶金厂的50%的粒状高炉矿渣、焦炭、硫酸钠砂及氟硅酸钠混合后送入玻璃熔池,使其成为聚体的熔体,然后铸轧成玻璃带,后将玻璃带送进结晶炉进行热处理使其转变成高炉渣陶瓷。高炉渣陶瓷带用加压通风使之冷却,然后两边修剪到宽1.5 m,并切成板材。这种玻璃或陶瓷可制成管子、地面砖、卫生器具、耐磨耐蚀保护层路面砖等。我国已有学者以TiO_2含量小于3%的高炉渣为原料制造白色陶瓷,为高炉渣开拓了一条可利用的途径,制成的陶瓷制品抗折强度、耐磨性、成瓷效果优于普通陶瓷。

6.3.3.9 其他

1)制备复合材料。因高炉渣含有合成Ca-α-Sialon的成分,采用碳热还原氮化法利用高炉渣合成Ca-α-Sialon-SiC复合材料,可以用于生产新一代耐火材料,实现高炉渣附加值的提高,区别于传统纯原料制备方法,工艺简单,成本低廉。

2)催化剂。二氧化钛光化学性质稳定,具有良好的光催化效果,攀钢对高钛型高炉渣掺杂偏钒酸铵为原料进行综合利用,充分利用二氧化钛的光催化特性,使用多元固相烧结法制备掺杂钒的光催化剂,紫外光下模拟污染物亚甲基蓝溶液降解率达到83.5%。

为了进一步充分利用高炉渣,日本在高炉渣中加入其他材料经过加工产生多孔的硬化体作为铺路材料,不仅替代60%的沥青,长期抑制路面温度上升,并且具有降噪作用。此外,高炉渣中无放射性元素,如含钛高炉渣制备的光催化剂具有较高的氧化活性、价格低廉,在光催化降解上有比较理想的效果,但使用时应减少高炉渣中其他一些元素对光催化作用的影响。

6.4 钢渣的处理及利用

目前炼钢方法主要有转炉炼钢和电炉炼钢,固体废物主要有钢渣、除尘系统收集的含铁尘泥和废耐火材料等。钢渣是炼钢过程中的副产物。钢渣按冶炼方法可以分为平炉钢渣(初期渣、出钢渣,精炼渣、浇钢余渣)、转炉钢渣和电炉钢渣(氧化渣、还原渣)。在钢铁行业中,堆置废渣所占的土地资源越来越有限,而且修建堆场耗费大量人力、物力,排放的钢渣中仍有15%～25%左右的全铁,如果不回收利用,将会有大量废钢流失。同时,渣粉中含有的有害物质,经雨水淋洗后破坏土地植被结构,渣粉飞扬会污染空气和水源,危害人体健康,破坏道路,随着环保要求的提升,国内已基本不允许堆存。钢渣的处理和利用不但能降低炼钢成本,带来直接的经济效益,而且也保护了环境,有明显的社会效益。

6.4.1 钢渣的来源及性质

钢渣作为炼钢工艺流程的衍生物,主要来源于金属炉料中的硅、锰、磷和少量的铁氧化后形成的氧化物,调节炉渣的性能所加入的造渣剂有石灰石、白云石、萤石、硅石等,还有金属炉料带入的杂质及氧化剂、脱硫产物和被侵蚀、剥落下来的炉衬材料与补炉炉料等,其产生量为粗钢量的15%～20%左右,钢渣虽然无毒,但要占地、影响环境,而且钢渣中有大量铁需要回收利用。

钢渣按冶炼方法不同,分为转炉钢渣和电炉钢渣;按不同生产阶段,可分为炼钢渣、浇铸渣与喷溅渣,在炼钢渣中,电炉炼钢渣分为氧化渣与还原渣;按熔渣性质不同,可分为碱性渣、酸性渣;按钢渣形态可分为水淬粒状钢渣、块状钢渣和粉状钢渣等。钢渣的组成比较复杂,随炼钢方法、原料、钢种生产阶段,以及炉次等的不同而变化。一般来说,钢渣是由 Fe、Ca、Si、Mg、Mn、Al、P 等氧化物组成的,其主要化学组成是 SiO_2、CaO、MgO、FeO、Fe_2O_3、Al_2O_3、MnO、P_2O_5 和 f-CaO(游离 CaO)等,有些钢渣还含有 V_2O_5、TiO_2。钢渣组分中 Ca、SiFe、氧化物占绝大部分,其中,铁氧化物以 FeO 和 Fe_2O_3 的形式同时存在,以 FeO 为主,总量在 15% 左右,这与高炉渣不同。钢渣中的 P_2O_5 是炼钢过程中脱 P 所致。

钢渣的矿物组成与钢渣的碱度有一定的关系,见表 6-5。

表 6-5　钢渣矿物组成与碱度的关系

序　号	钢渣碱度	矿物组成
1	0.9～1.4	橄榄石、镁蔷薇辉石玻璃相
2	1.4～1.6	镁硅钙石、镁蔷薇辉石、玻璃相和硅酸二钙
3	1.6～2.4	硅酸二钙和玻璃相
4	>2.4	硅酸二钙、铁铝酸钙、硅酸三钙、铁酸钙和玻璃相

钢渣的性质主要有以下几点:①钢渣含铁量较高,因此它比高炉渣重,密度一般在 3.1～3.7 g/cm^3。②钢渣含铁量较高,结构致密,较耐磨,钢渣的耐磨性用易磨指数表示,标准砂为 1,高炉渣为 0.96,而钢渣仅为 0.7,钢渣比高炉渣难磨。③钢渣中硅酸三钙、硅酸二钙等为活性矿物,具有水硬胶凝性。高碱度的钢渣,可作水泥生产原料和制造建材制品。④钢渣抗压性能好,压碎值为 20.4%～30.8%。按照国家标准,压碎值不大于 28%,就可用于不同等级的道路建设。⑤钢渣含游离氧化钙(f-CaO)、MgO、Ca_2SiO_4 和 Ca_3SiO_5 等,这些组分在一定条件下都具有不稳定性,含 f-CaO、MgO 的常温钢渣是不稳定的,只有 f-CaO、MgO 消解完或含量很少时,钢渣才会稳定。钢渣中含有相当成分的硅酸二钙,会导致矿渣的粉化或破碎。钢渣中含有微量的 CaS 和 FeS,它们在干燥的气候下稳定,一旦遇水后就发生化学反应生成氢氧化亚铁和氢氧化铁,体积发生膨胀,从而在钢渣中产生很大内应力,引起钢渣的裂解和破碎。⑥钢渣的氧化性用氧化亚铁的活度来表示,钢渣中氧化铁的活度为 0.35 左右,具有较强的氧化性。⑦在平衡条件下钢渣的还原能力主要取决于氧化铁的含量,在还原性精炼时常把降低熔渣中氧化铁作为控制钢液中氧含量的重要条件,如电炉还原渣和炉外精炼渣过程。

6.4.2　钢渣的处理

为了改善钢渣稳定性,实现对钢渣中铁的回收利用,需要对钢渣行一些加工处理,实现资源化利用,常用的处理工艺包括以下几种。

6.4.2.1　冷弃法

冷弃法就是将冶炼后排出的钢渣倒入渣罐,直接运到渣场抛弃,堆积量大后便形成了渣山,现在国内的炼钢厂已取消此工艺。

6.4.2.2　盘泼水冷法工艺

盘泼水冷法工艺由日本新日铁公司开发,即在钢渣车间设置高架泼渣盘,将炼钢炉排出的流动性好的炉渣,用渣罐倒入高架泼渣盘中,熔渣自流成渣饼,渣饼厚度在 30～120 mm,静置

3～5 min,第一次喷水急冷,喷水 2 min,停水 3 min,重复 4 次,渣饼龟裂成大块渣。当渣温降至约 500 ℃时把渣由渣盘倒进排渣车上进行第二次淋水冷却,渣块继续龟裂粉化。最后,待渣温降至约 200 ℃时,再把渣由排渣车倒入水渣池进行第三次冷却,渣会进一步龟裂粉化。水渣由渣池捞出沥水后,即可送去加工。该工艺处理能力大且处理速度快、粉尘污染少,三次冷却改善了渣的稳定性,采用分段水冷处理,处理后钢渣粒度小,工序紧凑。但设备投资高,大量蒸汽对厂房和设备有腐蚀性,并对钢渣流动性要求较高,整体工艺比较复杂。

6.4.2.3 热泼法

热熔钢渣倒入渣罐后,用车辆运到钢渣热泼车间,利用吊车将渣罐的液态渣分层泼倒在渣床上(或渣坑内),喷淋适量的水,使高温炉渣急冷碎裂并加速冷却,然后用装载机、电铲等设备进行挖掘装车,运至钢渣处理间进行粉碎、筛分、磁选等工艺处理。该工艺运行成本低、安全可靠、技术成熟、处理速度快、处理后的钢渣比冷弃法块度小,便于金属料回收。但占用场地大、渣场周转时间长、产生的蒸汽影响车间环境、劳动条件差、稳定性差。

6.4.2.4 水淬法

利用高温液态钢渣在流出、下降过程中,被压力水分割、击碎,再加上高温熔渣遇水急冷收缩产生应力集中而破裂,同时进行了热交换,使钢渣在水中进行粒化。水淬有水淬室外和炉前水淬两种形式。钢渣水淬工艺流程简单、产品性能稳定、排渣速度快、占地少、运输方便。

6.4.2.5 风淬法

渣罐接渣之后被运到风淬装置处,倾翻渣罐,熔渣经过中间罐流出,随后被一种特殊喷嘴喷出的空气吹散并且破碎成微粒,在罩式锅炉内回收高温微粒渣和空气中所散发的热量,并捕集渣粒。经过风淬而成微粒的转炉渣,可作建筑材料;中温蒸汽(锅炉产生)可用于干燥氧化铁皮。冷却过程中无粉尘和有害气体、技术成熟、投资少、处理能力较大、用水量少、渣粒性能稳定。但对钢渣的流动性有很大要求,通常能够风淬处理的钢渣不超过总钢渣的 50%,其他钢渣处理则需要采用其他方法。

6.4.2.6 热闷法

钢铁企业中常用的热闷法主要有热闷池法和闷罐法。热闷法的操作流程为:将热熔钢渣置于渣盘自然冷却到 800～300 ℃温度区间后,用吊车将渣倾翻到热闷池或热闷罐中,压盖密封后适量喷水冷却或间歇喷雾,利用池内渣的余热产生大量饱和蒸汽与钢渣中不稳定的游离 $f\text{-}CaO$、$f\text{-}MgO$ 等反应,加上 C_2S 等冷却过程中体积增大,从而引起钢渣自解粉化,最终实现渣钢分离。处理完后用抓斗或挖掘机从池内挖出外运。

6.4.2.7 滚筒法

滚筒法是由俄罗斯研制的,宝钢购买该项专利技术后建成了世界上第一台滚筒法处理液态钢渣的工业化装置。该工艺过程为钢渣进入渣罐后,由吊车吊至滚筒前,顺着溜槽将高温熔渣倒入筒体,滚筒边旋转边向桶内急速喷水使钢渣冷却,钢渣落下被筒内钢球挤压破碎,然后随水从筒下部出口流出滚筒。该工艺对回收废钢非常有利,渣坚硬并且游离氧化钙含量低,所以炉渣不需陈化即可直接使用,粉尘少、生产流程短、自动化程度高,但设备复杂、运行费用较高、不能处理渣罐倾倒不出的固态渣。

6.4.2.8　露天式加压蒸汽陈化钢渣技术

日本住友金属工业公司研发了加压蒸汽陈化钢渣的技术来提高钢渣陈化效率,能显著提高陈化速度。该工艺是将钢渣在高压、高温蒸汽下进行陈化处理,随着温度升高而有力的减少陈化时间。由于在相对封闭容器中,饱和蒸汽温度升高,和敞开式堆场蒸汽陈化相比,加压蒸汽陈化水化反应速度提高了 24 倍。加压蒸汽陈化工艺蒸汽消耗量明显降低,占地面积小,自动化程度高,钢渣与水经过均匀水合反应,提高产品质量稳定性。

6.4.2.9　粒化法

钢渣粒化法是由水渣粒化装置演化过来的,原理是液态钢渣倒入渣槽,均匀流入轮式粒化器,被高速旋转的粒化轮破碎,粒化后,落入脱水器转鼓内形成渣水混合物,转鼓转动使渣粒提升并脱水后,翻落到出料溜槽,进入磁选皮带,实现渣铁分离,由汽车外运。处理后的钢渣粒小于 10 mm,钢渣和钢粒分离彻底,对回收钢粒非常方便;钢渣游离氧化钙含量较低,粒度细小且不需要再次破碎,对于钢渣综合利用非常有利;工艺简单、投资少、占地少;粉尘少、环保性能好;劳动强度低、运行成本低;安全性高。其缺点是对钢渣流动性要求高;工艺可靠性和稳定性需要进一步提高;金属料高温下氧化严重损失大。

6.4.2.10　凝石技术

液态钢渣倒入渣池中,加入石英砂,并吹入氧气,在渣池中具有一定的温度等反应条件,氧化钙和石英砂发生化学反应生产硅酸钙。同时渣池中氧气的鼓入不仅保持渣池具有足够的热量,而且可以通过搅拌作用改善渣池中反应条件。经过此工艺处理后渣的碱度降低,游离的氧化钙减少,处理后的钢渣的体积膨胀大约是未处理的钢渣的 1/10,该工艺可处理含 40% 块度大于 65 mm 的钢渣。经处理的钢渣的性能和传统的筑路、水利工程石料相比差不多,有些方面还优于传统石料。

综上所述,粒化轮、风淬、滚筒工艺处理液态钢渣因处理周期短,设备处理能力强,以及钢渣理化效果好,渣性能稳定,可直接作为道路、混凝土工程材料等利用,但这 3 种工艺不适宜处理固态钢渣,因此须与固态钢渣处理工艺配合使用。热闷与热泼工艺是目前处理固态及固液混合钢渣效果最好且使用范围最广的,二者对固态及固液混合钢渣处理率均达 100%。目前我国钢渣流动性不好、稳定性差,不经消解不能直接利用,无法通过单一的处理工艺实现钢渣低成本处理并高附加值回收利用的目标,选择钢渣处理工艺时,要重视二次资源的价值。

6.4.3　钢渣的利用

6.4.3.1　国外钢渣利用情况

国外钢渣利用的研究开展的比较早,钢渣的主要利用途径包括钢厂内循环和钢厂外循环,可作为水泥原料、市政工程材料、筑路材料、肥料、土壤调节剂,一部分钢渣返高炉、烧结等企业内部工序循环利用。

早在 20 世纪 90 年代后期 TI 水泥公司与美国 Chaparral 钢铁公司联合开展了 STAR 计划研究,发现磨细钢渣粉可以作为原材料烧制成水泥,目前该技术已在美国地区推广应用,钢渣 37% 用于路基工程,22% 用于沥青混凝土集料,22% 用于回填工程。

日本钢渣总产量的 41% 用于土木建筑工程,22% 用于路基工程,19% 用于回炉烧结料,

8％用于深加工原材料,9％用于水泥原材料,1％用于肥料,仅 4％用于回填料,利用率接近95％。日本钢渣大部分通过粉碎后磁选回收废钢供企业利用外,剩余尾渣几乎全部被用于水泥、道路路基、混凝土骨料和土建材料等方面。此外,日本钢渣还用于修复海域环境,日本的JEE 公司成功开发了利用钢渣造人工礁的技术,将钢渣粉碎回收废钢铁后,通过喷吹 CO_2 与尾渣中 CaO 反应形成带孔 $CaCO_3$ 块状物,并将其沉入近海的海底供昆布等海藻类附在带孔渔礁上生长,有利于改善海洋生态环境。

英国在 20 世纪 90 年代用钢渣生产大体积混凝土、沥青混凝土,并制定了相应的国家标准。在钢渣处理上,开发了干式成粒法工艺(DSO 法)。在综合利用方面,将炉渣用作柏油路骨架料,并且其性能已经在寒冷的斯堪地纳维亚和炎热的新加坡的使用中得到验证。沥青与钢渣中的成分有很强的结合力,并且因其耐光性和高强度可作为理想的道路建筑材料。最近,有研究指出,电弧炉和氧气转炉渣干式颗粒可作为水泥填料或补充剂。

德国的钢渣利用率相对较高,大部分钢渣被用作建筑工程、道路工程等的集料,作为水泥生产所用的原材料和混凝土集料,或者用作筑路材料,如各种路基堤坝、或者堰塘的填充等,或者作为农业生产用农肥,其中 56％用于土建,如土方工程、铺路和水利工程,30％用于生产高炉渣水泥和矿渣硅酸盐,7％在钢厂内返回使用,2％用于制做肥料,只有小于 5％的炉渣因达不到使用要求而被送往渣场。

此外,土耳其将钢渣作为水泥掺合料进行研究;南非将一部分钢渣作土壤改良剂;瑞典利用向熔融钢渣中加入碳、硅和铝质材料,达到回收金属的目的,并将钢渣用于水泥生产。

6.4.3.2　国内钢渣利用情况

我国钢渣主要在回收废钢铁、烧结原料等冶金回用、建材原料、建材制品、道路材料、软地基加固和工程回填、土壤改良和农肥、环境治理等方面应用,见表 6-6,其中 60.27％钢渣用于道路材料、回填材料,28.58％用于钢渣硅酸盐水泥等钢渣系列水泥品种,5.14％用于水泥和混凝土中的钢渣粉,1％用来制作钢渣砖。

表 6-6　钢渣的综合利用方式

序号	综合利用方式		相关说明
1	冶金回用	粒钢回收	由于钢水的沸腾喷溅,钢渣中粒钢含量约 5％～10％,可深度磁选回用
2		作烧结原料	代替石灰石作熔剂,利于烧结顺行和降本,由于磷富集,配比不宜超过 3％
3		作高炉熔剂	回收利用渣中金属铁,节省烧结矿和石灰用量,配用量取决于渣中磷含量
4		作炼钢造渣剂	喷吹入电炉节省石灰添加剂的用量,需避免有害物质的循环累积
5		精炼脱磷剂	利用方式简单,为提高脱磷率而加入的硅酸苏打,对耐材有较大的侵蚀
6		转炉溅渣护炉	可提高转炉炉龄,但溅渣在炉衬上形成 10～20 mm 厚的渣层,利用量有限
7		热态循环利用	经 LF 钢包精炼后熔渣的热态循环不同,可减少造渣料消耗、提高金属回收率
8		转炉压渣剂	替代高镁石灰调渣,达到不倒炉出钢,缩短冶炼及溅渣时间的目的
9		脱硫渣隔断剂	与脱硫渣成份及耐熔性相似,具有一定的膨胀性和铺展性,起到隔断作用
10		铁水脱磷剂	用作铁水脱磷预处理,适当添加 $BaCO_3$ 和 Fe_2O_3,可增强脱磷能力

续表

序　号	综合利用方式		相关说明
11	建材原料	钢渣微粉	钢渣细度≥450 m²/kg,金属铁含量低、活性高,20%以下可等量替代水泥
12		双掺粉	与矿渣微粉双掺时,还具有优势叠加功效,是混凝土掺和料的最佳方案
13		钢渣水泥	以钢渣为主要原料,掺入少量激发剂,磨细而成,强度等级可达 42.5 或 52.5
14		掺合料	掺量 10%～30%时,水泥或混凝土强度不降低,具有节能、降耗作用
15		预拌砂浆	粒度<5 mm 的钢渣粉在干粉砂浆中可作为无机胶凝材料、细集料
16		铁质校正原料	钢渣中的氧化铁可以替代水泥生料中 0%～7%的铁粉用作水泥铁质校正料
17	建材制品	混凝土制品	碾压型整铺透水透气混凝土和机压型混凝土透水砖制品等,利于节资减排
18		钢渣砖	以钢渣为骨料,配入水泥,经搅拌在高压制砖机压制成型,养护即得产品
19		水利海工制品	混凝土护面块体、扭字块、岩块等产品,已广泛用于海工和水利工程
20		生产凝石制品	由钢渣、粉煤灰、煤矸石等废物磨细后再"凝聚"而成,胶凝性能优异
21	道路材料	筑路渣	用作公路垫层、基层及面层材料,性能优越,筑路成本降低
22		钢渣砂	经稳定化和磁选除铁处理后的渣,可代替砂和石子用作道路材料
23		盐碱土地路基	克服了盐碱化土壤在含水量较高时导致的路基基底发软、强度降低等问题
24	软地基加固和工程回填	堆山造景	在钢渣山回填防渗性粘土和种植土,改造成公园
25		钢渣桩	通过钢渣排水和桩柱作用、挤密作用和化学反应三种作用来实现
26		工程回填	对游离氧化钙、粉化率、级配、陈化时间等有一定要求
27	土壤改良	土壤改良剂	钢渣中含有较高的钙、镁,碱度较高,可作为酸性土壤改良剂
28		农肥	可根据钢渣元素含量的不同,制作硅肥、磷肥、钾肥、复合肥等,鉴于钢渣粘滞性、水硬胶凝性和有害元素含量,施用量有限,国外主要用于林业
29	环境治理	废水治理	钢渣钙、铁、铝等元素,可制备聚硅硫酸铁等净水剂
30		固硫剂	可部分取代石灰石或石灰,与钙基固硫剂按比例混合可制得燃煤固硫剂
31		中和剂	钢渣中有大量的游离 CaO,可作为中和废酸的碱性物质
32		吸附剂	钢渣孔隙结构特殊,表面积大,对重金属离子具有良好的吸附性能
33		抑制海洋赤潮	利用钢渣混凝土/岩块海洋生物附着率高的生态特性
34	其他利用途径	替代膨润土	将钢渣磨细至−200 目,可替代 2%的球团用膨润土作烧结矿中的粘结剂
35		复合胶凝材料	引入脱硫石膏-粉煤灰复合体系,制备新型绿色复合胶凝材料
36		填埋场覆土	钢渣密度大、粒度适宜,可用作生活垃圾填埋场的覆土
37		船用喷磨料	钢渣硬度大、渣流动性好,可替代铜渣用作船用喷磨料
38		生产电石	钢渣中富含较高的氧化钙,可通过碳还原制得电石

(1)回收废钢铁。钢渣中废钢粒及大块渣钢中全铁占 15%～25%左右。钢渣经破碎、遴选和精加工后可回收其中废钢,一般钢渣破碎的粒度越细,回收的金属 Fe 就越多,其中回收的大部分含铁品位高的渣钢作炼钢、炼铁原料。回收废钢铁可采用方式为人工分拣和磁选两种。

（2）回收铁精粉。回收铁精粉的方法主要有干法磁选和湿法两种。

1）干法磁选铁精粉是将处理后的钢渣利用人工或磁盘吸附大块渣钢，剩余再经过几道破碎、筛分、磁选后得到铁精粉。

2）湿法选铁精粉是将钢渣放入造浆池中，首先用水浸泡，然后用高压水枪冲击并加适当水使泥浆达到规定细度，然后通过造浆池中的筛网被泥浆泵输送到磁选机料箱，此时磁选机分选出铁精粉和尾矿。

（3）用作熔剂。钢渣中的残钢、氧化锰、氧化镁、氧化铁、氧化钙等有益成分，可以作为烧结矿的增强剂，因为它本身是熟料，且含有一定数量的铁酸钙，对烧结矿的强度有一定的改善作用，另外转炉渣中的镁、钙均以固溶体形式存在，钢渣代替熔剂后可以使石灰石、菱镁石、白云石的消耗减少，使烧结过程碳酸盐分解热减少，降低烧结固体燃料消耗。我国许多钢铁企业将钢渣作为烧结矿熔剂，不仅可以替代石灰石用作烧结料，可以改善烧结矿质量并提高烧结矿强度，而且有利于降低燃料消耗和烧结矿的生产成本。

钢渣用作高炉熔剂可以提高铁水含锰量，不仅提高了资源综合利用程度，而且在某些特定条件下还能富集 Nb、V 等有益元素；利用钢渣中的铁可以取代部分铁矿石，降低了生产成本；利用钢渣代替石灰石后不仅使碳酸盐分解热减少，而且有利于降低焦比；钢渣中还含有 2% 锰，可提高铁水中的含锰量，渣中的 MgO、MnO 也有利于改善高炉渣的流动性。高强度钢渣烧结矿改善高炉的炉料透气性，煤气利用状况改善，焦比下降，炉况顺行，但是钢渣成分波动大，钢渣的替代数量视具体情况而定。

（4）用于转炉炼钢。转炉钢渣直接返回转炉炼钢，一方面，可代替氧化钙和部分萤石，渣中氧化铁可以促进前期化渣，缩短冶炼时间，降低氧气消耗，同时可使渣中氧化镁、氧化钙、氧化锰等有用成分得到有效回收，渣中铁又部分重新回到钢水中。另一方面，转炉钢渣直接返回转炉炼钢不会影响钢水质量，但转炉钢渣毕竟是含二氧化硅、氧化钙较高的高碱度炉渣，直接加入导致转炉渣量增大，喷溅容易发生，金属收得率下降，钢铁料消耗增加，因此需要适量使用，此外，添加时需要考虑钢渣成分和组分的波动及 S、P 等有害元素循环累积等因素带来的不利影响。

（5）钢渣微粉。类似于硅酸盐水泥熟料矿物组成，钢渣的主要矿物组成为硅酸二钙、硅酸三钙、铁酸二钙、RO 相（镁、铁、锰的氧化物）等，因此钢渣可用于水泥掺和料，也可以大量用于高附加值建筑材料。但是钢渣微粉因钢渣粉磨和胶凝材料的活性等问题影响钢渣微粉的广泛应用。

（6）用于压渣调渣剂。在炼钢过程中，通过向炉内加入废钢渣击碎炉渣泡沫，提高炉渣黏度、快速降低炉渣温度，实现压渣调渣的目的。在废钢渣加入后再加入少量碳质材料，对炉渣进行脱氧以降低渣中 FeO，提高炉渣熔点及黏度，同时辅以底吹搅拌强化钢渣界面反应，可以获得更好的压渣调渣效果。

（7）作激发剂。钢渣经细粉磨后，其潜在的化学活性得以充分激发，提高了水化反应速度，消除了对混凝土稳定性的影响，尤其是与矿渣粉按照一定的配比掺合后再用于水泥、混凝土中，具有优势叠加的效果，钢渣的碱度高，其中的 $f-CaO$ 和活性矿物遇水后生成 $Ca(OH)_2$，提高了混凝土体系的液相碱度，正好充当了矿渣微粉的碱性激发剂。

（8）制砖。以钢渣为主要原料生产标准砖、空心砌块、多孔砖、路面砖等各种砖产品。用于制砖的钢渣具有以下要求：钢渣金属铁含量≤2.0%，游离氧化钙含量≤4%，压碎值指标≤

30％,热闷渣和滚筒渣基本都符合要求。

(9)筑路与回填工程材料。钢渣碎石具有密度大、强度高、表面粗糙不易滑移、抗压强度高、稳定性好、抗腐蚀、耐磨与耐久性好、与沥青结合牢固的特点,广泛用于工程回填、填海工程、各种路基材料、修砌加固堤坝等方面。将粉煤灰和适量水泥或石灰作为激发剂加入钢渣中,然后压实成为道路的稳定基层。钢渣具有良好的渗水与排水性能,大量作为公路碎石用于沥青混凝土路面,耐磨防滑。由于钢渣具有一定活性,能板结成大块,特别适于沼泽、海滩筑路造地。钢渣做铁路道渣,除了前述优点外,还由于其导电性小,不会干扰铁路系统的电讯工作。

(10)土壤改良剂和农肥。钢渣中含有大量的有益于植物生长的元素如 Si、Mg、Ca、P 等,而且大部分钢渣内的有害元素含量符合相关农用标准要求,适用于生产土壤改良剂和农业肥料。通过几十年的施用实践证明钢渣应用于农业生产是十分有效的再利用途径。

(11)钢渣吸附剂及污水治理。利用钢渣制作吸附剂,尤其是废水处理吸附剂,可以用来处理含铜废水、含镍废水、含砷废水、含磷废水、含铬废水等。与其他吸附材料相比,钢渣吸附剂吸附性能优异、钢渣性能稳定、无毒害作用、易于固液分离、处理成本低,以废治废,实现社会效益、经济效益和环保效益。

(12)钢渣制备微晶玻璃等陶瓷产品。钢渣的基本化学组成就是硅酸盐成分,成分一般都在微晶玻璃形成范围内,能满足制备微晶玻璃化学组分的要求,利用钢渣制备性能优良的微晶玻璃对于提高钢渣的附加值和利用率,减轻环境污染具有重要的意义。钢渣微晶玻璃制备工艺中需要先提取并回收其中一部分的铁元素,因为钢渣具有高碱度,所以制备微晶玻璃需要添加大量氧化铝和二氧化硅以产生玻璃网络形成体。和高炉渣相比,破碎磨粉较困难,钢渣结构紧密质地更坚硬,不仅使钢渣微晶玻璃制备的能耗和工序增加,并且加重了设备的磨损。国内利用钢渣制备微晶玻璃已有较多研究。与大理石等材料相比较,钢渣微晶玻璃在多种性能上可以超越天然石材。但是由于提铁、磨料、熔制的能耗等方面限制,使得钢渣微晶玻璃与天然矿物制备微晶玻璃没有显著的成本优势,目前并没有实现大规模产业化。

(13)保温材料。钢渣可以和粉煤灰、水泥、防水剂和复合激发剂采用化学和物理发泡相结合的工艺方法,制备水泥基复合发泡轻质保温材料。随着物理泡沫掺量的增加,试样的干密度和抗压强度随之降低,导热系数呈先降低后增大的趋势。

(14)电炉钢渣制造蓄热球。蓄热式燃烧技术是一种能源高效利用技术,窑炉的燃烧效果及热能的利用率受蓄热材料影响,目前用量最大、应用范围最广的是蓄热球。电炉钢渣制造蓄热球具有体积密度大、强度高、蓄热能力强、抗热震稳定性好等优点,最高使用温度能达 1 400 ℃,耐磨损,能满足一般工业窑炉蓄热材料的使用要求。

(15)钢渣用于脱除烟气中的 SO_2。煤炭燃烧产生的烟气中含有 SO_2 等多种大气污染物,利用廉价的工业废渣脱硫不仅降低吸附脱硫成本,而且具有一定的环境效益和社会效益。钢渣吸附 SO_2 是基于钢渣中的碱性氧化物溶于水后与 SO_2 发生了化学反应,是一种吸收过程。烟气温度越高,脱硫效率越低。因为烟气温度高,加上钢渣内保持的水分不多,表面水分很快蒸发,CaO 难于溶解,不易与 SO_2 反应。

(16)钢渣的医、药用价值。钢渣中钙、镁、硫、铁等化合物含量较高,将其溶于水中形成矿化水,可用来治疗风湿性关节炎、皮肤病及神经痛等疾病。磺胺类和头孢类抗生素在制药过程中产生大量废水,并且抗生素在水中溶解性高,具有低的生物降解性和高毒性,传统的水处理技术无法去除,为控制抗生素污染,钢渣可作为改性剂改变膨润土结构,使其对抗生素具有更好的去除效果,从而实现钢渣的资源化作用。

6.5 含铁尘泥的再生利用处理技术

6.5.1 含铁尘泥的来源及性质

6.5.1.1 含铁尘泥的来源

含铁尘泥一般指炼铁尘泥(包括瓦斯灰和瓦斯泥)、炼钢尘泥(包括转炉、电炉、平炉尘泥)及各种环境集尘(包括原料场集尘、出铁场集尘等),还有轧钢铁皮和铁屑等,这里重点介绍高炉瓦斯灰和炼钢尘泥。

高炉冶炼中产生的煤气(也称为瓦斯)是可以回收利用的二次资源,高炉煤气采用不带除尘器或者用重力除尘器净化除尘得到的干式粗粒粉尘称为瓦斯灰;经文氏管和洗涤塔中水喷淋吸附的细粒称为瓦斯泥,两者统称为瓦斯灰(泥)。

炼钢尘泥中转炉尘泥是转炉烟气净化后所产生的浓黑泥浆,呈胶体状,含铁高,含水高,颗粒细,难以脱水浓缩,使用压滤机脱水后含水率还很高,氧化亚铁成分较高。电炉粉尘是电炉炼钢时产生的粉尘,粒度很细,除含铁外,还含有锌、铅、铬等金属,具体化学成分及含量与冶炼钢种有关,一般冶炼碳钢和低合金钢的粉尘含有较多的铅和锌,冶炼不锈钢和特种钢的粉尘含铬、钼、镍等,其捕集途径主要是烟尘捕集器-烟道-袋式除尘器。

6.5.1.2 含铁尘泥的性质

(1)高炉瓦斯泥。高炉瓦斯灰(泥)主要矿物包括磁铁矿(Fe_3O_4)在高炉瓦斯灰(泥)中很少出现的单体颗粒,含量约1%,主要存在于假象赤铁矿颗粒中;假象赤铁矿(Fe_2O_3)在高炉瓦斯灰(泥)中含量为30%~40%,大多呈单体存在且为高炉瓦斯灰(泥)主要矿物成份,粒度多在0.02~0.10 mm,其中部分假象赤铁矿颗粒中有少量磁铁矿存在;金属铁(MFe)呈单体出现且含量很少(约0.5%~1.0%);碳含量粒度比铁矿物粗些,含量占15%~20%;铁酸钙含量占1%左右;锌主要以铁酸盐和氧化物固熔体的形式存在;铟存在形式主要为InO_3。

高炉瓦斯灰(泥)有如下特点:粒小,质轻,干燥后极易飘散于大气中而污染环境;瓦斯灰(泥)是高温产物,晶格独特,分离较困难,与天然矿物表面性质完全不同,由于多种细粒矿物在高温下熔融在一起,有价金属回收率低,选矿难度较大;灰(泥)中含有较多低沸点、小粒径碱金属,很容易与空气中的氧发生反应,反应性好;灰(泥)中含有相当数量的稀土金属和碱金属,如CaO、MgO、Na_2O和K_2O等,遇水则很容易发生化合生产,产生具有强烈腐蚀性的氢氧化物,因此腐蚀性强;含有的铜、铅、砷等有较大的毒性成分,化学毒性较大。

(2)炼钢尘泥。炼钢尘泥含水量高时呈黑色泥浆状,脱水后成致密块状,粒度较细,分散后比表面积较大。研究表明,炼钢尘泥具有以下特性。

1)粒径小,分散后比表面积较大。炼钢尘泥中200目含量大于70%,325目含量占50%以上。尘泥表面活性大,易黏附,粒度较细,干燥后易扬尘,会严重污染周围环境。

2)TFe杂质少,含量高。绝大多数炼钢尘泥组成简单,铁矿物含量高,杂质相对较少,有利于综合回收利用,若适当处理,可以制备成各种化工产品。

3)炼钢尘泥中含有较多的MgO、CaO,一些尘泥中还含有Na_2O、K_2O,这些氧化物吸水后生成呈强碱性的氢氧化物,造成周围水体和土壤的 pH 偏高,影响了作物的生长。

4)毒性较大。由于电炉炼钢的特殊性,其粉尘中重金属元素(Zn、Pb、Ni、Cr)含量较高,且一般以氧化物的形式存在,露天堆放过程中,容易因为雨水而侵蚀溶出,造成水体和土壤的重金属污染。

6.5.2　含铁尘泥的处理方式

利用湿式除尘收集的粉尘称为尘泥。炼钢尘泥相对于炼铁尘泥来说,含铁量较高,杂质较少,富含 CaO、Fe 等有益成分,属于一种高品位、可利用的铁原料,但其具有粒度细、粘性大等缺点,给进一步回收处理带来了很大困难。炼钢尘泥又分为转炉尘泥和电炉尘泥。

6.5.2.1　高炉瓦斯泥处理

高炉瓦斯泥(灰)处理主要以回收有价元素为主。

(1)从瓦斯泥中回收铁、碳。瓦斯泥中含有大量的 Fe、Zn、C 等有价元素,对有价金属进行合理回收不仅保护环境,并且促进经济发展。目前回收铁、碳的基本原理如下。

1)高炉瓦斯泥(灰)可采用返回烧结工序,但高炉粉尘粒度小于铁精矿,配入烧结后影响料层透气性,还会引起有害金属的富集,使炉体上涨、高炉炉墙结厚。高炉瓦斯泥(灰)中的 Fe 主要以 Fe_3O_4 和 Fe_2O_3 形式存在,可采用磁选和重选等方法得以回收。

2)高炉瓦斯泥(灰)中的 C 主要以焦炭的形式存在,因焦炭表面疏水而亲油,比重较轻,因此适合用浮选方法进行分离。

高炉瓦斯泥(灰)的回收根据工艺设置可分为单一回收工艺和联合回收工艺。单一回收工艺只采用重选、磁选、反浮选、浮选中的一种方法进行回收。联合回收工艺是将两种或两种以上单一回收工艺组合使用的工艺,是钢铁企业常用的方法,常用的联合回收工艺有浮选-重选工艺、粗磨-弱磁-强磁-反浮选工艺、弱磁选-强磁选(全磁选)工艺、磨矿-磁选-重选-浮选、重选-反浮选-磁选工艺等,达到高效回收资源的目的。

(2)从含锌瓦斯泥中回收锌。含锌瓦斯泥中锌回收技术可分为物理法、湿法、火法和化学萃取等,也可以将这几种方法联合运用。

物理法主要借助磁选、浮选、重选、水力旋流分级及这几种手段联合使用,因锌主要存在于较细颗粒瓦斯泥内,含铁颗粒和含锌化合物颗粒表面性质和密度差异,因此可通过物理方法达到细颗粒聚集。磁选可以实现富集锌的磁性较弱的细颗粒与富含铁的强磁性颗粒分离,但当用于高炉粉尘时,需要借助浮选除碳工艺进一步提高磁性分离的效率。分级法则是利用离心分级较细颗粒从而使锌富集,通过离心分级使含锌二次物料分成含锌高的细颗粒和含锌低的粗颗粒,细颗粒进一步分离提纯锌,而粗颗粒则直接返回炼铁系统。

两性氧化物氧化锌不溶于乙醇或水,但可溶于氢氧化钠、酸或氯化铵等溶液中。含锌量较高的高炉粉尘一般采用湿法工艺来处理,而低锌粉尘需要先经过物理方法富集后,才能用湿法工艺处理。湿法回收技术基于上述原理,采用不同的浸出剂,选择性地将锌从混合物中分离出来,再对浸出液中的锌进行提纯、分离、回收,应用广泛且效果好,高锌量高炉粉尘直接采用湿法流程,适用于处理锌含量大于 8% 的中高锌瓦斯泥,而低锌量粉尘则需物理方法富集后才可使用湿法工艺。但当含锌瓦斯泥中铁酸锌含量较高时,浸渣中锌含量较高,锌的浸出率低,因此满足不了环保提出的堆放要求,也无法作为原料在钢铁厂循环利用。

火法工艺通过在高温炉中加入合适的还原剂并利用锌易挥发的特性,将锌的氧化物还原成锌单质,在高温下锌以气态形式进入烟尘,在收尘装置中锌被再次氧化为氧化锌,从而获得高品质氧化锌。火法适用于处理锌含量在 8% 左右的中低锌含铁尘泥。

微波加热根据物料自身的介电性质产生热量,具有加热选择性好、加热均匀、速度快等优点。尘泥中锌和铁均以其氧化物的形式存在,Fe_2O_3 和 Fe_3O_4 均具有较强的微波吸收能力。因此,在微波条件下含锌含铁尘泥中加入辅助材料和碳粉的工艺类似于微波加热碳热还原,尘泥不仅可以很好的吸收微波,还可以补偿反应所消耗的热量使物料快速升温,促进反应快速进行。目前微波处理技术还处于实验室研究阶段,未来需加强矿物与微波作用机理研究和大型设备研发实现规模化工业应用。

钢铁企业根据含铁尘泥物理、化学特性,将上述多种方法组合并实现综合运用,寻求最佳的试验流程并取得较好的试验效果,回收率高,但缺点是成本高,流程长。

6.5.2.2 炼钢尘泥处理工艺

(1)转炉炉尘处理方法。转炉炉尘的发生量和组成取决于排气处理和收尘方式。转炉炉尘含铁量高,大部分是金属 Fe 或 FeO,由于颗粒很细,其中的 Zn 含量则与废钢用量有关,如果大量使用外购废钢时,转炉炉尘中 Zn 含量也能高达 2%~3%。Zn 含量低的转炉炉尘可与高炉炉尘一起用湿法分级后回收。Zn 含量高的转炉炉尘不能返回烧结循环利用,单纯回收其中的 Zn 又因其 Zn 含量不够高而没有经济利益。

国外转炉尘泥处理方法:①将转炉炉尘通过配料器,再用氧枪喷入转炉进行循环,该方法可以免去高成本的造块设备。②将造团后的转炉炉尘加入转炉循环。

国内转炉尘泥处理方法是将转炉炉尘加入其他原料冷压制成复合造渣剂,在转炉吹炼前期加入,促进化渣,回收炉尘中的铁,并使 Zn 在炉尘中富集。该方法改善了转炉造渣过程,提高了脱磷率,降低了渣中的自由氧化钙,但钢水硫含量略有增加。目前开发了炉渣烟化法处理转炉炉尘,该方法是将转炉炉尘和还原剂混合冲入熔融的转炉渣流,在转炉渣的高温下大部分含 Zn 组分被还原成 Zn 蒸气挥发出去,其他成分则熔入转炉渣。而该渣中有 50% 作为高炉炼铁的熔剂循环利用,所以转炉炉尘中的铁和碱性氧化物可被利用,工艺充分利用了转炉渣的显热。

蒂森钢铁公司 2021 年开发出了一种用于处理钢厂含铁类废物(包括含锌粉尘)的新型竖炉,其产品为铁水、煤气和熔渣。主要工艺流程如下:将来自钢厂的含铁含锌类尘泥(高炉污泥、转炉污泥、含油氧化铁皮)运到料仓,和粘结剂按照一定配比混合后并经压块机压制成块,养护强度提高,然后和废钢、砾石、焦炭、渣钢、渣铁一起按比例加入竖炉(Oxycup),竖炉中鼓入氧气和热风,生成铁水、熔渣和煤气。煤气经湿式净化后可重复使用,再次送入竖炉实现燃料预热或并入煤气管网,煤气净化产生的富锌污泥在达到一定浓度后可以外售给制锌厂。

(2)电弧炉尘处理方法。我国以废钢作为主要原料的电炉钢占全国钢总量的比例在17% 左右,低于世界平均电炉钢比例 35% 的水平。电弧炉尘由于含 Pb、Zn、Cd 等重金属而被归类为危险固体废物,世界各地的电炉炼钢厂开发了多种处理工艺。电弧炉尘处理工艺包括湿法和火法两大类,处理目的是低成本地回收 Zn。

1)湿法处理。湿法处理由于其残渣无处弃置而难以在钢铁厂内推广。电炉炉尘的湿法处理与火法处理相比工艺占地少,容易建成闭路系统。湿法处理电炉炉尘,可用电解法回收 Zn。电炉炉尘湿法处理工艺概括在表 6-7 中。

表 6-7　电炉炉尘湿法处理工艺

方　法	浸出液	反　应	特　性
酸浸出	硫酸系	一段浸出:pH 为 2.5~3.5,ZnO 溶解 二段浸出:pH 为 1~1.5, 200 ℃高压浸出 $ZnO \cdot Fe_2O_3$ 分解	容易处理,传统的电解法回收 Zn
	盐酸系	$ZnO + 2HCl \longrightarrow ZnCl_2 + H_2O$ $ZnO \cdot Fe_2O_3 + 2HCl \longrightarrow ZnCl_2 + H_2O + Fe_2O_3$ 吹入 Cl_2 使溶解的少量 Fe^{2+} 转变成 $Fe(OH)_3$	一步浸出,氯化锌的盐酸溶液电解回收 Zn 或者溶剂萃取
	盐酸硫酸混合系	混酸可一步浸出 ZnO 和 $ZnO \cdot Fe_2O_3$ 残渣用碱处理	一步浸出,浸出环境不比盐酸系差
碱性溶液浸出	氯化铵	30% 的 NH_4Cl 100 ℃浸出,最后回收 ZnO,$ZnO \cdot Fe_2O_3$ 成为残渣	工艺简单,Zn 回收率难以提高,回收 ZnO 后需要酸浸才能提出 Zn
	氨水	通 CO_2 气体,氨水溶解 ZnO,最后回收 ZnO	应考虑 ZnO 精制
	氢氧化钠	$ZnO \cdot Fe_2O_3$ 经反应 $ZnO \cdot Fe_2O_3 + 2OH^- \longrightarrow ZnO_2^{2-} + Fe_2O_3 + H_2O$ 溶解,原 NaOH 溶液中电解	最终残渣中 Pb 含量较低

湿法处理的基本工艺是溶液浸出、过滤分离、净化滤液、电解提 Zn。浸出液可大致分为碱和酸两种。酸一般用盐酸或硫酸,也有用混酸的,碱多用氨水或氢氧化钠。不论酸浸还是碱浸,ZnO 的浸出都没有问题,$ZnO \cdot Fe_2O_3$ 的浸出则较困难,需要额外采用高浓度的酸或碱而且需加热,有时需要高压浸出。浸出液的净化一般用置换沉淀或控制 pH 沉淀,有时也用溶剂萃取。电解过程和一般 Zn 的电解提取相同,只是用氢氧化钠溶液浸出的 Zn 是以 Zn 粉的形式回收的,氨水浸出液则将氨水挥发,得 ZnO。

电弧炉烟尘湿法处理最早采用硫酸浸出,由于电弧炉烟尘中铁/锌比率较高,尤其是硫酸锌电解过程中卤素浓度高的问题无法解决,因此未能推广应用。碱性浸出工艺由于不进行还原焙烧,无法浸出铁酸锌中的锌,发展也受到限制。历经多年研究,人们发现由于电弧炉烟尘中氯含量高,采用氯化工艺明显优于硫酸或碱浸出工艺。因而,近年电弧炉烟尘的湿法冶炼工艺开发集中于氯化浸出工艺,钢铁尘泥湿法脱锌代表性工艺有 EZINEX、ZINCEX。

2)火法处理。火法处理的基本原理是还原蒸发,使 Zn 从炉尘中还原出来成为锌蒸气,以氧化锌或金属锌的形式回收。表 6-8 所示为典型的电弧炉炉尘火法处理方法。

表 6-8 典型的电弧炉炉尘火法处理方法

名　称	方　法	锌产品	特　点
Waelz 回转窑	用回转窑的氯化挥发法。原料造球后装入回转窑,以重油、煤粉、液化气等作燃料。操作温度以炉料不熔化为宜	粗 ZnO	可连续生产,设备可大型化,适用于大量处理。很早就用来进行 Zn 和 Pb 的挥发处理,挥发率很高。挥发残渣可作为铁原料返回高炉。曾经有多种尝试开发小型回转窑,但都没成功
电热蒸馏	电弧炉粉尘与氧化锌矿混合物造块后经回转窑氯化除铅、烧结机烧结除氯后,在电热炉内通电,靠炉料的电阻发热,以焦炭还原并挥发除 Zn,Zn 蒸气氧化为 ZnO	ZnO	本来是生产 ZnO 的方法。ZnO 产品纯度较高,可直接商品化。设备大型,复杂,无须送氧助燃,排气量少,但工艺耗电多
埋弧电炉熔渣还原(MF 法)	使用小型熔矿炉,粉尘必须造块	粗 ZnO	残渣是熔融的炉渣。可作为稳定的炉渣使用。尚无返回电弧炉利用的例子
竖炉	具有两圈风口的特殊小高炉,上层风口可将粉尘直接吹入炉内,不必造球	Zn,ZnO,Zn(OH)$_2$	适合大量处理,根据处理的炉尘或炉渣的情况有时可产生熔融的金属,不仅适用含锌炉尘,也适用不锈钢渣和不锈钢粉尘
真空蓄热炉	使用真空还原竖炉,锌化物与还原剂混合压球,依靠外在热源加热,下层是渣料出料系统,上层是金属回收系统,出风口连接真空系统。	Zn,(少量)ZnO	适合高锌含量的原料,适用于渣系和烟尘的锌料,所收集的锌粉含量在 90% 以上
转底炉	粉尘造块后在圆形转底炉上稳定地与还原气流接触,将粉尘中的 Zn 还原挥发除去。本来这种工艺是为制造还原铁开发的,也有为粉尘处理还原挥发除锌为目的而设的	粗 ZnO	气体流动不激烈,尽可能地抑制伴随气体流动而产生的二次粉尘。因此挥发出来的粉尘含锌率高,价值较高。批式处理,还原速度快,效率高,挥发残渣主要是还原铁,可返回高炉或转炉

6.5.3　含铁尘泥的综合利用

6.5.3.1　高炉瓦斯泥的综合利用

目前国外对高炉瓦斯泥(灰)的处理利用概括为以下几种,一是直接利用,采用高炉瓦斯泥(灰)造球用于高炉和烧结或配入直接烧结使用,也可用于高炉直接喷吹;二是物理方法处理,含锌较高粉尘使用水力旋流脱锌系统除锌,但锌的分离不彻底,技术难度大;三是火法处理,国外主要采用火法处理含锌粉尘,如德国、日本、美国等用回转窑、转底炉、竖炉等处理含锌瓦斯泥(灰),ZnO 的脱除率达到 90% 以上,得到高含量富集锌和高品质的金属化球团;四是少量厂家运用湿法处理含锌粉尘。

我国各钢铁企业瓦斯泥(灰)主要还是中低锌、中含碳和中低含铁为主,但是大部分瓦斯泥(灰)锌含量相对较高时直接循环势必将影响高炉生产,故不能直接利用。目前国内高炉瓦斯泥(灰)的利用方法分为钢铁企业内部处置和企业外部处置两大类,企业外部处置方法可分为企业外部集中处置和企业外部露天堆放与填埋两类;企业内部处置可分为企业内部集中回收利用和企业内部直接回收利用两类方法。

(1)企业内部直接回收利用。将高炉瓦斯泥(灰)作为烧结配料、球团矿原料等在钢铁企业内部生产工艺上直接回收利用。由于高炉瓦斯泥(灰)含有有害杂质且品位差别较大,长期直接循环使用会造成有害杂质(主要为锌)含量提高和烧结矿铁品位降低,导致炉衬寿命和高炉利用系数的降低。内部直接回收利用时应严格控制瓦斯泥(灰)中有害杂质的含量,常用的内部直接回收利用工艺有以下几种。

1)瓦斯泥(灰)直接用于烧结工艺(混合法、冷固球团法、喷浆法)。

2)瓦斯泥(灰)经磁选、重选等联合加工处理后返烧结工艺。

3)高锌和高碱瓦斯泥(灰)脱锌脱碱处理-混匀均化-造粒返烧结工艺。

4)瓦斯泥(灰)经多种干料混辗后压球,直接经冷压成型或进入炉窑中焙烧,并作炼钢造渣剂,有效起到化渣和降温作用,可避免有害重金属或碱金属对高炉寿命的影响。但球团返回炼钢质量不稳定,二次扬尘导致作业环境差,强度差等问题也制约着其用量。

(2)企业内部集中回收利用。将不同的钢铁生产工艺过程中收集的含铁尘泥集中堆放与贮存,经过混匀、配料等工艺后,作为烧结与球团原料来使用。可以根据不同含铁尘泥的特点实现尘泥的综合利用,缺点是工艺相对复杂,常用的集中回收利用工艺有以下几种。

1)机械强混返回烧结工艺。

2)多种含铁尘泥均质化造粒回用烧结工艺。

3)除尘灰与含铁尘泥综合利用工艺。

(3)企业外部露天堆放处置。外部露天堆放处置必须重视对地下水源、土壤、周围环境的保护。

(4)企业外部集中处置。将杂质含量高、含铁品位较低的瓦斯泥(灰)直接委托外单位集中处理,可以回收有价值的元素(如锌、铁等)。可以协同建立钢铁工业循环经济工业园,在工业园内集中加工处理含铁尘泥等固体废物。不仅实现了钢铁生产的废物二次加工成满足钢铁生产原料质量要求的产品,实现有用物质在钢铁工业内部循环利用,并且变废为宝,将危害钢铁生产的物质分离出来并用于其他相关工业生产的原料,实现物质在其他相关工业与钢铁工业之间的循环利用,最终达到固体废物资源 100% 利用,真正体现循环经济的理念。

(5)其他综合利用方式。宝钢在电炉泡沫渣中应用高炉瓦斯泥压块循环,压块中的碳和铁通过反应参与和强化泡沫渣生成,压块中的锌和铅被快速还原而进入二次粉尘,实现了瓦斯泥压块内部有价资源的有效利用。杨光华等利用高炉瓦斯泥研制出新型墙体材料——瓦斯泥粉煤灰砖,其主要以高炉矿渣、瓦斯泥、粉煤灰、砂和石灰为原料,采取蒸养的方法制备出瓦斯泥粉煤灰砖,当瓦斯泥用量为 30% 时砖抗压强度可达 31.2 MPa,25 次冷冻循环后砖块抗压强度为 19.4 MPa,质量损失率小于 2%,工艺简单、成本低,达到现行同类砖一等品的技术要求。

另外,因瓦斯灰质软、易磨性好,呈细粉状,内部的焦炭末有一定的助磨作用,因此高炉瓦斯灰还可以作为铁质校正原料生产硅酸盐水泥熟料,研究发现磨机产量大为提高。与硫酸渣配料相似,高炉瓦斯灰作配料,生料细度降低,氧化铁合格率增加,易烧性明显得到改善,熟料具有强度较高及色泽较好的特点。

因此,未来企业在选择合理的利用途径的时候需要基于原料的物理化学性质、产品用途、生产规模、技术掌握程度和企业投资能力等综合考虑。

6.5.3.2 炼钢尘泥的综合利用

炼钢尘泥分为转炉尘泥和电炉尘泥,其综合利用可分为转炉尘泥的综合利用、电炉尘泥的综合利用及联合利用。

(1)转炉尘泥的综合利用。

1)转炉尘泥作炼钢造渣剂。生产冷固结块渣料,转炉尘泥配加少量的粘结剂等经造块冷固结作为炼钢的造渣剂和冷却剂。采用转炉尘泥球团造渣,化渣快、喷溅少、除磷效果好,金属收得率高,冶炼效果好,对钢质量无不良影响,改善了炼钢的化渣条件。转炉尘泥冷固结造块生产炼钢渣料是一种工艺简单、见效快、投资少、经济效益较好的含铁尘泥回收方法,可实现含铁尘泥的合理利用,提高其利用价值。

2)转炉尘泥作炼钢冷却剂。铁矿石作为炼钢冷却剂可以用转炉尘泥代替,使炼钢石灰及钢铁材料消耗减少,而且促进化渣,使炼钢成本降低。并且炼钢工艺中对尘泥块的强度要求不高,所以,目前多选用冷固结、加粘结剂压团或热压等工艺实现尘泥造块。

A. 冷固结工艺。冷固结工艺有两种,一种是瑞典发明的加水泥法,另一种则是由美国密西根工业大学研究的加 CaO 和 SiO_2 做为粘结剂的方法。加水泥法是将尘泥干燥磨细后,加 8%~10% 的水泥造球,在室外自然养护 7~8 d,成品球的抗压强度达 100~150 d/球。加 SiO_2 和 CaO 的方法是在混合料中,加 1%~2% 的 SiO_2 和 4%~6% 的 CaO 造成生球,然后在高压釜中通高压蒸汽养护,球团矿的平均强度 306 kg/球。

B. 加粘结剂压团工艺。采用加粘结剂压团,对粉尘粒度要求不高,团块一般在常温或低温下固结,所用粘结剂包括水泥,腐植酸钠(钾、铵)盐,沥青,磺化木质素,玉米淀粉,水玻璃以及它们的混合物等。

其技术指标:抗压强度 70 kg/球,熔点 1 250~1 350 ℃,游离水<1%。

C. 热压团法。将干燥后的尘泥在流态床中喷油点火,着火后靠粉尘中所含可燃物(油,碳)的燃烧供给所需热量,热料从流态床直接进入辊式压机,对辊压力 1 000~1 250 N,使用此热压团法生产的团块抗压强度 272 kg/球,C 为 2.8%,TFe 为 51%~56%。

3)转炉尘泥作烧结料。我国转炉烟尘的净化分干法和湿法,一般采用湿法除尘器,尘泥含铁量 56% 左右,CaO 和 MgO 含量较高。为充分利用矿物资源,将热瓦斯灰配入转炉尘泥中进行两级搅拌混合后可以获得松散的转炉尘泥加工物料,水分稳定,粒度均匀,适宜烧结生产使用,干法除尘灰可以直接配入烧结使用。

(2)电炉尘泥的综合利用。

1)电炉粉尘作炼钢增碳造渣剂。电炉粉尘代替生铁做电炉炼钢的增碳造渣剂,增碳准确率达到 94%,并有一定的脱磷效果。同时,在缩短冷冻时间、节电、延长炉龄等方面具有明显的效果,其工艺是粉尘+碳素——配料——混合——轮碾——成型——烘干——成品。该产品的物理性能是抗压强度为 20~25 MPa,熔点 1 350 ℃,水分小于 3%。

2)电炉尘泥作电炉泡沫渣。电炉含锌尘泥压块应用于电炉泡沫渣,电炉在熔氧期全程喷碳,使用泡沫渣埋弧可以加快电炉冶炼效率。高炉瓦斯灰含有较高的碳含量和 TFe 含量,但因为含有其他杂质和水分而限制了它的循环利用,可先将瓦斯泥和电炉含锌尘泥按照一定的比例配料后进行冷压块成形,在电炉富氧喷碳造泡沫渣的同时,采用合理的工艺将尘泥压块加入电炉,以此增加外来氧源和碳源,降低发泡剂的用量,强化泡沫渣的形成,实现优质泡沫渣的制备。

3)电炉尘泥作水泥熟料。从电炉干式除尘器中捕集的烟尘可以作为铁质原料配制水泥的熟料,通过除尘系统捕集的除尘 $Fe_3O_4>50\%$,其主要成分一般不会因为冶炼钢种的变化产生大的波动,因为此除尘灰含铁高,粒度、成分稳定和密度适中,所以可以作为水泥铁质理想熟料。通过分析熟料的产品质量,发现回收烟尘熟料和普通熟料在强度方面性能接近。经有关部门鉴定,用电炉粉尘作原料配制的 425♯ 矿渣硅酸盐水泥质量全部符合国家标准。

(3)混合利用。

1)造渣剂。将转炉粉尘和电炉粉尘的混合物通过添加一定量低锰矿和生白云石并加工成冷压块,在转炉吹炼前期加入此混合物可以促进石灰的溶解,提高炉内脱磷率且改善前期化渣,轻烧白云石和石灰的用量有所降低,钢水终点锰有所提高,矿石的耗量减少,没有引起钢水的明显增硫,对钢水和炉渣成分基本没有影响。在转炉条件下加入冷压块造渣剂,物料中的铅和锌将迅速与铁水中碳(或硅)发生置换反应并气化,然后在氧化条件下迅速氧化成相应的氧化物,进入烟气中。对使用造渣剂前提下的终渣和钢水进行了取样分析,两者中铅和锌的含量均低于可以检测的最低限度,说明对钢渣没有副作用。除极少量(小于 3%)锌进入钢水和熔渣外,大部分锌进入了二次粉尘。

2)直接做烧结生产的原料配料。我国采用的主要办法是将炼钢尘泥与烧结返矿及其他干粉等配料混合后作为烧结原料;或将含铁尘泥混合料直接送到回转窑进行还原焙烧制成海绵体;或将含铁尘泥金属化球团后送到回转窑还原焙烧,作为高炉炼铁原料。可以将烧结分为直接烧结和小球烧结两种。

A. 直接烧结法是将烧结原料直接与干湿尘泥混合后送入烧结,利用颗粒较粗的高炉瓦斯泥、瓦斯灰、烧结尘泥及轧钢铁磷等,含水较高的尘泥可与石灰窑炉气净化下来的干石灰粉尘一起混合,使水分降低 3%~4%,再与烧结矿配料一起使用。

含铁尘泥金属化工艺是将灰泥按产生量配料、均匀混合、加水湿润、添加黏结剂在圆盘造球机上加水造球,生球经 700~750 ℃ 低温焙烧或在 250 ℃ 以下干燥后,在回转窑内利用尘泥内的碳及外加部分还原剂(无烟煤或碎焦),在固态下还原,经冷却、分离获得金属化球团。该工艺一般用来处理含铁尘泥,并能充分利用尘泥中的铁碳资源,可有效地脱除 Zn、Pb、S 等有害杂质,回收部分 Pb、Zn,获得的球团还原后含铁超过 75％,金属化率＞90％,其高温软化性能接近普通烧结矿,抗压强度可达 60 kg/球团以上,在高炉内极少产生粉化现象。该工艺不仅可以生产优质廉价的冶金原料,并且经济效益相当可观。但缺点是该法需建设链箅机、回转窑等大型复杂设备,因而投资高,占地面积大。这种处理方法还有一些缺点:一是这些尘泥含有较高的有害杂质,如 ZnO、K_2O、Na_2O、PbO 等,而烧结过程氧势较高,难以有效地除去这些有害杂质,故尘泥装入高炉非常容易引起高炉内有害杂质的恶性循环,不仅影响高炉的正常操作而且损害炉衬寿命。其二,由于各种尘泥的粒度、化学成分、水分均存在着较大差异,引起烧结矿成分和强度的波动,不仅不利于提高烧结矿质量、产量,同时,也影响高炉冶炼的稳定进行。其三,该方法仅能回收部分含铁粉尘,不能将其全部利用,且回收利用的价值不高。

B.小球烧结法适合比较细的尘泥。其工艺是湿泥浆在料场自然干燥后送到料仓,干湿泥浆与黏结剂混匀送入圆盘造球机造成 2～8 mm 的小球,送成品槽作为烧结原料。小球烧结工艺过程设备简单、投资低、生产操作易于掌握、影响生产的技术问题少,有利于提高烧结矿的产量、质量,而且占地面积小;但脱 Pb、Zn 效果差,不能利用 Pb、Zn 含量高的含铁尘泥。因此,要求将瓦斯泥脱除 Zn 后利用。

3) 冷黏球团直接入炉冶炼。将含铁尘泥与黏结剂混合,在造球机上制成 10～20 mm 的小球,经蒸养而固结。一般蒸养固结时间为室内 2～3 d,室外 7～8 d,成品抗压强度为 1 000～15 000 MPa,达到入高炉的要求,入转炉强度可降低一些,但原料的成分要求较严格。

(4)尾泥的综合利用。回收了各种有用金属的炼钢尘泥,还会残留 20％～60％的尾泥,这部分尾泥的存在仍对周围环境产生二次污染,唯一的方法就是对其综合利用,据有关资料报道,这部分尾泥可作为水泥厂铁质校正剂、制砖原料和其他建筑材料。

6.6 氧化铁皮的再生利用处理技术

轧制(又称滚制或压延)主要是利用金属塑性变形的原理将钢锭或连铸坯放到两个逆向旋转的轧辊之间进行加工,通过摩擦力将钢锭或连铸坯拉进两个旋转轴之间,使得轧件受到压缩而发生塑性变形,以获得所需要形状和断面的钢材,按照金属轧制温度的不同可分为热轧和冷轧。轧钢厂的固体废物主要是氧化铁皮,钢在加热炉内加热时,由于炉气中含有 O_2、CO_2、H_2O,钢的表面层会发生氧化反应,每加热一次,就有 0.5％～2％的钢由于氧化而烧损,故整个加热工序中钢的烧损量高达 4％～5％。

6.6.1 氧化铁皮的来源、性质及特征

钢在常温条件下会发生氧化生锈,在干燥条件下,其氧化速度非常缓慢,当温度达到 200～300 ℃时,钢的表面会反应生成氧化膜,但若湿度较低时,钢的氧化速度比较缓慢;温度继续升高,氧化的速度也会随之加快,升至 1 000 ℃以上时氧化过程开始剧烈进行,当温度超过1 300 ℃以后,氧化铁皮开始熔化,氧化过程进行得更加剧烈。

钢的氧化过程是炉内的氧化性气体(O_2、H_2O、CO_2、SO_2)和钢表面层的铁发生化学反应的结果,即当钢材在氧化性气氛中加热时,在钢材的表面将反应生成氧化层,根据氧化程度的不同,从表至里的反应产物分别是赤铁矿 Fe_2O_3、磁铁矿 Fe_3O_4、方铁矿 FeO(分别占氧化铁皮

厚度的 10%、50%、40%）。其表面产生氧化层的形成机理为钢材表面氧化性气体的含量高，与铁发生强烈反应生成致密的 Fe_2O_3 层；而钢的内层氧化性气体的含量较低，与铁发生反应生成氧含量低的 FeO 层，FeO 层的结构疏松、易被破坏。同时随着炉内氧化性气体含量的增加和炉内温度的升高，钢表面氧化层的厚度不断增加。

根据实际情况可将氧化铁皮分为一次氧化铁皮、二次氧化铁皮、三次氧化铁皮和红色氧化铁皮。

（1）一次氧化铁皮。板坯在热轧之前需在加热炉内加热到 1 100～1 300 ℃并保温，由于加热炉内含有氧化性气氛，使得板坯表面会氧化生成厚度为 1～3 mm 的一次氧化铁皮，其鳞层的主要化学组成为磁铁矿 Fe_3O_4。大量研究表明，板坯表面所形成一次氧化铁皮的结构和厚度与加热炉内的加热温度及保温时间密切相关。高压水除鳞机的喷嘴将高压水直接喷射在从加热炉出来的板坯表面，板坯表面的氧化铁皮由于承受较大的热应力而开裂。在除鳞过程中，高压水会进入氧化铁皮的缝隙中，由于高压水的压力和水冷却作用，此类裂缝会在板坯和氧化铁皮的界面进行扩展延伸，使氧化产生的氧化铁皮逐渐去除，以达到除鳞的目的。在实际生产中，一次氧化铁皮的除鳞率会随着一次氧化铁皮致密层厚度的增加而增加。

（2）二次氧化铁皮。热轧钢坯从加热炉中拿出后，经高压水除去表面的一次鳞后，即将表面的一次氧化铁皮去除掉，然后对钢坯进行粗轧。由于此时板坯的温度仍然较高，在短时间的粗轧过程中，钢坯的表面与水蒸气和空气相接触，使板坯表面继续发生氧化反应生成氧化铁皮。一般将板坯在粗轧过程中表面继续反应生成的氧化铁皮称为二次氧化铁皮。二次氧化铁皮为红色的鳞层，呈明显的长条、压入状，沿轧制方向呈带状分布，其鳞层主要由方铁矿 FeO、赤铁矿 Fe_2O_3 等微粒组成。二次氧化铁皮的形成温度一般为 600～1 250 ℃，其厚度一般为 10～20 μm，通常在每个道次或者每几个道次用除磷机除去二次氧化铁皮。由于二次氧化铁皮受水平轧制的影响，相对于一次氧化铁皮厚度较薄，且钢坯与鳞层的界面应力较小，故二次氧化铁皮的剥离性较差。若采用高压除鳞机不能完全除去表面的二次鳞，直接对有鳞层残留的钢坯进行精轧，精轧后的产品表面将会产生缺陷而影响其使用性能。

（3）三次氧化铁皮。在热轧精轧过程中，带钢进入每架轧机时表面均会产生氧化铁皮层，轧制后通过最终的除鳞或在每架轧机之间时还将再次反应生成氧化铁皮。因此，带钢在轧辊作用下其表面条件与进入各架轧机前表面反应生成的氧化铁皮的数量和特性密切相关，此时表面生成的氧化铁皮称为三次氧化铁皮，厚度一般为 10 μm，其是在除鳞之后进入精轧机前所形成的鳞层。在精轧、传输及钢卷冷却各个工艺过程中三次氧化铁皮总生成量的比例与钢坯的卷取温度等密切相关。当对钢坯进行连续冷却时，钢坯表面反应生成的氧化层结构与终轧温度、冷却温度及卷取后的冷却速度等因素密切相关。

三次氧化铁皮的缺陷肉眼可见，黑褐色、小舟状、相对密集、细小、散沙状地分布在缺陷带钢表面，细摸有手感，酸洗后在带钢表面缺陷处留下深浅不一的针孔状小麻坑，它们在正常热轧带钢的表面上是看不见的。

（4）红色氧化铁皮。红色氧化铁皮仅产生于硅含量较高的特定钢种上，主要是由于钢坯在加热炉中加热的过程中，基体表面所生成的氧化物与金属基体之间强烈的啮合而产生的，一般无明显的深度，呈不规则的片状。

红色氧化铁皮主要有两种，一种是在钢板宽度方向上呈非均匀分布，主要分布在中间区域,偏向操作侧,红色与蓝色处有明显的水印,在钢板的长度方向上也呈不均匀分布,个别部位的均匀性较好。此种红色氧化铁皮的厚度较厚,矫直时可崩起,可采用高压风吹除,此种红色氧化铁皮也可称之为红锈。另一种红色氧化铁皮沿钢板宽度方向上的分布较为均匀,一般靠近边部 100 mm 内稍重些,而钢卷的外部比内部重些。此种红色氧化铁皮的厚度较薄,不容易擦下色,且钢板的厚度越厚红色越重。当然,这种红色氧化铁皮在其他一些钢种中也会存在,即其具有一定的普遍性。

6.6.2　氧化铁皮的处理

由于冷轧钢板的原料是热轧钢带,经过热轧的钢带表面会由于氧化反应生成一层硬而脆的氧化层,即氧化铁皮。为了获取性能优异的表面性能,必须通过一定措施将表面的氧化层去除掉。而由于普通钢带与不同型号的特殊钢带的化学组成、性能要求等不同,且冷却速度、轧制温度和卷取温度等有异,所以表面的氧化铁皮的结构也有一定差异。

常规的平板热轧工艺主要包括板坯再加热、热轧和卷曲等。钢坯在加热炉中加热到所需要的温度,板坯表面的金属基体与氧化性气体发生反应生成很厚的炉生氧化铁皮,即"一次氧化铁皮",一般在加热炉出口附近被除去。板坯经辊道传送至粗轧机组进行多道次粗轧处理,在粗轧过程中和粗轧之后钢坯表面所形成的氧化铁皮统称为"二次氧化铁皮",经粗轧后的"中间坯"在精轧机组入口处经过机械除鳞或者高压水除鳞去除掉。由于精轧时的钢材仍处于较高的温度,其钢坯表面会继续发生氧化反应,一般将在精轧过程中和精轧之后的钢材表面所生成的氧化铁皮称为"三次氧化铁皮",一般通过酸洗等方法去除掉。

针对热轧过程中钢板表面反应生成的氧化铁皮,目前,国内外对钢板表面进行除鳞的方法主要有以下三种:①采用机械方法除鳞,用破鳞机压碎表面反应生成的氧化铁皮;②采用爆破的方法除鳞,用柳条、食盐、竹条等撒在钢坯表面上,轧制时爆破,将表面的氧化铁皮崩掉;③采用高压水冲击除鳞,采用高压水枪清除表面的氧化铁皮。目前,国内外已应用的热态除鳞方法主要有高压水除鳞、机械破鳞和气体吹除法等。机械破鳞法的效率不高,相较之下,高压水(水射流)除鳞法适用钢种范围广,对氧化铁皮去除率高,无环境污染,综合成本低,在热轧带钢厂得到了广泛的应用,成为目前主要的除鳞方法。

6.6.3　氧化铁皮的综合利用

虽然目前的钢铁企业已从各方面入手以减少氧化铁皮的生成量,并且在提高成材率方面做了大量的工作,但是仍然有约 1%～2% 左右的氧化铁皮产生。目前,全国钢铁企业每年产生的氧化铁皮约为 1 000 万吨,因此钢铁企业已从多方面入手以提高氧化铁皮的附加值和综合利用率,变废为宝,降低生产成本,减少环境污染,保持了生态平衡。

6.6.3.1　烧结辅助含铁原料

氧化铁皮 FeO 含量最高达 50% 以上,是烧结生产较好的辅助含铁原料,利用氧化铁皮作为辅助材料,即在混匀矿中配加氧化铁皮,一方面,氧化铁皮相对粒度较为粗大,可明显改善烧结料层的透气性;另一方面,氧化铁皮在烧结过程中氧化放热,可降低固体燃料消耗。

6.6.3.2　粉末冶金原料

在粉末冶金工业中,氧化铁皮是生产还原铁粉的主要原料。生产还原铁粉的主要工艺流程为:将氧化铁皮经干燥炉干燥去油、去水后,经磁选、破碎、筛分入料仓,作为还原剂的焦粉配入 10%～20% 的脱硫剂(石灰石)后经干燥处理入料仓;将氧化铁皮按环装法装入碳化硅还原罐内,中心和最外边装焦炭粉,将装好料的还原罐放在窑车上进入隧道窑进行一次还原,停留 90 多小时后冷却出窑;此时氧化铁皮被还原成海绵铁,含铁量为 98% 以上,卸锭机将还原铁卸出,经清渣、破碎、筛分磁选后,进行二次精还原,生产出合格的还原铁粉,进入球磨机细磨,然后进入分级筛,从而得到不同粒度的高纯度铁粉。将这种铁粉用于制作设备的关键部件,只需压模,即可一次成型,获得耐腐蚀性、耐磨性好和强度高的部件,可以广泛用于高科技领域,如航空制造、国防工业、交通运输、石油勘探等行业。而粒度较粗的铁粉主要用于生产电焊条。

6.6.3.3　应用化工行业

在化工行业,氧化铁皮可用作生产氧化铁黄、氧化铁红、氧化铁棕、氧化铁黑、三氯化铁、硫酸亚铁铵、聚硫酸亚铁、合硫酸铁等产品的原料。

(1)利用液相沉淀法制取湿法氧化铁红。我国的氧化铁红绝大多数是采用液相沉淀法生产的,主要原料是氧化铁皮。用此工艺可生产从黄相红到紫相红各个色相的铁红。生产工艺过程是首先制备晶种,然后将晶种置于二步氧化桶中,加氧化铁皮和水,再加亚铁盐为反应介质,直接用蒸汽升温至 80～85 ℃。并在此温度下鼓入空气,待反应持续至铁红颜色与标样相似时停止氧化,放出料浆,经水洗、过滤、干燥、粉碎即为产品。根据晶种制备和所用亚铁盐的不同,此工艺又可分为硫酸法、硝酸法和混酸法。

(2)合成氧化铁黄($Fe_2O_3 \cdot H_2O$)。氧化铁黄的生产基本上采用湿法硫酸盐氧化方法。其工艺过程和硫酸盐湿法铁红相似,只是晶种制备过程稍有差异。

晶种制备:将烧碱加到硫酸亚铁溶液中,硫酸亚铁要过量。加完碱后 pH 为 5～6,鼓入空气在 20～30 ℃下氧化制得晶种,反应完成后,并剩余大量的硫酸亚铁。

二步氧化:制晶种时以过量的硫酸亚铁作为反应介质。反应循环进行,生成的 $Fe_2O_3 \cdot H_2O$ 沉积在晶核上,使晶体长大到所需大小。

(3)制作氧化铁黑颜料(磁性材料)。经简单的机械选矿与焙烧的联合流程能得到高纯度的 Fe_3O_4 产品,可作铁黑颜料及磁性材料等。

(4)回收铁、镍等金属。用环形炉处理电炉除尘粉尘、轧钢氧化铁皮和酸洗沉渣等废物,除回收铁外,还回收废渣中的铬、镍等有价的合金成分,同时根据废物含水量大的特点,即先将废渣干燥后利用成型机压成椭圆形的团块以代圆盘造球机成球,这样在还原过程中受热均匀、粒度整齐、还原效果更好。

(5)替代钢屑冶炼硅铁合金。我国每年用于硅铁合金冶炼的钢屑约为 200 万吨,但钢屑资源稀少且价格高,研究学者发现用氧化铁皮替代钢屑冶炼硅铁合金可节约大量的资源,降低生产成本,取得良好的经济效益,并推广应用。

生产中主要以冶金焦炭粒、硅石($SiO_2 \geqslant 98\%$)、氧化铁皮为原料,在还原气氛下生成硅铁。由于氧化铁皮的粒度较为均匀,与焦炭粒紧密地结合在一起,使料位降低,三相电极的插入深度大致相同,电流平衡,功率分布均匀,熔化速度提高且温度变化波动减小,稳定了硅铁冶炼质量。由于用氧化铁皮替代了钢屑冶炼硅铁工艺,改变了加料方式,同时也改变了混料制度,减少了冶炼过程中硅酸铁的形成数量,保持了硅铁熔池具有的理想温度状态。

(6)生产海绵铁。随着电炉产钢量的不断上升,海绵铁替代废钢显得越来越重要,用矿粉生产海绵铁的设备投资大，工艺复杂，而使用氧化铁皮生产海绵铁可以解决以上问题。用煤粉还原氧化铁皮、转炉烟尘生产海绵铁采用隧道窑直接还原法，在圆形的耐火材料烧箱内进行还原。

(7)用于炼钢。炼钢法是一种低温蒸馏法处理含油氧化铁皮的新技术，此技术的生产过程中几乎不产生二次污染，属于清洁生产工艺，其所得产物为水、废油和洁净氧化铁皮，洁净氧化铁皮的全铁含量高达72%以上，优于精矿粉资源。

在转炉中使用氧化铁皮可提高炉内化渣及成渣速度、脱磷效率，降低钢铁料、氧耗消耗和炼钢成本。利用轧钢氧化铁皮作为转炉炼钢的化渣剂，只需建1条氧化铁皮烘干生产线用于氧化铁皮的烘干，使其水分含量下降到1%以下，即可满足炼钢要求。氧化铁皮还可经过简单的加工处理，作为炼钢中脱除碳、磷、硅和锰的氧化剂，但缺点是氧化铁皮由炉顶料仓加入炉内时会被转炉烟气除尘风机吸走一部分，降低了氧化铁的收得率；湿氧化铁皮必须烘干后入炉则增加生产成本。

(8)生产粒铁。利用氧化铁皮生产的粒铁，可以替代海绵铁、废钢等作为炼钢的原料，其生产流程是：将65%～75%氧化铁皮、18%～30%煤粉、4%～8%石灰和1%～2%粘结剂粉碎至颗粒度100目(0.147 mm)，并加水混合均匀，制成直径为20～30 mm的球体，烘干、还原，将球团放入炉内，以100～150 ℃/min快速升温至1 350～1 480 ℃，恒温10 min，冷却后出炉。分选粒铁，将还原后的球团破碎，磁选，筛分后得到成品粒铁。

(9)生产球团矿。球团法利用氧化铁皮主要有金属化球团法和冷固结球团法。

金属化球团法是将氧化铁皮与其他含铁粉尘混合后通过圆盘造球机造球，干燥之后装入环形炉，加入一定量焦末，经煤气点火燃烧至1 350 ℃，还原成为金属化球团，成品金属化球团直接入高炉。金属化球团法的优点是全面利用氧化铁皮及其他含铁尘泥，还原过程中大部分ZnO被还原为Zn，Zn气化随烟气一起排出，从而使ZnO去除率达到90%，减少Zn在高炉内的循环富集和结瘤情况的发生。其缺点是造块设备复杂，工艺条件要求较高，所需投入较大，且要求入炉球团有较高的金属化率和一定的机械强度。

冷固结球团法是将氧化铁皮与其他含铁粉尘混合，加入无机或有机添加剂及水，通过压球机压球，生球经自然养护或低温焙烧形成可直入高炉的成品球。冷固结球团法的优点是不需添加燃料，实现节能减排的作用。其缺点是：生产周期较长、设备投资大、产量不高，含铁废料中的锌无法去除而在炉内循环富集，导致结瘤，影响高炉使用寿命。

(10)制备混凝剂。有研究将高温轧钢过程中产生的氧化铁皮和粉煤灰两种固体废物以共聚法工艺用于制备混凝剂，采用的原料分别为莱钢氧化铁皮和准格尔高铝粉煤灰，采用一定技术提取其中的铝、硅、铁，得到具有一定性能的聚硅氯化铝(PASC)和聚硅酸铝铁(PSAF)混凝剂。

练 习 题

1.钢铁企业如何实现低碳化生产和清洁生产？

2.钢铁工业固体废物的来源包括哪些？

3.采矿废石的来源及常用的处理工艺有哪些？

4.高炉渣现有处理方式及综合利用方式有哪些?

5.简述冶金含铁尘泥的分类,并分析一般利用方法及存在的问题是什么。

6.简述钢渣来源及处理工艺。

7.高炉瓦斯泥回收有价元素的原理有哪些?

8.电弧炉炉尘处理方法有哪些?

9.氧化铁皮按实际情况分为哪几种?

10.氧化铁皮的处理方法有哪几种?

第7章 其他工业固体废物处理及资源化

7.1 粉煤灰的再生利用技术

粉煤灰的利用已有相当长的历史,美国早在 1934 年就开始粉煤灰的利用研究,而中国也在 1965 年开始以粉煤灰制备粉煤灰-石灰砖。粉煤灰来自于煤燃烧产生的固体废渣,煤燃烧产生热、二氧化碳及灰渣,煤在锅炉内燃烧产生的灰渣包括粉煤灰和炉底渣。粉煤灰是从煤在锅炉里燃烧后产生的烟气中收捕下来的细灰,也叫作飞灰。炉底渣是从炉底排出的渣。粉煤灰与炉底渣两者化学成分相似,但形貌、粒径与矿物差异大,一般炉底渣的含碳量和矿物中的玻璃相比粉煤灰高,颗粒较大,多为不规则的形貌。

7.1.1 粉煤灰的化学成分及矿物组成

粉煤灰是一种火山灰质材料,化学成分来源于煤中无机组分,其主要成分为二氧化硅和三氧化二铝,次要成分包括氧化钙、氧化铁(三氧化二铁或四氧化三铁)、三氧化硫、氧化镁、氧化钾、氧化钠、二氧化钛、未燃尽有机质(含碳量或烧失量),以及微量元素,包括有价元素类的镓、锗、锂、钒、钪、钼、铀、稀土元素(镧系和钇),有害元素类的铅、汞、镉、砷、铬、铍、铊、锑等及其他微量元素锆、铌、铪、钽,如图 7-1 所示。美国由于 2008 年田纳西州金思顿(Kingston)的粉煤灰库的崩塌,造成数百万平方米的土地和河川的污染,花费数千万美元的清理费。美国环保署因此事件,在 2010 年 6 月提议将粉煤灰列入危害废物。美国电力研究所经过 30 年的研究,分析了 50 个燃煤电厂取得的 64 个燃煤产物,在 2010 年 9 月发表一篇技术报告,对燃煤产物(包括粉煤灰、底渣和脱硫石膏)与其他材料(如石头、泥土、肥料、金属渣、砂子和生化固体)的重金属成分和含量进行对比,并与美国环保署泥土毒性提取标准作对比,对比结果显示,除了砷含量偏高外,粉煤灰的其他重金属含量与石头和泥土并没有太大的差异。因此,2013 年 7 月,美国国会通过燃煤产物再利用和管理,将粉煤灰管理授权给各个州并定燃煤产物为非有害物质。2016 年 10 月,美国环保署正式将粉煤灰纳入非危险废物的固体废物管理。

不同来源的煤和不同燃烧条件下产生的粉煤灰其化学成分差别很大。粉煤灰按铝含量不同可分为高铝灰(铝含量≥40%)和一般粉煤灰。按氧化钙含量不同分为低钙粉煤灰、中钙粉煤灰和高钙粉煤灰,见表 7-1。粉煤灰按胶凝性分类可分为三类,见表 7-2。我国多数粉煤灰的化学成分与黏土相似,但部分粉煤灰的二氧化硅含量偏低,三氧化二铝含量偏高。随着锅炉燃烧技术的提高,含碳量趋向于进一步降低,含碳量少于 8% 的约占 80%。表7-3是我国部分燃煤电厂粉煤灰化学成分的统计结果。

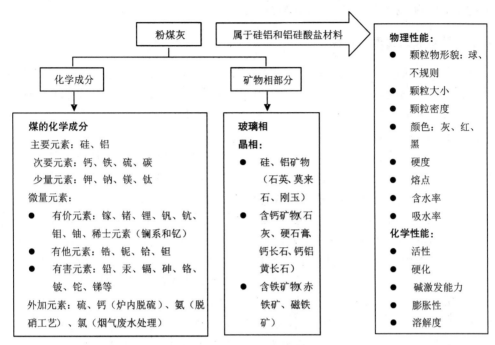

图 7 - 1　粉煤灰基本材料性质

表 7 - 1　粉煤灰按氧化钙含量分类

粉煤灰类型	低钙粉煤灰	中钙粉煤灰	高钙粉煤灰
氧化钙含量/%	≤10	>10 且≤20	>20

表 7 - 2　粉煤灰按凝胶性分类

粉煤灰类别	凝结性能	水中稳定性
F 类灰	不凝结硬化	稳定
中等胶凝性 C1 类灰	60 min 内凝结硬化	不太稳定
强胶凝性 C2 类灰	15 min 内凝结硬化	不稳定

表 7 - 3　我国部分燃煤电厂粉煤灰化学成分

成　分	SiO₂	Al₂O₃	Fe₂O₃	CaO	MgO	K₂O	NaO	SO₃	烧失量
变化范围/%	33~59	16~35	1.5~19	0.8~10	0.7~1.9	0.6~2.9	0.2~1.1	0~1.1	1.2~23
平均值/%	50.6	27.1	7.1	2.8	1.2	1.3	0.5	0.3	8.2

　　粉煤灰的矿物组成以玻璃质微珠为主,其次为结晶相,主要结晶相为石英、莫来石、石灰、石膏、磁铁矿、赤铁矿、方解石、刚玉等,如图 7 - 1 所示。粉煤灰玻璃质微珠及多孔体均以玻璃体为主,玻璃体含量为 40%~80%,玻璃体在高温煅烧中储存了较高的化学内能,是粉煤灰活性的来源。莫来石是粉煤灰中存在的二氧化硅和三氧化二铝在电站锅炉燃烧过程中形成的,扫描电子显微镜下偶尔可以见到莫来石的针状自形晶集合体,莫来石含量多在 3%~11%,其变化与粉煤灰中三氧化二铝含量及煤粉燃烧时的炉膛温度等诸多因素有关;磁铁矿和赤铁矿是粉煤灰中铁的主要赋存状态,煤粉炉灰产生磁铁矿,而循环流化床灰产生赤铁矿。石英为粉

煤灰中的原生矿物,常为棱角状、不规则颗粒。

7.1.2 粉煤灰的物理化学特性

从材料科学的角度,粉煤灰具有 3 个基本材料性质,颗粒细度与形貌,化学成分,矿物相组分;粉煤灰的化学成分和矿物组分如图 7-1 所示。其基本性质直接影响粉煤灰的物理和化学性能,包括密度、硬度、熔点、含水量、吸水率、颜色、活性(硬化、碱激发)、膨胀性、溶解度等。而粉煤灰的性能也直接影响其应用。

粉煤灰的活性指粉煤灰能够与石灰或者在碱性条件下生成具有胶凝性能的水化物。粉煤灰本身没有或略有水硬胶凝性能,但有水分存在,特别是在水热处理(蒸压养护)条件下,能与氢氧化钙等碱性物质发生反应,生成水硬胶凝性能化合物。粉煤灰的活性与粉煤灰化学成分、玻璃体含量、表面积(颗粒细度与形貌)等因素有关,一般氧化钙和二氧化硅含量高、粒径越细、玻璃体含量多、含碳量低的粉煤灰活性高。粉煤灰物理性能包括重度、相对密度、比表面积、堆积密度、含水量、形貌、颜色等,这些性质对粉煤灰非常重要,是化学成分、矿物组成及颗粒形貌和细度的宏观反映。粉煤灰的基本材料性质取决于电厂选用的煤种、燃煤工艺及环保工程操作条件三个因素。煤中的无机物与锅炉的燃烧温度决定了粉煤灰的矿物组分,而煤中的无机物、锅炉燃烧程度及环保工程的操作条件决定了粉煤灰的化学成分。锅炉燃烧不完全,造成含碳量较高。在环保工艺中,炉内脱硫造成高硫含量及高钙含量,而脱硝控制不当造成高氨含量,同时,如果以烟气蒸发处理脱硫废水,会提高氯离子含量。粉煤灰的颗粒形貌取决于燃烧锅炉炉型,煤粉炉生产的粉煤灰属于球形颗粒;循环流化床生成的粉煤灰,其形貌是不规则的颗粒。而粉煤灰的粒径分布取决于煤的预处理、锅炉燃烧条件及除尘系统。粉煤灰三个基本材料性质中差异最大的是颗粒细度(粒径分布)与形貌,粒径范围从 $0.1~\mu m$ 到 $600~\mu m$。同一电厂的粉煤灰,颗粒越细、比表面积越大、结晶度越小、玻璃相越高,其活性就越高、利用价值也越高。粉煤灰的细度随煤粉的细度、燃烧条件和除尘方式不同而异,多数的 $45~\mu m$ 筛余量为 $10\%\sim20\%$。各电厂粉煤灰堆积密度差异大,一般 $700\sim1~000~kg/m^3$。根据煤的燃烧方式不同,粉煤灰又分为煤粉炉灰及循环流化床灰。使用同样的煤,由于燃烧效率与温度的不同,对粉煤灰形貌、化学成分和矿物组分都会有影响,特别是含碳量、矿物结构及玻璃相含量,继而影响粉煤灰的利用。一般煤粉炉的燃烧温度在 $1~200\sim1~400~℃$,燃烧比较充分,因此粉煤灰含碳量低,铁一般以四氧化三铁(磁铁)的状态存在,颜色是黑色,而氧化铝以莫来石状态存在,大部分粉煤灰颗粒形貌是球形,玻璃相含量较低;循环流化床的燃烧温度在 $800\sim950~℃$,燃烧效率比较低,粉煤灰含碳量较高,铁是以三氧化二铁(氧化铁)的状态存在,颜色偏红,氧化铝则以偏高岭石状态存在,颗粒形貌为不规则状,同时玻璃相较高。因此,并不是所有的粉煤灰都拥有一样的基本材料性质,不同的电厂可能生产不一样性质的粉煤灰,甚至同一个电厂,也可能在不同时期生产性质不一样的粉煤灰,可能有很大的基本性能差异。

7.1.3 粉煤灰的综合利用

我国的粉煤灰综合利用技术主要集中于建筑材料、基础设施、农业、化工、环境保护 5 个类别。

(1)粉煤灰用于建材行业。我国 2018 年粉煤灰的排放量已超过 5 亿吨,综合利用率也逐步达到了 68%,主要的应用包括建材(82.8%)、筑路与回填(1.8%)、建筑工程(9.3%)、农业

(0.1%)及其他(6%)。粉煤灰在建材方面消耗的情况:20.9 亿吨水泥约用 1.5 亿吨、7.4 亿立方米商用混凝土约用 7 100 万吨、新型墙材约用 9 600 万吨。粉煤灰用于水泥混合材、砂浆或混凝土必须满足《用于水泥和混凝土中的粉煤灰》(GB/T 1596—2017)的要求。

粉煤灰在水泥方面的应用是取代黏土(掺入粉煤灰 10%～15%、所有粉煤灰都可以)当水泥原料,也可以作水泥混合材。根据通用硅酸盐水泥规定,可在粉煤灰水泥中掺 20%～40%,而复合水泥可掺 20%～50%。粉煤灰可减少水泥熟料及石灰石用量,降低水泥生产成本,但掺量大时,粉煤灰活性低,早期强度会显著降低。一般用物理或化学激活来提高粉煤灰活性。目前主要的物理激活技术包括超细球磨粉磨技术(Ⅱ级灰,在 42.5 水泥中可达到 35%～45%掺量)和强力改性水泥(Energetically Modified Cement,EMC)的振动磨粉磨技术(高钙灰,可达到 50%～75%掺量)。化学激活包括酸激发、碱激发、硫酸盐激发、氯盐激发和晶种激发等。还有与熟料、石膏或水泥和化学剂共同粉磨的组合激发技术,可达到 55%掺量(加拿大)、90%掺量(美国)、60%～70%掺量(重庆市建筑科学研究院)、40%～60%掺量(重庆大学和西南科技大学)、45%～67%掺量(贵州大学)、60%掺量(郑州大学)、50%掺量(中国矿业大学)。由于高生产成本,目前化学或其组合激发尚未能应用在实际生产。

粉煤灰在混凝土中主要用作混凝土矿物掺合料。一般商用混凝土使用不超过 20%～30%的胶凝材料。粉煤灰取代不同水泥的最大量是根据《粉煤灰混凝土应用技术规范》(GB/T 50146—2014),从高端的预应力钢筋混凝土的 25%～30%到低端的碾压混凝土的 65%～70%掺量。高性能混凝土是近年来发展起来的新材料。在混凝土中掺入 30%～60%粉煤灰取代水泥,可充分发挥粉煤灰的火山灰效应、颗粒形貌效应和微集料效应,能产生胶凝、减水、致密和益化作用,可改善混凝土的和易性、强度,降低水化热,防止混凝土的早期开裂,提高混凝土的抗渗性、抗冻性、抗化学侵蚀性及抗碱骨料反应等耐久性,达到高性能混凝土对耐久性、工作性、适用性、强度、体积稳定性、经济性等性能的要求。

我国每年干混砂浆的产量超过 1 亿吨,其中约 3/4 为普通干混砂浆产品,包括砌筑砂浆、抹灰砂浆和找平砂浆;其余为特种干混砂浆产品(2 500～3 000 万吨),包括瓷砖胶(50%)、自流平砂浆(15%)和保温隔热的黏结和抹面砂浆(25%)。粉煤灰在干混砂浆中主要是用来替代一部分胶凝材料,最佳掺量范围为 20%～30%。

粉煤灰作为墙体的原料已有几十年历史和经验,产品有粉煤灰泡沫混凝土制品,蒸养粉煤灰中型密实砌块,小型粉煤灰空心砌块,(蒸养或蒸压)粉煤灰砖(50%～70%粉煤灰),蒸养、蒸压加气混凝土制品(65%～70%粉煤灰,取代硅质砂),粉煤灰陶粒(80%～95%粉煤灰,取代砂),粉煤灰建筑陶瓷砖((40%～90%粉煤灰,取代陶瓷黏土)等。1 亿块粉煤灰砖消耗掉 18～20 万吨粉煤灰。用于蒸压粉煤灰砖或加气混凝土的粉煤灰要满足《硅酸盐建筑制品用粉煤灰》(JC/T 409—2016)的要求。

(2)粉煤灰用于陶粒、陶瓷砖等陶瓷行业。由于粉煤灰化学成分与陶瓷黏土近似,因此可用来替代陶瓷黏土生产陶粒、陶瓷及陶瓷行业的产品。黏土的成分也是以氧化硅与氧化铝为主,具有可塑性和结合性。粉煤灰则类似黏土高温煅烧后的产物,不具有可塑性和结合性。同时,由于粉煤灰中 Fe_2O_3 含量较高,不宜用来生产日用陶瓷,只能用来生产建筑陶瓷。

(3)粉煤灰用作回填材料。粉煤灰用作回填材料是粉煤灰资源化利用的重要途径之一。粉煤灰用作回填材料具有用灰量大,对灰的质量要求低,干、湿灰均可直接利用,投资少、见效快、技术成熟、易推广等特点,是粉煤灰排放量大的偏远地区实现粉煤灰大宗量综合利用,节约自然资源，减少环境污染的重要发展方向。根据 1991 年颁布的《中国粉煤灰综合利用技术政策及其实施要点》，粉煤灰在回填领域的应用技术主要包括两个方面，一是用于工程回填，即用粉煤灰代土或其他材料在建筑物的地基、桥台、挡土墙做回填；由于其密度小（比大多数土轻 25%～50%），可在较差的底层土上应用，减少基土上的荷载，降低沉降量。同时粉煤灰最佳压实含水率较高，对含水率变化不敏感，抗剪强度比一般天然材料高，便于潮湿天气施工，可缩短建设工期，降低造价。一般粉煤灰均可满足填方材料的要求。根据地区规定，必要时需对回填区域的地下水和地表水水质进行监测。二是用于特殊用途的回填，包括围海造地（田）和矿井回填等。围海造地是结合电厂灰池造地或造田；矿井回填是对废弃矿井的回填、充实。质量要求低，干、湿灰均可，但港口工程需用低钙灰。

虽然粉煤灰在回填工程中有了较多的应用实践，但是国内并无统一的标准。1997 年，由原交通部组织原第三航务工程局科学研究所的相关人员，在分析总结粉煤灰在港口工程中大量应用研究和应用案例的基础上，编制了《港口工程粉煤灰填筑技术规程》，也为我国其他粉煤灰工程填筑提供了技术参考。目前，由于粉煤灰综合利用技术的不断涌现和成熟，粉煤灰逐渐由工业固体废物变成一种重要的资源，主要用作建材工业的原料，生产水泥、混凝土、墙体材料等产品。特别是在东南沿海和中部地区，粉煤灰已成为价格昂贵的紧俏商品。只有在粉煤灰排放量大，建材产品市场容量小的地区，粉煤灰在无法得到更有效利用的情况下，才会被用于回填领域。

（4）粉煤灰用于道路。粉煤灰用于道路具有投资少、用量大、见效快的特点，是我国粉煤灰综合利用的重要途径。早在 20 世纪 80 年代初期，我国就开始推广在道路工程领域利用粉煤灰。上海、杭州、西安、天津等城市及西三一级公路、沪嘉高速公路和 1996 年竣工的京塘高速公路等均大量使用了粉煤灰。现在，粉煤灰在道路领域的应用技术较为成熟，主要利用方式包括以填料用途用于路堤回填、以胶凝材料用于软基处理和路面基层、以粉煤灰混凝土形式用于道路路面和特殊道路的应用。在软土路基或路面基层，主要与石灰或水泥混合代替或部分代替水泥等胶结材料。干和湿粉煤灰都可以用，粉煤灰掺量一般不超过 35%。在路面面层的应用主要是替代水泥用于水泥混凝土路面或替代矿粉用于沥青混凝土面层。目前使用 I 或 II 级粉煤灰，掺量一般在 15%～30%。填筑路堤使用湿排或调湿灰，每千米可消耗 5～8 万吨粉煤灰。

（5）粉煤灰用于农业领域。粉煤灰在农业中的应用，实际上就是通过改良土壤、覆土造田、灰场种植及粉煤灰化肥等手段，促进种植业的发展，以便达到提高农作物产量、绿化生态环境、培植优良饲草等目的。粉煤灰的农业利用具有投资少、容量大、需求平稳、见效快、无须提纯等特点，且大多对灰的质量要求不高，是适合我国国情的一条综合利用途径。加强这方面的研究应用，可以有效地促进农业增产增收，能开拓我国粉煤灰综合利用的新局面，产生明显的环境和经济效益。如何开发利用粉煤灰，解决粉煤灰污染和占地的问题，已成为国内外关注重点。粉煤灰在农业方面的应用要注意其重金属的积累量，如镉、砷、钼、硒、硼、镍、铬、铜、铅等，以及全盐量与氯化物和土壤的 pH 值。我国在粉煤灰用于农业方面的研究工作始于 20 世纪 60 年代后期，已取得一定进展。我国在 2018 年粉煤灰年产生量达 5.3 亿吨，综合利用量达 3.6 亿吨，其中在农业中的利用量约占综合利用总量的 0.1%。

1991 年颁布的《中国粉煤灰综合利用技术政策及其实施要点》中，粉煤灰在农业上的推广应用技术主要包括三个方面。

一是粉煤灰改良土壤。粉煤灰具有特别的物理和化学性质,可以改良土壤的质地,使其密度、孔隙度、通气性、渗透率、三相比关系、pH 值等理化性质得到改善,可起到增产效果。用粉煤灰改良黏性土、酸性土效果明显,但对砂质土不宜掺施粉煤灰。每 1 000 m² 掺灰量应控制在 22～45 t(累计量),撒施地面前应加水泡湿避免飘飞,进行耕翻的深度不能小于 15 cm,以便使粉煤灰与耕层土壤充分接触。3～4 年轮施一次即可。在适宜的施灰量下,对小麦、玉米、水稻、大豆等能增产 10%～20%。

二是覆土造田及灰场植树。粉煤灰因与黄褐土的化学成分及营养成分基本相同,只是氮含量远低于黄褐土,成为粉煤灰直接用于造地还田的理论依据。但在灰场植树前最好覆盖 30～60 cm 厚的黏土,以免土壤脱水。种植适合在中性或弱碱性土壤中生长的杨槐、榆树等树种或小冠花优良饲草,种植前应施入适量有机肥和氮肥,并要保持一定水分。对无灌溉条件的山区灰场,严重干旱时可采用挖渠引排灰水灌溉,在新、老灰场都可实施。如造田则需要研究植物的选择及粉煤灰对植物的影响。目前已经有纯灰种植研究科研成果,需进一步研究粮、油、菜、瓜果等可食作物的种植。

三是作为肥料。粉煤灰含有植物生长所需的 16 种元素和其他营养物质,但其含量少,需经过加工处理,才可以当化肥原料。目前已开发出粉煤灰硅钙肥、粉煤灰硅钾肥、粉煤灰磁化复合肥、粉煤灰氮磷肥等。需要参照的标准包括《肥料汞、砷、镉、铅、铬、镍含量的测定》(NY/T 1978—2022)和《复合肥料》(GB 15063—2020)。粉煤灰在农业上的应用在追求经济效益的同时,一定要注重环境效益和社会效益。粉煤灰的化学组成使粉煤灰可用作植物养料源的同时,高量的污染元素存在也可能造成土壤、水体与生物的污染。有研究表明,在贮灰场纯灰种植条件下,苜蓿、玉米、黍、兰草、洋葱、胡萝卜、甘蓝、高粱等,都有砷、硼、镁和硒的明显积累趋势,这是因为重金属的生物效应与土壤的 pH 有很大的关系。因此在粉煤灰的农耕土壤中要注意土壤及农作物中重金属的积累。

粉煤灰作为煤燃烧的主要产物,在全球范围内产量大,资源丰富,各国利用率差别很大,增加粉煤灰的利用率能带来极大的经济效益。粉煤灰的农业利用,是一个巨大的生态工程,涉及物理、化学、生物、地质等学科,还有许多基础研究工作要做。粉煤灰特有的理化性质能极大地改善土壤的结构及营养状况,富含的营养元素能为植物提供充足的养分,适当比例的加入能提高植物的产量。但是在粉煤灰的利用过程中还存在许多问题,如使用量过大会大大提高土壤的 pH,使土壤含盐量过高,造成植物中毒,抑制植物生长,重金属含量超标,从而影响食物链,高量的污染元素存在也可能造成土壤、水体与生物的污染等,所以对粉煤灰的研究还需要继续深入,以降低粉煤灰中不利于土壤改良和植物生长的物质含量和粉煤灰处理的高额费用,从而提高粉煤灰的利用率。另外,粉煤灰的理化性质由多种因素决定,理化性质的变化范围很大,所以在利用之前要对所选粉煤灰进行详细的检测。粉煤灰用于造地还田、土壤改良,因其用量较大,运输费用较高,是其利用的主要障碍,应因地制宜,就地取材。

7.2　煤矸石的处理利用技术

煤矸石是一种伴随着煤炭形成过程中含碳量较低的黑色岩体,是煤炭经过洗选后产生的一般固体废物。我国是产煤大国,随着煤炭开采强度逐年加大,煤矸石产量也在不断增加,但煤矸石利用率极低。中国历年已积存煤矸石约 1 000 Mt,并且每年仍继续排放约 100 t,大多数被作为废物处置的煤矸石除了占用了大量土地资源外,还极易造成土壤、水体及大气的污染等,特别是不合理的填埋矸石,在降雨、淋溶、水力侵蚀、浸泡作用下,使得矸石内部氮氧化物、硫氧化物,特别是有害重金属元素被溶解释放进入了水体,经过水体迁移、转化进入土壤环境,经农作物等吸收,最后转入人体,严重危害身体健康。因此,研究煤矸石成分组成,并将其作为可利用矿物资源进行转化,是非常有意义的。

7.2.1 煤矸石的化学成分及矿物组成

煤矸石是煤炭开采、洗选及加工过程中排放的废物,为多种矿岩的混合体,约占煤炭产量的15%。按岩石特性不同,煤矸石可以分为泥质页岩、炭质页岩、砂质页岩、砂岩及石灰岩,其结构、性能和用途见表7-4。

表7-4 煤矸石的结构性能和用途

类 别	颜 色	结构及性能	用 途
泥质页岩	深灰色或灰黄色	片状结构,不完全解离,质软,经大气作用和日晒雨淋后,易崩解风化,加工时易粉碎	发电,生产耐火砖、水泥填料、空心砖、煅烧高岭土、精密铸造型砂、特种耐火材料、超轻质绝热保温材料等
炭质页岩	黑色或黑灰色	层状结构,表面有油脂光泽,不完全解离,受大气作用后易风化,其风化程度稍次于泥质页岩,易粉碎	
砂质页岩	深灰色或灰白色	结构较泥质页岩、炭质页岩粗糙而坚硬,不完全解离,出矿井时,块度较其他页岩为大,在大气中风化较慢,加工中难以粉碎	交通、建筑用碎石,混凝土密实骨料
砂岩	黑色	结构粗糙而坚硬,在大气中一般不易风化,难以粉碎	
石灰岩	灰色	结构粗糙而坚硬,较砂岩性脆,出矿井时,块度较大,在大气中一般不易风化,难以粉碎	胶凝材料、建筑用碎石、改良土壤用石灰

煤矸石是煤矿中夹在煤层间的脉石(又称为夹矸石)。大部分煤矸石结构较为致密,呈黑色,自燃后呈浅红色,结构较疏松。煤矸石的主要矿物成分为高岭石、蒙脱石、石英砂、硅酸盐矿物、碳酸盐矿物、少量铁钛矿及碳质,且高岭石含量达68%,构成矿物成分的元素多达数十种,一般以 Si、Al 为主要成分,另外还有数量不等的 Fe、Ca、Mg、S、K、Na、P 等及微量的稀有金属(如 Ti、V、Co 等),其典型矿物化学成分见表7-5。煤矸石中的有机质随含煤量的增加而增高,它主要包括 C、H、O、N 和 S 等。C 是有机质的主要成分,也是燃烧时产生热量的最重要的元素。

表7-5 煤矸石的典型矿物化学成分

成 分	SiO_2	Al_2O_3	Fe_2O_3	CaO	MgO	K_2O	Na_2O	P_2O_5	SO_3	V_2O_5
含量/%	40~65	15~30	2~9	1~7	0.5~4	0.3~2	0.2~2	0.1~0.5	0.3~2	0.01~0.1

7.2.2　煤矸石对环境的影响

到目前为止,煤矸石的利用力度还不够大,技术不够完善,对环境的影响依然很严重,主要表现在下述几个方面。

(1)影响土地资源的利用。煤矸石堆场多位于井口附近,大多紧邻居民区,煤矸石的大量堆放一方面占用大量的土地面积,另一方面还在影响着比堆放面积更大的土地资源,使得周围的耕地变得贫瘠,不能被利用。

(2)造成大气污染。煤矸石露天堆放会产生大量扬尘,这主要是由于在地面堆放的煤矸石受到长时间的日晒雨淋后将会风化粉碎。另外,煤矸石吸水后会崩解,从而很容易产生粉尘,在风力的作用下,将会恶化矿区大气的质量。此外,煤矸石中含有残煤、炭质泥岩和废木材等可燃物,其中 C、S 可构成煤矸石自燃的物质基础。煤矸石露天堆放,日积月累,矸石山内部的热量逐渐积累。当温度达到可燃物的燃烧点时,矸石堆中的残煤便可自燃。自燃后,矸石山内部温度为 $800 \sim 1\,000$ ℃,使矸石融结并放出大量的 CO、CO_2、SO_2、H_2S、NO_x 等有害气体,其中以 SO_2 为主。一座矸石山自燃可长达十余年至几十年,这些有害气体的排放,不仅降低矸石山周围环境的空气质量,影响矿区居民的身体健康,还常常影响周围的生态环境,使树木生长缓慢、病虫害增多、农作物减产、甚至死亡。

(3)造成水土危害。煤矸石除含有粉尘、SiO_2、Al_2O_3 及 Fe、Mn 等常量元素外,还有其他微量重金属元素(如 Pb、Sn、As、C 等),这些元素为有毒重金属元素。当露天堆放的煤矸石山经雨水淋蚀后,产生酸性水,污染周围的土地和水体。当矸石堆场的矸石堆放不合理时,矸石堆易发生边坡失稳,从而导致矸石堆的崩塌、滑移,特别是在暴雨季节,这种现象在山区尤为常见,易发生泥石流,从而殃及下游的农田、河流及人员安全。

除此之外,煤矸石中天然放射性元素对人体与环境产生危害。由此可见,煤矸石已成为固、液、气三害俱全的污染源,亟待治理。

7.2.3　煤矸石的综合利用

煤矸石弃置不用,占用大片土地。煤矸石中的硫化物逸出或浸出会污染大气、农田和水体。矸石山还会自燃发生火灾,或在雨季崩塌,淤塞河流造成灾害。中国积存煤矸石达 10 亿吨以上,每年还将排出煤矸石 1 亿吨。为了消除污染,自 60 年代起,很多国家开始重视煤矸石的处理和利用。

煤矸石是宝贵的不可再生资源,它兼有煤、岩石、化工原料及元素资源库等特性,如碳含量 $\leqslant 4\%$ 和 $4\% \sim 6\%$ 的煤矸石热值($\leqslant 2\,090$ kJ/kg),可作路基材料,或用于塌陷区复垦和采空区回填;碳含量为 $6\% \sim 20\%$ 的煤矸石($2\,090 \sim 6\,270$ kJ/kg)可用作生产水泥、砖瓦、轻骨料和矿渣棉等建材制品,碳含量$>20\%$ 的煤矸石热值较高($6\,270 \sim 12\,550$ kJ/kg),可从中回收煤炭或作工业用燃料。

煤矸石代替燃料用来化铁、烧锅炉、烧石灰、回收煤炭。也可用来生产普通硅酸盐水泥,特种水泥、无熟料水泥。还可用来生产建筑材料,如煤矸石烧结砖,质量较好,颜色均匀;煤矸石生产轻骨料,轻骨料是为了较低混凝土的相对密度而选用的一类多孔骨料;生产煤矸石棉,以煤矸石和石灰为原料,经高温融化,喷吹而成的一种建筑材料。煤矸石也可用来生产化工产品,如制结晶三氯化铝,以煤矸石和化工工业副产盐酸为主要原料,经过破碎、焙烧、磨碎、酸浸、沉淀、浓缩结晶和脱水等生产工艺而制成,是一种新型的净水剂;制水玻璃;生产硫酸铵,煤矸石内的硫化铁在高温下生产 SO_2,再氧化而生产 SO_3,遇水生产硫酸,并与氨的化合物生产硫酸铵。

煤矸石作为煤,可用作煤矸石电厂和矿山沸腾炉的燃料,利用其余热,制成型煤还适合层燃炉使用;作为岩石,在建材领域用途广泛,如生产水泥、制砖瓦、铺路,既可以替代黏土和石料,又能节约能源;作为化工原料,由于煤矸石中硅、铝等元素的含量高,可以制备硅系化学品、铝系化学品,如硅酸钠、硫酸铝、聚合氯化铝等,并可用来生产某些新型材料,如 SiC、分子筛等;而由于煤矸石含有硫、铁、钡、钙、钴、镓、钒、锗、钽、铀等50多种微量元素和稀有元素,当某种元素或某几种元素富集到具有工业利用价值时,还可对其加以回收利用。

其中,煤矸石中的铝硅比(Al_2O_3/SiO_2)也是确定煤矸石综合利用途径的主要因素。铝硅比大于0.5的煤矸石,铝含量高、硅含量低,其矿物含量以高岭石为主,有少量伊利石、石英,质点粒径小,可塑性好,有膨胀现象,可作为制造高级陶瓷、煅烧高岭土及分子筛的原料。煤矸石中的全硫含量决定了其中的硫是否具有回收价值,以及煤矸石的工业利用范围。

煤矸石的利用途径有以下几种:①回收煤炭和黄铁矿,通过简易工艺,从煤矸石中洗选出好煤,通过筛选从中选出劣质煤,同时拣出黄铁矿。或从选煤用的跳汰机——平面摇床流程中回收黄铁矿、洗混煤和中煤。回收的煤炭可作动力锅炉的燃料,洗矸可作建筑材料,黄铁矿可作化工原料。②用于发电,主要用洗中煤和洗矸混烧发电。中国已用沸腾炉燃烧洗中煤和洗矸的混合物(发热量约2 000 kg/cal)发电。炉渣可生产炉渣砖和炉渣水泥。日本有10多座这种电厂,所用中煤和矸石的混合物,一般发热量为3 500 kg/cal,火力不足时,用重油助燃。德国和荷兰把煤矿自用电厂和选煤厂建在一起,以利用中煤、煤泥和煤矸石发电。测试煤矸石的发热量应使用专门的仪器进行,微机量热仪可以满足发热量的测试。③制造建筑材料,代替粘土作为制砖原料,可以少挖良田。烧砖时,利用煤矸石本身的可燃物,可以节约煤炭。

煤矸石烧结空心砖是指以页岩、煤矸石或粉煤灰为主要原料,经焙烧而成的具有竖向孔洞(孔洞率不小于25%,孔的尺寸小而数量多)的砖。

煤矸石可以部分或全部代替粘土组分生产普通水泥。自燃或人工燃烧过的煤矸石,具有一定活性,可作为水泥的活性混合材料,生产普通硅酸盐水泥(掺量小于20%)、火山灰质水泥(掺量20%～50%)和少熟料水泥(掺量大于50%)。还可直接与石灰、石膏以适当的配比,磨成无熟料水泥,可作为胶结料,以沸腾炉渣作骨料或以石子、沸腾炉渣作粗细骨料制成混凝土砌块或混凝土空心砌块等建筑材料。英国、比利时等国家有专用煤矸石代替硅质原料生产水泥的工厂。

煤矸石可用来烧结轻骨料。日本于1964年用煤矸石作主要原料制造轻骨料,用于建造高层楼房,建筑物重量减轻20%。

用盐酸浸取可得结晶氯化铝。浸取后的残渣主要为二氧化硅,可作生产橡胶填充料和湿法生产水玻璃的原料。剩余母液内所含的稀有元素(如锗、镓、钒、铀等),视含量决定其提取价值。

此外,煤矸石还可用于生产低热值煤气,制造陶瓷,制作土壤改良剂,或用于铺路、井下充填、地面充填造地。在自燃后的矸石山上也可种草造林,美化环境。

煤矸石的综合利用途径如图7-2所示。

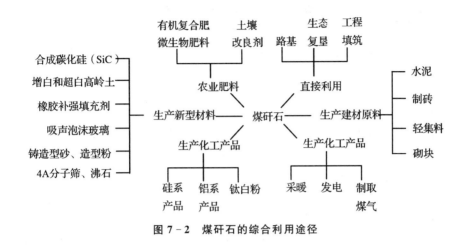

图 7-2　煤矸石的综合利用途径

7.3　煤气化炉渣的处理利用技术

煤气化是煤炭高效、清洁利用的核心技术之一,是现代煤化工的龙头。

煤气化是指煤与气化剂相互作用发生一系列化学反应,将煤转化为合成气及残渣的过程。煤气化工艺过程中排放有三废,其一,煤气化废水,它是指在煤气化生产有效产品(CO 和 H_2)过程中排放出的工艺废水、气体洗涤水、气化炉冷却水等的总称。主要来源于雨水、生活污水、气化炉内黑水、洗涤塔内合成气洗涤水、渣池分离出来的黑水、外排到公用工程处理的废水;其二,煤气化废气,主要来源于磨煤机煤仓顶部、缓冲煤仓及破碎间等,气化炉开停机排放气、闪蒸单元酸洗气等,高压闪蒸罐、低压闪蒸罐安全阀的火炬排放气、除氧器顶部排放的气体等;其三,煤气化炉渣,产量最大且难于处置,它是煤与氧气或者富养空气发生不完全燃烧生成 CO 与 H_2 过程中,煤中无机矿物经过一系列物理化学转变伴随煤中残碳颗粒形成的固态残渣。

据资料显示,2018 年煤化工行业转化煤炭约 9 556 万吨,2019 年上半年,转化煤炭约 5 570 万吨,随着煤气化技术的更新和大规模推厂应用,导致煤气化炉渣的大量产生,其年产量超过 3 300 万吨。

7.3.1　煤气化炉渣的化学成分及矿物组成

煤气化炉渣可分为粗渣和细渣两类。粗渣是顺着气化炉壁,经过渣口下降管在激冷室淬冷,迅速固化为固体小颗粒沉降在激冷室底部,最终产生于气化炉的排渣口,占总渣量的 60%～80%;细渣是由激冷室中的飞灰和悬浮在激冷水中的细颗粒渣组成的,它们随黑水排放进入灰水处理系统,产生于合成器的除尘装置,占 20%～40%。

气化渣的成分和性质主要与原煤种类、进料方式及气化炉类型等因素有关,目前主流的气化炉类型为 Shell、德士古和航天炉等气流床气化炉。不同气流床气化炉所产煤气化渣的化学成分分析见表 7-6,无论哪种炉型,粗渣和细渣,其主要成分均为 CaO、SiO_2、Al_2O_3 和残余碳等,其中显著差别在于 SiO_2、Al_2O_3 及残余碳的含量上,以上这 4 种化学物质占煤气化渣总质量的 80% 以上。

表 7-6 煤气化炉渣化学组成

炉 型	渣 种	质量分数/%								烧失量/%
		CaO	SiO$_2$	SiO$_2$	Fe$_2$O$_3$	Na$_2$O	K$_2$O	MgO	TiO$_2$	
航天气化炉	粗渣	15.04	32.82	12.25	5.41	0.66	0.96	0.90	0.44	27.99
多喷嘴气化炉	粗渣	19.49	36.02	12.55	6.86	1.27	1.03	1.11	1.47	15.32
西班牙气化炉	粗渣	11.44	56.93	18.77	4.38	0.33	0.70	0.55	0.47	0.93

残余碳含量与煤的种类、气化工艺条件、运行状况等因素有关,不同类型的煤气化炉渣中残余碳含量差别较大。一般来讲,细渣的停留时间比粗渣短,造成细渣较粗渣残余碳含量高,较粗渣机械强度低,另外,残余碳在粗、细渣中的分布也不均匀。较高的残余碳含量将不利于煤气化炉渣用作水泥和混凝土原料,这是由于残余碳本身属于多孔惰性物质,不仅会使新拌混凝土的需水量增加,造成混凝土泌水增多,干缩变大,使混凝土的强度和耐久性明显降低,而且还会在颗粒表面形成一层憎水膜,对水化物的结晶体、胶凝体的生长和它们相互间的联结起到阻碍作用,破坏混凝土内部结构,造成内部缺陷,从而降低混凝土的抗冻性。因此,残余碳的量是煤气化炉渣综合利用途径的重要影响因素之一。同时,炉渣中残余碳含量高的问题也是目前煤气化行业需要关注和有待改进的地方。因为在某些煤气化过程中残余碳含量高达50%,这不仅会造成经济损失,而且对燃煤炉的寿命有所影响。

气化炉渣的表观形貌主要是块状体和含有孔洞的球体,其颗粒组成比较一致。其颜色一般介于灰白色、棕褐色到黑色之间,黑色居多,这主要取决于渣中未燃烧碳的含量。气化炉渣的成分主要受到煤的灰分、气化炉温度、残碳含量的影响。煤气化炉渣的矿物学组成包括玻璃体、残碳和矿物晶体,其中玻璃体和残碳含量远高于矿物晶体。矿物晶体主要为各类石英、莫来石、钙长石、FeS、石膏等。从化合态上讲,煤炭灰分中的矿物相主要包括 Si、Al、Fe、Ca、Mg、Ti、Na 等元素的氧化物、碳酸盐或硫酸盐,由于化合态晶相和复合条件的不同,从而形成了各种各样的矿物相,主要包括方解石、方钙石、石英、石膏、高岭石、偏高岭石、钙长石和莫来石等,不同地区的这些矿物质,其煤炭灰分的含量和种类也存在差异。

一般情况下,气化过程中矿物的转化过程如下:①原煤中高岭石首先转变为偏高岭土,进而转变为 Al-Si 尖晶石,最后形成莫来石。莫来石在 1 000 ℃左右出现,1 000～1 400 ℃时莫来石随温度升高而增加。②石英相主要来自原料煤中未参与反应的石英颗粒,温度升高到 1 050 ℃时,石英开始转变为方石英。③由于气化炉内的还原气氛,黄铁矿容易与 H$_2$ 反应生成 FeS,菱铁矿则保持 FeO 形式。④原煤中方解石先转化为文石和球状文石,后分解生成 CaO,再与硫组分反应生成硬石膏。⑤钙长石由莫来石与煤中方解石受热分解生成的方钙石在 1 200 ℃左右发生反应生成,在 1 400 ℃时趋于消失。⑥粗渣和细渣在炉内形成过程、形成温度、停留时间的不同造成二者矿物组成存在一定差异。

7.3.2 煤气化炉渣对环境的影响

经调研,目前在国内煤气化炉渣大多作为废物运出厂外进行堆存,给企业和社会带来经济和环境负担。以日处理能力为 2 000 吨/天的气化炉为例计算煤气化炉渣的产生量,假设该气化炉用煤的灰分为 10%,碳的转化率为 98%,则煤气化炉渣每天的排出量为 240 t,按 85% 计算年运行,则年排出煤气化炉渣的量为 74 460 t。若再引入助熔剂,则排渣量更大。废渣不仅花费大量运输成本,还需要占据大量土地进行堆存。随着煤气化多联产新技术的大力推广,废渣会越来越多,因此,对于运行该类项目相对集中的地区,尤其是产煤地区,将会面临严重的煤化工行业伴生固体废物环境污染问题。

(1)侵占土地。煤气化炉渣堆存在地面,利用与否都会对土地造成不同程度的侵占。在减少耕地面积的同时还会使周围的耕地受到污染而影响农产品的种植。

(2)粉末扬尘污染。煤气化炉渣在装卸操作过程中、堆放后风蚀作用下不可避免地生成众多的扬尘,在机动车碾压和风力双因素共同作用下会进入大气,造成扬尘,污染环境。

(3)水体及土壤污染。煤气化炉渣其本身没有毒性,但由于其中含有 Cr、Cu、Zn 等重金属,特别是在酸雨淋洗、雨水冲刷等外界条件累积下,这些有害元素会溶解到土壤或水体中,危害人体及周围生物健康。气化炉渣中含有较高含量的 Cr、Zn、Cu,其中 Cr 对环境的潜在性危害高;渣中有机成分被微生物分解产生的有毒有害物质被雨水通过土壤带入地下水系统,造成土壤和水资源的污染。气化炉渣一旦进入水体,就会形成悬浮物、沉淀物及可溶物等增加水体浑浊度,恶化水体品质。此外,贮存在渣场的细渣,一旦水分蒸发,在强风的作用下会飘散到空中,不仅影响空气的能见度,而且,当环境湿度达到一定程度时,还会严重腐蚀露天雕塑品及其他建筑物的表面。

7.3.3　煤气化炉渣的综合利用

相对于传统的直接燃烧法,煤气化技术显著减少了环境污染的问题,但其气化过程产生的渣中碳含量仍然较高,不仅引起气化过程中热值的损失,而且限制了煤气化炉渣作为水泥及混凝土掺和料的使用,从而造成资源浪费。目前,针对煤的气化技术、合成气净化技术及排气口下游延伸的多联产技术与工程应用,国内外相关研究较多,而针对煤气化炉渣特征及综合利用方面研究相对较少。

煤气化炉渣是气化过程中不可避免的副产物,是煤中灰分和助熔剂在经历高温高压等一系列反应后形成的融熔液态渣及未燃烧的碳,经过水淬后形成的固体废物。由于它是煤炭部分氧化以还原为主并在高温条件下激冷形成的,与普通电厂中粉煤灰的形成过程存在较大差异,因此两者化学组成、颗粒形态、矿物相组成均存在较大差异,为此针对煤气化综合利用进行研究时不能照搬粉煤灰的利用技术。目前,国内外针对煤气化的应用主要集中在如下方面:①建筑材料,胶凝材料、骨料、混凝土、墙体材料及免烧砖等;②土壤、水体修复,土壤改良、作吸附材料用于水体修复等;③残余碳的利用,残碳性质、循环掺烧、残碳提质等;④高附加值材料的制备,橡塑填料、催化剂载体、硅基材料、陶瓷材料等。

(1)煤气化炉渣用于建筑材料。煤气化炉渣作为骨料。陶粒具有强度高、耐火性、抗热震性好且保温隔热等优良性能,因此,在轻骨料、耐火材料、建筑工程领域应用广泛。有学者利用煤气化炉渣制备了非烧结陶粒,其抗压强度达到 6.76 MPa,吸水率为 20.12%;美国 Praxis Engineers 股份有限公司利用以煤气化炉渣为原料,采用在一定温度下加热产生热膨胀特性的方法制备了轻质骨料。由于煤气化炉渣颗粒本身具有一定级配,因此,可用作混凝土生产中的骨料或者掺合料。研究发现在混凝土中掺入气化粗渣,抗压强度显著提高,且随着龄期延长,后期强度持续上升。基于此,提出可以在混凝土中用研磨后的煤气化炉渣粗渣部分替代天然砂石作为细集料。

煤气化炉渣制备凝胶材料。煤气化炉渣的主要组分为 Al_2O_3、SiO_2、CaO、Fe_2O_3 等,与硅酸盐水泥的成分相近,且具有一定的活性,是一种优良的水泥原料。此外,由于煤气化炉渣中残碳量较高,因此将其掺入水泥生料中可提高物料的预烧性能,进而提高熟料的产量和质量。

煤气化炉渣制备墙体材料。利用煤气化炉渣中的残余碳作为造孔剂和燃料,可降低烧结制品的密度和导热率,从而制备保温隔热、低密度的墙体材料。

煤气炉渣制备免烧砖。免烧砖的制备过程比烧结砖节能环保,随着环保压力的增大,烧结砖逐渐被免烧砖取代,且发展前景良好。

煤气化炉渣用作水泥基与泡沫混凝土材料。煤气化炉渣本身具有一定级配,因此,可用作生产混凝土的骨料及掺和料。将煤气化炉渣用作混凝土掺和料,研究发现利用水煤浆煤气化炉渣制备混凝土可以明显改善混凝土的抗腐蚀性及抗渗性,但是用该类渣作为混凝土掺和料也存在缺陷,由于煤气化炉渣含碳量高、吸水性强,会增大浆体稠度使其流动性变差、凝结时间延长、强度降低,从而对混凝土制品的耐久性产生一定的影响,因此不适合作为原材料制备较高强度的混凝土。由于煤气化炉渣中含硅玻璃体和活性 SiO_2、Al_2O_3 含量较高,具有潜在的火山灰活性,因此可作为骨料和掺和料用来生产新型建筑节能材料,即泡沫混凝土,且该类泡沫混凝土具有防火性能优良、轻质、隔热效果好、施工方便等特点。

(2)煤气化炉渣用于土壤改良、水体修复。煤气化炉渣中细渣对于碱沙地土壤有一定的改良作用,发现在土壤中添加 20%的煤气化细渣能有效改善碱沙地土壤 pH、阳离子交换能力、保水能力等理化性质。此外,利用植物吸收试验对细渣用作硅肥的潜力进行研究,发现在相同的工艺条件下,煤气化细渣浸出硅含量高于其他硅源样品,5%煤气化细渣对水稻的生长有明显的促进作用。

煤气化炉渣本身具有多孔的结构,且残余碳的存在使其具有与活性炭相似的性能,因此可用作吸附材料对污染物进行交换吸附、物理吸附和化学吸附。煤气化炉渣中富含铝、硅、碳资源,可经过酸洗或者碱洗改性的方法制备出碳吸附材料、硅吸附材料、碳化硅材料及聚合氯化铝材料等吸附性更强的水处理剂。

(3)残碳性质研究及循环掺烧利用。研究发现与细渣相比,粗渣中的残余碳孔表面积和孔容积较低、碳晶体结构更无序、气化活性更高,粗渣含有的催化作用的金属元素更丰富,且残碳的石墨化程度更低,反应活性更高。针对煤气化炉渣残碳量高的问题,许多学者提出,将其用于循环掺烧,不仅可以科学地利用碳资源,而且可以使高碳渣有效地转为低碳渣,利于综合利用。

(4)其他利用价值。煤气化炉渣高附加值利用主要包括制备催化剂载体、橡塑填料、硅基材料等。现阶段利用煤气化炉渣能够制备出高附加值的产品,但是由于技术不成熟,短期内无法实现规模化利用。

煤气化炉渣作橡塑填料。研究发现煤气化炉渣(细渣)填充低密度聚乙烯的抗拉强度随渣尺寸的减少而增加,且在残碳的作用下,表现出良好的抗拉性能;煤气化细渣玻璃珠能够提高聚丙烯材料的热稳定性,降低其结晶能力;同时发现煤气化炉渣(细渣玻璃珠)经甲基丙烯酰氧基丙基三甲氧基硅烷(KH570)改性或 HCl 活化后制得的复合材料的抗拉强度、热稳定性和结晶能力均有明显提高。

煤气化炉渣制备硅基材料。煤气化炉渣具有硅、碳含量高的特点,因此可以煤气化炉渣为原料制备高附加值硅基材料。如利用酸浸的方法,制备出高效煤气化细渣基除臭剂;中科院过程所李会泉团队提出了"质子酸循环活化-稀碱脱硅-尾渣分质利用"的工艺思路,该工艺采用循环酸浸,最终实现了煤气化炉渣中硅、铝、碳资源的协同利用。

煤气化炉渣现阶段的综合利用方面的研究较少,多集中在建材方面,且多为实验室理论阶段,工业化推广应用较少。其原因在于:①与粉煤灰、煤矸石等其他煤基固体废物相比,煤气化炉渣的排放量小,其对生态、环境、人类健康的危害尚未得到充分重视;②传统煤基固体废物应用领域如建筑材料、土壤改良、合成分子筛等已经被粉煤灰、煤矸石等占据,由于气化炉渣性能次于粉煤灰、煤矸石等,因此很难形成竞争力;③细渣尤其是黑水滤饼及部分粗渣的残碳含量高,残碳为惰性物质,常温下不参与反应,阻碍水合胶凝体和结晶体的生长、联结,会造成混凝土、水泥制品内部缺陷;④SiO_2、Al_2O_3、Fe_2O_3含量低,这 3 种氧化物是参与火山灰反应的主要成分,其含量的多少与它作为建材原料的优劣相关,许多气化炉渣中三者总相对质量分数小于60%,活性低;⑤气化炉渣的组成和结构变化快,性质不稳定,为终端产品质量控制带来困难。

目前气化炉渣的利用主要存在以下 4 点问题:①局限于建材及循环流化床掺烧,涉及领域窄,附加值低;②由于气化炉渣活性低、残碳含量高,制备的免烧砖、渗水砖等免烧制品质量差、密度大、易开裂、强度差、抗冻性差;③无论是水泥行业、烧结砖、还是免烧制品,气化渣掺量较少,通常低于30%,限制其大规模消纳;④无相关标准和技术规范,目前气化炉渣的利用没有相关的国家和行业标准、技术规范可依,只能参照粉煤灰等相关标准执行。

7.4　硅灰的再生利用技术

7.4.1　硅灰的来源、组成及分类

硅粉,也叫微硅粉,学名硅灰,是铁合金在冶炼硅铁和工业硅(金属硅)时,矿热电炉内产生出大量挥发性很强的 SiO_2 和 Si 气体,气体排放后与空气迅速氧化冷凝沉淀而成,随废气逸出的烟尘经特殊的捕集装置收集处理而成。在逸出的烟尘中,SiO_2 含量约占烟尘总量的90%,颗粒度非常小,平均粒度几乎是纳米级别,故称为硅粉(硅灰)。它是大工业冶炼中的副产物,整个过程需要用除尘环保设备进行回收,因为密度小,还需要用加密设备进行加密。硅灰的颗粒很细小,粒度一般在微米级,是一种超微固体物质。硅灰的比表面积可达 $20\sim25~m^2/g$,比粉煤灰大 $50\sim70$ 倍左右,比水泥大 $80\sim100$ 倍。

硅灰主要组成成分为 SiO_2,且含量很高,一般都在 $60\%\sim98\%$,在其形成过程中也夹带有少量杂质,如游离 C、Fe_2O_3、CaO、K_2O、Na_2O 等。硅灰的颜色随着 C、Fe_2O_3 含量的增高,色泽由白、灰白到灰、深灰变化。就其质量而言,SiO_2 含量越高,颜色淡白为好。一般认为 SiO_2 含量大于75%的硅灰可应用于水泥、混凝土等领域。

硅灰的分类主要以 SF 表示,SF 后面的数字代表硅灰中 SiO_2 的含量占比。由于技术原因,很多硅灰企业硅灰中 SiO_2 的含量主要在 $80\%\sim90\%$,所以他们就把硅灰等级划分为 SF 80、SF 90,但对于高技术的硅灰企业来说,硅灰中的 SiO_2 含量甚至能高达到98%。

其实国家对硅灰也是有着相应的标准等级划分的,原则上等级划分也是按照 SiO_2 的含量占比来分等级,但是为了保证工程项目的施工质量,以及便于质量检测,对硅灰的各个指标都

进行了调整,同时也将常用分类等级划分出了四级:SF 88、SF 90、SF 93、SF 96,同时将硅灰的比表面积统一为≥15 m^2/g。

7.4.2 硅灰对环境的影响

硅灰的年产量较大,若不能合理利用,直接排放到环境中,将对环境造成重大污染。

硅灰是环境保护的产物。作为一种极具活性的细小颗粒,硅灰的平均直径可以达到0.2 μm,比日常抽烟所看到的烟雾还要细数倍。

在硅灰的回收过程中,存在很多影响工人健康的环节。比如在装袋子的过程中,尤其是原灰或半加密的硅灰,装袋工人会暴露在严重的粉尘环境中;四散的粉尘即使带上多层口罩也会被吸入肺中,长期累积,极易形成尘肺病。

另外,在装卸的过程中,多数硅灰都是用编织袋包装,泄漏外溢都无法避免;在使用的过程中,硅灰添加到其他的产品中来发挥功效,灰尘四散也是常有的事,做好防护工作非常必要。

7.4.3 硅灰的综合利用

硅灰是一种高效的活性掺合料,比表面积较大,具有极强的表面活性,能够显著提高混凝土的强度、抗渗性、抗冻性和耐久性。早在20世纪40年代,挪威的埃肯公司就对硅灰的回收生产及综合应用技术等进行了系统研究,一直是该领域的领先者。此后,国内外开始研究将硅灰应用于混凝土工业、水泥、冶金、化工、陶瓷、复合材料等领域,可概括为以下四种用途:水泥或混凝土掺合剂、耐火材料添加剂、冶金球团粘合剂、化工及复合材。

(1)水泥或混凝土掺合剂。硅灰作为掺和剂应用于混凝土工业是国外硅灰综合利用中研究最早、成果最多、应用最广的一个领域。由于硅灰具有颗粒细小、比表面积大、SiO_2纯度高、火山灰活性强等物理化学特点,把硅灰作为掺和剂加入混凝土中改善了混凝土多方面的性能,如显著改善塑性混凝土粘附性能和凝聚性,大幅度降低回弹量,增大喷射混凝土一次成型厚度,缩短工期,节省工程造价等。大跨度桥梁、海洋石油钻井平台等水利水电工程中,掺硅灰混凝土可以改善其防渗性、防腐性和抗冲磨性。

在需要特殊高强度混凝土的场所,硅灰作为掺和料配制高强混凝土,其强度等级可以达到100 MPa。硅灰可以作为外掺材料,提高建筑材料的力学性能,同时节约其他组成材料。硅在水泥混凝土中掺入适量的硅灰,可显著提高混凝土的抗折、抗渗、抗压、抗冲击、耐磨性及耐化学侵蚀能力。这是由于硅灰不参与固化反应,提高了混凝土中各组分间的粘结强度和密实度,减弱了$Ca(OH)_2$的危害。硅灰与树脂易混合且不易团聚,能有效减少沉淀和分层。硅灰能降低混凝土的膨胀和收缩率,对混凝土有良好的绝缘性和抗电弧性能。一般而言,掺硅灰的混凝土与多数酸碱不进行化学反应,增强混凝土的抗腐蚀性。

国外某些国家把硅灰作为生产水泥的一种掺合料。加拿大要求掺硅灰的水泥中,硅灰中硅含量>85%,而烧损量<6%。另外,俄罗斯、美国、日本等国也将硅灰作为掺和材料用于生产特种水泥。掺硅灰的特种水泥能制作成强度是普通混凝土2~3倍的致密度混凝土,其具有良好的耐磨性、耐腐蚀性、抗渗性、绝缘性、抗冻性及对氯离子的阻挡性能等。水泥的强度随掺入硅灰含量增加而显著增加,硅灰能有效提高水泥的密实性和割线弹性模量,显著提高水泥的腐蚀阻力和蠕变性等,但水泥的吸水率和体积质量会降低。因此,将硅灰掺入水泥时,要关注吸水率和体积质量降低的问题。

(2)耐火材料添加剂。硅灰还可用于耐火材料的添加剂。优质硅灰主要被用作高性能耐火浇注料、预制件、钢包料、透气砖、自流型耐火浇注料及干湿法喷射材料。

硅灰作为一种新原料,在耐火行业普遍使用。它对不定形耐火材料的改善有重要作用。主要表现为:①传统耐火材料中有众多孔隙,硅灰充填于孔隙中,提高了体积密度和降低气孔率,强度可明显增强。②硅灰有强的活性,在水中能形成胶体粒子,加入适量的分散剂,可增强流动性,从而改善浇注性能。③硅灰在水中易形成 Si——OH 键,具有较强的亲水性和活性,能增强耐火材料的凝聚,同时对高温性能有较大的改善,并可延长耐火制品的使用寿命。

硅灰在耐火行业得到广泛应用。实际应用在以下几个方面:代替纯铝氧化泥作耐火材料;作为添加剂生产不定形耐火制品,使其强度、高温性能大大地改善;作钢桶整体的浇注结合促凝剂;其他耐火制品的粘聚剂、结合剂、促凝剂、添加剂。

(3)冶金球团粘合剂。北美有企业也将硅石和硅灰混合造球矿作为电炉还原炼硅的原料,发现硅回收率正常,单位产品能耗不变。挪威的埃肯公司用水将硅灰润湿、造块制成 4 cm 左右的球团不需要焙烧、干燥等可直接进行电炉还原熔炼。球团也可进行高温烧结,烧结过程中没有爆裂等问题,产品烧结矿强度较高。俄罗斯有企业将硅灰和纸浆废液混合制成球团,进行电炉还原熔炼,生产证明由于该球团比普通料的强度大,在运输过程中不容易破碎。北欧某铬铁企业将电炉炼硅湿法回收的硅灰料浆作为返回硅源,与铬矿混合造球,生产表明硅灰能增强铬矿球团的黏结性。

在冶金行业,多数企业将硅灰作为一种返回料使用。这虽然可以减少硅灰造成的环境污染,但没有将硅灰的性能充分利用,这是一种粗放式的应用,在冶金方面利用时,应更多关注其高附加值利用。

(4)化工及复合材料。硅灰比表面积大和孔隙发达,有较强的吸附作用,因此可用于制备高性能吸附剂。由于硅灰制备的吸附材料对重金属、CO_2 和油气等有良好的吸附作用,可以预见硅灰制备的吸附材料在废水、废气、废液等治理方面有广泛的应用。将高污染粉尘变成治理环境的高效试剂,这是硅灰高值化利用的重大创新。

利用硅灰制备白炭黑、制备金属硅等也是对其高值化利用的一个重要方向。

由于硅灰可以通过高温煅烧或者碱溶制备水玻璃,因此,不论是以硅灰还是以水玻璃为硅源制备硅气凝胶,都能实现硅灰高附加值利用。硅灰为硅源制备的硅气凝胶具有气孔率高、强度大、密度低、隔热性能好、无毒的特点,有望广泛应用于航空航天、建筑、医药等行业。

硅灰还可用于化工产品的分散隔离剂、硅酸盐砖原料、缓效农肥硅酸钾等。

7.5　制碱工业废物处理利用技术

纯碱作为重要的基础化工原料被广泛应用于冶金、建材、造纸、医药、化工、食品等行业。目前全世界纯碱年产量大约为 3 000 多万吨,其中氨碱法制纯碱约 2 000 多万吨,每年产生氨碱废液约 2 亿立方米,碱渣近 2 000 万立方米。我国氨碱法制纯碱可达 421 万 t/a。由于氨碱法制纯碱生产工艺的特点,每生产 1 吨纯碱就需要向外排放大约 0.3 吨的碱渣,一个年产 80 万吨纯碱的工厂,每年用于废渣排放的费用大约为 1 000 万元。近年来,我国纯碱产量持续高速增长,年增长 3.0% 以上。近年来,国家对环保的要求日趋严格,因此,如何高效处理碱渣成了国内外专家和企业亟待解决的问题。相关研究也提出了利用碱渣在海上滩涂围垦筑坝、填海造地、工程回填土、绿化工程种植基质填垫土、筑路填垫土等应用思路,但目前为止,依然没有得到大规模的应用。

7.5.1 碱渣的来源、组成及性质

7.5.1.1 碱渣的来源

氨碱法制纯碱,不能直接由原盐与石灰石反应,因为氨化溶液易吸收二氧化碳而中性溶液难吸收二氧化碳,因此要想得到纯碱就必须通过碳酸氢铵及中间产品重碱才能获得。此种方法的具体操作为原料取原盐、地下卤水及石灰石,首先将原盐、地下卤水制成饱和盐水,将其中的镁、钙等杂质去除,操作完后将该溶液吸收氨得到氨盐水,再进行碳化获得重碱,重碱的溶解度比较小,最后将重碱通过过滤、煅烧获得纯碱。将石灰石加入过滤后的溶液中反应,通过蒸馏可将氨回收以用于循环使用,蒸馏后的废液要进行处理,清液可以直接排放掉,而剩余的固体废渣只能先进行堆砌处理。

氨碱法制纯碱过程主要包括盐水精制、石灰乳制备、氨盐水碳酸化、CO_2 气体压缩、重碱煅烧得到纯碱、蒸馏回收氨及成品包装工序。碱渣是在氨碱法制纯碱过程中排出的固体废物,主要包括以下两个来源,一个是为了使氨能够回收再利用,将含有氨的滤液和石灰乳进行蒸馏,蒸馏后产生的 $CaCO_3$、$CaCl_2$ 及石灰石带来的 SiO_2、$CaCO_3$ 等固体残渣;另一个是在盐水精制生成氨盐水的过程中,产生的含有 $CaCO_3$ 等物质的一次、二次盐泥等混合型固体物料。

7.5.1.2 碱渣的组成

碱渣的化学成分主要为无毒的无机化合物,呈白色颗粒状,俗称白泥,具有粒度小、空隙大、水溶液呈碱性等特点,颗粒通常带负电荷,具有溶胶的性质。不同氨碱厂在制碱流程中使用的工艺大同小异,但原料性质和比例有所差别,因此产生的碱渣化学组分存在一定差异。大量研究结果表明,碱渣所含的化学元素主要为 Ca、C、Cl、Mg、Na、Si、Al 等,化学组分主要为 $CaCO_3$、$CaCl_2$、$NaCl$、$Ca(OH)_2$、$CaSO_4$、MgO、SiO_2、Al_2O_3 及一些其他盐和水不溶物等,碱渣的化学组分的质量分数见表 7-7。

表 7-7　碱渣化学组分质量分数

组 分	$CaCO_3$	$CaCl_2$	$Ca(OH)_2$	$CaSO_4$	$NaCl$	MgO	SiO_2	Al_2O_3	Fe_2O_3
质量分数/%	40~65	4~13	4~11	2~15	4~11	3~12	1~11	1~3	0.8~1.5

碱渣颗粒的粒径通常较小,粒径≤25 μm 的颗粒质量分数可达95%以上,其中,粒径≤1.6 μm 的颗粒质量分数可达50%以上。碱渣多为粉粒状、蜂窝状,表面粗糙,主要为由棒状、纺锤状的纳米级 $CaCO_3$ 形成的团聚体多孔 $CaCO_3$ 与棒状 $CaSO_4$ 等共同组成多孔聚集体颗粒形态,碱渣的结构骨架松散、孔隙发达。颗粒间的空隙主要包括团聚体多孔 $CaCO_3$ 与 $CaSO_4$ 之间的空隙、团聚体颗粒之间的微米级孔隙及团聚体颗粒内部的纳米级孔隙,而氯离子主要存在于颗粒间的空隙及 $CaCO_3$ 颗粒内的微米级孔隙中。

7.5.1.3 碱渣的性质

碱渣特殊的化学组分和结构决定其具有某些特定的性质和用途。从化学成分分析,碱渣的化学组成主要是 $CaCO_3$ 沉淀物,其次为氯化物($CaCl_2$ 和 $NaCl$)、少量氧化物及 SiO_2 等成分,因此溶水后会得到碱性溶液,可以对微酸性及酸性的土壤进行中和,以使土壤性质得到改善,

这一点对近些年很多地区受酸雨环境污染导致土壤恶化的问题起到了很好的解决作用。因为还有碳酸钙物质,能够达到一定的强度、硬度,故碱渣能够生产出符合要求的建筑工程材料,如水泥等。碱渣的化学成分中含有大量的钙盐,可作为潜在的钙源使用,$Ca(OH)_2$ 可以为胶凝材料的水化提供一定的碱性环境,可溶性氯盐和硫酸盐能够促进水化反应的进行,$CaCO_3$ 等难溶性物质在水化产物中起骨架作用,有利于胶凝材料强度的提升。碱渣内充满了大大小小很多粒度,颗粒间的空隙较大,因此碱渣的比表面积非常大,这个特性使得碱渣具有作吸附剂的性质,能够在某些特定工程中作为吸附剂使用。另外,碱渣成分中除了 $CaCO_3$ 外含量第二高的物质为氯化物,在绝干的状态下,氯离子的离子质量分数可以达到 15%,氯离子的主要存在形式为 $NaCl$ 和 $CaCl_2$,由于碱渣中氯化物含量较高,使得碱渣的利用受到一定限制,尤其是在建筑行业的应用。

7.5.2　碱渣的处理与处置

一般情况下,碱渣采取地表堆积的处置方式,大量的碱渣沉积后形成一片"白海",造成了周围海域的污染。目前国内外碱渣处理工艺有以下几种:直接处理法、中和处理法、湿式氧化法、化学氧化法生物法、碱渣脱硫处理法等。

1)直接处理法,这种一般是以焚烧法为主要技术。

2)中和处理法,即对碱渣和废液采用二氧化碳或硫酸进行中和,调节 pH,然后进入污水处理厂生化处理。

3)湿式氧化法,在高温高压的条件下,以空气中的氧气作为氧化剂,在液相中将有机物氧化为二氧化碳和水等无机物或小分子有机物。或在低温低压下,将碱渣中的碱化物氧化成盐,但对化学需氧量(Chemical Oxygen Demand,COD)的去除效果不理想,成本也较高。

4)化学氧化法,即采用化学药剂为氧化剂,氧化碱渣中的氧化性有机物和无机物发生氧化还原反应,从而去除污染物的方法。

5)生物法,通过微生物的新陈代谢作用,使碱渣废液中的无机物等有害物质被微生物降解转化为无毒无害物质的过程。这种方法是应用比较广泛的碱渣处理方法,且经济、实用、高效。

6)碱渣脱硫处理法,利用碱渣制备烟气脱硫剂,具有脱硫效率高、吸收剂利用率高、无废水排放、脱硫塔内不易结垢的特点,达到"以废治废"的特点。

7)其他方法。

A. 固定化微生物法。选用厌氧生物滤池(G—AF)和曝气生物滤池(G—BAF)相结合作为生物处理工艺,厌氧生物滤池利用厌氧微生物的水解、发酵、酸化作用,大量降低 COD,提高污水的生物需氧量(BOD)与化学需氧量(COD)的比值,通过反硝化菌实现脱氮,还可降低污水处理成本;厌氧生物滤池的出水进入曝气生物滤池进行好氧处理,使有机物转变为二氧化碳和水,氨氮转变为硝酸银和亚硝酸根,选用高分子网状悬浮滤料,解决了反冲洗问题,选用的微生物是高效专用微生物与复合酶制剂,采用的基因工程手段对自然微生物强化与改性,提高了微生物的活性及适应性,可有效降解污水中污染物。

B. 沉淀法。向装有一定量碱渣的反应器中加入一定量的沉淀剂,在一定温度下用恒温磁力搅拌器搅拌以进行沉淀反应,反应一段时间后进行澄清,澄清液即再生碱液。将沉淀滤渣在自动程序升温炉中灼烧,沉淀剂得以再生。

7.5.3 碱渣的综合利用

目前碱渣综合利用方法主要有以下几个方面:填海造地及筑坝堆存、环保领域、农业领域及建材领域。

(1)填海造田及筑坝堆存。意大利、澳大利亚等国家的氨碱厂主要采用将废液进行沉降或不加处理直接排入河中或邻近海域的方法。国内哈密碱厂和吉兰泰碱厂采用戈壁滩排放,大连纯碱厂采用"稠厚泥外运排海"的措施,天津、潍坊、唐山、连云港等企业均采用"筑坝存渣、清液入海"的措施,这种处理方式占用大量土地,且会造成环境污染,不能实现该资源的高附加值利用。

(2)环保领域。碱渣呈碱性,可用做烟气脱硫剂、酸性废水处理剂,达到以废治废的目的。

碱渣在制备烟气脱硫剂方面的应用。我国的燃煤产量居世界之首,随着工业及其他各行业的发展,燃煤的消耗量也居于榜首。76%的发电燃料、75%的工业动力燃料、80%的居民生活燃料和60%的化工原料均来自煤炭。燃烧 1 t 的标准煤,会产生大约 14 kg 的 SO_2,SO_2 的大量排放(也含其他行业生产尾气中排放的 SO_2)会刺激人们的呼吸道,诱发各种呼吸道疾病,还可能形成酸雨,给生态系统、森林、水产资源等带来严重危害。国内现有的脱硫剂有石灰和氢氧化钙,由于其存在脱硫成本高、二次污染等问题,需要找到一种价格低廉,不会产生二次污染的脱硫剂。而碱渣的性质符合作为脱硫剂的要求且成本低,脱硫后的产物为化学性质稳定的硫酸钙(石膏),故没有腐蚀作用,不会造成二次污染,且石膏可用作水泥缓凝剂、建筑制品等。将碱渣和电石渣按 1:1 的比例进行混合后,脱硫效率显著提高,达到了 95% 工业脱硫的标准,其脱硫效果与纯氢氧化钙接近。碱渣和电石渣均属于成本低廉的废渣,以此制成脱硫剂,不但可以解决废渣的堆存问题,还可提高其经济利用率。若在二者混合物中加入一些有机酸,还可促进碱渣中 $CaCO_3$ 的溶解和缓冲溶液中 pH 的作用,提高其脱硫效率,进而提高碱渣的利用率。

碱渣在治理污水方面的应用。印刷、皮革、纺织等工业生产中产生的污水统称为染料污水。染料污水毒性大、颜色深、成分复杂,其中亚甲基蓝的含量较高,而且对环境、人体均会产生一定程度的影响。碱渣颗粒的粒度极细,粒径≤3.14 μm 的颗粒质量分数可达 80%,因此碱渣比表面积很大,具有良好的吸附能力,在污水治理方面具有良好的应用潜力,可吸附污水中的有害物质,降低污水处理成本。

(3)农业领域。碱渣中含有多种农作物生长所需要的微量元素,如 Ca、Mg、Si、K、P 等,可以为土壤补充微量元素,促进有机质的分解,且是复混肥料的有效成分,并对酸性土壤有明显的改良效果,又可作复混肥造粒用粘结剂、扑粉剂。碱渣呈现碱性,可以用其代替石灰改良酸性、微酸性土壤的 pH,降低土壤交换性酸和交换性铝含量,保证土壤中钙、镁等养分维持合理比例,但过高含量的 Cl^- 和较高的 pH 会影响农作物生长,碱渣复混肥料只能在弱酸性土壤中使用,并需严格控制施用数量。在国外,用于农业方面的碱渣达到碱渣消耗量的 40%。

(4)建材方面的应用。碱渣含有 SiO_2 等成分,类似天然黏土,可以用于生产普通硅酸盐水泥、砌块、建筑凝胶材料、工程土等。碱渣内部有丰富的孔隙结构,水分能够留存在这些孔隙内,使得其具有较好的保水性能,提高了砂浆的保水性。碱渣可用于制备主要成分为 $CaCO_3$ 的白泥填料,代替轻质 $CaCO_3$ 用于橡胶制品的生产。碱渣与粉煤灰或水泥等材料按一定质量比例混合后,可制成物理力学性能优于一般素土的工程土。

碱渣在烧制水泥方面的应用。碱渣中具有较高的 $CaCO_3$ 含量,可作为烧制水泥过程中的钙质原料使用,同时含有一定量的 Si、Al、Fe 的氧化物,也是水泥烧制过程中所需要的硅、铝、铁质矫正原料。早在 1977 年,研究者曾用碱渣代替石灰配成饱和系数为 0.93～0.95、硅酸系数为 2.2～2.5 的混合料,最终得到水泥制品。

碱渣在制作砌块方面的应用。砌块作为一种新型建筑材料,得到了越来越广泛的应用。利用碱渣制作砌块的研究,发现碱渣中含有一定量的可溶盐,但在适宜的液体浓度、粒度合磁场条件下,将可溶盐的质量分数大幅度降低,再按照一定的配比掺入石灰、石膏、粉煤灰和炉渣等工业废料,最终制得抗压强度较高的砌块,可用来替代黄土砖。

碱渣在制备碱渣-矿渣复合胶凝材料方面的应用。矿渣是在炼铁过程中排出的废渣,经过急冷处理之后形成玻璃体结构的粒化高炉矿渣,在碱性条件下具有潜在胶凝活性,是一种典型的火山灰质材料。碱激发胶凝材料是一种以火山灰质材料为主要原料,以碱金属或碱金属盐为激活剂而制成的由 $[SiO_4]^{4-}$ 四面体和 $[AlO_4]^{5-}$ 四面体构成的三维网络状结构物质。碱渣中含有的 $Ca(OH)_2$ 可以为矿渣水化提供碱性环境。$CaSO_4$、$CaCl_2$、$NaCl$ 等可溶性盐可与矿渣中的氧化硅、氧化铝等组分生成结晶质水化产物,促进强度的发展。亚微米级、纳米级 $CaCO_3$ 颗粒能够填充在水化产物孔隙中,起到填充作用,同时由于碱渣多孔结构导致的高吸水性,相同固液比条件下有助于提高液相离子浓度,促进水化反应的进行。

碱渣与粉煤灰混合搅拌制备工程土(碱渣土)。可将碱渣与粉煤灰按一定的比例混合,经压实制得碱渣土。研究发现,该碱渣土压实度高、体积质量大,整体性能好于普通工程土。在碱渣中掺入适量的粉煤灰可填补碱渣颗粒之间的空隙,还可吸收碱渣中含有的水分,改善了工程土的表观和物理力学性质。此外,该碱渣土的承载力明显提高,适合芦苇等植物生长且无毒害和腐蚀作用,可推广应用。

虽说碱渣在建筑行业得到了广泛应用,但也存在一些急需解决的问题,如用于水泥时 Cl^- 含量高、吸水性强、易潮解、易腐蚀钢筋;碱渣制工程土时,氯化物易溶解流失,引发工程塌陷且造成工程土触变性增大,容易风干粉化;碱渣制砖时,氯化物会使砖产生泛霜现象。因此,一般碱渣应用于建材领域时需要用淡水充分洗涤除去 Cl^-,需要损耗大量淡水,造成淡水资源浪费。

7.6　烧结镁砂的再生利用技术

氧化镁是一种产量大,应用广泛的化工产品,经制球和死烧后的高密度氧化镁称为镁砂。镁砂是轻烧镁、重烧镁、电熔镁的总称。在世界镁砂的生产中,重烧镁的产量远大于轻烧镁。镁砂是冶炼行业不可或缺的耐火材料,同时应用于建材、有色、汽车、环保、航空、农牧业等众多行业,领域十分广泛,国际需求量较大。

7.6.1　烧结镁砂的来源、组成及性质

7.6.1.1　烧结镁砂的来源

烧结镁砂来源于菱镁矿或海水、卤水提取的氢氧化镁、轻烧氧化镁等原料在高温下经一步或二步煅烧而得到的烧结产物。菱镁矿在 700～950 ℃下煅烧即逸出 CO_2,所得的镁砂为软质多孔疏松物质,不能用于耐火材料的称为轻烧镁砂;菱镁矿经 1 550～1 600 ℃煅烧即所谓

烧死的镁砂称重烧镁砂,由于烧结镁砂活性大大降低,所以也称作死烧镁砂。

菱镁矿有晶质菱镁矿和非晶质菱镁矿两种类型,是一种几乎完全由 $MgCO_3$ 组成的天然矿石。晶质菱镁矿按矿石中的杂质成分又分为高硅型和高钙型。高硅型矿石中主要杂质是滑石、石英、绿泥石、云母等矿物;高钙型矿石中主要杂质是白云石。非晶质菱镁矿中主要杂质是蛋白石。菱镁矿的化学成分为 $MgCO_3$,理论化学组成为 $w(MgO)=47.82\%$,$w(CO_2)=52.18\%$。菱镁矿中的杂质化学成分有 CaO、SiO_2、Fe_2O_3、Al_2O_3 等。菱镁矿石中的杂质 CaO、SiO_2、Fe_2O_3 与主成分 MgO 相互作用生成新的化合物,在 $1600\sim1700$ ℃时 MgO 晶粒发育长大,组织结构致密,生成以方镁石为主晶相的重烧镁砂,即烧结镁砂。

烧结镁砂的生产工艺可采用一步煅烧法或二步煅烧法。一步煅烧是将具有一定粒度的菱镁矿,在竖窑或回转窑内,用焦炭、无烟煤或无灰燃料煅烧,煅烧温度一般在 1600 ℃以上,烧后产品经过拣选即为烧结镁砂。这种烧结镁砂由于受焦炭等燃料灰分的影响,产品虽经拣选,往往使烧结镁砂中增加 2%左右的 SiO_2,对于某些具有特殊要求的原料,不论菱镁矿纯度多高,采用此种煅烧工艺,SiO_2 的含量无法满足要求,如用于生产电炉炉底干法打结料的 MgO-CaO-Fe_2O_3 砂,要求 SiO_2 的含量小于 1.2%。采用这种生产工艺只能生产低档镁砂。二步煅烧是将天然菱镁矿或提纯的精矿粉,在回转窑、悬浮焙烧炉、多层炉、沸腾炉或反射窑内经 1000 ℃左右轻烧得到轻烧氧化镁粉,再经过成分调节、细磨活化,压球或压坯,在竖窑、回转窑或隧道窑内 1700 ℃以上高温煅烧,制得烧结镁砂。二步煅烧镁砂成分均匀、纯度高、致密度高。通常高档镁砂均采用这种方法生产。

7.6.1.2 烧结镁砂的组成

烧结镁砂的主要组成位于 MgO-CaO-SiO_2 三元系统中。三元系统中与 MgO 共存的矿物,随着 CaO/SiO_2 的不同而改变,具体变化见 MgO-CaO-SiO_2 三元系统。在《烧结镁砂》(GB/T 2273—2007)标准中,烧结镁砂的理化特性指标见表 $7-8$。

表 7 - 8 烧结镁砂理化特性表

牌 号	《烧结镁砂》(GB/T 2273—2007)指标					
	$MgO/\%$ ≥	$SiO_2/\%$ ≤	$CaO/\%$ ≤	灼烧减量/% ≤	CaO/SiO_2(质量比) ≥	颗粒体积密度/(g/cm^3) ≥
MS98A	98.0	0.3	—	0.30	3	3.40
MS98B	97.7	0.4	—	0.30	2	3.35
MS98C	97.5	0.4	—	0.30	2	3.30
MS97A	97.0	0.6	—	0.30	2	3.33
MS97B	97.0	0.8	—	0.30	—	3.28
MS96	96.0	1.5	—	0.30	—	3.25
MS95	95.0	2.2	1.8	0.30	—	3.20
MS94	94.0	3.0	1.8	0.30	—	3.20
MS92	92.0	4.0	1.8	0.30	—	3.18

续表

牌　号	《烧结镁砂》(GB/T 2273-2007)指标					
	MgO/% ≥	SiO₂/% ≤	CaO/% ≤	灼烧减量/% ≤	CaO/SiO₂(质量比) ≥	颗粒体积密度/(g/cm³) ≥
MS90	90.0	4.8	2.5	0.30	—	3.18
MS88	88.0	4.0	5.0	0.50	—	—
MS87	87.0	7.0	2.0	0.50	—	3.20
MS84	84.0	9.0	2.0 1	0.50	—	3.20
MS83	83.0	5.0	5.0	0.80	—	—

7.6.1.3　烧结镁砂的性质

烧结镁砂的性质与 MgO 含量的多少、颗粒体积密度的大小、CaO/SiO_2 比值及显微结构等用于衡量制作耐火材料的烧结镁砂性能优劣的重要指标是有关系的。一般从下面四个方面来认识烧结镁砂的性质,作出综合的评价:①MgO 含量。烧结镁砂中 MgO 的含量是用于衡量镁砂性能的最重要标准之一,镁砂中 MgO 含量很高,胶结状态的杂质就比较少,这种情况下得到的耐火材料一般都有较高的耐高温侵蚀性能。②体积密度。这是表征耐火材料的一个重要指标。烧结镁砂烧结程度的好坏与其致密程度有直接的关系,一般都以此来表征。菱镁石自 CO_2 分解生成轻烧 MgO,至高温下达到死烧的一个重要变化,这一过程中主晶相方镁石的晶体长大,体积收缩明显,晶格常数也会随之降低,真密度提高,抗水化性能增强。然而,镁砂致密程度的好与坏又与镁砂的颗粒体积密度有直接关系,颗粒越密集,致密程度越好,反之,颗粒松散,致密程度就较低。③显微结构。显微结构是指镁砂中主晶相方镁石粒径大小,形状与分布,结合相包括玻璃相的分布特征。材料的高温结构强度,抗热震性和耐侵蚀性等与之都有重要影响。一般显微结构有两种典型类型。一种特征是主晶相方镁石晶粒呈晶间气孔方镁石相硅酸盐相浑圆状,粒径在 0.04~0.5 mm 范围内,粒间为以 CaO·MgO·SiO₂(CMS),2MgO·SiO₂(M₂S)和少量玻璃相组成的胶结物结合;另一种主晶相方镁石晶粒边界趋笔直,晶粒主要呈具有较规则几何外形的多边形粒状,结合相包括气孔处于方镁石晶粒交界处呈孤立状,主晶相晶粒呈直接结合。④CaO/SiO_2 值。烧结镁砂主成分 MgO 的含量与其他杂质氧化物 CaO、SiO₂、Fe₂O₃、Al₂O₃ 等相对含量的高低,是决定其方镁石含量和结合相分布的基本因素。杂质氧化物的分布特别是 CaO/SiO_2 值是决定烧结镁砂性质的一个重要因素。CaO/SiO_2 摩尔比在 1~1.5 的烧结镁砂,主要结合相为低熔点的 CaO·MgO·SiO₂(CMS)和 3CaO·MgO·2SiO₂(C₃MS₂)。这类镁砂烧成的制品,它们的高温结构强度、耐腐蚀性能和抗热震性能都比较差;而 CaO/SiO_2<1 或>2 的烧结镁砂,其结合相为高熔点的 2MgO·CaO(M₂C)、2CaO·SiO₂(C₂S)、和 3CaO·SiO₂(C₃S),则使制成品有较高的高温结构强度和耐侵蚀性。另外,由于高温下 CaO 对 MgO 有一定的溶解度,这样可能会使低熔点的 C₃MS₂、CMS 相在更大的 CaO/SiO_2 比范围内出现。因此为避免生成低熔点的硅酸盐相,往往希望这类镁砂的 CaO/SiO_2>3。由于菱镁石的粒级不同在实际生产中很难控制 CaO/SiO_2,因此在烧结镁砂生产过程中很容易产生低熔点相,对镁砂制品的高温性能造成极大的负面影响,提高镁砂的高温性能,考虑在烧结镁砂的煅烧过程中加入其他物质,让其和杂质在相互反应的过程中,生成高熔点的氧化物-非氧化物这种复合材料,以此来提高烧结镁砂的高温性能。

7.6.2　烧结镁砂的处理与处置

7.6.2.1　高纯镁砂制备工艺

烧结镁砂通常是由菱镁矿等天然、不可再生的矿石及卤水、海水等作为原料,通过粉碎、球磨或沉淀、过滤、烘干等生产工艺后,再直接或间接地进行高温烧结,最终得到高纯镁砂产品。烧结镁砂的处理技术主要有菱镁矿煅烧法、海水、卤水-石灰法、白云石碳化法等。

(1)菱镁矿煅烧法。选用优质菱镁矿资源,在煅烧炉中进行高温煅烧,得到纯度较高的轻烧氧化镁粉,再将轻烧氧化镁粉经过机械粉碎、球磨,在球磨的过程中可以消除"假盐晶格"的现象,同时还可以达到降低氧化镁粉粒径的作用,氧化镁粉末经过"压团"之后,进行二次烧结,最终得到高纯镁砂产品。

(2)海水、卤水-石灰法。以海水、卤水为原料,以石灰或白云石灰作为沉淀剂,生成氢氧化镁沉淀,具体的反应过程为将石灰浆液与海水、卤水混合得到沉淀后经过过滤、洗涤、烘干、煅烧,最终得到高纯镁砂产品。

(3)白云石碳化法。将白云石与白煤按一定的比例混合后在石灰煅烧窑中进行煅烧,可获得白云石熟料,在搅拌状态下用热水或废镁水直接将白云石熟料消化成白云灰乳,再将一定浓度的白云灰乳送入碳化塔,通入二氧化碳窑气,对白云灰乳进行碳化反应,以蒸汽直接加热使其热解生成碱式碳酸镁,热解后生成的碱式碳酸镁悬浮液经过滤后送至高温煅烧炉中进行煅烧,再经过冷却、粉碎,即得高纯镁砂产品。

7.6.2.2　烧结镁砂处理技术

《烧结镁砂》(GB/T 2273—2007)规定了 MgO 质量分数为 83%～98% 的适用于生产耐火材料的各种烧结镁砂的理化性能。从历史沿革看,烧结镁砂被称为冶金砂、重烧镁砂、中档镁砂、高纯镁砂。

(1)冶金砂。在中国第一个五年计划(1952—1957 年)期间,苏联援建的中国第一个生产碱性耐火材料工厂——鞍山钢铁公司大石桥镁砖厂一期工程投产,制砂车间采用了矿石细磨、成球盘、炉篦机、回转窑的半干法工艺,生产冶金砂用于平炉烧结炉底和修补。随着炼钢平炉改为转炉,该产品在 20 世纪 90 年代被淘汰。

(2)重烧镁砂。目前,中国烧结镁砂总产量每年超过 500 万吨,沿袭行业习惯,将烧结镁砂大体分为重烧镁砂、中档镁砂、高纯镁砂。

20 世纪 80 年代之前,在长达 30 多年期间,全国烧结镁砂的生产主要由原鞍钢大石桥镁矿承担,先后采用 25、32、40、47 和 55 m³ 的竖窑,以焦炭为燃料,块状菱镁石为原料,采取一步煅烧和人工出料生产 $w(MgO)$ 为 92% 的重烧镁砂,为全国的炼钢平炉用砖提供原料。

该工艺缺陷是:①矿石利用率低,细颗粒矿石不能利用;②杂质含量高,焦炭中的灰分会对镁砂造成污染,使镁砂的 SiO_2、Al_2O_3 含量增加,最高 MgO 含量仅能保证 92%;③连续操作程度差,大块菱镁石矿受热分解产生小颗粒矿粘附于窑壁,产生"粘窑",窑内物料易发生"结坨",这都造成窑内料流及热工制度的改变频繁,导致停运事故,无法实现机械化操作;④镁砂的致密度低,菱镁矿在窑内预热带分解,放出 CO_2 变成轻烧 MgO,但其 $MgCO_3$ 母盐假象依然存在,不利于镁砂的进一步致密化,导致烧结镁砂的体积密度仅为 3.0～3.1 g/cm³;⑤环境污染严重,菱镁矿分解出大量的 CO_2 和燃烧的烟气夹杂着细小焦炭粒子及轻烧粉尘飞出窑外,污染环境,且高温烟气治理困难。

目前中国重烧镁砂仍采用二、三级矿石在固体燃料竖窑中煅烧生产。重烧镁砂的 $w(MgO)=90\%\sim92\%$,体积密度约 $3.10\ g/cm^3$。重烧镁砂是生产普通镁质烧成砖及不定形耐火材料的主要原料,其可以利用三级矿,产品价格低且有市场,目前难以淘汰。

(3)中档镁砂。为了提高镁砂的致密度和纯度,中国耐火材料界开展了二步煅烧镁砂的工艺研究和工业试验。采用适合国情的新工艺、新流程,促进了烧结镁砂生产的技术进步。海城镁矿利用优质菱镁矿石经反射炉轻烧,雷蒙磨细磨,半干法二段压球,焦炭竖窑煅烧,生产出了 $w(MgO)\geqslant95\%$、体积密度 $\geqslant3.20\ g/cm^3$ 的中档镁砂。该成果迅速被推广,形成了年产几十万吨的规模。此后该工艺还被推广用于生产合成镁钙砂等合成砂产品。

目前中档镁砂可分为 94、95 两个牌号,体积密度为 $3.20\sim3.25\ g/cm^3$。中档镁砂是镁砂的重要品种,主要用于生产中档镁砖、直接结合镁砖、镁尖晶石砖及一些镁质不定形耐火材料。

(4)高纯镁砂。1980 年,原冶金部矿山司组织实施《天然菱镁矿制取优质高纯镁砂新工艺技术及高温竖窑》课题,在海城镁矿建年产 0.7 万吨高纯镁砂中试生产线,针对大结晶菱镁石难烧结特点,开发了菱镁石轻烧、磨细、高压压球和死烧的"二步煅烧"新工艺,经数年攻关,制成了 $w(MgO)\geqslant98\%$、体积密度为 $3.30\ g/cm^3$ 的高纯镁砂,达到了攻关目标。立足利用粉矿,采用了浮选工艺,又从欧洲引进年产 5 万吨高纯镁砂生产线的关键设备(悬浮焙烧炉、辊式磨、高压压球机、高温油竖窑等),自主攻关结合引进我国没有高纯镁砂的历史。

2006—2010 年,大石桥金鼎公司(原鞍钢大石桥镁矿)同奥镁公司合作建成年产 10 万吨高纯镁砂项目,其中烧结砂与电熔砂各年产 5 万吨。采用菱镁石级外碎矿浮选工艺提高菱镁石纯度,采用多层炉轻烧。其烧结镁砂生产线的轻烧氧化镁用球磨-选粉机制粉,经高压压球机成球,以液化石油气为燃料的高温竖窑煅烧后生产出了 $w(MgO)=98\%$,体积密度为 $3.40\ g/cm^3$,$m(CaO)/m(SiO_2)>2$ 的高质量烧结镁砂,达到国际先进水平。

立足我国国情,现在高纯镁砂的生产工艺大都为选用优质菱镁矿,在以煤气为燃料的反射窑中轻烧,将轻烧粉用雷蒙机细磨,用高压压机干法压球,最后在高温油竖窑中进行煅烧,最终生产出 $w(MgO)=97\%$,体积密度为 $3.25\sim3.30\ g/cm^3$ 的高纯镁砂。该工艺的装备完全国产化,产品满足了我国大部分高档镁质耐火材料所需镁砂的要求,并有一定量出口。

7.6.3 烧结镁砂的综合利用

(1)烧结镁砂用于耐火材料工业。以烧结镁砂为基本原料生产的各种耐火材料主要用于钢铁工业,也用于玻璃、水泥和有色冶金工业。

从 20 世纪 60 年代至 70 年代,烧结镁砂的用量随着钢铁产量的上升而增加,尤其是氧气顶吹转炉炼钢法的发展,需要纯度高、体积密度大的高质量烧结镁砂来生产优良耐火材料。于是,希腊、巴西和土耳其在此期间大规模地发展了高纯天然烧结镁砂的生产,但是,由于西方工业国家严重缺乏优良天然镁矿资源,因此天然烧结镁砂仍供不应求。因高纯烧结镁砂具有良好的高温抗折强度、抗渣性能和抗腐蚀性能,可提高炼钢炉炉衬的使用寿命,所以被广泛地用于炼钢炉的炉衬耐火材料,是制造耐火砖不定形耐火材料的优质材料(高档碱性耐火材料),也可作为填充料用于热电偶和热绝缘材料(家用电器等),还可用于陶瓷原料和烧结助剂等多个方面。

（2）轻烧镁砂在农业和工业方面的用途。轻烧镁砂在农业上主要用作促进根类农作物增产的肥料及动物饲料添加剂。据研究，镁是一种食物代谢和神经系统中不可缺少的元素，尤其是在牧草长势好的季节，其中镁含量不足时，会使放牧的牲畜产生低镁病草场眩晕症，此时在饲料中加入含 MgO＞85％、粒径 0.1～2 mm 的轻烧镁砂效果最好。另外，轻烧镁砂配成的镁肥对在砂壤中种植的根类作物如甜菜、马铃薯、胡萝卜有显著的增产作用。

轻烧镁砂在建筑行业的应用主要是制造镁石水泥和绝缘保温板。镁水泥具有优越的性能，如凝结快、强度高等。含镁水泥一般含有 5％的氧化镁，也使用不同量的氯化镁和硫酸镁。轻烧镁砂还可用于造纸工业、环保行业、橡胶与塑料工业等。在造纸工业上主要用于纸浆废液中腐植酸类有色物质的脱除；在环保行业上作为中和剂用于水处理，还可作为锅炉燃料添加剂或烟气洗涤剂用于脱硫等；在橡胶和塑料工业主要用来处理氯丁橡胶和人造纤维。此外，轻烧镁砂还可以用来生产重烧镁砂和电熔镁砂。

练 习 题

1. 粉煤灰在混凝土中可产生哪些效应？
2. 煤矸石的综合利用有哪些途径？并简述其相应的工艺流程。
3. 煤矸石对环境的影响有哪些？
4. 综述国内外对煤气化渣综合利用的研究进展。
5. 简述煤气化炉渣对环境的危害。
6. 详细说明混凝土中掺和粉煤灰、硅灰各自的作用。
7. 影响烧结镁砂性质的因素有哪些？请详细说明。
8. 综述碱渣在建筑行业的应用现状及发展。
9. 简述碱渣的处理和处置方式有哪些。

参考文献

[1] 钱汉卿,徐怡珊. 化学工业固体废物资源化技术与应用[M]. 北京:中国石化出版社,2007.

[2] 马建立,卢学强,赵由才. 可持续工业固体废物处理与资源化技术[M]. 北京:化学工业出版社,2015.

[3] 陆行川. 从汞渣回收汞的方法[J]. 化工环保,1985,1(5):19 - 22.

[4] 吴诰,潘鹏,范鹤林,等. 钒渣提钒研究现状及发展趋势[J]. 江西冶金,2020,40(4):19 - 27.

[5] 张杨,李远勋. 分析电石渣的综合利用[J]. 中国金属通报,2022(08):237 - 239.

[6] 陈和平,侯仰山,张纯健,等. 铬还原渣-硫石膏-萤石复合矿化剂的研究与应用[J]. 山东建材,2003,24(5):27 - 29.

[7] 杨立隆,郭兆年,金向东,等. 浙江省火力发电厂脱硫石膏综合利用分析[J]. 能源环境保护,2008(S1):54 - 62.

[8] 瞿金为,张廷安,牛丽萍,等. 转炉钒渣的综合利用技术进展[J]. 钢铁钒钛,2020,41(05):1 - 7.

[9] 王世芬,徐作涛. 废催化剂回收利用现状及对策[J]. 能源研究及管理,2015(02):118 - 121.

[10] 史春花. 工业废催化剂的回收利用与环境保护[J]. 山东工业技术,2015(22):29.

[11] 宁平. 固体废物处理与处置[M]. 北京:高等教育出版社,2007.

[12] 聂永丰,金宜英,刘富强. 固体废物处理工程技术手册[M]. 北京:化学工业出版社,2013.

[13] 曾旭,刘刚,徐高田. 循环经济与工业固体废物污染控制[C]//中国可持续发展研究会. 2005 中国可持续发展论坛:中国可持续发展研究会 2005 年学术年会论文集(上册). 上海:同济大学出版社,2005:258 - 296.

[14] 鲍健强,黄海凤. 循环经济概论[M]. 北京:科学出版社,2009.

[15] 李为民,陈乐,缪春宝,等. 废弃物的循环利用[M]. 北京:化学工业出版社,2011.

[16] 张焕云,类性义,韩玎. 用循环经济理念指导电镀污泥的综合利用[J]. 中国环保产业,2007(9):28 - 30.

[17] 董保澍. 固体废物的处理与利用[M]. 2 版. 北京:冶金工业出版社,1999.

[18] 邱定蕃,徐传华. 有色金属资源循环利用[M]. 北京:冶金工业出版社,2006.

[19] 赵由才,牛冬杰,柴晓莉,等. 固体废物处理与资源化[M]. 3 版. 北京:化学工业出版

社,2018.

[20]　卓锦德.粉煤灰资源化利用[M].北京:中国建材工业出版社,2021.

[21]　薛群虎,徐维忠.耐火材料[M].2版.北京:冶金工业出版社,2009.

[22]　毛签,王峰,叶舟.硅灰预处理工艺对超高性能混凝土性能的影响[J].建材世界,2022,
　　　43(6):34-37.

[23]　周代昱,谢群,赵鹏,等.硅灰掺量对纤维混凝土力学性能影响试验研究[J].济南大学
　　　学报(自然科学版),2023(5):599-606.

[24]　高凌峰.煤矸石组分特征及资源化利用现状分析[J].江西煤炭科技,2022(4):233
　　　-235.

[25]　韩鹏.煤化工气化炉渣资源化技术的应用[J].化工设计通讯,2021,47(12):5-6.

[26]　吴蓬,张涛,耿玉倩,等.碱渣的理化性质及应用研究进展[J].中国粉体技术,2022,28
　　　(1):35-42.

[27]　史磊,邱国华,李楠,等.循环流化床锅炉处理煤气化炉渣的综合利用模式探索[J].中
　　　国资源综合利用,2021,39(6):77-79.

[28]　刘昱彤.高纯镁砂生命周期环境影响评价[D].大连:大连理工大学,2021.

[29]　宋瑞领,蓝天.气流床煤气化炉渣特性及综合利用研究进展[J].煤炭科学技术,2021,
　　　49(4):227-236.

[30]　赵新星.硅灰性质及其对多孔水泥稳定碎石性能影响的试验研究[D].合肥:合肥工业
　　　大学,2021.

[31]　颜鑫,吴健谊,卢云峰,等.氨碱厂碱渣充分综合利用新技术的研究[J].无机盐工业,
　　　2021,53(1):68-71.

[32]　宁永安,段一航,高宁博,等.煤气化渣组分回收与利用技术研究进展[J].洁净煤技术,
　　　2020,26(S1):14-19.

[33]　袁蝴蝶.煤气化炉渣本征特征及应用基础研究[D].西安:西安建筑科技大学,2020.

[34]　王杰,魏奎先,马文会,等.工业微硅粉应用及提纯研究进展[J].材料导报,2020,34
　　　(23):81-87.

[35]　陈卫岗,王启洋.关于煤化工气化炉渣资源化利用技术的探讨[J].中国石油和化工标
　　　准与质量,2020,40(20):163-165.

[36]　张金梁,卢萍,杨桂生,等.微硅粉性能表征与综合利用研究现状分析[J].矿冶,2020,
　　　29(4):116-122.

[37]　王英姿.改性烧结镁砂的制备[D].鞍山:辽宁科技大学,2019.

[38]　颜鑫.一种氨碱厂碱渣综合利用新技术[J].无机盐工业,2019,51(2):88.

[39]　商晓甫,马建立,张剑,等.煤气化炉渣研究现状及利用技术展望[J].环境工程技术学
　　　报,2017,7(6):712-717.

[40]　赵礼兵,许博,李国峰,等.碱渣综合利用发展现状[J].化工矿物与加工,2017,46(6):
　　　73-76.

[41]　谢鹏永.菱镁矿煅烧产物的综合试验研究[D].西安:西安建筑科技大学,2017.

[42]　陈娜.方镁石-尖晶石质耐火材料的制备及其挂窑皮性能的研究[D].武汉:武汉科技大
　　　学,2013.

[43] 刘冉. 碱厂碱渣(白泥)资源化利用可行性研究[D]. 青岛:青岛理工大学,2011.

[44] 王晓英. 烧结镁砂致密性的研究[D]. 沈阳:东北大学,2011.

[45] 刘晓华,盖国胜. 微硅粉在国内外应用概述[J]. 铁合金,2007(5):41 - 44.

[46] 闫常群. 煤气化资源综合利用技术[J]. 河南化工,2006,23(1):32.

[47] 韩立军,林登阁,刘广斗. 硅粉对喷射混凝土粉尘环境影响的分析[J]. 山东矿业学院学报,1994,13(3):278 - 281.

[48] 徐峰. 硅灰的生产及性能[J]. 建材工业信息,1987(8):10.

[49] 殷瑞钰. 冶金流程工程学[M]. 2 版. 北京:冶金工业出版社,2009.

[50] 李新创. 新时代钢铁工业高质量发展之路[J]. 钢铁,2019,54(1):1 - 7.

[51] 谢运强,张中中,莫龙桂,等. 铁矿粉烧结基础性能与转鼓指数关系研究[J]. 烧结球团,2017,42(6):34 - 38.

[52] 李超,于海岐,尹宏军,等. 260 t 转炉负能炼钢生产实践[J]. 鞍钢技术,2021(2):47 - 50.

[53] 王新江. 中国电炉炼钢的技术进步[J]. 钢铁,2019,54(8):1 - 8.

[54] 李淑清. 钢铁冶金粉尘的特点及处置技术分析[J]. 中国金属通报,2019(8):30.

[55] 刘诗诚,岳昌盛,吴龙,等. 钢铁冶金粉尘的特点及处置技术分析[J]. 工业安全与环保,2018,44(12):67 - 70.

[56] 杨勇. 钢铁冶金清洁生产新工艺[J]. 中国金属通报,2020(11):155 - 156.

[57] 施永杰. 钢铁行业清洁生产分析[J]. 工程技术研究,2020(18):39 - 40.

[58] 段海洋,王毅. 钢铁冶金清洁生产新工艺探索[J]. 中国金属通报,2021(11):25 - 26.

[59] 张永红,袁熙志,罗冬梅,等. 我国钢铁行业节能降耗现状与发展[J]. 工业炉,2013(3):12 - 16.

[60] 郭敏,卢业授,贾志红,等. 我国大宗尾矿废石资源化对策研究[J]. 中国矿业,2009,8(4):35 - 37.

[61] 程学斌. 露天矿山废石综合利用探讨[J]. 硅谷,2011(09):146.

[62] 刘文博,姚华彦,王静峰,等. 铁尾矿资源化综合利用现状[J]. 材料导报,2020,34(A1):268 - 270.

[63] 刘俊杰,梁钰,曾宇,等. 利用铁尾矿制备免烧砖的研究[J]. 矿产综合利用,2020(05):136 - 141.

[64] 孙强强,杨文凯,李兆,等. 利用铁尾矿制备微晶泡沫玻璃的热处理工艺研究[J]. 矿产保护与利用,2020,40(3):69 - 74.

[65] 路畅,陈洪运,傅梁杰,等. 铁尾矿制备新型建筑材料的国内外进展[J]. 材料导报,2021,35(5):5011 - 5026.

[66] 张发胜. 铁尾矿废石资源化利用试验研究[J]. 甘肃冶金,2021,43(1):8 - 10.

[67] 张朝晖,李林波,韦武强,等. 冶金资源综合利用[M]. 北京:冶金工业出版社,2011.

[68] 赵立杰,张芳. 钢渣资源综合利用及发展前景展望[J]. 材料导报,2020,34(A2):1319 - 1322.

[69] 汪群慧,叶曔旻,谷庆宝. 固体废物处理及资源化[M]. 北京:化学工业出版社,2004.

[70] 柴蕊. 水体中头孢类抗生素降解及吸附效果的研究[D]. 阜新:辽宁工程技术大

学,2019.

[71] 曾建民,崔红岩,向华. 钢渣处理技术进展[J]. 江苏冶金,2008,36(6):12 - 14.

[72] 李光强,朱诚意. 钢铁冶金的环保与节能[M]. 北京:冶金工业出版社,2006.

[73] 张朝晖,刘安民,赵福才,等. 氧化铁皮综合利用技术的发展[J]. 钢铁研究,2008,36(1):60 - 62.

[74] 余万华,周斌斌,陈龙. 去除氧化铁皮的新方法介绍[J]. 金属世界,2010(3):46 - 51.

[75] 沈黎晨. 热轧宽厚钢板表面氧化铁皮的研究[J]. 宽厚板,1996(5):9 - 11.

[76] 王莉馨,董宏. 用氧化铁皮转炉烟尘生产海锦铁[J]. 山西冶金,1996(4):63 - 64.

[77] 张子彦,廖承先,杜希恩,等. 三次氧化铁皮成因分析及控制[J]. 科技与企业,2011(16):187.

[78] 田颖,李运刚. 热轧氧化铁皮综合利用的发展[J]. 冶金能源,2010(5):54 - 57.

[79] 徐蓉. 热轧氧化铁皮表面状态研究和控制工艺开发[D]. 沈阳:东北大学,2012.

[80] 竹涛,舒新前,贾建丽. 矿山固体废物综合利用技术[M]. 北京:化学工业出版社,2012.

[81] 杨慧芳,张强. 固体废物资源化[M]. 2 版. 北京:化学工业出版社,2019.

[82] 宁平,孙鑫,董鹏,等. 大宗工业固体废物综合利用:矿浆脱硫[M]. 北京:冶金工业出版社,2018.

[83] 常前发. 矿山固体废物的处理与处置[J]. 矿产保护与利用,2003,10(5):38 - 42.

[84] 万丽,高玉德. 某选铁尾矿浮选锌钼试验[J]. 金属矿山,2018(11):181 - 184.

[85] 邓秀兰. 内蒙古某铁尾矿选钛试验[J]. 现代矿业,2021,628(8):166 - 168.

[86] 王国彬,蓝卓越,赵清平,等. 钼尾矿中有价金属的综合回收研究现状[J]. 矿产综合利用,2021,6(3):140 - 148.

[87] 刘东斌,曾召刚,李青. 某铜钼尾矿中长石回收及其低温分解试验研究[J]. 非金属矿,2022,45(2):79 - 81.

[88] 罗立群,王召,魏金明,等. 铁尾矿-煤矸石-污泥复合烧结砖的制备与特性[J]. 中国矿业,2018,27(3):127 - 131.

[89] 黄杰,王星,徐名特. 成型条件对钼尾矿粉煤灰烧结砖性能的影响[J]. 矿业工程,2022,20(1):51 - 54.

[90] 严峻,聂松,刘松柏,等. 利用铜尾矿作硅质原料制备硅酸盐水泥熟料的研究[J]. 硅酸盐通报,2021,40(4):1273 - 1279.